내가 뽑은 원픽! 최신 출제경향에 맞춘 최고의 수험서

2026 금메달 토선생의
화훼장식 기능사
필기 + 실기

저자직강 무료 동영상

김예지(토선생) 편저

PREFACE

토선생
土(흙 토)에서 자라나는 꽃처럼
플로리스트 여러분이 꽃이 될 수 있게 흙이 되는, 기반이 되는 교육을 하는 선생님

토선생이라는 이름으로 10여 년 전, 화훼장식기능사 강의를 시작했습니다. 정보 부족으로 시험 준비에 어려움을 겪는 수험생들에게 도움이 되고자 네이버 블로그 '토선생 화훼장식'을 운영하여 화훼장식 시험 관련 정보를 꾸준히 포스팅하였고, 최근에는 Youtube 'Flower Teacher 토선생' 채널을 통해 화훼장식기능사, 산업기사, 기사 관련 정보를 영상으로 전해 주기 위해 노력하고 있습니다.

국가자격시험인 화훼장식기능사의 경우 변화하는 한국산업인력공단의 출제기준(국가직무능력표준 NCS)을 정확하게 파악하고 준비해야 합니다.

이 책은 10여 년간의 화훼장식기능사 강의를 통해 얻은 토선생만의 시험 노하우를 바탕으로 NCS 학습 모듈과 개정된 출제기준을 모두 반영하여 필기와 실기를 단 한 권에 수록하였습니다.
또한 2013~2016년 필기 기출문제와 2018~2025 CBT 기출복원문제, 적중 모의고사 3회분, 온라인 모의고사 2회분을 제공하여 실전에 대비할 수 있도록 하였습니다. 정답에 대한 핵심이 담긴 해설뿐만 아니라 오답에 대한 해설도 넣어 수험생들이 놓치기 쉬운 부분들을 꼼꼼히 짚어 드렸습니다.

본 책과 Youtube 'Flower Teacher 토선생' 채널의 무료 동영상 강의에서는 화훼장식 실기 시험 합격 포인트를 정확히 짚어 수험생 관점에서 쉽고 정확하게 제작할 수 있는 방법을 제공하고 있습니다.

이를 바탕으로 시험 합격을 위해서 한 화형당 적어도 7번 이상 연습하고, 부록으로 제공되는 미니북의 실기 SELF 모의시험 2회분을 통해 부족한 부분을 점검해 나가시길 바랍니다. 이 부록은 시험 전 연습 때는 물론 시험장에서도 실기 시험 직전 확인해 보시면 도움이 될 것입니다.

함께 있을 때 더욱 아름다운 꽃처럼, 저의 곁에 항상 함께하는 가족에게 감사와 사랑을 전합니다.
아름다운 꽃길로 인도해 주신 양가 부모님께 더 큰 사랑을 전합니다.

이 책을 통해 플로리스트로 피어나갈 여러분을 응원합니다.
꽃, 그대를 피우다.

— 토선생 플로리스트학원 원장 김예지(토선생) —

시험 안내

1. 화훼장식기능사 개요
화훼장식 전문성을 가지고 화훼류를 주소재로 실내·외 공간의 기능성과 미적 효과가 높은 장식물의 계획, 디자인, 제작, 유지 및 관리하는 기술과 관련된 모든 업무를 수행하는 전문인력이다.

2. 시험 현황
① 시행처 : 한국산업인력공단
② 합격기준(필기·실기 동일) : 100점을 만점으로 하여 60점 이상

구분	시험 유형	시험시간	과목
필기 (CBT)	객관식 4지 택일형 (총 60문항)	60분	1. 화훼장식재료 2. 화훼장식 제작 및 유지관리 3. 화훼장식론
실기	작업형	2시간 정도	화훼장식디자인 실무

3. 시험 일정

구분	필기접수	필기시험	합격자 발표	실기접수	실기시험	합격자 발표
2025 정기기능사 1회	2025.01.06. ~2025.01.09.	2025.01.21. ~2025.01.25	2025.02.06	2025.02.10. ~2025.02.13	2025.03.15. ~2025.04.02	2025.04.11
2025 정기기능사 2회	2025.03.17. ~2025.03.21	2025.04.05. ~2025.04.10	2025.04.16	2025.04.21. ~2025.04.24	2025.05.31. ~2025.06.15	2025.06.27
2025 정기기능사	필기시험 면제자 검정			2025.05.19. ~2025.05.22	2025.06.14. ~2025.06.25	2025.07.18
2025 정기기능사 3회	2025.06.09. ~2025.06.12	2025.06.28. ~2025.07.03	2025.07.16	2025.07.28. ~2025.07.31	2025.08.30. ~2025.09.17	2025.09.26
2025 정기기능사 4회	2025.08.25. ~2025.08.28	2025.09.20. ~2025.09.25	2025.10.15	2025.10.20. ~2025.10.23	2025.11.22. ~2025.12.10	2025.12.19

※ 상기 일정은 2025년 기준으로 자세한 내용은 한국산업인력공단(www.q-net.or.kr)을 참고하시기 바랍니다.

4. 검정 현황

연도	필기			실기		
	응시	합격	합격률(%)	응시	합격	합격률(%)
2024	5,324	3,935	73.9	4,173	1,912	45.8
2023	6,747	5,553	82.3	5,481	2,471	45.1
2022	6,882	5,640	82.0	5,648	2,608	46.2
2021	8,265	6,877	83.2	6,838	3,515	51.4
2020	6,772	5,746	84.8	5,640	3,311	58.7
2019	8,672	7,298	84.2	7,297	4,008	54.9
2018	7,686	6,658	86.6	6,400	3,424	53.5

도서의 구성과 특징

필기

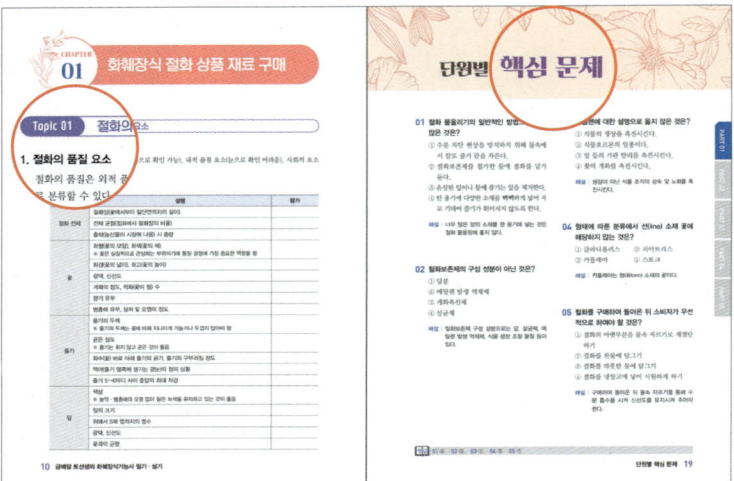

- 방대한 내용의 이론을 출제 기준에 맞춰 정리해 핵심 개념을 빠르게 익힐 수 있습니다.

- 각 단원별 중요 포인트들만 모아 이론에서 학습한 내용을 곧바로 점검하며, 취약점을 보완할 수 있도록 구성하였습니다.

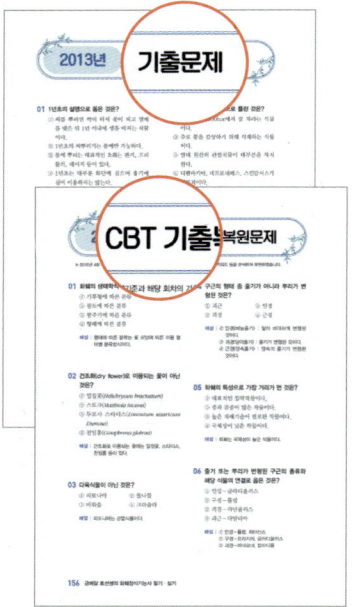
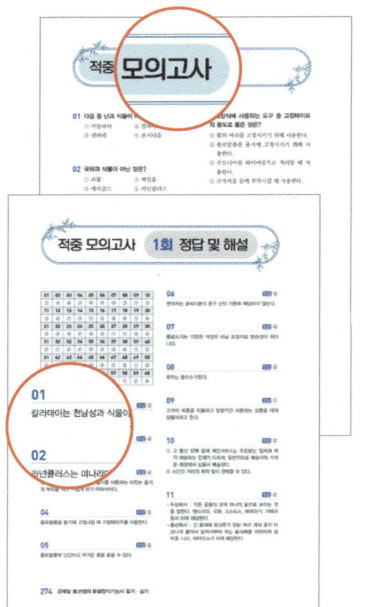

- 2013~2016년도 기출문제와 CBT로 개정된 2018~2025년 기출복원문제를 수록하여 반복 출제 영역과 출제 흐름을 분석할 수 있습니다.

- CBT 변경 이후 출제된 문제들을 파악하여 출제 가능성이 높은 문제만 선별·복원하여 모의고사를 수록하였습니다.

FEATURE

실기

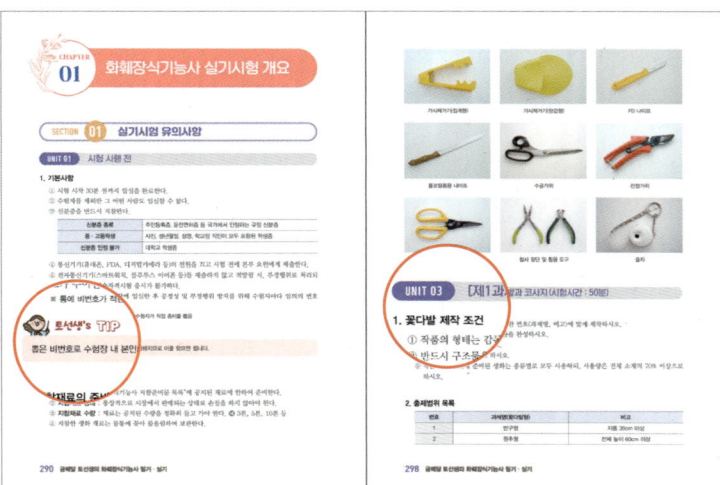

- 실기시험에 처음 도전하는 수험생도 무리 없이 따라올 수 있도록 준비 과정부터 유의사항까지 꼼꼼히 수록하여 시험장에서 실수를 줄이고, 합격 가능성을 높여줍니다.

- 1~3과제에 사용되는 재료 목록과 제작 조건, 지급재료 사용방법 등을 한눈에 확인할 수 있어, 각 과제에 필요한 요소를 전부 준비할 수 있습니다.

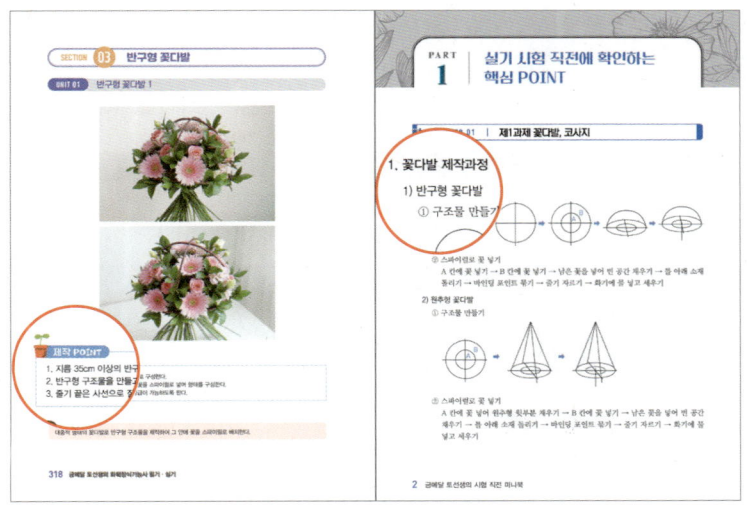

- 재료 손질부터 구조물 제작, 완성 작품 연출까지 전 과정을 사진과 함께 단계별로 제시하여 교재만 보고도 연습이 가능하도록 구성하였습니다.

- 실기 시험 직전 확인할 수 있도록 핵심 포인트와 모의시험을 수록한 미니북을 제공하여, 마지막 점검 도구로 활용할 수 있습니다.

 ▶ YouTube 'Flower Teacher 토선생'을 통해 실기 과제별 세부 과정에 관한 무료 영상 강의를 수강할 수 있습니다.

CBT 모의고사 이용 가이드

STEP 1 예문에듀 홈페이지 로그인 후 메인 화면 상단의 [CBT 모의고사]를 누른 다음 시험 과목을 선택합니다.

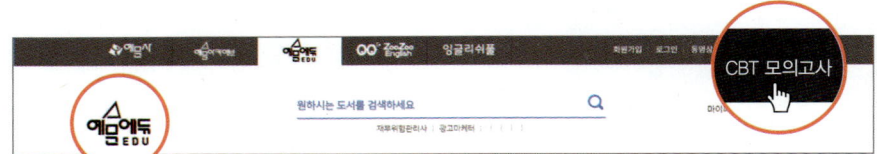

STEP 2 시리얼 번호 등록 안내 팝업창이 뜨면 [확인]을 누른 뒤 [시리얼 번호]를 입력합니다.

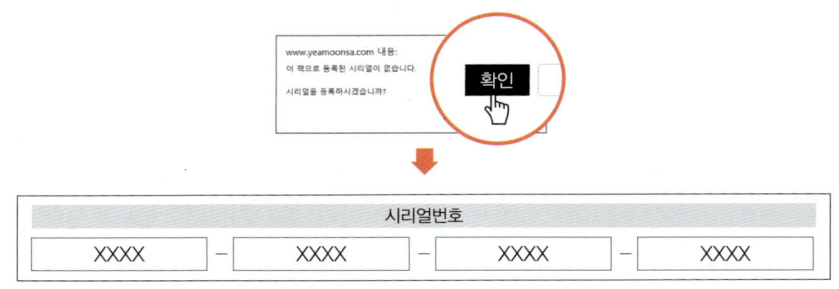

STEP 3 [마이페이지]를 클릭하면 등록된 CBT 모의고사를 [모의고사]에서 확인할 수 있습니다.

시리얼 번호
S034 - W820 - D59B - G225

목차 CONTENTS

필기

PART 1 화훼장식기능사 핵심이론

- CHAPTER 01 　화훼장식 절화 상품 재료 구매 • 10
- CHAPTER 02 　화훼장식 절화 기본 상품 제작 • 21
- CHAPTER 03 　화훼장식 절화상품 포장 • 55
- CHAPTER 04 　화훼장식 분화상품 제작 • 62
- CHAPTER 05 　화훼장식 상품 관리 • 69
- CHAPTER 06 　화훼장식 상품 판매 • 79
- CHAPTER 07 　화훼장식 배송 유통 관리 • 86
- CHAPTER 08 　화훼장식 식물 관리 • 89

PART 2 화훼장식기능사 기출문제

- 2013년 기출문제 • 106
- 2014년 기출문제 • 119
- 2015년 기출문제 • 131
- 2016년 기출문제 • 144

PART 3 화훼장식기능사 CBT 기출복원문제

- 2018년 CBT 기출복원문제 • 156
- 2019년 CBT 기출복원문제 • 167
- 2020년 CBT 기출복원문제 • 178
- 2021년 CBT 기출복원문제 • 189
- 2022년 CBT 기출복원문제 • 200
- 2023년 CBT 기출복원문제 • 211
- 2024년 CBT 기출복원문제 • 223
- 2025년 CBT 기출복원문제 • 235

PART 4 적중 모의고사

- 적중 모의고사 1회 • 248
- 적중 모의고사 2회 • 257
- 적중 모의고사 3회 • 265
- 적중 모의고사 1회 정답 및 해설 • 274
- 적중 모의고사 2회 정답 및 해설 • 279
- 적중 모의고사 3회 정답 및 해설 • 284

목차 CONTENTS

실기

PART 5 화훼장식기능사 실기

CHAPTER 01 화훼장식기능사 실기시험 개요
- Section 01 실기시험 유의사항 · 290
- Section 02 과제별 요구사항 및 재료목록 · 295
- Section 03 과제별 지급재료 및 사용방법 · 303
- Section 04 지참재료 및 대체 소재 · 305

CHAPTER 02 [1과제] 꽃다발, 코사지
- Section 01 1과제 알아보기 · 310
- Section 02 구조물 만들기 · 315
- Section 03 반구형 꽃다발 · 318
  - Unit 01 반구형 꽃다발 1_ 318
  - Unit 02 반구형 꽃다발 2_ 321
  - Unit 03 반구형 꽃다발 3_ 324
- Section 04 원추형 꽃다발 · 328
  - Unit 01 원추형 꽃다발 1_ 328
  - Unit 02 원추형 꽃다발 2_ 331
- Section 05 코사지 개요 및 제작 · 334
  - Unit 01 코사지 개요_ 334
  - Unit 02 코사지 1_ 337
  - Unit 03 코사지 2_ 340
  - Unit 04 코사지 3_ 343

CHAPTER 03 [2과제] 서양 꽃꽂이
- Section 01 2과제 알아보기 · 346
  - Unit 01 서양 꽃꽂이 개요_ 346
- Section 02 대칭삼각형(일방형) 꽃꽂이 · 351
  - Unit 01 대칭삼각형(일방형) 꽃꽂이 1_ 351
  - Unit 02 대칭삼각형(일방형) 꽃꽂이 2_ 354

- Section 03 수평형(사방형) 꽃꽂이 · 358
  - Unit 01 수평형(사방형) 꽃꽂이 1_ 358
  - Unit 02 수평형(사방형) 꽃꽂이 2_ 361
- Section 04 부채형(일방형) 꽃꽂이 · 364
  - Unit 01 부채형(일방형) 꽃꽂이 1_ 364
  - Unit 02 부채형(일방형) 꽃꽂이 2_ 367
- Section 05 수직형(일방형) 꽃꽂이 · 370
  - Unit 01 수직형(일방형) 꽃꽂이 1_ 370
  - Unit 02 수직형(일방형) 꽃꽂이 2_ 373
- Section 06 L형(일방형) 꽃꽂이 · 377
  - Unit 01 L형(일방형) 꽃꽂이 1_ 377
  - Unit 02 L형(일방형) 꽃꽂이 2_ 380
- Section 07 반구형(사방형) 꽃꽂이 · 384
  - Unit 01 반구형(사방형) 꽃꽂이 1_ 384
  - Unit 02 반구형(사방형) 꽃꽂이 2_ 387
- Section 08 역T형(일방형) 꽃꽂이 · 391
  - Unit 01 역T형(일방형) 꽃꽂이 1_ 391
  - Unit 02 역T형(일방형) 꽃꽂이 2_ 394

CHAPTER 04 [3과제] 동양 꽃꽂이
- Section 01 3과제 알아보기 · 398
  - Unit 01 동양 꽃꽂이 개요_ 398
- Section 02 직립형 꽃꽂이 · 401
  - Unit 01 직립형 꽃꽂이 1_ 401
  - Unit 02 직립형 꽃꽂이 2_ 404
- Section 03 경사형 꽃꽂이 · 407
  - Unit 01 경사형 꽃꽂이 1_ 407
  - Unit 02 경사형 꽃꽂이 2_ 410

PART 1

화훼장식기능사
핵심이론

CHAPTER 01   화훼장식 절화 상품 재료 구매
CHAPTER 02   화훼장식 절화 기본 상품 제작
CHAPTER 03   화훼장식 절화상품 포장
CHAPTER 04   화훼장식 분화상품 제작
CHAPTER 05   화훼장식 상품 관리
CHAPTER 06   화훼장식 상품 판매
CHAPTER 07   화훼장식 배송 유통 관리
CHAPTER 08   화훼장식 식물 관리

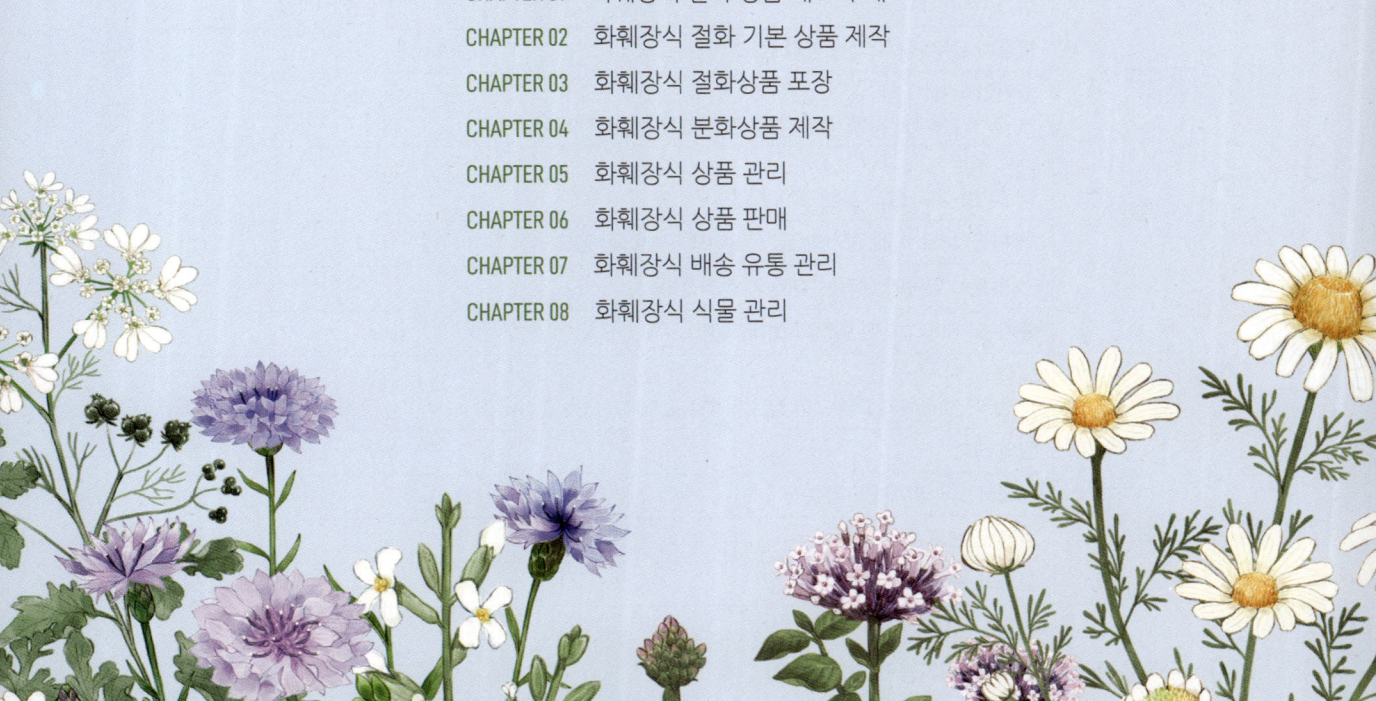

CHAPTER 01 화훼장식 절화 상품 재료 구매

Topic 01 절화의 품질 요소

1. 절화의 품질 요소

절화의 품질은 외적 품질 요소(눈으로 확인 가능), 내적 품질 요소(눈으로 확인 어려움), 사회적 요소로 분류할 수 있다.

(1) 외적 품질 평가

구분	설명	평가
절화 전체	절화장(꽃에서부터 절단면까지의 길이)	
	전체 균형(절화에서 절화장의 비율)	
	출하(농산물이 시장에 나옴) 시 중량	
꽃	화형(꽃의 모양), 화색(꽃의 색) ※ 꽃은 실질적으로 관상하는 부위이기에 품질 결정에 가장 중요한 역할을 함	
	화경(꽃의 넓이), 화고(꽃의 높이)	
	광택, 신선도	
	개화의 정도, 착화(꽃이 핌) 수	
	향기 유무	
	병충해 유무, 상처 및 오염의 정도	
줄기	줄기의 두께 ※ 줄기의 두께는 꽃에 비해 지나치게 가늘거나 두껍지 않아야 함	
	곧은 정도 ※ 줄기는 휘지 않고 곧은 것이 좋음	
	화수(꽃) 바로 아래 줄기의 굵기, 줄기의 구부러짐 정도	
	액아(줄기 옆쪽에 생기는 곁눈)의 정리 상황	
	줄기 5~6마디 사이 중앙의 최대 직경	
잎	색상 ※ 농약·병충해의 오염 없이 짙은 녹색을 유지하고 있는 것이 좋음	
	잎의 크기	
	위에서 5매 엽까지의 엽수	
	광택, 신선도	
	꽃과의 균형	

(2) 내적 품질 평가
① 외적으로는 보이지 않는 실질적인 절화의 수명을 의미한다.
② **내적 품질 평가 방법**
  ㉠ 일정 온도의 실내에서 일정한 시간에 관찰한다.
  ㉡ 전처리하지 않은 상태에서의 관상 한계점 일수를 표시한다.
  ㉢ 재절단 없이 물을 새로 갈지 않은 상태에서의 관상 한계점 일수를 표시한다.

(3) 코노버의 절화 품질 평가 기준(Conover, C.A.)

항목	기준	배점
형태 (30점)	외형이 바름	10점
	지나치게 어린 봉오리 사용 시 감점, 개화하지 않음	5점
	잎이 균일함	5점
	꽃의 크기, 화경의 길이와 두께 간의 균형 양호	10점
상태 (25점)	꽃과 줄기에 기계적, 해충, 응애, 병에 의한 피해가 없음	10점
	외관상 신선, 꽃의 구성 요소가 양호, 노화의 징조가 없음	15점
색 (25점)	화색이 선명함	10점
	품종의 특성을 잘 나타냄, 균일함	5점
	퇴색되지 않음	5점
	농약 살포 흔적이 없음	5점
줄기와 잎 (20점)	줄기가 곧고 튼튼함	10점
	잎 색이 적당함, 황백화 또는 괴사 증상 없음	5점
	농약 잔류물 없음	5점

2. 실행예산서와 판매가 산출법

(1) 실행예산서
① 상품 제작을 위한 예산 및 상세 내역(품목)을 정리한 문서이다.
② 일자, 작업명, 재료 목록 및 수량, 실행 금액, 상품 금액 등을 기록한다.

(2) 판매가 책정법
① **백분율 분할 가격 책정법**
  ㉠ 각 매장의 특성 및 상황을 고려하여 백분율을 정한다.
  ㉡ 판매가격 = 경영비 + 상품 원가 + 순수익

> **예시**
> 판매가격(100%) = 경영비(50%) + 상품 원가(30%) + 순수익(20%)

② 표준비 가격 책정법
　　㉠ 가장 일반적이고 융통성 있는 방법이다.
　　㉡ 표준 도매가에 노동비, 운영비, 이윤 등을 고려하여 가격을 결정한다.
　　㉢ 판매가격＝표준 도매가×표준요율

> **예시**
> ・절화상품＝도매가의 4배　　・분화상품＝도매가의 3배
> ・가공화상품＝도매가의 2.5배　・화기＝도매가의 2배

③ 노동비 포함 가격 책정법
　　㉠ 재료비에 인건비를 더하여 책정하는 방법이다.
　　㉡ 판매가격＝식물재료＋부재료＋인건비

> **예시**
> ・식물재료＝도매가의 3~5배　　・부재료＝도매가의 2배
> ・인건비＝도매가의 20~25%

3. 절화 유통

(1) 절화의 유통 경로
　① 생산자 → 도매시장 → 소매상 → 소비자의 유통 경로가 보편적이다.
　② 생산자에서 소비자로의 직거래, 생산자의 수출 등 기타 여러 유통 경로가 있다.

(2) 화훼공판장의 기능
　① 공개 경매를 통해 공정하고 투명한 적정 가격을 형성한다.
　② 다양한 종류와 품종의 화훼를 수집한다.
　③ 집하 및 분배를 통한 수급 조절 기능을 한다.
　④ 자금 지원 및 대금 결제 기능을 한다.
　⑤ 유통 정보의 수집과 전달 기능을 한다.

> **TIP 집하**
> 각지에서 다양한 농산물이 시장으로 모이는 것을 말한다.

(3) 도매시장의 유통 종사자
　도매시장 법인, 중도매인, 경매 참가인(매참인), 시장 도매인, 산지 유통인 등을 말한다.

(4) 표준 규격 출하의 장점
　① 공정거래의 질서가 확립되고 유통 과정이 원활해진다.
　② 상품이 보호되고 상품성의 향상으로 제품 가격의 상승 효과가 생긴다.
　③ 정보 제공 및 구매량 계획이 용이하다.

출하
생산자가 생산품을 시장으로 내어 보내는 것을 말한다.

Topic 02 절화상품 재료 구매

1. 구매계획서
① 구매 전 구입 예정 재료의 품목, 규격, 금액 등을 기록한 문서이다.
② 꽃시장 상황상 유통이 안 되는 소재가 있을 수도 있으므로 대체 가능한 소재 목록을 추가로 적어 놓으면 구입 시 도움이 된다.

2. 거래명세서
① 구매 후 구입한 재료의 목록·수량·가격 등을 기록한 문서이다.
② 판매처에서 발급한 영수증으로 대체할 수 있다.

3. 구매재료 검수서
① 구매 후 구매한 재료의 품목, 수량, 상태 등 이상 유무를 파악하고 검수한 문서이다.
② 구매한 재료에 문제가 있는 경우, 교환, 환불, 재구매 등을 진행한다.

4. 재고 관리
① 수요에 맞게 제품을 생산하고 총 재고비용(재고 유지비용, 구매비용)을 최소화하는 것을 목적으로 한다.
② 입고사항, 판매사항, 재고상황 등을 재고관리표를 활용하여 주기적으로 관리한다.
③ **재고관리표 작성 내용** : 작성일, 작성자, 입고 날짜, 재고 이름, 재고량, 단위, 상태 등

Topic 03 절화상품 재료 분류

1. 형태별 분류

① 선(라인, line) 소재

용도	길고 뾰족한 형태로 작품에서 길이감과 전체 골격, 윤곽을 만듦
선의 꽃(라인 플라워)	예) 글라디올러스, 금어초, 용담, 스토크, 델피니움, 리아트리스
선(라인) 절엽 소재	예) 산세베리아, 갈대, 네프로레피스, 금사철, 탑사철, 잎새란, 부들, 유칼립투스

선(라인, line) 소재 예시

델피니움　　글라디올러스　　용담　　탑사철　　유칼립투스

② 형태(폼, form) 소재

용도	크고 독특한 형태로, 주로 작품의 중심이 되는 포컬 포인트 역할
형태의 꽃(폼 플라워)	예) 안스리움, 나리, 칼라, 극락조화, 카틀레아
형태(폼) 절엽 소재	예) 필로덴드론, 몬스테라, 팔손이, 당종려

형태(폼, form) 소재 예시

나리　　안스리움　　팔손이

③ 덩어리(매스, mass) 소재

용도	약간 큰 크기의 꽃으로 작품에서 부피감과 안정감을 형성
덩어리 꽃(매스 플라워)	예 장미, 카네이션, 수국, 국화, 다알리아, 금잔화, 거베라
덩어리(매스) 절엽 소재	예 레몬잎, 루스커스, 동백나무 잎

덩어리(매스, mass) 소재 예시

거베라　　　　　장미　　　　　수국　　　　　루스커스

TIP 수국
'덩어리 꽃'임에도 불구하고 꽃의 크기가 커 '형태의 꽃'으로 착각할 수 있어 주의하여야 한다.

④ 채우기(필러, filler) 소재

용도	한 대의 가지가 갈라져 여러 곁가지와 꽃이 있는 스프레이 형태가 주를 이루고, 작품의 공간을 채워주는 역할
채우기 꽃(필러 플라워)	예 스프레이 장미, 스프레이 카네이션, 솔리다스터, 소국류, 숙근안개초, 미스티블루, 왁스플라워
채우기(필러) 절엽 소재	예 편백, 아스파라거스, 냉이, 스프링게리

채우기(필러, filler) 소재 예시

스프레이 장미　　스프레이 카네이션　　소국　　아스파라거스　　편백

2. 가치에 따른 분류

외부로 보이는 형태, 희소성, 개성 등을 토대로 대가치, 중가치, 소가치로 분류한다.

구분	설명
대가치	주로 개성이 뚜렷하며 지배적이고 기품 있는 형태를 가짐 예 극락조화, 글라디올러스, 백합, 나리
중가치	다른 꽃과 잘 어울리며 작품 안에서 적당한 공간이 있어야 함 예 장미, 튤립, 거베라, 카네이션
소가치	자잘한 꽃이 모여 피는 형태가 주를 이룸 예 안개초, 솔리다스타, 기린초, 공작초

Topic 04 절화상품 재료 관리

1. 환경 조절

각 절화의 특성에 맞는 물올림 방법을 선택하고 적절한 환경 조절을 통해 신선도를 유지해야 한다.

① **온도**
  ㉠ 고온에서 절화를 보관할 경우 호흡작용, 증산작용, 탄수화물 소모량, 미생물 번식량 등의 증가로 절화 수명이 짧아진다.
  ㉡ 온대성 절화 보관 온도 : 0~4℃ 예 거베라, 장미
  ㉢ 열대·아열대산 절화 보관 온도 : 7~15℃ 예 반다, 안스리움
  ※ 안스리움의 경우, 0℃ 이하의 저온에 두면 꽃잎 퇴색 등의 장해를 입음

② **습도**
  ㉠ 절화 주위의 온도는 낮추고 상대습도는 70~80%로 높게 유지한다.
  ㉡ 공기 순환이 적당히 되는 저장 환경이 좋다.
  ㉢ 과하게 습할 경우 회색 곰팡이가 발생한다.
  ㉣ 실온에서는 60~70%, 꽃 냉장고에서는 80~90% 정도가 적정한 습도이다.

③ **수온** : 수분 공급 시에는 시원한 저온의 물을 사용하는 것이 좋다.

④ **수질(pH)** : 물의 산성이나 알칼리성의 정도를 나타내는 수치로 pH 4~6의 약산성을 유지하는 것이 좋다.

호흡작용, 증산작용
- 호흡작용
  - 식물이 산소를 이용해 유기물을 분해하여 에너지를 얻는 과정을 말한다.
  - 온도가 높아지면 호흡 속도가 빨라지고, 온도가 낮아지면 호흡 속도가 느려진다.
  - 포도당+산소 → 물+이산화탄소+에너지
- 증산작용 : 물이 기체 상태로 잎 뒷면에 있는 기공을 통해 식물체 밖으로 빠져나가는 현상을 말한다.

2. 수분 흡수(물올림) 방법

(1) 수중 절단(물속 자르기)
① 물속에서 줄기를 자르고, 잘린 도관으로 바로 물이 흡수되도록 한다.
② 공기 중에서 줄기를 자를 경우, 잘린 도관으로 공기가 들어가 물 흡수가 저해될 수 있다.
   예 장미, 거베라, 튤립

(2) 탄화 처리
① 절단면의 1~2cm 정도를 불에 수초간 태운 후, 찬물에 넣어 물올림한다.
② 줄기 끝이 잘 갈라지는 절화에 사용하면 갈라짐이 줄어드는 효과가 있다.
   예 칼라, 상사화, 포인세티아

(3) 줄기 두드림
① 줄기 끝부분을 망치 등의 도구로 두들겨 물 흡수 면적을 넓게 만들어 물올림한다.
② 주로 화목류에 많이 사용한다.
   예 동백, 월계수, 목련

(4) 열탕 처리
① 줄기 끝부분 10cm 정도를 80~100℃의 물에 수초간 넣어 물올림한다.
② 줄기가 단단한 절화에 많이 사용된다.
   예 국화, 숙근안개초

(5) 약제 처리법
① 살균제(예 HQC 등) 약품이 함유된 용액을 통해 물올림한다.
② 미생물의 증식 억제와 수분 흡수에 효과적이다.
   예 튤립

(6) 굴성 방지 처리
줄기 휘어짐을 막기 위해 신문지 등으로 싸서 물통에 꽂아 물올림한다.
   예 카네이션

3. 에틸렌 발생(작용)의 억제
① 에틸렌 : 식물의 노화를 촉진시키는 호르몬
② 에틸렌 발생 시 피해 증상 : 꽃잎의 위조, 낙화, 수명 단축, 엽록소 파괴 등
③ 에틸렌 발생 억제 방법 : 저온 유지, 노화된 식물 및 숙성된 과일 제거, 미생물 및 곰팡이 제거, 청결 유지, 환기, 에틸렌 억제제 사용, 감압제거법 등
④ 에틸렌 억제제 : AOA, STS, NBD, 1-MCP 등

위조
수분 결핍으로 인해 식물이 마르고 시드는 현상을 말한다.

4. 절화보존제 사용

① 절화의 노화 지연 및 수명을 연장시키는 약제로 선도유지제, 수명연장제, 품질유지제로 불리기도 한다.
② 처리 시기별로 출하 전에 처리하면 전처리제, 출하 후 처리하면 후처리제라고 부른다.
③ **절화보존제 구성 성분** : 당, 살균제, 에틸렌 생성 및 작용 억제제, 식물 생장 조절 물질, 구연산, 아스코르브산, 황산, 칼슘 등

단원별 핵심 문제

01 절화 물올리기의 일반적인 방법으로 옳지 않은 것은?
① 수분 차단 현상을 방지하지 위해 물속에서 칼로 줄기 끝을 자른다.
② 절화보존제를 첨가한 물에 절화를 담가 둔다.
③ 손상된 잎이나 물에 잠기는 잎을 제거한다.
④ 한 용기에 다양한 소재를 빽빽하게 넣어 서로 기대여 줄기가 휘어지지 않도록 한다.

해설 | 너무 많은 양의 소재를 한 용기에 넣는 것은 절화 물올림에 좋지 않다.

02 절화보존제의 구성 성분이 아닌 것은?
① 당분
② 에틸렌 발생 억제제
③ 개화촉진제
④ 살균제

해설 | 절화보존제 구성 성분으로는 당, 살균제, 에틸렌 발생 억제제, 식물 생장 조절 물질 등이 있다.

03 에틸렌에 대한 설명으로 옳지 않은 것은?
① 식물의 생장을 촉진시킨다.
② 식물호르몬의 일종이다.
③ 잎 등의 기관 탈리를 촉진시킨다.
④ 꽃의 개화를 촉진시킨다.

해설 | 생장이 아닌 식물 조직의 성숙 및 노화를 촉진시킨다.

04 형태에 따른 분류에서 선(line) 소재 꽃에 해당하지 않는 것은?
① 글라디올러스　② 리아트리스
③ 카틀레아　　　④ 스토크

해설 | 카틀레아는 형태(form) 소재의 꽃이다.

05 절화를 구매하여 돌아온 뒤 소비자가 우선적으로 하여야 할 것은?
① 절화의 아랫부분을 물속 자르기로 재절단 하기
② 절화를 찬물에 담그기
③ 절화를 따뜻한 물에 담그기
④ 절화를 냉장고에 넣어 시원하게 하기

해설 | 구매하여 돌아온 뒤 물속 자르기를 통해 수분 흡수를 시켜 신선도를 유지시켜 주어야 한다.

정답　01 ④　02 ③　03 ①　04 ③　05 ①

06 절화의 품질 평가를 할 때 품질이 좋은 절화라고 볼 수 없는 것은?
① 줄기가 곧고 길 것
② 외형이 바르고 신선할 것
③ 개화가 안 된 봉오리 상태일 것
④ 화색이 좋고 물리적 손상이 없을 것

해설 | 개화가 어느 정도 진행된 봉오리 상태가 적당하다.

07 절화를 잘 보존하기 위한 환경에 대한 설명 중 옳지 않은 것은?
① 수질은 pH 8.0 정도의 약알칼리성 용액에서 보존하는 것이 좋다.
② 공중습도는 80~85% 수준이 좋다.
③ 열대나 아열대산 절화의 경우 7~15℃의 온도가 적당하다.
④ 잎이 있는 절화는 광합성을 할 수 있도록 광도를 조절해 준다.

해설 | pH 4~6 정도의 약산성 용액에서 보존하는 것이 좋다.

08 다음 중 절화 줄기부를 끓는 물에 수 초간 넣었다 빼내는 열탕 처리를 통해 수명 연장에 가장 효과를 갖는 화훼류는?
① 포인세티아   ② 튤립
③ 안개초   ④ 카네이션

해설 | 열탕처리에 효과가 있는 화훼류로 안개초, 국화 등이 있다.
① 포인세티아 : 탄화 처리
② 튤립 : 약제 처리
④ 카네이션 : 굴성 방지 처리

09 다음 중 절화 수명 연장을 위한 방법이 아닌 것은?
① 자르는 면을 비스듬히 하여 재절단한다.
② 쇠로 된 용기에 담아 보관한다.
③ 물에 잠기는 줄기의 아랫부분 잎을 제거한다.
④ 대사에 필요한 자당을 넣어준다.

해설 | 유리, 도자기, 플라스틱 용기에 담아 보관하는 것이 좋다.

10 절화의 온도가 30℃에서 10℃로 낮아지면 1/3~1/6로 느려져 신선도를 유지시키는 요소는 무엇인가?
① 이산화탄소 발생 속도
② 에틸렌 발생 속도
③ 에틸렌 억제량
④ 호흡 속도

해설 | 온도가 높아지면 호흡 속도가 빨라지고, 온도가 낮아지면 호흡 속도가 느려진다.

정답 06 ③ 07 ① 08 ③ 09 ② 10 ④

CHAPTER 02 화훼장식 절화 기본 상품 제작

Topic 01 화훼장식의 종류와 특성

1. 화훼와 화훼장식 개요

(1) 화훼
① 관상을 대상으로 하는 초본식물과 목본식물을 말한다.
② **화훼 식물의 이용 목적별 분류** : 절화, 분식물, 정원 식물

초본식물과 목본식물
- 초본식물 : 줄기의 지상부가 연하고 물기가 많아 목질을 이루지 않은 식물로 일이년초, 여러해살이초가 이에 해당한다.
- 목본식물 : 줄기나 뿌리가 비대해져 목질이 단단한 식물을 말한다.

(2) 화훼장식
① 화훼식물을 주소재로 실내·외 공간의 미적인 감각과 기능성을 높여주는 장식물을 제작, 설치, 유지, 관리하는 것을 말한다.
② **화훼장식의 분류**
    ㉠ 장식공간에 따른 분류 : 실내 장식, 실외 장식
    ㉡ 화훼 식물의 특성 따른 분류 : 절화 장식, 분식물 장식

절화와 분식물
- 절화 : 가지째 잘린 꽃을 말한다.
- 분식물 : 화분에서 자라는 식물을 말한다.

2. 화훼장식의 기능 및 효과

① **장식적 기능** : 아름다운 생활공간 조성, 쾌적한 분위기 연출, 공간의 품격 향상
② **심리적 기능** : 정서적 안정감, 긴장감과 스트레스 완화, 창조를 통한 자아정체감 향상
③ **건축적 기능** : 공간 분할을 통한 경계 구분, 동선 유도, 차폐(시야 차단)
④ **환경적 기능** : 온도 조절, 습도 조절, 음이온 발생
⑤ **교육적 기능** : 식물지식 습득, 관찰력 및 집중력 향상, 자연적인 미적 감각 향상
⑥ **치료적 기능** : 심리적 안정감, 분노 경감 및 스트레스 완화, 창조를 통한 자신감 회복
⑦ **경제적 기능** : 홍보 효과를 통한 매출 증가, 상품 가치 상승

3. 꽃꽂이 종류

(1) 동양 꽃꽂이

① 개요
  ㉠ 선과 여백의 미, 내면의 아름다움을 중요시한다.
  ㉡ 정신 수양 목적으로 사용되었다.
  ㉢ 천(하늘 天), 지(땅 地), 인(사람 人)을 나타내는 3개의 가지가 중심이 된 부등변 삼각 구성이다.

② 주지에 따른 특징

구분	기호	역할	길이
1주지	○	높이, 작품의 화형 결정	(수반의 높이+너비)의 1.5~2배
2주지	□	너비	1주지의 2/3~3/4
3주지	△	부피	2주지의 2/3~3/4
종지	T	조화	각 주지보다 짧음

③ 종류

구분	설명
직립형(바로세우는 형)	1주지의 각도가 0~15° 정도로 세워진 형태
경사형(기울이는 형)	1주지의 각도가 40~60° 정도로 기울어진 형태
하수형(흘러내리는 형)	1주지의 각도가 90~180° 흘러내리는 형태
복형(복합형, 거듭 꽂기)	• 두 개 이상의 화기를 사용하여 하나의 작품이 되도록 구성 • 하나하나 독립된 특성과 완성미를 나타냄 • 같이 연결되어 있을 때 더욱 효과적인 조화의 미를 표현 가능
분리형(나누어 꽂기)	한 화기에 출발점이 2개 이상인 형태
부화형	물에 띄우는 형태

동양 꽃꽂이 예시

경사형 　　　　　　　　　　　　　　직립형

(2) 서양 꽃꽂이

① **개요** : 주로 실용적이며 상업적인 목적으로 사용된다. 꽃이 주를 이루며 기하학적 디자인이 발달하였다.

> **기하학**
> 공간의 수리적 성질을 연구하는 수학의 한 분야로 삼각, 사각, 원 등의 도형이 이에 해당한다.

② **종류**

구분		설명
직선적인 형태	수직형	너비보다는 높이를 강조한 디자인으로 상승하는 강한 운동감 및 남성적인 힘을 느낄 수 있음
	L자형	알파벳 L자형으로 수직형과 수평형이 혼합한 형태
	역T형	수직형과 수평형이 중심축에서 만나 T형을 이룸
	삼각형	도형의 삼각형처럼 생긴 모양으로, 대칭 삼각형과 비대칭 삼각형으로 구분
곡선적인 형태	수평형	• 높이보다는 너비를 강조한 디자인으로 편안하고 부드러운 이미지 • 테이블 센터피스(table centerpiece)로 많이 활용
	초승달형	바로크 시대에 유행한 C자형의 곡선 형태로 여성적인 이미지를 가짐
	S자형	• 두 개의 곡선이 반대 선으로 흐름으로써 긴장감과 변화를 주는 화형 • 18세기 바로크 시대 영국 화가 윌리엄 호가스의 이름을 따서 호가스 라인이라고도 불림
	부채형	일방형의 반원 모양으로 부채를 펴 놓은 것처럼 보임
입체적인 형태	반구형	원을 반으로 잘라 놓은 형태로 모든 줄기가 초점을 향함
	원형	둥근 원의 형태로 모든 줄기가 초점을 향함
	원추형	원뿔 모양의 입체 형태로 비잔틴 콘이라고도 불림

서양 꽃꽂이 예시

삼각형 꽃꽂이

역T형 꽃꽂이

L형 꽃꽂이

수직형 꽃꽂이

부채형 꽃꽂이

수평형 꽃꽂이

반구형 꽃꽂이

Topic 02 화훼장식물의 조형

1. 줄기배열 종류

(1) 방사선 배열(radial)
모든 줄기가 한 개의 초점에서 사방으로 전개되는 배열 방법으로 일방형과 사방형으로 나눌 수 있다.
- ① **일방형** : 한 방향에서 볼 수 있는 형태로 대칭형과 비대칭형으로 구성된다. 예 수직형, 삼각형, 부채형
- ② **사방형** : 어느 방향에서도 볼 수 있는 입체적인 형태이다. 예 반구형, 원추형, 수평형

(2) 병행선 배열(parallel)
각각의 초점에서 나온 줄기가 모두 같은 방향으로 나란히 뻗어 있는 배열 방법이다.
- ① **직선 병행** : 2개 이상의 직선이 평행을 이룬다. 예 수직 병행, 사선 병행, 수평 병행
- ② **곡선 병행** : 2개 이상의 곡선이 평행을 이룬다.

(3) 교차선 배열(cross)
여러 개의 초점에서 나온 줄기의 선이 여러 각도의 방향으로 뻗어 서로 교차하는 배열 방법이다.
예 수직 교차, 사선 교차, 수평 교차

(4) 감는선 배열(wind)
서로 구부러지고 휘감기는 유연한 선의 흐름으로 구조적 구성에 많이 쓰인다.

(5) 줄기 배열이 없는 구성(freeline of arragement)
- ① 절화의 줄기가 어떤 일정한 규칙 없이 배열되어 있다.
- ② 줄기를 짧게 잘라 꽃송이나 꽃잎만을 사용하여 구성한다. 예 파베, 필로잉
- ③ 플로랄 콜라주(floral collage)와 같이 편평한 물체에 붙인 것 등의 구성이 이에 해당한다.

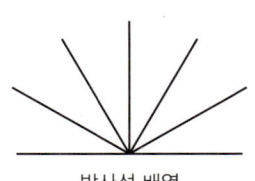 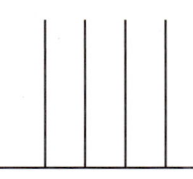 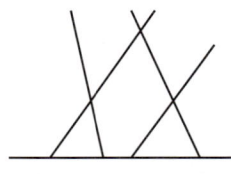 

방사선 배열 　　병행형 배열 　　교차선 배열 　　감는선 배열

2. 구성 형식

(1) 장식적 구성(decorative)
- ① 소재의 식생을 고려하지 않고 장식을 목적으로 디자인한다.
- ② 풍성하고 화려하며 대부분 대칭 구성이다.
- ③ 소재의 형태, 질감, 색의 효과를 중요시한다.
- ④ 식물이 자연에서 자라는 모습과는 관계없이 디자이너의 의도대로 자유롭게 재구성하여 장식성을 높인 형식이다.

(2) 식생적 구성(vegetative)
① 자연의 특성에 가깝게 식물의 생리, 생태적인 면을 고려하여 디자인한다.
② 식물의 생장 형태 혹은 앞으로 생장하게 될 형태를 사실적으로 표현하는 조형 형태이다.
③ 대부분 비대칭 구성으로 세 개의 서로 다른 크기의 그룹(주, 역, 부)으로 구성되는 비대칭적 질서가 일반적이다.
④ 자연에서 보듯 생장점(출발점)이 종종 화기 안에서 한 점 또는 그 이상 있는 듯하게 보인다.
⑤ 꽃의 가치 효과와 운동성, 색상, 용기 선택 등을 고려해야 한다.

(3) 병행 구성(parallel)
① 소재의 대부분이 병행으로 배치되는 디자인으로 소재의 생장점이 모두 다르다.
② **종류** : 식생적 병행, 장식적 병행, 선형적 병행

(4) 선형적(형선적) 구성(formal linear)
① 선과 형태의 대비를 통하여 긴장감을 유발하는 디자인이다.
② 소재의 양과 종류를 최대한 억제하여 사용하는 것이 식물의 가치 표현에 도움이 된다.
③ 대부분 비대칭 구성이다.

(5) 도형적 구성(grafish design)
① 선이나 형태의 대비를 통해 간결하고 추상적으로 도형화된 구성이다.
② 대부분 비대칭 구성으로 식물의 형태적 특성을 고려하여 제작한다.

(6) 구조적 구성(structure)
① 장식적 구성이 발달된 형태로 각 소재가 가지는 크기, 색, 형태 등 표면구조의 효과를 부각시키는 구성 방법이다.
② 인공소재를 식물소재와 조합하여 장식하기도 한다.
③ 소재의 질감과 구조가 돋보이게 구성한다.
④ 대칭과 비대칭 구성 모두 가능하며 겹쳐진 소재의 특성이 돋보이게 표현한다.
⑤ 소재 표면의 조직이나 질감이 드러난다.
⑥ 하나하나 조밀하게 구성하여 여러 겹으로 포개놓은 형태이다.
⑦ 잎 소재를 여러 겹 겹쳐 쌓아서 만든 작품들이 대부분 포함된다.

(7) 오브제적 구성(object)
① 식물 본연의 모습 그대로 사용하지 않고, 변형하여 추상적으로 디자인하는 구성이다.
② 식물을 다른 소재와 조합하여 비사실적 기법에 의해 새로운 형태를 탄생시키는 구성이다.

(8) 평면 구성(two dimensional composition)
2차원적 작품으로 나무나 아크릴로 만든 틀에 압화, 건조화, 보존화 등 다양한 소재를 붙여 평면적으로 구성한 것이다.

3. 표현 양식

(1) 한국식
① 정신 수양 목적으로 사용되었으며, 선과 여백의 미, 내면의 아름다움을 중요시한다.
② 수반에서는 침봉, 병에서는 나뭇가지를 고정물로 사용한다.
③ **화형** : 직립형, 경사형, 하수형, 분리형, 복형 등

(2) 일본식
① 인공적 기교와 격식을 강조하고 가지류를 주소재로 사용한다.
② 침봉을 고정물로 사용한다.
③ **화형** : 이케바나, 나게이레, 모리바나 등

(3) 미국식
① 유럽 정통 스타일인 영국의 영향을 받아 미국에서 발전된 스타일이다.
② 방사상의 줄기 배열이 특징이었으나, 후에 동서양의 영향으로 기하학적 형태로 바뀌었다.
③ 현재는 선과 양이 복합된 현대식 디자인 형태이다.

(4) 유럽식
① 식물의 생장적 모습과 특징, 개성, 움직임을 살려 조형에 이용한다.
② **조형 형태** : 장식적, 식생적, 선형적, 도형적, 평행적, 오브제적, 구조적

Topic 03 화훼장식 표현기법

1. 베이싱 기법(basing)

(1) 개요
① 작품의 베이스가 되는 부분에 사용하는 기법으로 마무리 작업 및 플로랄폼을 가리는 데 이용된다.
② 시각적 안정감 및 장식적인 표면을 강조할 수 있다.

(2) 기법의 종류
① **테라싱(terracing, 계단식)** : 납작한 종류의 재료를 수직 또는 수평으로 꽂아 계단처럼 표현한다.
② **파베(pave, 보석박기)** : 보석을 박듯이 꽃들을 빈 공간 없이 빽빽하게 디자인한다.
③ **필로잉(pillowing, 베개, 둥근 언덕)** : 둥근 언덕 모양으로 아랫부분에 낮게 꽂는다.
④ **스테킹(stacking, 쌓기)** : 각각의 소재들을 차곡차곡 장작을 쌓듯 꽂는다.
⑤ **클러스터링(clustering, 뭉치 꽂기)** : 색상, 질감, 형태 단위로 모아 빈 공간 없이 덩어리로 만들어 시각적으로 강한 효과를 준다.
⑥ **레이어링(layering, 겹치기)**
  ㉠ 같은 소재를 사용하여 나란히 포개어 겹친다.
  ㉡ 접착제 또는 핀을 이용하여 각각의 꽃잎이나 잎사귀로 화기 등 둥근 표면을 덮는다.
⑦ **터프팅(tufting)** : 거친 질감의 소재들을 굴곡 있게 꽂아 주거나 낮게 덮는다.

2. 묶는 기법(uniting, 소재 결합)

① **바인딩(binding)** : 기능적, 물리적으로 3개 이상의 줄기를 단단히 묶는다.
② **밴딩(banging)** : 장식적인 목적으로 줄기를 묶는다.
③ **번들링(bundling)** : 볏단, 밀짚 다발, 옥수수대 등 비슷하거나 같은 소재들을 모아 한 지점에서 단단히 묶는다.
④ **번칭(bunching)** : 비슷한 재료를 함께 고정시켜 묶어 꽂기 좋게 만든다.
⑤ **랩핑(wrapping)** : 리본, 칼라와이어, 라피아 등으로 줄기가 보이지 않도록 장식적으로 감싸준다.
⑥ **핸드 타잉(hang tying)** : 끈이나 줄 등으로 단단하게 고정하여 묶는다.

바인딩

밴딩

번들링

3. 시각적 움직임의 증강 기법(strengthening visual movement)

(1) 개요
율동감과 시각적인 움직임을 강조하기 위해 사용되는 기법이다.

(2) 기법 종류

① **시퀀싱(sequencing)** : 소재의 크기, 높이, 색상을 점진적(점차적, 차례대로)으로 변화시켜 리듬감을 표현한다.
  > 예 크기가 작은 것에서 큰 것으로, 밝은색에서 어두운색으로, 꽃봉오리에서 활짝 핀 꽃 순으로 표현한다.
② **프레이밍(framing)** : 프레임(테두리)을 만들어 작품 안의 특정 부분을 강조한다.
③ **베일링(veiling)** : 아스파라거스, 베어그라스 등의 재료를 사용하여 가볍고 투명한 막을 여러 겹으로 만든다.
④ **쉐도잉(shadowing)** : 먼저 꽂은 소재의 바로 뒤나 아래에 같은 소재를 하나 더 배치하여 그림자 효과를 낸다.

시퀀싱

4. 집단화 기법(group area)

① **그룹핑(grouping)**
　㉠ 동일한 소재나 같은 색상의 소재를 모아 꽂는다.
　㉡ 소재 각각의 독립성을 가지도록 각각의 그룹 사이에 공간을 두어 디자인한다.

② **조닝(zoning)**
　㉠ 소재의 색상이나 종류를 구역으로 나누어 주는 기법이다.
　㉡ 재료와 재료를 분리되도록 하여 만들어지는 공간을 통해 각 재료의 특징이 더욱 돋보인다.
　㉢ 같은 재료는 모아주면서 다른 재료는 서로 공간을 두어 겹치지 않게 구획 정리를 해준다.
　㉣ 특정 소재를 다른 소재와 분리되게 하여 제작 시 구획을 나누어 연출한다.

5. 테크닉을 더한 기법(techniques)

① **레이싱(lacing)**
　㉠ 플로랄폼을 이용하지 않고 꽃을 꽂는다.
　㉡ 식물의 줄기, 잎, 열매 등을 이용하여 화기 안쪽에서 서로 교차시켜 고정한다.

② **업스트렉팅(abstracting)** : 식물을 부분적으로 제거하거나 인위적으로 독특한 형태를 만드는 등 추상적으로 변화시켜 사용한다.
　예) 해바라기 꽃잎을 제거하고 사용

③ **행잉(hanging)** : 시선의 움직임을 유도하고 율동감을 주기 위해 꽃, 열매, 잎 등을 끈, 리본 등으로 매달아 늘어뜨린다.

④ **글루잉(gluing)** : 접착제로 붙여 소재들의 형태를 변화시킨다.

⑤ **셸터링(sheltering)** : 둘러싸거나 감싸서 안에 있는 내용물을 강조하거나 호기심을 유발시킨다.

⑥ **피닝(pinning)** : 핀을 이용하여 고정한다.

⑦ **스트링잉(stringing)** : 실, 끈, 줄 등을 이용하여 꽃, 잎, 열매 등을 꿰어준다.

⑧ **플로팅 테크닉(floating technique)** : 장식적인 디자인 테크닉(design technique)의 하나로 시험관 등을 이용하여 재료가 공중에 떠 있는 것처럼 보이도록 한다.

6. 철사 처리 기법(wiring)

① **피어싱(pirecing)** : 소재 줄기에 와이어를 가로질러 통과시킨 후 직각으로 구부려 감는다.
　예) 카네이션, 장미, 다알리아

② **크로싱(crossing)** : 소재 줄기에 두 줄의 와이어를 십자로 교차되도록 통과시킨 후 아래로 구부려 감는다.
　예) 백합, 카네이션, 장미

③ **인서션(insertion)** : 약하거나 속이 비어있는 줄기 안으로 와이어를 관통시킨다.
　예) 칼라, 거베라, 수선화

④ **후킹(hooking)** : 와이어 끝을 갈고리 모양으로 만들어 꽃의 윗부분에서 아래로 당겨 고정한다.
　예) 국화

⑤ **루핑(looping)** : 와이어 끝을 고리 형태로 만들어 꽃의 윗부분에서 아래로 꽂아 준다.
   예) 히아신스, 부바르디아, 수선화
⑥ **헤어핀(hair-pin)** : 와이어를 U자 모양으로 꽃잎, 잎 등에 찔러 넣어 곧게 지탱한다.
   예) 아이비
⑦ **소잉(sewing)** : 꽃잎, 잎을 바느질하듯 꿰맨다.
⑧ **트위스팅(twisting)** : 작은 꽃이나 가는 가지 줄기를 모아 와이어로 묶는다.
   예) 스타티스, 소국, 숙근안개초
⑨ **시큐어링(securing)**
   ㉠ 나선형으로 줄기를 감아 보강해준다.
   ㉡ 꽃의 약한 줄기를 보강해주거나 줄기를 구부릴 때 그 줄기를 보강하기 위하여 사용한다.
   예) 유칼립투스, 프리지어
⑩ **익스텐션(extension)** : 와이어를 더욱 단단히 보강하기 위해 덧대어 사용한다.
⑪ **페더링(feathering)**
   ㉠ 큰 꽃의 꽃잎을 분해하여 깃털처럼 새로운 꽃으로 만든다.
   ㉡ 코사지나 터지머지(tuzzy-muzzy) 등과 같은 섬세한 디자인을 할 때 사용된다.
   ㉢ 카네이션, 국화 등의 꽃잎을 여러 장 겹쳐서 감아준다.
⑫ **개더링(gathering)** : 분화된 꽃잎을 모아 크기나 모양에 변화를 준다.

피어싱	크로싱	인서션
후킹	루핑	헤어핀
소잉	트위스팅	시큐어링

Topic 04 절화의 관리

1. 절화의 생리

① **수분 흡수** : 유관 속 폐쇄로 인해 절화의 물올림이 방해된다.

유관 속 폐쇄의 원인
- 절단 시 도관이 으깨진다.
- 도관 속 공기 발생으로 물올림이 방해된다.
- 미생물이 도관을 막는다.
- 유액 분비 식물의 경우 유액이 굳어 도관을 막는다.
- 점착 물질이 쌓여 도관을 막는다.

② **증산작용** : 증산이란 잎을 통해 수분이 빠져나오는 것을 말한다. 증산량이 흡수량(식물이 절단면을 통해 흡수하는 수분의 양)보다 많으면 절화는 빨리 시들게 된다.

③ **수분 균형**
  ㉠ 증산량＞흡수량 : 절화가 시든다.
  ㉡ 증산량＜흡수량 : 절화의 신선도가 유지된다.

2. 절화의 품질 저하 요인

꽃목굽음	수분 부족으로 줄기가 휘어지는 현상
꽃잎 탈리	작은 꽃 또는 꽃의 일부분이 떨어지는 현상
꽃잎 위조	꽃잎이 마르거나 시드는 현상
봉오리 건조	봉오리 상태에서 개화하지 못하고 마르는 현상
잎의 황화·흑변화	잎이 황색, 갈색, 흑색으로 변하는 현상
굴지성	• 수평으로 눕혀서 취급 시, 줄기가 휘어지는 현상 • 방지를 위해 수직으로 세워 보관·운반함 예 금어초, 글라디올러스

3. 절화의 수확과 처리

① **수확 시기** : 아침 또는 저녁이 좋다.
② **예냉** : 온도를 낮춰 호흡·증산 등의 생리작용을 억제하여 절화의 신선도를 유지한다.
③ **재수화**
  ㉠ 절화 보관·운반 시 수분 부족을 겪은 절화에 다시 물올림을 해주는 것을 말한다.
  ㉡ 38~40℃의 따뜻한 물에 물올림해주는 것이 좋다.
④ **펄싱(pulsing)**
  ㉠ 수송이나 저장 전에 단시간 처리하는 방법이다.
  ㉡ 주요 성분은 설탕이며 보존용액에 사용하는 것보다 높은 농도에서 4~16시간 동안 단시간 처리한다.

4. 절화의 선별과 포장

① 꽃의 종류에 따라 포장 방법을 달리한다.
② 굴지성 절화의 경우 세워 보관·운반한다. **예** 글라디올러스, 금어초
③ 고가이거나 물내림이 심한 절화의 경우, 워터 튜브 등으로 물처리를 하여 보관·운반한다.
　예 수국, 난

5. 절화의 저장

① **저온 저장** : 저온에서는 식물체의 호흡량과 증산량이 감소하므로 이를 이용하여 신선도를 유지한다.
② **CA 저장** : 저장고 내의 산소 농도는 낮추고 탄산가스의 양을 높인 상태로 절화를 저장한다.
③ **감압 저장** : 저장고 내의 기압을 대기압의 1/10~1/20로 낮춰 저장한다.

6. 절화 수송 방식의 종류

① **온도 조절에 따른 수송 방식** : 상온 수송, 저온 수송
② **운송 수단에 따른 수송 방식** : 트럭 수송, 선박 수송, 항공 수송
③ **침지(물에 담굼) 여부에 따른 수송 방식** : 건식 수송, 습식 수송

Topic 05 화훼장식 디자인 요소

1. 선(line)

① **개요** : 가장 기본적인 요소로 디자인의 전체적인 틀과 골격을 형성한다.
② **선 디자인 요소**

수직선	정적인 선, 상승, 힘과 강한 인상, 위엄, 엄격함, 공식적이며 근엄함을 표현할 때 사용
수평선	안정감, 평화로움을 표현할 때 사용
사선	운동성, 방향감, 속도감, 불안함, 긴장, 흥미, 재미를 표현할 때 사용
곡선	부드러움, 우아함, 리듬감을 표현할 때 사용

2. 형태(form)

① **개요** : 물체의 외형으로 3차원적·입체적 모양(높이·너비·깊이)을 의미한다.
② **형태 디자인 요소**

닫힌 형태	작품 안에 비어있는 공간이 거의 없게 가득 채워 디자인한 형태
열린 형태	작품 속 꽃과 꽃 사이에 빈 공간이 있게 열린 디자인을 한 형태

기하학적 형태	기하학(도형, 알파벳 등)의 형태를 띠고 있음 예 원형, 삼각형, 사각형, 수직형, S형
자연적인 형태	자연을 옮겨 놓은 듯한 형태 예 정원식 디자인, 보태니컬(식물) 디자인, 베지터티브(식물생장) 디자인
추상적인 형태	작가의 의도를 통해 응용하여 추상적인 형태로 만들어진 디자인 예 파베(보석박기) 디자인, 쉘터드 디자인, 앱스터렉트 디자인

3. 깊이(depth)

① **개요** : 평면적인 작품이 아닌 입체적인 작품으로 구성하기 위해 사용된다.
② **표현 방법**
  ㉠ 소재의 길이를 길거나 짧게 사용하여 높낮이를 표현한다.
  ㉡ 꽃을 앞뒤로 겹쳐 배치한다.
  ㉢ 꽃의 특징에 따라 위 또는 밖에 배치하는 것과 아래 또는 안에 배치한다.
  ㉣ 줄기의 각도를 과장되어 보이게 하기 위해 가장 뒤에 있는 줄기는 약간 더 뒤로 제치고 맨 앞의 줄기는 앞의 밑으로 늘어뜨린다.
  ㉤ 꽃을 배열할 때 부분적으로 다른 꽃을 가리거나 꽃의 길이를 약간 다르게 해서 나타낸다.
  ㉥ 큰 꽃은 아래로, 작은 꽃은 위로, 큰 것에서 작은 것으로 점진적 변화가 나타나도록 배열한다.
③ **작품에서의 위치에 따른 깊이 표현 방법**

위 또는 밖에 배치	• 꽃의 크기가 작음 • 명도가 높음	• 색이 연함 • 채도가 높음
아래 또는 안에 배치	• 꽃의 크기가 큼 • 명도가 낮음	• 색이 진함 • 채도가 낮음

4. 공간(space)

① **개요** : 디자인할 공간, 화훼장식 디자인이 놓여야 할 공간, 전체 공간 모두를 의미한다.
② **공간 디자인 요소**

양화적 공간 (positive space)	• 꽃이나 소재로 채워진 모든 부분 • 소재로 채워진 구심적 공간으로 의도적으로 계획한 적극적인 공간
음화적 공간 (negative space)	작품 안에서 꽃이나 소재가 채워지지 않은 부분
열린 공간(빈 공간) (void)	• 꽃과 꽃 사이 비어 있는 음화적 공간으로 선이 강조될 수 있게 도와주는 공간 • 선형적(포멀리니어) 디자인, 동양 꽃꽂이에서 많이 활용함

5. 질감(texture)

① 직접 만지면서 느껴지는 촉각적 질감과 눈으로 보이는 시각적 질감으로 구분한다.
② 거침, 부드러움, 딱딱함, 매끈함, 단단함 등으로 표현할 수 있다.

6. 향기(scent)

① 향기를 통해 작품의 분위기를 조성한다.
② 긴장 완화·부드러운 분위기 연출·심신 활력 등의 효과가 있다.

7. 색채(color)

(1) 개요

가장 중요한 디자인 요소로, 빛의 파장에 의해 시각적으로 지각되는 모든 색을 말한다.

(2) 색의 3속성

① 색상(hue)
  ㉠ 빛의 파장에 의해 나타나는 눈으로 식별할 수 있는 색의 명칭이다.
    예) 빨강, 주황, 노랑, 초록, 파랑 등
  ㉡ 체계에 따라 색을 둥글게 연결한 것을 색상환이라 한다.

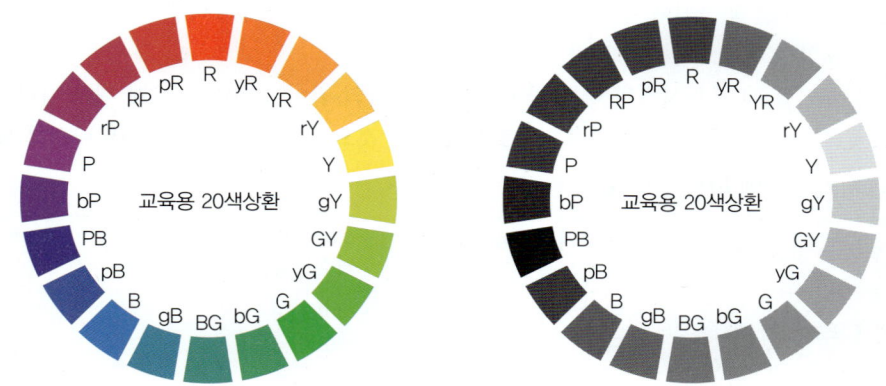

② 명도(value)
  ㉠ 색의 밝고 어두운 정도를 말하며, 명도가 높으면 밝아지고 명도가 낮으면 어두워진다.
  ㉡ 밝기의 정도에 따라 0(검정색)~10(흰색)으로 나타내며 저명도, 중명도, 고명도로 구분한다.
    • 색 + 흰색 = 고명도 Tint
    • 색 + 회색 = 중명도 Tone
    • 색 + 검정 = 저명도 Shade

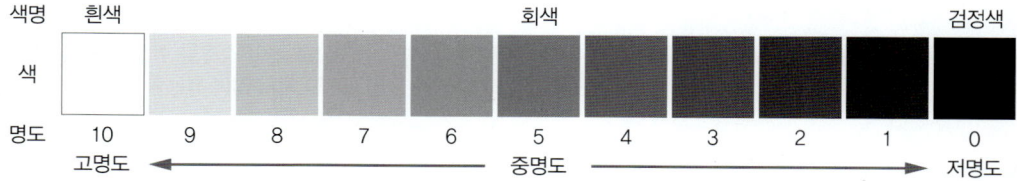

③ 채도(chrome)
  ㉠ 색의 순수함, 선명함, 흐림의 정도로 선명도 또는 포화도라고도 한다.
  ㉡ 순색에 가까울수록 채도가 높고, 다른 색을 혼합하면 할수록 채도가 낮다.

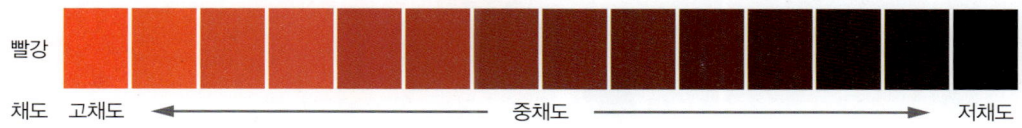

(3) 색채의 조화
  ① 단일색 조화
    ㉠ 동일 색상 중에서 명도와 채도가 다른 색상끼리의 조화이다.
    ㉡ 가장 무난한 배색으로 부드럽고 온화하며 차분한 느낌을 준다.
  ② 유사색상 조화
    ㉠ 색상환에서 인접한 색상끼리의 조화이다.
    ㉡ 단일색 조화에 비해 약간의 변화가 있고 부드러운 이미지를 준다.
  ③ 보색 조화
    ㉠ 색상환에서 서로 마주 보는 위치에 있는 색상끼리의 조화이다.
    ㉡ 강렬한 느낌, 생동감, 화려한 이미지를 준다.
  ④ 인접보색 조화
    ㉠ 한 색상과 마주 보는 보색의 양쪽에 위치한 색과의 조화이다.
    ㉡ 보색 조화에 비해 덜 대조적이나 다양함과 흥미를 줄 수 있다.
  ⑤ 삼색 조화
    ㉠ 색상환에서 삼각형 간격으로 벌어져 있는 색끼리의 조화이다.
    ㉡ 화려함, 원색적 표현 효과, 개방적인 이미지를 준다.
  ⑥ 이색 3 조화 : 색상환에서 120°의 위치에 있는 색과 함께 조화를 이루는 것이다.

(4) 색체계
  ① 먼셀의 색체계
    ㉠ 미국의 색채연구가 먼셀에 의해 창안되었다.
    ㉡ HV/C : 색상(H), 명도(V), 채도(C) 순으로 표기한다.
      예 5R 5/14는 5R 5의 14라고 읽고 이때 색상은 5R, 명도는 5, 채도는 14이다.

ⓒ 5가지 기본색(빨강, 노랑, 녹색, 파랑, 보라)을 혼색하여 10가지 색상을 만들고, 이 10가지 색상을 다시 10등분하여 100가지 색상을 만들어 숫자와 기호로 색상을 표시한다.

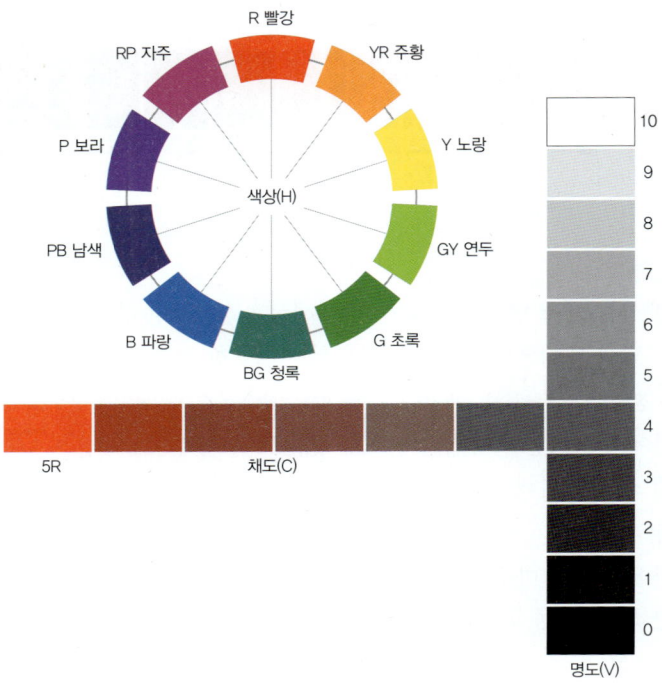

② 오스트발트의 색체계
 ㉠ 독일의 색채학자 빌헬름 오스트발트가 헤링의 4원색설을 기본으로 발표한 색체계이다.
 ㉡ '노랑', '빨강', '파랑', '초록'을 4원색으로 설정한다.
 ㉢ 색상번호, 백색의 양, 흑색의 양 순서로 표기한다.
 ㉣ 2gc, 14ic, 8ea 등의 기호로 색을 표기한다.

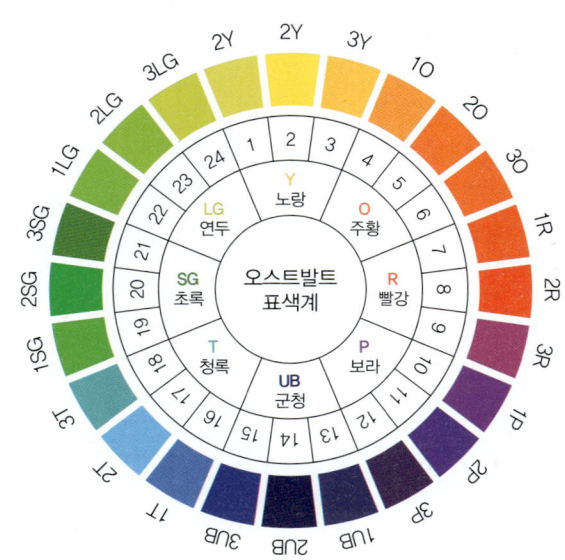

③ NCS(Natural Color System) 색체계
  ㉠ 스웨덴의 컬러 센터에서 1972년 발표된 색체계로 색을 논리적으로 해석한 것이다.
  ㉡ '노랑', '빨강', '파랑', '녹색'의 4가지 색을 기본으로 40개의 색상으로 나누어 색상환을 구성하고 이 색상환을 기준으로 [흰색, 검정]의 정도에 따라 다시 세분화하여 표기한다.
  ㉢ 흰색 양+검정색 양+순색 양의 합은 100이다.

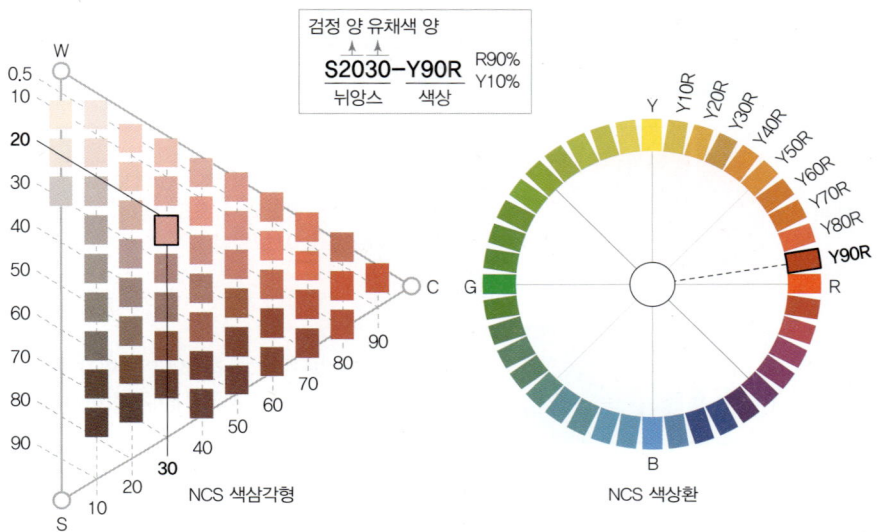

④ **요하네스 이튼의 색체계** : '빨강', '노랑', '파랑'의 1차색을 중심으로 2차색, 3차색을 추가하여 12개의 색상환을 구성한다.

(5) 색의 대비
  ① **개요** : 2가지 이상의 색을 배열하였을 때 서로 영향을 받아 그 차이가 강조되어 보이는 현상을 말한다.
  ② **종류**

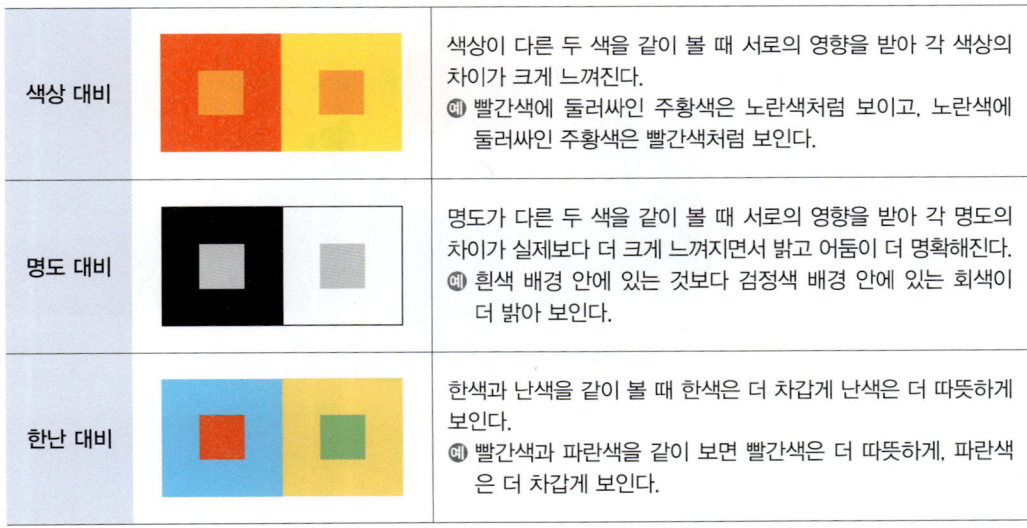

채도 대비		채도가 다른 두 색을 같이 볼 때 서로의 영향을 받아 각 채도의 차이가 실제보다 더 크게 느껴지며 맑고 탁함이 더 명확해진다.
보색 대비		보색인 두 색을 같이 볼 때 각각의 채도가 더 높아 보인다. ◎ 보색인 빨간색과 녹색을 같이 보면 각각의 채도가 더 높아 보인다.
면적 대비		색 면적이 크고 작음에 따라 색이 달라 보인다. ◎ 면적이 작으면 명도와 채도도 낮아 보이고, 면적이 크면 명도와 채도도 높아 보인다.
연변 대비		두 색이 맞붙어 있을 때 그 경계의 언저리가 멀리 떨어져 있는 부분보다 속성(색상, 명도, 채도) 대비가 강하게 일어난다.
계시 대비	한 색상을 보다가 시간차를 두고 다른 색상을 볼 때, 이전 색상의 잔상이 남아 색이 다르게 보인다.	

(6) 색의 혼합

① **가산혼합(가법혼색, 빛의 혼합)**

㉠ 빛의 삼원색인 빨강(red), 파랑(blue), 초록(green)을 섞으면 흰색에 가까워진다.

㉡ 빛은 혼합하는 색의 수가 많을수록 명도는 높아지고 채도는 낮아진다.

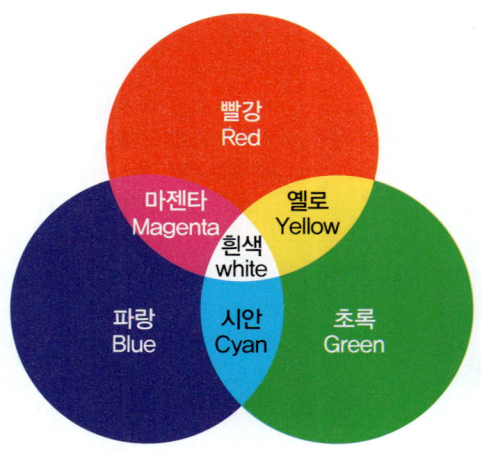

② 감산혼합(감법혼색, 색료의 혼합)
  ㉠ 색의 삼원색인 시안(Cyan), 마젠타(Magenta), 옐로(Yellow)를 섞으면 검은색에 가까워진다.
  ㉡ 색료는 혼합하는 색의 수가 많을수록 색의 명도와 채도가 낮아진다.

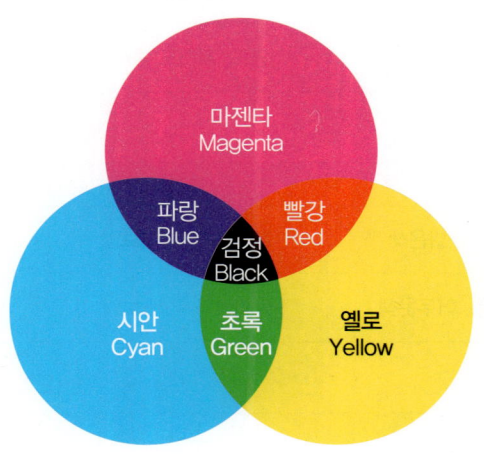

③ 중간 혼합(평균혼합)
  ㉠ 색을 실제로 섞은 것이 아니라, 혼합 배치하여 두 색의 중간 정도로 보이는 착시현상이다.
  ㉡ 중간혼합의 종류
    • 병치혼합(베졸드 효과) : 서로 다른 두 색을 조밀하게 배치하여 멀리서 보면 두 색이 섞인 하나의 색으로 보이는 현상이다.
    • 회전혼합 : 서로 다른 두 색을 회전시키면 두 색이 섞인 하나의 색으로 보이는 현상이다.
      예 바람개비(또는 색팽이)의 반은 노란색, 반은 파란색으로 칠해 놓고 돌리면 초록색으로 보인다.

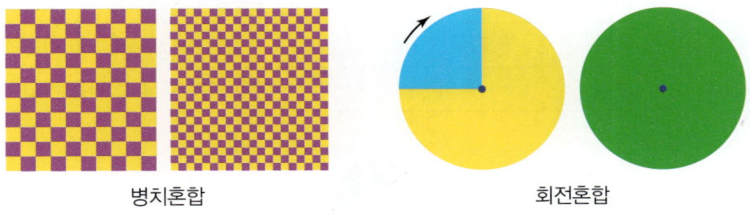

병치혼합   회전혼합

(7) 색의 성질
① 난색과 한색, 중성색

종류	예시	효과
난색	빨강, 주황, 노랑	활동적, 열정적
한색	파랑, 남색, 청록	차가움, 침착함
중성색	연두, 녹색, 보라	편안함

② 진출색과 후퇴색

종류	예시	효과
진출색	난색 계통 : 노랑	고명도, 고채도, 따뜻함
후퇴색	한색 계통 : 파랑	저명도, 저채도, 차가움

진출색과 후퇴색

③ 팽창색과 수축색

종류	예시	효과
팽창색	난색 계통, 밝은색	실제보다 크게 보임
수축색	한색 계통, 어두운색	실제보다 작게 보임

팽창색과 수축색

④ 무거운색과 가벼운색

종류	예시	효과
무거운색	어두운색, 검정색	불투명
가벼운색	밝은색, 흰색	투명함

색의 중량감

(8) 한국 고유의 오방색

구분		방위	계절	설명
청색	목(木)	동쪽	봄	만물이 생성되는 봄의 색
적색	화(火)	남쪽	여름	왕족이나 고급 관료가 사용한 고귀한 색
백색	금(金)	서쪽	가을	결백과 진실을 의미하는 색
흑색	수(水)	북쪽	겨울	인간의 지혜를 의미하는 색
황색	토(土)	중앙	–	황제 의복 제작 시 사용된 고귀한 색

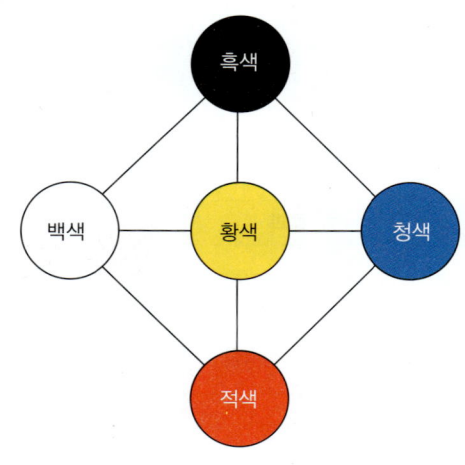

Topic 06　화훼장식 디자인 원리

1. 조화
① 모든 구성요소가 분리되지 않고 서로 잘 어우러져 전체적인 질서를 이루는 미적 원리이다.
② 작품의 주제, 장소 및 계절, 소재 간의 색과 질감, 화기의 형태 등이 조화를 이루어야 한다.
③ 주제, 형태, 크기, 재료, 질감, 무늬와 같은 요소들이 일치된 속에서 통일된 균형을 이루고 있음을 의미한다.

2. 통일
① 부분적인 요소들이 결합하여 하나의 효과로 표현된다.
② 통일감을 이루는 방법으로는 근접성, 연계성, 반복성이 있다.
③ 동일 질감의 재료 선택, 유사색 사용, 일관된 기술의 사용을 통해 나타낼 수 있다.

3. 규모
장식될 공간과 작품 간의 상대적 크기를 말한다.

4. 비례(비율)
① 구성요소 간의 상대적 크기의 관계를 말한다.
② 통일과 변화를 조성하는 원리이다.
③ 많고 적음, 길고 짧음, 부분과 전체의 차이 비 등을 통해 표현할 수 있다.
④ **비율의 종류**
　㉠ 과소비율 : 1:1 이하
　㉡ 정상비율 : 1:1~1:6
　㉢ 과다비율 : 1:6 이상
⑤ 황금비율은 1:1.618, 3:5:8로 다양한 측면에서 활용된다.

5. 강조
① 전체의 통일감을 나타내기 위해 특정 부분을 돋보이게 하는 것이다.
② **강조점(focal point)** : 시선이 머물러 고정되며 무게 중심을 잡아주는 역할을 한다.
③ **강조 영역(focal area)** : 강조점이 있는 부분이다.
④ **악센트(accent)** : 흥미와 감동을 유발시킬 수 있는 부분으로 포컬 포인트를 돋보이게 하는 역할을 한다.

6. 리듬

① 반복, 연계를 통해 만들어지는 시각적 운동성이나 흐름이다.
② 색의 규칙적인 반복 사용, 같은 형태의 꽃 반복 사용, 색의 연계 등을 통해 표현할 수 있다.
③ 유사색을 사용하여 연속적으로 되풀이하기 등의 변화를 주어 시각적인 즐거움을 줄 수 있다.
④ **리듬 표현 방법** : 꽃과 꽃의 간격, 선의 높고 낮음, 소재의 질감 변화

7. 대비

① 서로 다른 성질을 가진 색상, 질감, 형태를 강조하는 방법이다.
② 대비를 통해 소재의 특성을 더욱 강조하거나, 긴장감을 조성할 수 있다.

8. 균형

① 중심축을 기준으로 양쪽을 안정감 있게 배치하는 것을 말한다. 시각적인 평형감과 평정의 느낌을 준다.
② **균형의 원리**
  ㉠ 물리적 균형 : 실질적, 물리적 무게의 균형을 말한다.
  ㉡ 시각적 균형 : 재료의 색상, 형태, 질감 등을 통해 시각적으로 보이는 균형을 말한다.
③ **균형 표현 방법**
  ㉠ 대칭 균형
    • 중심축을 기준으로 양쪽에 같은 형태나 질감 그리고 동일한 컬러를 가진 물체를 마치 거울에 비추어진 것과 같이 배열한다.
    • 시각적으로 편안하고 안정적인 무게감을 준다.
    • 공식적이고 위엄을 강조하는 관공서 건물이나 종교 관련 건축물에 사용된다.
  ㉡ 비대칭 균형 : 중심축 양쪽의 무게가 동일하지 않지만, 시각적으로 안정감 있게 표현한다.

Topic 07 절화 상품 작업 준비

1. 제반사항 및 재료 준비

(1) 작업시설과 기기의 종류
① **작업 테이블** : 화훼장식물 제작에 필요한 작업용 테이블이다.
② **보관대** : 각종 공구, 도구, 부재료 등을 보관한다.
③ **꽃 냉장고** : 꽃 전용 냉장고로 저온 보관을 통해 절화의 수명을 연장한다.
④ **온·습도계** : 온도·습도 관리를 통해 절화의 수명을 연장한다.
⑤ **냉·난방기** : 작업장 내 온도 조절을 한다.
⑥ **개수대** : 절화 컨디셔닝 등 화훼장식물 제작에 필요한 급수 및 배수 시설이다.
⑦ **회전 테이블** : 손쉬운 작품 회전을 통해 사방화 작품 제작 및 강의에 도움을 준다.
⑧ **소재 폐기통** : 화훼장식물 제작 후 남은 소재를 버리는 용도이다.

(2) 절단 재료
① **칼** : 소재나 플로랄폼을 절단할 때 사용하며 가위보다 절단면이 더 깨끗하게 잘려 물올림에 좋다.
② **가위**
　㉠ 꽃가위 : 절화, 절엽, 절지의 가지 절단 또는 정리에 사용한다.
　㉡ 전정가위 : 굵은 가지 절단 시 사용한다.
　㉢ 철사가위(와이어) : 철사, 알루미늄 와이어 등의 절단 시 사용한다.
　㉣ 공예가위(수공) : 리본, 테이프, 포장지 등을 자를 때 사용한다.
　㉤ 핑킹가위 : 리본, 포장지 등의 테두리 장식 효과를 위해 사용한다.
③ **니퍼** : 철사 등을 절단할 때 사용한다.
④ **펜치** : 철사를 구부리거나 절단할 때 사용한다.

칼

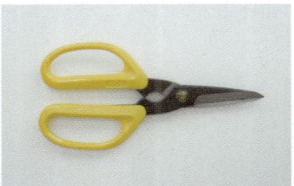
가위

니퍼와 펜치

(3) 물공급용 도구
① **물통** : 절화, 절엽, 절지 등의 물 공급 및 보관을 위한 통이다.
② **워터 튜브**
　㉠ 플라스틱 또는 유리에 물을 넣어 사용할 수 있는 제품이다.
　㉡ 절화의 줄기가 짧거나 수분 공급이 어려운 상황에서 주로 이용된다.
　㉢ 절화를 구조물 혹은 공중 등에 매달 때 주로 사용된다.
③ **워터 픽** : 워터 튜브와 동일한 용도로, 끝이 뾰족하여 플로랄폼 등에 꽂아 사용한다.

④ **코끼리물통** : 긴 빨대가 달린 물통으로 워터 튜브, 워터 픽 등에 물을 공급할 때 사용한다.
⑤ **분무기** : 물, 액체 약품 등을 분무하여 작품의 수명을 연장시킨다.

 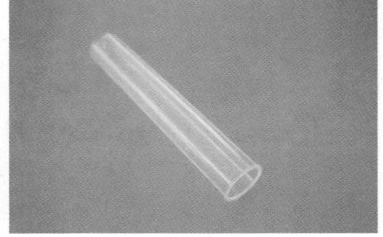

물통   워터 튜브

(4) 용기
① **플라스틱** : 가볍고 관리가 용이하며 저렴하다.
② **유리 화기** : 투명하여 아름다우나 쉽게 깨질 수 있어 조심히 관리해야 한다.
③ **바구니(바스켓)** : 이동이 간편하며 다양한 디자인이 나온다. 사용 시에는 물이 새지 않도록 방수 처리용 비닐을 덧대어 사용하는 것이 좋다.
④ **수반** : 높이가 낮고 폭이 넓은 화기를 말한다.
⑤ **콤포트** : 서양식으로 굽이 있는 화기이다.
⑥ **도자기** : 우아하며 내구성과 방수성이 우수하나, 무겁고 비싸다.
⑦ **금속 화기** : 질감이 매끈하며 단단하고 광택이 있다.
⑧ **종이 상자** : 원형, 사각형, 하트형 등 다양한 디자인이 나온다. 사용 시에는 물이 새지 않도록 방수 처리용 비닐을 덧대어 사용하는 것이 좋다.
⑨ **테라코타** : 다공성 재질로 통기성이 좋고 자연미가 있으며, 모양과 크기가 다양하나 깨질 위험이 있다.
⑩ **강철** : 부식 상태에 따라 매끄럽거나 또는 거친 느낌이 나며, 차고 강한 느낌의 현대 문명을 암시한다.

플라스틱   유리 화기   도자기   강철

(5) 철사
① 와이어(철사)
  ㉠ 철사를 덧대어 줄기나 잎을 튼튼히 보강한다.
  ㉡ 철사를 줄기 대신 사용하여 작품의 부피와 무게를 줄일 뿐만 아니라 자유로운 디자인을 할 수 있게 한다.
  ㉢ 재료를 지탱할 수 있는 범위 내에서 가장 가는 철사를 사용한다.

         ② 철사의 굵기는 번호가 높을수록 얇고, 번호가 낮을수록 굵다.
         ⑪ 화훼장식에서는 #18~26 굵기를 많이 사용한다.
    ② **지철사** : 종이가 감긴 철사로 구조물 제작 등의 고정 작업 시 많이 사용한다.
    ③ **바인딩 와이어** : 지철사의 한 종류로 꽃, 리본 등을 손상이 적게 묶을 때 사용한다.
    ④ **알루미늄 와이어** : 손으로 자유롭게 형태를 만들 수 있으며 다양한 색상이 나온다.
    ⑤ **카파 와이어** : 얇고 잘 구부러진다.
    ⑥ **뷰리온 와이어** : 스프링 형태로 늘려가면서 사용한다.
    ⑦ **와이어 네트(치킨망)** : 재료를 지지하거나 고정하는 용도로 사용한다.

지철사 　　　　　알루미늄 와이어 　　　　　카파 와이어 　　　　　와이어 네트

(6) **스프레이 용품**
    ① **잎 광택제** : 흙, 먼지, 농약, 비료 등의 자국을 제거하고 잎에 광택이 나게 한다.
    ② **접착 스프레이** : 분무기 타입의 접착제이다.
    ③ **염료 스프레이** : 분무기 타입의 꽃 전용 염료제이다.
    ④ **플로랄 에어로졸 실러** : 생화 표면의 구멍을 막아 절화의 수명을 연장시킨다.

2. 고정재료의 종류

(1) **고정재료**
    ① **침봉**
        ㉠ 쇠로 된 판에 짧고 굵은 핀이 촘촘히 박혀 있다.
        ㉡ 동양 꽃꽂이에서 주로 사용되며, 화기 안에서 절화, 절지, 절엽 등을 고정한다.
        ㉢ 절화 줄기를 고정하는 데 사용하는 재료이며 다양한 형태로의 조형이 어려워 제약이 가장 많이 따른다.
    ② **앵커핀** : 플로랄폼을 고정하기 위해 사용된다.
    ③ **마끈** : 주로 꽃다발을 묶을 때 사용한다.
    ④ **라피아**
        ㉠ 식물의 껍질로 만든 끈으로 꽃다발을 묶을 때 주로 사용한다.
        ㉡ 꽃다발 등을 만들 때 철사 대신 묶는 용도로 이용하거나 장식용으로 쓰이는 자연소재이다.
    ⑤ **케이블타이** : 구조물 및 작품 고정 시 사용한다.
    ⑥ **플로랄폼**
        ㉠ 가장 많이 사용하는 고정재료로 절화, 절지, 절엽 등을 고정할 때 사용한다.
        ㉡ 물 흡수 여부에 따라 흡수성과 비흡수성이 있다.
        ㉢ 많은 양의 꽃을 꽂을 수 있다.

ⓔ 꽃에 수분을 공급해 주는 역할을 한다.
　　ⓜ 재사용이 불가능하다.
　　ⓗ 플로랄폼은 다양한 경도, 다양한 색, 다양한 모양으로 생산되어 나온다.
　　ⓢ 종류 : 브릭형 플로랄폼(일반 직사각형), 링형 플로랄폼, 드라이 폼, 컬러 폼, 부케 홀더, 구, 갈란드, 르클립 등

> **플로랄폼 물 흡수 방법**
> 물통에 물을 담고 그 위에 플로랄폼을 띄운다. 그리고 자연스럽게 물이 흡수될 수 있게 놔둔다. 손으로 누른다거나 위에서 물을 부으면 안 된다.

침봉

앵커핀

마끈

미니 플로랄폼

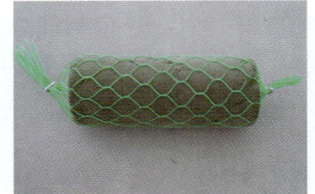
갈란드 플로랄폼

리스 플로랄폼

(2) 접착제
　① **글루건** : 글루스틱을 꽂아 전기로 녹여 사용하는 접착용 전자건이다.
　② **글루팬** : 글루를 전기를 이용하여 팬에서 녹여 여러 사람이 사용 가능하다.
　③ **글루포트** : 글루스틱을 녹여 사용하는 기구이다.
　④ **플로랄 클레이** : 방수 점토로 침봉, 앵커핀 등을 고정시키기 위해 사용한다.
　⑤ **생화접착제(콜드글루)** : 생화 전용 접착제이다.

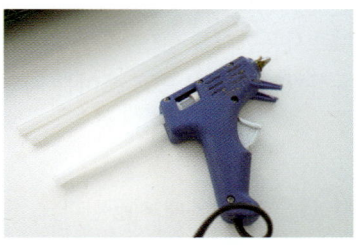
글루스틱, 글루건

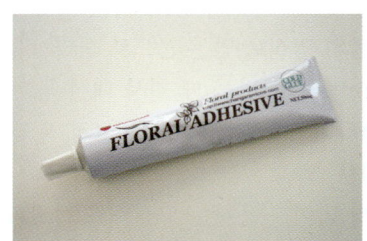
생화접착제(콜드글루)

(3) 테이프
① **플로랄테이프** : 종이테이프로, 잡아당겨야 접착성이 생기므로 당겨 가며 사용한다.
② **방수테이프** : 플로랄폼을 화기에 고정시킬 때 사용한다.
③ **양면테이프** : 테이프 양쪽으로 접착제가 있다.

플로랄테이프 　　　　　　　　방수테이프 　　　　　　　　양면테이프

3. 작업지시서
① 작업 시 제작부서 또는 거래처에 업무 지시를 위해 작성한다.
② 기재 내용
　㉠ 날짜, 상품명, 상품 가격, 제작 수량
　㉡ 작업담당자의 기본정보, 고객 요구사항
　㉢ 상품 기본 사항(작품 색상, 소재 크기 등), 작업 방법 및 순서
　㉣ 제작에 필요한 재료의 종류, 품질, 제작 기법, 마무리 정도
　㉤ 현장 설치 시 현장 작업 조건을 고려한 준비사항 및 마무리 사항
　㉥ 완성된 상품의 관리 방법, 기타 주의사항
　㉦ 필요시 상품 도면, 상세도, 시제품 이미지 등도 함께 첨부

Topic 08　꽃다발 제작

1. 자연 줄기 배열에 따른 분류
(1) 나선형(spiral)
① 줄기는 한 방향으로 배열한다.
② 바인딩 포인트(묶음점)는 하나이다.

(2) 병렬형(평행형, parallel)
① 모든 줄기가 평행이 되도록 나란히 배열하여 제작한다.
② 바인딩 포인트는 1개 이상이 될 수 있고, 장식적인 역할도 한다.

나선형

병렬형

2. 제작 방법에 따른 분류 및 장단점

구분	자연줄기 부케 (핸드타이드 부케)	와이어링 부케 (철사 이용 부케)	홀더 부케 (플로랄폼 이용 부케)
설명	자연 줄기를 그대로 사용하여 만든 부케	와이어로 줄기를 대체하여 만든 부케	부케 홀더에 꽂아서 만든 부케
장점	제작 용이, 제작비 절감, 신선도 유지됨	자유로운 형태 제작이 가능함, 가벼움	제작 시간이 짧음, 신선도 유지됨, 소재 선택 범위가 넓어짐
단점	자유로운 형태 제작이 어려움, 무거움	제작 시간이 오래 걸림, 꽃의 신선도 유지가 어려움	무거움

자연줄기 부케

와이어링 부케

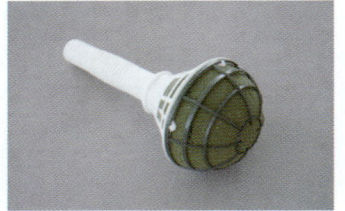
부케 홀더

3. 용도별 분류

① **꽃다발** : 한송이 꽃다발, 원형 꽃다발, 프리젠테이션 꽃다발 등
② **신부화** : 원형 부케, 폭포형 부케, 초승달형 부케, 삼각형 부케, 샤워 부케 등

4. 꽃다발 제작 시 유의사항

① 줄기 끝은 물 흡수를 위해 반드시 사선으로 자른다.
② 바인딩 포인트(묶음점) 아래 줄기의 잎·가시는 깨끗이 정리한다.
③ 묶음점은 최대한 단단히 묶어 모양의 흐트러짐이 없도록 한다.
④ 작업 중 꺾인 줄기나 상처가 난 꽃은 정리한다.
⑤ 줄기의 길이는 전체적으로 비슷해야 한다.

Topic 09 꽃바구니 제작

1. 꽃바구니 제작 순서(기본형)
① 바구니 안쪽에 비닐 등을 덧대어 물이 새지 않도록 방수처리한다.
② 물에 적신 플로랄폼을 바구니 안쪽에 단단히 고정시킨다.
③ 바구니의 높이와 너비 기준이 되는 절엽을 꽂는다.
④ 바구니 중앙에서 살짝 한쪽으로 치우친 공간에 포컬 포인트를 꽂는다.
⑤ 매스 플라워를 그룹핑으로 꽂아 삼각 구도를 이룬다.
⑥ 균형 있게 전체 외곽 모양을 만들어준다.
⑦ 사이사이 빈 공간은 필러 플라워, 그린 소재를 꽂아 마무리한다.
⑧ 수명 연장제 처리, 리본 장식, 포장 후 마무리한다.

2. 꽃바구니 제작 시 유의사항
① 용도(축하, 애도, 이벤트 등), 고객 예산, 선물 받는 이의 성별 및 연령대에 맞춰 제작한다.
② 방수처리를 통해 물이 새지 않게 한다.
③ 운반이 가능하도록 제작한다.
④ 이동 시 꽃이 빠지지 않을 정도의 깊이로 줄기가 꽂혀 있어야 한다.
⑤ 플로랄폼 등의 고정장치가 보이지 않게 마무리해야 한다.

Topic 10 꽃꽂이상품 제작

1. 센터피스
① 테이블 중앙에 놓아 장식하는 꽃꽂이로 시야를 가리지 않게 낮게 제작한다.
　예 롱앤로우 센터피스, 긴 사방화, 원형 사방화
② 스탠딩 파티 등에서는 수직형 사방화도 제작된다.

2. 화병꽂이
① 유리, 도자기, 플라스틱 등으로 만들어진 화병에 물을 넣고 줄기를 꽂아 장식한다.
② 물에 닿는 부분의 줄기는 잎, 가시 등이 없도록 깨끗이 정리한다.
③ 물을 자주 갈아주고, 줄기 끝은 사선으로 조금씩 잘라 가며 관리한다.

센터피스

Topic 11 기타 화훼장식물 제작

1. 리스(화환, 크란츠)

① 링 모양의 원형 디자인으로 영원성, 윤회성, 무한성, 불멸성을 상징한다.
② 고리 모양의 틀에 꽂거나, 붙이거나, 엮어서 제작한다.
③ 테이블용, 벽걸이용, 행사장 센터피스용, 장례용, 크리스마스용 등으로 다양하게 사용된다.
④ 1:1.618:1의 황금비율을 적용하여 제작한다.

리스

2. 갈란드

① 절화, 절엽, 열매 등을 길게 엮어 만든 유연성 있는 장식물을 말한다.
② 흩어지지 않게 단단히 고정하고 연결하는 끈은 강하고 질긴 것을 사용하여야 한다.
③ 어깨에 걸치거나 벽, 기둥 등을 감아 난간, 문 등을 장식하기 용이하다.
④ 행사, 결혼식, 크리스마스 장식 등으로 다양하게 사용된다.

3. 코사지

① 신체 부위를 장식하는 작은 꽃다발을 말한다.
② 결혼식에서 신랑의 가슴 장식용으로 사용되는 코사지를 부토니아(버튼홀 플라워)라고 한다.
③ **코사지 종류에 따른 장식 위치**

종류	신체 장식 위치
헤어 코사지	머리
숄더 코사지	어깨
에포렛 코사지	어깨 위에서 겨드랑이까지
바스트 코사지	가슴
웨이스트 코사지	허리
백 코사지	등
리슬릿 코사지	손목, 팔목
브레슬렛 코사지	손목, 팔목
앵클릿 코사지	발목

④ **코사지 제작 시 유의사항**
  ㉠ 형태, 색상, 크기는 용도에 맞게 제작한다.
  ㉡ 신체에 장식하는 것이기에 가볍고, 유연성 있게 제작한다.
  ㉢ 신선도가 오래 유지되는 소재로 제작한다.

코사지

4. 콜라주

① 캔버스나 화판에 다양한 재료(신문지, 헝겊, 물건, 천, 금속, 돌 등)를 붙여 구성하는 표현 기법의 장식물로 입체감을 나타낸다.
② 20세기에 등장한 독특한 시각예술로 프랑스어 coller(풀칠, 붙이다)에서 유래되었다.
③ 평면적인 화면에 입체적인 생화나 건조 소재 등의 소재를 반평면적으로 배치하여 표현하는 장식물이다.

Topic 12 작업공간 정리

1. 생화 정리
① 재사용할 재료와 폐기할 재료를 구분한다.
② 재사용할 재료는 종류, 길이, 특성에 따라 재정리하여 물통에 보관한다.
③ 긴 줄기는 물통에, 짧은 줄기는 플로랄폼에 꽂아 보관한다.
④ 짧은 길이의 절엽은 물 스프레이 후, 비닐에 넣어 꽃 냉장고에 보관한다.

2. 도구 정리
① 절단용 도구는 사용 후 닦아서 보관한다.
② 공구함, 도구 진열대에 정리 보관한다.

3. 부자재 정리
철사, 리본, 포장지, 액세서리 등은 종류, 크기, 색, 번호별로 나누어 정리한다.

4. 작업 테이블 및 공간 정리
① 진열대, 개수대, 테이블 위는 물론 아래 바닥 또한 깨끗이 청소한다.
② 사용한 물통은 깨끗이 씻어 잘 말린다.

5. 절화상품 폐기물 관리
① 사용한 플로랄폼은 물을 꼭 짜서 부피를 줄인 후 버린다.
② 손상된 절화는 상품성이 없으므로 폐기한다.
③ 줄기는 10cm 전후 간격으로 잘라서 버린다.

단원별 핵심 문제

01 1주지(主枝) 방향에 의한 분류에 해당하지 않은 것은?
① 부화형(俘花型) ② 경사형(傾斜型)
③ 직립형(直立型) ④ 하수형(下垂形)

해설 | 1주지의 방향에 따라 직립형, 경사형, 하수형으로 분류한다. 부화형은 물에 띄우는 형태이다.

02 순색에 다른 색을 혼합하면 색의 명탁이 달라지고 다른 어떤 색이라도 혼합하면 선명도가 떨어져 탁하게 보이는 것은 무엇인가?
① 명도 ② 채도
③ 색상 ④ 색채

해설 | 채도는 색의 선명도를 말하는 것으로 색상의 진하고 엷음을 나타내는 포화도라고도 한다. 참고로 명도는 색의 밝고 어두움이다.

03 화훼장식 디자인 원리 중 반복에 대한 설명은?
① 일정한 간격을 두고 되풀이되는 것을 말한다.
② 미적 질서의 근본으로 근접, 전이로 표현된다.
③ 형태나 색채상으로 움직이는 느낌을 준다.
④ 많고 적음, 길고 짧음, 부분과 부분에 대한 차이다.

해설 | 화훼장식 디자인 원리 중 반복이란 일정한 간격을 두고 되풀이하는 것을 말한다.

04 클러스터링(clustering) 기법을 사용한 것은?
① 주의를 끌기 위해 밀짚을 다발로 묶었다.
② 아이비 잎을 조금씩 겹치게 여러 겹 배열했다.
③ 솔리다스터를 모아 짧게 잘라 뭉치로 모아 꽂았다.
④ 장미를 밝은색에서 어두운색으로 배열하며 꽂았다.

해설 | 클러스터링은 색상, 질감, 형태 단위로 모아 빈 공간 없이 덩어리로 만들어 시각적으로 강한 효과를 주는 기법이다.

05 〈보기〉에서 설명하는 통일의 표현 방법은?

보기
• 통일성을 이루어 내는 가장 간단한 방법으로 구성요소들을 서로 밀착시키는 것이다.
• 화훼장식에서는 꽃과 잎, 식물들을 한 용기 안에 같이 넣어 형태와 크기, 질감, 색에 대한 통일감을 줄 수 있다.

① 근접 ② 반복
③ 전이 ④ 균형

해설 | 통일의 표현 방법은 근접, 반복, 연속 등이 있다. 구성요소들을 서로 밀착시키는 것은 근접에 해당한다.

정답 01 ① 02 ② 03 ① 04 ③ 05 ①

06 화훼장식의 설명으로 잘못된 것은?
① 화훼장식을 구성하는 시각적 특성을 디자인 요소라고 한다.
② 화훼장식의 범위는 실내외 공간에 해당된다.
③ 화훼장식은 절화만 이용한다.
④ 화훼장식의 기원은 종교의식에서 출발하였다.

해설 | 화훼장식은 절화, 분식물 등을 다양하게 이용할 수 있다.

07 와이어를 머리 핀 모양으로 구부려서 잎이나 꽃에 꽂아 보강하는 방법은?
① 헤어핀 방법
② 피어싱 방법
③ 크로싱 방법
④ 후킹 방법

해설 | ② 피어싱 : 소재 줄기에 와이어를 가로질러 통과시킨 후 직각으로 구부려 감는 방법
③ 크로싱 : 소재 줄기에 두 줄의 와이어를 십자로 교차되도록 통과시킨 후 아래로 구부려 감는 방법
④ 후킹 : 와이어 끝을 갈고리 모양으로 만들어 꽃의 윗부분에서 아래로 당겨 고정하는 방법

08 색광의 3요소에 해당하지 않는 것은?
① 빨강
② 노랑
③ 녹색
④ 파랑

해설 | 색광의 3요소는 빨강, 녹색, 파랑이다.

09 색의 흐림이나 선명함을 나타내는 값으로 색의 순수한 정도를 무엇이라고 하는가?
① 색상
② 채도
③ 명도
④ 명암

해설 | 순색에 가까울수록 채도가 높고, 다른 색을 혼합하면 할수록 채도가 낮다.

10 〈보기〉는 화훼장식 디자인 원리 중 균형에 관한 설명이다. 이에 해당되는 것은?

보기
중심축을 기준으로 양쪽에 같은 형태나 질감 그리고 동일한 색을 가진 물체를 마치 거울에 비추어진 것과 같이 배열하여 시각적으로 편안하고, 안정적인 무게감을 준다. 그러므로 주로 공식적이고 위엄을 강조하는 관공서 건물이나 종교 관련 건축물에 주로 응용된다.

① 대칭 균형
② 비대칭 균형
③ 색의 균형
④ 통일감

해설 | 대칭 균형은 중심축 양쪽이 동일하여 시각적으로 편안하고 안정감이 있다. 비대칭 균형은 중심축 양쪽의 무게가 동일하지 않지만, 시각적으로 안정감 있게 표현하는 것을 말한다.

정답 06 ③ 07 ① 08 ② 09 ② 10 ①

CHAPTER 03 화훼장식 절화상품 포장

Topic 01 절화상품 리본 장식

1. 절화상품 글씨리본

(1) 글씨리본 개요
  ① **글씨리본의 역할** : 상품을 묶고 장식하기, 메시지를 전달하기, 상품의 부가가치를 높여주기 등의 역할을 한다.
  ② **사용 방법별 분류** : 컴퓨터 프린트용, 붓글씨용
  ③ **디자인별 종류** : 일자리본, 금박공단, 반사공단, 꽃무늬공단, 공단스팡클, 사틴엠보

(2) 글씨리본 문구
  ① **문구 선택 기준**
    ㉠ 시간, 장소, 목적, 대상에 맞는 문구를 선택한다.
    ㉡ 고객이 직접 정한 문구 또는 경조사 문구를 사용한다.
  ② **축하용 문구** : 생일, 승진, 개업, 기념일, 결혼, 출산, 합격, 입학, 졸업, 수상, 당선, 개원
  ③ **애도용 문구** : 근조, 삼가 고인의 명복을 빕니다, 승천을 애도합니다
  ④ **나이별 문구** : 60세 – 회갑, 70세 – 고희, 77세 – 희수, 80세 – 팔순, 88세 – 미수, 99세 – 백수, 100세 – 상수
  ⑤ **결혼 기념 문구** : 10주년 – 석혼식, 20주년 – 도혼식, 25주년 – 은혼식, 50주년 – 금혼식, 60주년 – 금강혼식(회혼식)

(3) 글씨리본 출력 방법

> 사용할 리본의 폭 선택 → 전체 길이 선택 → 문구 입력 → 보내는 사람 입력 → 출력 글씨체 선택 → 리본을 넣고 출력 버튼 누르기

※ 사용하는 프로그램에 따라 일부 다를 수 있음

글씨리본

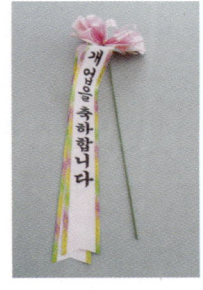

글씨리본 문구

2. 절화상품 장식리본

① **장식리본 개요** : 화훼장식물의 크기, 색상 등에 어울리게 장식리본을 사용하여 제품을 더욱 돋보이게 한다.

② **장식리본의 종류**
- ㉠ 라피아 : 라피아야자 잎에서 얻은 섬유로 만든다.
- ㉡ 공단 리본 : 광택이 있고 표면이 매끄럽다.
- ㉢ 오간디 리본 : 반투명 소재로 가볍고 하늘하늘하며 풍성한 느낌이 난다.
- ㉣ 샤무드 리본 : 인공피혁으로 부드러우며 가볍다.
- ㉤ pp 리본 : 비닐 소재의 리본으로 바스락거리는 소리가 난다.
- ㉥ 금속 리본 : 광택이 있고 화려하며 가볍다.
- ㉦ 주자 리본 : 공단을 가공하여 만든다.
- ㉧ 리넨 리본 : 아마사로 짠 직물 리본으로 구김이 잘 생긴다.
- ㉨ 마 리본 : 마로 만든 리본으로 구김이 잘 생긴다.
- ㉩ 레이스 리본 : 레이스 패턴의 리본이다.
- ㉪ 부직포 리본 : 섬유를 접착, 엮어 만든 시트 형태의 리본이다.

공단 리본 　 오간디 리본 　 샤무드 리본 　 레이스 리본

3. 절화상품 보우(bow)

① **보우(bow) 개요**
- ㉠ 보우의 역할 : 상품을 더욱 돋보이게 하며 다양한 형태로 제작된다.
- ㉡ 보우의 구성 : 센터루프(중심, center loop), 루프(고리, loop), 스트리머(꼬리, streamer)

보우의 구성

② **보우의 종류** : 싱글 보우, 더블 보우, 트리플 보우, 포루프 보우, 코사지 보우, 싱글웨이브 보우, 웨이브 보우, 엘리건트 보우, 폼폰 보우, 부케 보우 등이 있다.

싱글 보우

더블 보우

트리플 보우

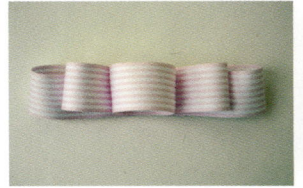
웨이브 보우

폼폰 보우

용도에 따른 리본 끝처리 형태

사선 삼각 반원 일자

- 축하 · 감사 : 사선, 삼각
- 진급 : 반원
- 애도 : 일자

Topic 02 절화상품 포장

1. 절화상품 포장 개요

① **포장의 정의** : 화훼장식물의 가치 및 상태 보호를 위하여 포장지, 포장 용기 등으로 포장하는 것을 말한다.

② **포장의 목적** : 휴대 편리성을 통한 운반 용이, 배송 중 파손 방지, 광고효과를 통한 경제성 확보 등을 위해 포장한다.

③ **포장의 효과** : 햇빛, 바람 등 외부환경으로부터 보호하고 미적 효과를 증진시킨다.

④ **포장의 기능**

　㉠ 물리적 기능 : 보호, 보관, 수송

　㉡ 기본적 기능 : 생산, 적재

　㉢ 감성적 기능 : 이미지, 독자성, 판촉

2. 절화상품 포장 방법

① **포장 방법** : 같은 상품이라도 포장 방법에 따라 가치가 달라지므로 5W1H를 고려하여 포장한다.

> **절화상품 포장 시 5W1H**
> - 5W
>   - Who : 받는 대상
>   - What : 상품
>   - When : 일자
>   - Why : 선물 의미
>   - Where : 전달 장소
> - 1H
>   - How : 전달 방법

② **포장 색채**
  ㉠ 상품의 주조색을 고려하여 포장지 및 리본 색상을 선택한다.
  ㉡ 주조색, 보조색, 강조색을 구분해서 사용한다.

③ **포장 시 유의사항**
  ㉠ 받는 사람, 상품 특성, 주문의 목적에 맞는 디자인으로 포장한다.
  ㉡ 절화 신선도를 유지할 수 있고 운반이 용이한 디자인으로 포장한다.
  ㉢ 지나친 과대포장을 자제한다.

3. 포장지의 종류

① **플로드지** : 다양한 색상의 비닐 포장지, 방습성
② **크라프트지** : 종이 재질의 포장지
③ **opp** : 투명 비닐, 방습성, 광택성
④ **습자지(색화지)** : 얇은 종이 재질의 포장지, 습기에 약함, 완충제 또는 꽃다발 속 포장용
⑤ **한지** : 닥나무로 만든 종이재질의 포장지, 부드러움, 은은함, 전통적
⑥ **유산지** : 화학 펄프를 유산 용액으로 처리한 포장지, 내수성, 내유성
⑦ **왁스지** : 종이에 왁스 처리를 한 포장지, 광택, 방습성
⑧ **부직포** : 얇음, 부드러움, 가벼움, 물에 강함
⑨ **망사** : 점 망사, 사선 망사 등
⑩ **마** : 컬러마, 일반마 등

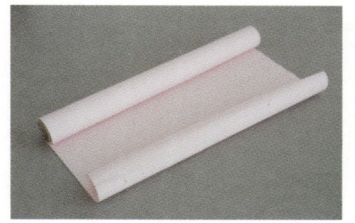
플로드지

크라프트지

습자지

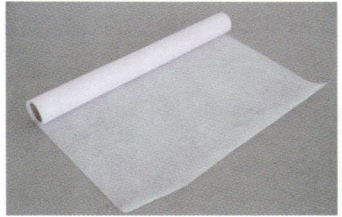
부직포

망사

4. 기타 포장용 도구 및 부자재

① **가위** : 수공가위, 전정가위, 철사가위 등
② **글루건** : 글루를 전기로 녹여 사용하는 접착용 건
③ **생화접착제(콜드글루)** : 생화 전용 접착제
④ **스테이플러** : 포장지, 보우 등의 고정에 사용
⑤ **테이프** : 포장지, 리본 등의 고정에 사용함. 스카치테이프, 양면테이프 등
⑥ **철사** : 묶는 용도로 사용. 지철사, 빵끈 등
⑦ **스티커** : 뒷면에 접착제가 있는 소형 인쇄물
⑧ **라벨** : 상품에 부착하는 소형 인쇄물
⑨ **태그** : 라벨에 구멍을 낸 소형 인쇄물로 끈으로 매달아 사용
⑩ **워터 튜브** : 절화의 수분 공급을 위한 튜브
⑪ **절화 수명 연장제** : 절화 수명 연장을 위해 물올림에 사용
⑫ **퀵딥** : 도관을 열어 물 흡수를 도움
⑬ **클리어** : 물속 세균 번식 및 도관 막힘 억제
⑭ **피니싱터치** : 절화의 수분 증발 억제를 통한 신선도 유지

단원별 핵심 문제

01 절화상품의 글씨리본 역할이 아닌 것은?
① 상품을 묶고 장식한다.
② 메시지를 전달한다.
③ 상품의 부가가치를 높여준다.
④ 햇빛, 바람 등 외부환경으로부터 절화상품을 보호한다.

해설 | 햇빛, 바람 등 외부환경으로부터 절화상품을 보호하는 것은 포장의 역할이다.

02 글씨리본의 문구 선택 기준이 아닌 것은?
① 장소　　② 대상
③ 목적　　④ 판매자

해설 | 판매자는 글씨리본의 문구 선택 기준이 아니다.

03 절화상품 장식리본에 대한 설명으로 옳지 않은 것은?
① 라피아는 야자 잎에서 얻은 섬유로 만든 리본이다.
② 오간디 리본은 섬유를 접착, 엮어 만든 시트 형태의 리본이다.
③ 금속 리본은 광택이 있고 화려하며 가볍다.
④ 리넨 리본은 아마사로 짠 직물 리본으로 구김이 잘 생긴다.

해설 | 오간디 리본은 반투명 소재로 가볍고 하늘하늘하며 풍성한 느낌이 난다. 섬유를 접착, 엮어 만든 시트 형태의 리본은 부직포 리본이다.

04 절화상품 포장지에 대한 설명으로 옳지 않은 것은?
① 플로드지는 다양한 색상의 비닐 포장지이다.
② 습자지(색화지)는 얇은 종이 재질의 포장지로 습기에 약하다.
③ 크라프트지는 종이 재질의 포장지이다.
④ 유산지는 종이에 왁스 처리를 한 포장지로 광택, 방습성이 좋다.

해설 | 유산지는 화학 펄프를 유산 용액으로 처리한 포장지로 내수성, 내유성이 좋다. 종이에 왁스처리를 한 포장지는 왁스지로 광택, 방습성이 좋다.

05 얇은 종이 재질의 포장지로 완충제 또는 꽃다발 속포장용으로 사용되는 것은?
① 플로드지　　② opp
③ 습자지　　　④ 마

해설 | 습자지는 완충제 또는 꽃다발 속포장용으로 사용된다.

06 전통적이며 부드럽고 은은한 느낌을 주는 닥나무로 만든 종이 재질의 포장지는?
① 한지　　② 망사
③ 마　　　④ 왁스지

해설 | 한지는 닥나무로 만든 종이 재질의 포장지이다.

07 다양한 색상의 비닐로 방습성이 좋은 포장지는 무엇인가?
① 한지　　　② 마
③ 왁스지　　④ 플로드지

해설 | 플로드지는 다양한 색상의 비닐 포장지이다.

08 다음 중 절화상품 포장의 목적으로 옳지 않은 것은?
① 휴대 편리성을 통해 운반이 용이하다.
② 절화상품의 미적 효과를 감소시킨다.
③ 광고효과를 통해 경제성을 높인다.
④ 햇빛, 바람 등 외부환경으로부터 상품을 보호한다.

해설 | 포장을 통해 절화상품의 미적 효과를 증진시킨다.

09 절화상품 글씨 리본에 들어가는 나이별 문구에 대한 설명으로 틀린 것은?
① 60세 – 회갑　　② 70세 – 상수
③ 77세 – 희수　　④ 88세 – 미수

해설 | 70세 – 고희, 100세 – 상수

10 절화상품 포장 유의사항으로 틀린 것은?
① 받는 사람에 맞는 디자인으로 포장한다.
② 절화의 신선도를 유지할 수 있게 포장한다.
③ 절화가 돋보일 수 있도록 과대포장한다.
④ 운반이 용이하게 포장한다.

해설 | 절화 상품 포장 시 지나친 과대포장은 자제한다.

11 절화의 신선도 유지를 위해 수분 증발을 억제시키는 데 사용하는 부자재로 옳은 것은?
① 철사　　　　② 클리어
③ 피니싱터치　④ 글루건

해설 | ① 철사 : 묶는 용도로 사용한다.
② 클리어 : 물속 세균 번식 및 도관 막힘을 억제한다.
④ 글루건 : 접착용 건이다.

12 절화상품 포장 시, 5W1H를 고려하여 포장하여야 한다. 5W1H에 해당하지 않는 것은?
① WHO　　② WHY
③ WHERE　④ HE

해설 | 5W1H는 WHO, WHY, WHAT, WHERE, WHEN, HOW이다.

정답 01 ④ 02 ④ 03 ② 04 ④ 05 ③ 06 ① 07 ④ 08 ② 09 ② 10 ③ 11 ③ 12 ④

CHAPTER 04 화훼장식 분화상품 제작

Topic 01 분화상품 재료 및 작업 준비

1. 분화상품 기본 검수

① **분화재료 검수**
  ㉠ 거래명세서 작성 : 구매 계획에 맞게 구입되었는지 확인한다.
  ㉡ 검수서 작성 : 분화 생육 상태를 확인하고 구입 수량을 검수한다.

② **분화용 토양 검수**
  ㉠ 물리성·화학성이 우수한지 확인한다.
  ㉡ 저가이며 품질이 균질한지 확인한다.
  ㉢ 대량 구입이 가능한지 확인한다.
  ㉣ 병충해나 잡초의 종자가 없는지 확인한다.
  ㉤ 가벼워서 취급하기 쉬운지 확인한다.

> **TIP 이상적인 토양 조건**
> • 고상 : 50%   • 액상 : 25%   • 기상 : 25%

2. 분화용 토양의 종류

(1) 유기질 재료(인공용토)

① **배양토**
  ㉠ 논밭 흙에 퇴비를 혼합하여 썩힌 것이다.
  ㉡ 배합토는 배양토 5 : 부엽 3 : 모래 2 비율로 혼합하여 사용한다.

② **부엽토**
  ㉠ 퇴적된 나뭇잎을 완전히 썩혀 만든다.
  ㉡ 보수력, 보비력이 좋고 통기성이 양호하다.

③ **피트모스**
  ㉠ 수태 및 양치류가 늪·땅속에 묻혀 썩은 것이다.
  ㉡ 보수력, 보비력이 좋고 pH 3.2~4.5인 강산성이다.

④ **수태** : 이끼를 건조시킨 것이다.

⑤ **바크** : 활엽수, 침엽수 등의 나무껍질을 잘게 빻아 발효·살균 처리한 것으로 보수성이 좋다.

(2) 무기질 재료(자연용토)
    ① 사토
        ㉠ 공극이 커서 공기유통 및 투수성이 좋다.
        ㉡ 보수력, 보비력이 약하다.
    ② 양토
        ㉠ 점토의 함량이 25% 이상이다.
        ㉡ 사토와 점토가 같은 비율로 혼합되어 있다.
        ㉢ 보수력, 보비력, 통기성이 좋다.
    ③ 식양토 : 점질 양토로 양토보다 보수력, 보비력은 좋으나 통기성은 떨어진다.
    ④ 사양토 : 점토보다 모래 함량이 많다.
    ⑤ 식토
        ㉠ 점토의 비율이 50% 이상이다.
        ㉡ 보수력, 보비력이 좋으나 통기성은 떨어진다.

(3) 광물질 재료
    ① 펄라이트
        ㉠ 진주암을 1,000℃ 이상으로 가열하여 입자 내 공극을 팽창시킨 것으로 염기치환 용량이 상당히 낮은 원예용토이다.
        ㉡ 공극이 적고 흡수력이 강한 무균 토양이다.
    ② 암면
        ㉠ 현무암이나 안산암 같은 화성암을 섬유상 가공한 것이다.
        ㉡ 통기성, 보수력, 보비력이 좋다.
    ③ 하이드로볼 : 점질토를 800℃ 전후에서 구운 다공질 소재이다.
    ④ 버미큘라이트
        ㉠ 질석을 1,000℃ 가열하여 입자 내 공극을 팽창시킨 것이다.
        ㉡ 모래 무게의 1/15로 가볍다.
        ㉢ 보수력, 보비력이 좋고 무균 상태이다.

3. 분화용 용기

① **플라스틱 화분** : 저렴하고 화분 바닥을 통한 배수성, 통기성이 좋다.
② **토분(흙 화분)** : 점토를 재료로 하며 보수성, 흡수성, 통기성이 좋다.
③ **도자 화분(자기)** : 온도 변화가 적어 뿌리 생육에 좋으나 통기성이 나쁘다.
④ **돌 화분** : 무겁지만 내구성이 강하다.
⑤ **비닐 화분** : 가볍고 쉽게 옮길 수 있다.
⑥ **고무 화분** : 잘 깨지지 않고 이동이 쉽다.
⑦ **옹기 화분** : 황토로 만들어져 공기가 잘 통한다.

4. 배수 보조재료

① **자갈** : 화기 바닥에 깔아 배수 원활해지고 토양 유실을 방지할 수 있다.
② **배수망** : 가격이 저렴하다. 화기 바닥에 깔아 배수가 원활해지고 토양 유실을 방지할 수 있다.
③ **컬러스톤** : 투명 화분 및 수경식물에 사용한다.
④ **발포 스티로폼** : 가볍고 배수성이 좋아 큰 화기 바닥에 깔아 사용한다.

Topic 02 분화상품 제작 및 분화식물 관리(관수, 배수)

1. 분화상품의 종류 및 제작

(1) 테라리움(terrarium)
① 라틴어 terra(흙)+arium(방)의 합성어이다.
② 투명한 용기에 흙을 채우고 작은 식물을 배치하여 장식한다.
③ 테라리움의 종류
  ㉠ 밀폐식 테라리움 : 키가 작고 생육속도가 느리며 다습한 조건에 강한 열대식물이 적합하다.
  ㉡ 개방식 테라리움 : 건조에 강한 식물을 배식하는 것이 좋다.

(2) 비바리움(vivarium)
① 식물을 심은 용기에 작은 동물을 함께 생활하도록 장식한 것이다.
② **작은 동물** : 도마뱀, 거북이, 이구아나, 카멜레온 등

(3) 아쿠아리움(aquarium)
유리 용기에 물을 붓고 수생 식물과 관상용 물고기, 거북이 등을 넣어 함께 키우는 것을 말한다.

(4) 디시가든(dish garden)
접시와 같이 넓고, 깊이가 얕은 용기에 생육속도가 느리고 키가 작은 식물을 심은 작은 정원을 말한다.

(5) 토피어리(topiary)
용기에서 자라는 식물을 동물이나 기하학적인 형으로 전정하여 형태를 만들거나 틀을 부착시켜 넝쿨식물을 틀의 형태로 유인하여 키우는 분식물을 말한다.

(6) 걸이분(hanging basket)
① 바구니를 비롯한 가벼운 용기에 식물을 심어 매달아 키우는 형태이다.
② 사방에서 감상 가능한 공중걸이분과 벽에 붙여 감상하는 벽걸이분으로 나눌 수 있다.

2. 관수 및 배수

(1) 관수 개요
① **식물체 내 수분의 역할** : 식물의 구성요소, 광합성 작용의 원료, 영양물질 운반 등의 역할을 한다.
② **관수의 역할** : 식물에 수분 공급, 토양 속 공기 교체 역할 등의 역할을 한다.
③ **관수 시 고려해야 할 사항** : 식물의 종류, 크기, 재배 환경(온도), 토양의 조건(배수), 화분의 재질 등에 따라 달리 관수해야 한다.
④ **관수 시 주의사항**
  ㉠ 화분 밑으로 물이 흘러나올 정도로 충분히 준다.
  ㉡ 화분 밑으로 배수가 원활하지 않을 시에는 배양토를 교체한다.
⑤ **수질**
  ㉠ 수돗물, 샘물, 빗물, 시냇물, 연수를 사용한다.
  ㉡ 수돗물 사용 시 하루 정도 가라앉혀 윗물만 사용하는 것이 좋다.
⑥ **수온**
  ㉠ 실온과 비슷한 온도의 물을 사용한다.
  ㉡ 냉수로 관수하게 되면 식물체 내 갑작스러운 온도 변화로 생리적 스트레스가 발생한다.
    예) 잎 반점
  ㉢ 온수로 관수하게 되면 식물의 뿌리를 상하게 할 수 있다.

(2) 계절별 관수 방법
① **봄·가을** : 오전 9~10시, 1일 1회 충분히 관수한다.
② **여름**
  ㉠ 화분의 건조 상태를 확인 후 오전, 오후 1~2회 관수한다.
  ㉡ 더운 시간대는 피해서 관수한다.
③ **겨울**
  ㉠ 일주일에 한 번, 따뜻한 시간대에 관수한다.
  ㉡ 흙이 마르지 않았으면 관수 시기를 조절한다.
  ㉢ 지나치게 차가운 물은 피한다.

(3) 관수의 종류
① **저면 관수** : 온실·분 재배 시 모세관수에 의해 밑에서부터 물을 흡수하게 한다.
② **고랑 관수** : 고랑에 물을 대어 식물 뿌리에 스며들게 한다.
③ **지표 관수** : 호스·튜브에 구멍을 뚫어 물을 분출시킨다.
④ **살수 관수** : 송수 파이프에 노즐을 달아 물을 흩어서 뿌린다.
⑤ **분무 관수** : 미스트용 노즐로 물을 안개 상태로 분무한다.
⑥ **점적 관수** : 파이프·튜브에서 물이 천천히 흘러나오게 하여 넓은 면적에 균일하게 관수한다.
⑦ **지중 관수** : 땅속에 매설한 급수관에서 물이 나오게 한다.

단원별 핵심 문제

01 토양의 수분이 과다할 경우 발생하는 현상이 아닌 것은?

① 토양 미생물의 활동을 억제한다.
② 유기물의 분해를 촉진한다.
③ 통기 불량으로 뿌리가 썩는다.
④ 토양 속의 공기함량이 감소한다.

해설 | 수분이 과다할 경우 유기물 분해가 촉진되지는 않는다.

02 분식물 장식에 대한 설명으로 틀린 것은?

① 테라리움은 밀폐된 용기 속에 식물을 심고 연못을 만들어 거북이나 물고기를 넣어 키우는 것이다.
② 디시가든은 용기에 키가 작고 생육속도가 느린 식물을 심는 분식물 장식이다.
③ 걸이분은 바구니를 비롯한 가벼운 용기에 식물을 심어 매달아 키우는 형태이다.
④ 수경재배는 토양 대신 식물을 지지할 수 있는 배지와 물을 넣어 재배하는 것을 말한다.

해설 | 테라리움은 투명한 용기에 흙을 채우고 작은 식물을 심어 장식하는 것이다.

TIP 아쿠아리움
유리 용기에 식물을 심고 연못을 만들어 거북이나 물고기를 넣어 키우는 것을 말한다.

03 다음 중 다육식물에 대한 설명으로 가장 거리가 먼 것은?

① 건조지방에서 잘 자란다.
② 사막이나 태양광선이 강한 곳에서 잘 자란다.
③ 식물체가 연약하므로 잦은 관수를 통해 유지해야 한다.
④ 주로 분화용으로 많이 이용되며 분주, 삽목 등의 영양번식을 주로 한다.

해설 | 다육식물은 관수를 적게 한다.

04 분식물의 용기에 대한 설명으로 틀린 것은?

① 용기는 배수구가 있는 것이 관수, 관리하기 용이하다.
② 일반적으로 키가 큰 식물은 낮고 넓은 용기가 적절하다.
③ 배수구가 있는 용기는 물 받침이 충분하지 않으면 바닥에 물이 넘칠 수 있어 주의한다.
④ 배수구가 없는 용기는 관찰용 파이프를 묻어 용기 바닥의 물을 관찰해 준다.

해설 | 일반적으로 키가 큰 식물은 높은 용기가 적절하다.

05 분식물 장식에 대한 설명으로 옳은 것은?

① 디시가든(dish garden)이란 접시와 같이 넓고, 깊이가 얕은 용기에 키가 크고 생육속도가 빠른 열대식물을 심은 작은 정원을 말한다.
② 분식 토피어리(Topiary)는 용기에서 자라는 식물을 동물이나 기하학적인 형으로 전정하여 형태를 만들거나 틀을 부착시켜 넝쿨식물을 틀의 형태로 유인하여 키우는 분식물을 말한다.
③ 비바리움(Vivarium)은 유리 용기에 식물을 심고 연못을 만들어 물고기를 넣어 함께 키우는 것을 말한다.
④ 아쿠아리움(Aquarium)은 식물을 심은 용기에 동물과 함께 생활하도록 장식한 것이다.

해설 | ① 디시가든에는 생육속도가 느리고 키가 작은 식물을 심는다.
③ 비바리움은 식물을 심은 용기에 동물과 함께 생활하도록 만든 것이다.
④ 아쿠아리움은 유리 용기에 식물을 심고 연못을 만들어 물고기를 넣어 함께 키우는 것을 말한다.

06 진주암을 1,000℃ 정도의 고온에서 가열한 무균 인조 토양으로 공극량이 많은 토양은?

① 피트모스　② 버미큘라이트
③ 펄라이트　④ 훈탄

해설 | ① 수태 및 양치류가 늪·땅속에 묻혀 썩어 만들어진 토양이다.
② 질석을 1,000℃ 가열하여 입자 내 공극을 팽창시킨 것이다.
④ 짚, 낙엽, 잡초 등을 태운 재에 인분을 섞어 만든 거름이다.

07 테라리움(terrarium)에 관한 설명으로 틀린 것은?

① 테라리움은 밀폐 또는 반 밀폐된 유리 용기 속에 토양층을 형성하여 식물이 자라도록 만든 것이다.
② 테라리움 안의 식물은 물을 하루에 한 번 충분히 주어 적당한 습도를 유지시킨다.
③ 테라리움 안의 배수층에 물이 오래 고여 있지 않도록 한다.
④ 식물을 심을 때는 내음성 식물로 키가 작은 식물을 선택하여 조화롭게 배치한다.

해설 | 테라리움은 물을 자주 주지 않아도 수분이 오랫동안 유지된다.

08 〈보기〉는 무엇에 관한 설명인가?

> 보기
> • 참나무, 밤나무와 같은 활엽수 낙엽을 쌓아 충분히 썩혀 만들어진 토양이다.
> • 가볍고 보수력, 배수력이 있으며 통기성이 좋고 양분을 오래 간직하여 원예 식물 재배용으로 널리 이용한다.

① 부엽토　② 피트모스
③ 바크　④ 펄라이트

해설 | ② 피트모스 : 수태 및 양치류가 늪·땅속에 묻혀 썩은 것
③ 바크 : 활엽수, 침엽수 등의 나무껍질을 잘게 빻아 발효·살균 처리한 것

정답 01 ② 02 ① 03 ③ 04 ② 05 ② 06 ③ 07 ② 08 ①

09 원예용 배양토의 조건으로 적합하지 않은 것은?

① 배수성 및 통기성이 좋아야 한다.
② 보수력과 보비력이 높아야 한다.
③ 병충해가 없는 무병토양이어야 한다.
④ 일반적으로 산도가 높아야 한다.

해설 | 식물에 따라 배양토의 산도는 달라진다.
- 배수성 : 물이 빠지는 성질
- 통기성 : 공기가 통할 수 있는 성질이나 정도
- 보수력 : 흙이 수분을 보존할 수 있는 힘
- 보비력 : 거름기를 오래 지속시킬 수 있는 땅의 능력

10 분식물 장식에 대한 설명으로 잘못 연결된 것은?

① 테라리움 : 라틴어로 흙이라는 의미의 Terra와 용기라는 의미의 Arium의 합성어이다.
② 아쿠아리움 : 물고기 등을 넣고 수생식물을 띄워 키운다.
③ 디시가든 : 깊이가 얕은 분에 인공적으로 생장을 억제시켜 축소 묘사한 목본식물을 장식한 것이다.
④ 비바리움 : 유리로된 용기 속에 도마뱀, 개구리 등의 동물과 식물이 공생하는 자연의 모습을 연출한다.

해설 | ③은 분재에 대한 설명이다. 디시가든은 넓고 얕은 접시·일상용기에 작은 정원 형태로 식물을 심어 장식하는 것을 말한다.

11 다음 중 분화용 토양으로 적합하지 않은 것은?

① 물리성, 화학성이 우수하다.
② 고가이며 균질하다.
③ 대량 구매가 가능하다.
④ 병충해나 잡초의 종자가 없다.

해설 | 분화용 토양은 저가이며 균질한 것이 좋다.

12 다음 중 배양토에 대한 설명으로 옳은 것은?

① 논밭 흙에 퇴비를 혼합하여 썩힌 것이다.
② 퇴적된 나뭇잎을 완전히 썩힌 것이다.
③ 이끼를 건조시킨 것이다.
④ 현무암이나 안산암 같은 화성암을 섬유상 가공한 것이다.

해설 | ② 부엽토
③ 수태
④ 암면

정답 09 ④ 10 ③ 11 ② 12 ①

CHAPTER 05 화훼장식 상품 관리

Topic 01 절화상품 관리

1. 주의사항 및 관리방법

① **절화 구매 후 이동 시 주의사항** : 직사광선 또는 고온에서 이동 시, 절화 노화가 촉진될 수 있으니 유의해야 한다.

② **화훼장식 전 절화 관리방법**
  ㉠ 장식할 장소에 옮긴 후, 다시 절단하여 사용하는 것이 좋다.
  ㉡ 절단할 때 사용하는 꽃 가위, 플로랄 나이프 등은 깨끗이 소독한 뒤 사용한다.

2. 소재별 전처리 방법

※ 물올림이 원활하지 않을 경우 전처리 실시

① **봄에 개화하는 구근식물**
  ㉠ 줄기 끝 백화된 조직을 잘라낸다. 예 수선화, 히아신스, 튤립
  ㉡ 즙액이 나오는 경우, 물통에 하루 정도 놔두어 즙액이 충분히 빠져나오게 한 뒤 사용한다.

② **목본성 줄기** : 줄기 끝 2.5~5cm 부분의 껍질을 제거 후, 가위로 2.5cm 정도 쪼갠다.

③ **목본 소재 시든 꽃**
  ㉠ 뜨거운 물(80~90℃)에 줄기 아래 2.5cm 정도를 1분간 담그는 열탕처리를 실시한다.
  ㉡ 미생물이 소독되는 효과도 볼 수 있다. 예 장미

④ **유액처리** : 잘린 줄기 끝 2~3cm를 쪼갠 뒤 30초 정도 불로 지진 후, 미온수에 담가 물올림하는 탄화처리를 실시한다.

⑤ **시든 줄기** : 시들어 처진 줄기 부위를 축축한 신문지로 감싼 후, 수직으로 세워 하루 정도 물통에 담근다. 예 튤립

⑥ **잎이 큰 절엽 소재** : 잎을 깨끗하게 씻은 후, 소재 전체를 물에 담근다.

백화
식물 엽록소를 만드는 데 필요한 원소가 결핍되어 엽록소가 형성되지 않고 카로티노이드 색조만 생성되는 현상을 말한다.

3. 물올림(컨디셔닝)

① 물통에 물을 채운다. 이때 절화보존제를 넣어도 좋다.
② 물에 닿는 줄기 부분의 잎, 가시 등을 제거한 후, 줄기 끝을 사선으로 잘라 물통에 넣는다.
③ 재료의 특성을 고려하여 실온보관, 냉장보관으로 나누어 보관한다.
④ 재료가 담긴 물통은 실온보관 시에는 하루 한 번, 냉장보관 시에는 2~3일에 한 번 갈아준다. 물을 갈 때 물통 또한 깨끗이 닦아준다.

4. 실온보관과 냉장보관

(1) 실온보관

① 직사광선이 닿지 않고 온도가 낮은 곳이 좋다.
② 환기가 잘되며 습도가 60~70%로 유지되는 곳이 좋다.

(2) 냉장보관

① 10℃ 전후(9~15℃)로 보관한다.
② 여름에는 온도를 조금 올리고, 겨울에는 조금 낮추어 외부와의 온도 차이가 크지 않도록 한다.
③ 습도는 60~70%로 유지되는 것이 좋다.
④ 과일, 채소, 오래된 꽃 등 에틸렌 가스를 발생하는 것과 같이 보관하지 않는 것이 좋다.
⑤ 곰팡이가 생기지 않고 통풍이 될 수 있도록 소재 간의 간격을 유지한다.
⑥ 냉장고, 물통은 자주 청소하며, 물은 최소 2일에 한 번 갈아준다.

Topic 02 분화상품 관리

1. 관수(물주기)

① 관수 방법
  ㉠ 흙이 말랐을 때 화분 밑으로 물이 나올 때까지 흠뻑 준다.
  ㉡ 같은 분화상품이라도 환경에 따라 흙의 건조 속도가 다르므로 이를 고려하여 물을 준다.
  ㉢ 생장기에는 평소보다 자주 관수하고, 휴면기에는 드물게 관수한다.
  ㉣ 장기간 운송된 분화는 즉시 관수한다.

② 생육습성에 따른 관수 방법
  ㉠ 수생식물 : 물속에서 사는 식물이다. 예 개구리밥, 물수세미
  ㉡ 습생식물 : 물에 뿌리가 잠겨 사는 식물이다. 예 천남성과 식물
  ㉢ 중생식물 : 화분 흙이 2cm 깊이까지 말랐을 때 관수한다. 예 온대식물
  ㉣ 건생식물 : 관수를 거의 하지 않고, 한 번 할 때 충분히 한다. 예 선인장과 식물

2. 빛 관리

① **빛의 역할** : 생육, 발아, 개화, 화색, 향기 등에 영향을 준다.
② **광도(빛의 양)에 따른 식물 분류**
　㉠ 양지식물을 음지에 두면 웃자람 현상이 일어나고, 음지식물을 양지에 두면 잎이 타는 현상 등이 일어난다.
　㉡ 양지식물(양생식물) : 해가 들어오는 양지에서 잘 자라는 식물 **예** 피닉스 야자, 생이가래, 백일홍
　㉢ 음지식물(음생식물) : 그늘, 반그늘에서 잘 자라는 식물 **예** 스파티필럼
　㉣ 이끼류(중성식물) : 광 조건의 영향 없이 잘 자라는 식물

웃자람
일조량 부족, 수분 과다 등의 이유로 식물의 줄기나 잎이 보통보다 길고 연약하게 자라는 현상을 말한다.

3. 온도관리

① 원예식물 생육의 적온은 15~35℃이고, 낮과 밤의 온도차는 5~8℃ 정도가 가장 좋다.
② 낮의 고온은 광합성을 촉진하고, 밤의 저온은 호흡작용을 억제한다.
③ 온도차가 심한 냉난방기 근처에 식물을 놔두지 않는다.
④ **원산지별 분화 보관 온도**

원산지	구분	적온	식물 종류 예시
열대·아열대	고온성 식물	25~28℃	엽란, 유카
아열대	중온성 식물	18~24℃	에피시아, 유포르비아
지중해성	저온성 식물	12~17℃	사철나무, 협죽도
온대	초저온성 식물	5~12℃	튤립, 히아신스, 수선화, 국화

4. 공중습도 관리

① 공중습도란 공기 중에 함유되어 있는 수분을 의미한다.
② **식물별 적정 공중습도** : 관엽식물류 70~80%, 선인장류 30~40%, 동양란류 60~70%
③ 공중습도가 낮을 경우 잎끝이 마르고 윤기가 없어지며 식물의 수분 증발량이 많아져 쉽게 시든다.
④ 공중습도가 높을 경우 뿌리의 발달이 느려진다.
⑤ **공중습도를 유지하는 방법** : 겨울 1일 1회, 여름 1일 2~3회 분무해준다.

5. 병충해 관리

살균제(곰팡이 제거용), 살충제(깍지벌레, 진딧물 제거용), 살비제(응애 제거용) 등으로 처리를 한다.

6. 비료

(1) 사용 목적
토양이 가지고 있는 양분이 부족할 경우, 식물 생장 촉진 등을 위해 사용한다.

(2) 비료의 3요소
① **질소(N)**
  ㉠ 줄기와 잎 형성, 광합성 작용에 영향을 준다.
  ㉡ 식물의 발육인 영양 생장에 중요한 역할을 한다.
  ㉢ 질소가 과다할 경우 식물이 웃자라며 개화가 늦어진다.
  ㉣ 질소가 부족한 경우 잎이 떨어지거나 노랗게 변한다.

② **인산(P)**
  ㉠ 꽃, 열매(과실), 씨(종자) 형성과 뿌리 발육에 영향을 준다.
  ㉡ 생식 생장에 중요한 역할을 한다.
  ㉢ 내한성 및 내병성을 높여 준다.

③ **칼륨(K)**
  ㉠ 줄기, 가지, 뿌리 발육에 영향을 준다.
  ㉡ 식물체의 단백질 함량 및 탄수화물 합성을 높인다.
  ㉢ 내한성 및 내병충성을 높여 준다.
  ㉣ 칼륨이 부족할 경우 뿌리가 약해지며 병충해의 피해도 커진다.

(3) 비료 기타 요소
① **칼슘(Ca)**
  ㉠ 꽃눈 형성에 영향을 준다.
  ㉡ 세포막을 튼튼하게 하며 흙의 산성화를 막아 준다.

② **마그네슘(Mg)** : 엽록소 구성 성분이며 식물체 내 물질 이동에 영향을 준다.

(4) 비료의 종류
① **유기질 비료(퇴비)** : 지속성은 강하지만 효과는 느리다.
② **무기질 비료(화학비료)** : 지속성은 약하지만, 효과는 빠르다.
③ **알비료(화학비료를 코팅한 것)** : 지속성을 높이기 위해 코팅이 천천히 벗겨지게 한다.

(5) 비료 주는 방법(시비)
① 생육기인 봄철에 주는 것이 좋으며, 뿌리에서 떨어진 곳에 준다.
② **시비하는 방법**
  ㉠ 엽면시비 : 비료가 급하게 요구될 때 잎에 바로 분무한다.
  ㉡ 밑 거름주기 : 식물을 심기 전 비료를 먼저 넣고 그 위에 약간의 흙을 채운 뒤, 식물을 심는다.
  ㉢ 덧 거름주기 : 식물을 심은 후 생육 중 비료를 주는 방법으로 식물과 약간 떨어져서 시비한다.

(6) 분갈이

① 분갈이 시기
　㉠ 바람이 없고 흐린 날이 좋다.
　㉡ 온대식물 : 3~4월, 열대 아열대식물 : 5~6월

② 분갈이 횟수
　㉠ 일반적인 식물 : 연 1회
　㉡ 생육이 느린 식물, 대형 화분 : 2~3년에 한 번

③ 분갈이 순서

> 배수망 깔기 → 배수층을 화분의 1/10까지 넣기 → 엉켜있는 뿌리는 잘라내고 심기 → 배양토를 화분의 1/2까지 넣기 → 식물을 넣고 그 위에 화분 높이의 9/10까지 배양토를 넣기 → 마사, 장식토, 이끼 등으로 마무리하기

④ 분갈이 후 관리
　물을 충분히 준 뒤 일주일 정도 음지에 두어 뿌리가 자리 잡게 한 뒤 제자리에 놔둔다.

Topic 03 가공화

1. 가공화 종류

(1) 인조화(조화)
① 생화로 판매되는 대부분의 꽃은 인조화로 제작할 수 있다.
② 플라스틱, 종이, 금속, 목재, 유리 등 다양한 재질로 생산할 수 있다.
③ 장식공간의 제한이 없으며 장기간 장식할 수 있다.
④ 형태 보존을 위해 비닐 포장한 뒤 탈색과 변형을 방지하기 위해 직사광선이 없는 곳에서 보관한다.

(2) 건조화(드라이플라워)
① 살아 있는 식물을 다양한 방법으로 건조하여 가공한다.
② 생화보다 관리가 편하며 장기간 장식할 수 있다.
③ 꽃, 잎, 열매, 줄기, 덩굴 등 다양한 부위로 제작할 수 있다.
④ 종류별로 나누어 흡습제와 함께 비닐 포장한다. 탈색과 변형을 방지하기 위해 직사광선이 없는 곳에 보관한다.
⑤ 보관 시에는 습기가 적은 곳, 온도가 낮은 곳, 그늘진 곳, 통풍이 잘되는 곳을 찾아 보관한다.

(3) 압화(누름꽃, 프레스플라워)
① 살아있는 식물을 눌러서 말려 평면적으로 건조 가공한다.
② 꽃, 잎, 줄기, 채소, 과일, 버섯 등 다양한 재료로 제작할 수 있다.

③ 압화에 적합한 재료 조건
  ㉠ 화색 : 선명
  ㉡ 꽃 구조 : 간단
  ㉢ 꽃잎 : 수분함량 적음, 두께 얇음, 작음, 주름 적음 **예** 팬지, 코스모스
④ **압화 재료 채집 적정 시간** : 오전 10~12시
⑤ 식물 기관별로 분류하여 글라신페이퍼(반투명 얇은 종이), 꽃 보관 봉투, 진공팩 등에 넣어 눕혀서 보관한다.

(4) 보존화(프리저브드 플라워)
① 식물을 보존용액으로 가공하여 만들어 반영구적으로 사용할 수 있다.
② 탈수, 탈색, 착색, 보존, 건조 단계를 거쳐 만든다.
③ **보존화에 적합한 재료 조건**
  ㉠ 꽃 : 크기 작음
  ㉡ 꽃잎 : 두꺼움, 단단함, 여러 겹
  ㉢ 잎 : 적당히 두꺼움, 단단함
  ㉣ 열매 : 크기 작음
    예 안개꽃, 천일홍, 장미, 유칼립투스, 미니 솔방울
④ 보존화 전용 용기에 방습제를 넣어 보관하거나 직사광선·습기가 없는 곳에 보관한다.

(5) 포푸리
① 실내 공기 정화를 위한 방향제이다.
② **프랑스어 어원** : 발효시킨 항아리
③ 방향성 식물의 꽃, 잎, 줄기, 열매 등의 방향성 부위를 건조시켜 용기에 담거나 주머니에 넣어 공간에 배치하거나 몸에 지니기도 하는 장식물이다.
④ 자연향을 오래 간직하기 위해 말린 꽃에 향기 나는 식물, 향료 등을 혼합하여 용기 속에 넣어 이용하는 장식 화훼의 형태이다.

2. 건조화 방법

(1) 자연건조
① 자연 그대로 건조하는 방법이다.
② **자연 건조하기 좋은 환경** : 통기성 좋음, 습도 40~50%, 해가 들어오지 않는 그늘
③ **건조 방법**
  ㉠ 거꾸로 매달아 말리기 **예** 천일홍, 장미
  ㉡ 눕혀서 말리기 **예** 라벤더, 조, 수수
  ㉢ 세워 말리기 **예** 수국, 알리움
  ㉣ 그물에서 말리기 **예** 프로테아, 아티초크
  ㉤ 상자에서 말리기 **예** 이끼류
  ㉥ 자생지에서 말리기 **예** 솔방울, 강아지풀

(2) 저온건조
① 저온에서 건조하는 방법이다.
② **저온건조의 장·단점**
　㉠ 장점 : 식물의 형태와 색 보존이 잘된다.
　㉡ 단점 : 건조시간이 오래 걸리며 비용이 많이 든다.

(3) 동결건조
① 빠르게 얼려 수분을 승화시켜 건조하는 방법이다.
② **동결건조의 장·단점**
　㉠ 장점 : 식물의 형태와 색 보존이 잘된다.
　㉡ 단점 : 타 건조방법에 비해 생산에 들어가는 비용이 많이 든다.

(4) 열풍건조
① 열을 가하여 수분이 빠르게 증발되도록 하여 건조하는 방법이다.
② 건조시간은 비교적 짧게 걸리나 비용이 많이 든다.

(5) 글리세린 흡수 건조
① 글리세린을 흡수시켜 건조하는 방법이다.
② 식물 본연의 모습 그대로 보존하기 좋고 잎의 유연성이 좋다.

(6) 매몰건조
① 흡수력이 좋은 재료에 식물을 매몰시켜 건조하는 방법이다.
② **흡수 재료의 종류** : 실리카겔, 모래, 붕사 등

(7) 감압건조
식물을 진공 밀폐 용기에 넣어 빠르게 증발·승화시켜 건조하는 방법이다.

(8) 누름건조
① 식물을 적당한 압력으로 눌러 건조하는 방법이다.
② **누름건조용 도구** : 돌, 다리미, 누름판, 갈피

3. 가공화 폐기물 관리방법
① 재사용이 불가능한 재료의 경우 폐기물 처리 규정에 따라 처리한다.
② **폐기물 종류에 따른 처리방법**
　㉠ 인조화 : 산업폐기물 처리
　㉡ 일반쓰레기 : 종량제봉투
　㉢ 플라스틱, 유리, 비닐, 철 : 분리수거
　㉣ 화학약품 : 화학폐기물 스티커를 부착한 통에 담아 보관했다가 화학폐기물처리 전문 업체에 연락하여 배출

Topic 04　대여상품

1. 대여상품 정의
① 고객이 비용을 지불하고 일정 기간 대여하여 사용하는 상품을 말한다.
② 일시적으로 사용하는 상품, 고가, 관리가 어려운 상품 등이 있다.

2. 대여상품약정서 작성 내용
① 대여상품은 반드시 대여상품약정서를 작성하도록 하여 기간이 만료되었을 때 문제가 없도록 해야 한다.
② **대여상품약정서 작성 항목** : 상품 종류, 대여 수량, 관리법, 상품 배치장소, 임대 기간 등

단원별 핵심 문제

01 대여상품약정서에 작성해야 할 내용으로 옳지 않은 것은?

① 상품 종류 ② 상품 배치장소
③ 임대기간 ④ 상품홍보방법

해설 | 상품홍보방법은 홍보계획서 작성 내용에 해당한다.

02 가공화 폐기물 관리방법으로 옳지 않은 것은?

① 인조화는 산업폐기물로 처리한다.
② 플라스틱은 분리수거를 한다.
③ 유리는 산업폐기물로 처리한다.
④ 화학약품은 화학폐기물처리 전문 업체에 연락하여 배출한다.

해설 | 유리는 분리수거한다.

03 가공화 폐기물 관리방법 중 산업폐기물로 처리해야 하는 재료는?

① 플라스틱 ② 인조화
③ 유리 ④ 철

해설 | 인조화는 산업폐기물로 분류하여 처리한다.

04 가공화 폐기물 관리방법 중 화학약품을 처리하는 방법으로 옳은 것은?

① 화학폐기물 스티커를 부착한 통에 담아 보관하고, 버릴 시에는 화학폐기물처리 전문 업체 연락하여 배출한다.
② 화학폐기물 스티커를 부착한 통에 담아 보관하고, 산업폐기물로 처리한다.
③ 분리수거한다.
④ 종량제봉투에 담아 버린다.

해설 | 화학약품은 화학폐기물처리 전문 업체를 통해 배출한다.

05 건조된 소재의 보존방법으로 옳은 것은?

① 다습한 곳에서 보관한다.
② 직사광선이 비춰지는 곳에서 보관한다.
③ 매몰건조에 의해 건조된 소재는 압력에 의한 손상에 유의해야 한다.
④ 매몰건조에 의해 건조된 소재는 저장 중 습기를 제거할 필요가 없다.

해설 | 건조된 소재 보존 시 다습한 곳과 직사광선이 비치는 곳은 피해서 보관한다. 매몰건조에 의해 건조된 소재는 저장 중 습기를 제거해야 한다.

정답 01 ④ 02 ③ 03 ② 04 ① 05 ③

06 호흡으로 인한 양분 손실이 많아지기 전에 빠르게 건조하기 위해 가열하여 건조하는 방법으로, 건조시간도 적게 걸리는 건조방법은?

① 누름건조법　　② 동결건조법
③ 열풍건조　　　④ 자연건조

해설 | 빠르게 건조하기 위해 가열하여 건조하는 것을 열풍건조라 한다.

07 화훼장식의 주재료인 생화는 지속시간이 짧다는 단점을 가지고 있다. 이 단점을 보완할 수 있는 것은?

① 콜라주　　　　② 종이꽃
③ 건조화　　　　④ 염색화

해설 | 건조화는 생화보다 지속시간이 길다는 장점이 있다.

08 건조된 소재에 관한 설명으로 틀린 것은?

① 이삭을 이용할 때 완전히 성숙한 단계에서 채취한다.
② 열매와 꼬투리는 꽃과 다른 느낌으로 아름다워 많이 이용된다.
③ 나뭇가지와 덩굴은 특별한 처리 없이도 이용할 수 있다.
④ 최근에는 독특한 모양과 향을 가지고 있는 허브류가 건조 소재로 많이 사용된다.

해설 | 이삭류는 미성숙 단계에서 채취한다.

09 특별한 기술이나 도구 없이 꽃을 건조시키는 방법으로 가장 비용이 적게 들고 대량으로 만들 수 있는 방법은?

① 동결건조　　　② 열풍건조
③ 자연건조　　　④ 실리카겔건조

해설 | 자연건조는 가장 비용이 적게 들고 대량으로 생산할 수 있는 방법이다.

10 압화 재료의 채집 시 유의사항에 대한 설명으로 거리가 먼 것은?

① 여름 한낮에는 온도가 높아 수분 증발속도가 빠르고 곧 위축되므로 한낮을 피한다.
② 손으로 거칠게 뽑아서 재료가 손상되지 않도록 꽃과 잎을 따로 담아 꽃이 눌리는 것을 방지한다.
③ 비닐 주머니를 밀봉하기 전에 공기를 채워 재료가 눌리지 않게 한다.
④ 채집 후 담은 비닐 주머니는 양지바른 곳에 둬서 충분히 광합성을 할 수 있도록 한다.

해설 | 채집 후 담은 비닐 주머니는 음지에 보관한다.

정답 06 ③　07 ③　08 ①　09 ③　10 ④

CHAPTER 06 화훼장식 상품 판매

Topic 01 고객 응대

1. 고객 관리

(1) 고객 관리 목적
① 재구매를 유도함과 동시에 잠재 고객의 구매를 유도한다.
② 고객 충성도와 고객 서비스를 향상시킨다.
③ 상품·서비스상의 문제점을 해결한다.
④ 신규 고객을 유치시키고 기존 고객을 고정 고객화, 우량 고객화한다.

(2) 고객 관리 방법
① 기념일 등의 행사 이벤트를 기획·제공한다.
② 판매 실적별 고객 등급제를 관리한다.
③ 이용 실적에 따른 이벤트를 제공한다.
④ 고객을 분류하여 맞춤 제품을 목표 고객에게 제공한다.

(3) 고객 관리 전략
① **교차 판매**: 다른 상품 및 서비스 추가 구매를 유도한다.
② **추가 판매**: 제품 및 서비스 구입 과정에서 더 비싼 제품 및 서비스 구매를 유도한다.
③ 고객 구매 행동분석요소(RFM)를 분석하여 맞춤형 상품을 제시한다.
  ㉠ Recency : 구매 최근성
  ㉡ Frequency : 구매빈도·횟수
  ㉢ Monetary : 평균 구매금액

2. 고객 정보 관리 방법

① **고객 관리카드 작성**
  ㉠ 이름, 성별, 나이, 직업, 주소, 가족관계, 선호 상품·문구, 선물대상 등
  ㉡ 반복 거래 정보 입력 : 구입 상품 정보, 메시지, 배송지 정보 등
  ㉢ 구매 횟수 및 빈도, 구매 상품 평균 금액, 결제 내역 등
② **고객상담일지 작성** : 고객 및 받는 사람 정보, 예산, 배송 유무, 상품 종류, 목적, 사용 장소, 도착 예정 시간 등

3. 고객 분류

① 매출별 분류
  ㉠ 일반고객 : 전체 고객의 60~70%로 전체 매출의 50% 미만을 차지한다.
  ㉡ 우량고객 : 전체 고객의 10%로 전체 매출의 50%를 차지한다.

② 행동결과에 따른 분류
  ㉠ 잠재 고객 : 거래는 없었지만 잠재적으로 고객이 될 수 있다.
  ㉡ 신규 고객 : 첫 거래 고객을 말한다.
  ㉢ 기존 고객 : 2회 이상 구입한 고객이다.
  ㉣ 단골 고객 : 반복적으로 상품을 구매하는 고객이다.
  ㉤ 이탈 고객 : 과거 거래는 있었지만, 더 이상 구매하지 않는 고객이다.

③ 소비패턴에 따른 분류
  ㉠ 관습적 집단 : 특정 상품을 반복 구매한다.
  ㉡ 감성적 집단 : 유행 상품을 구매한다.
  ㉢ 유동적 집단 : 충동 구매를 한다.
  ㉣ 가격중심 집단 : 저렴한 상품을 구매한다.
  ㉤ 합리적 집단 : 합리적 동기로 구매한다.

4. 불만 고객 관리

① 불만 고객 관리 중요성
  ㉠ 불만 고객의 고객 이탈을 막는다.
  ㉡ 불만 고객으로 인해 발생하는 가게 이미지 악화를 방지하여 잠재 고객의 이탈을 막는다.
  ㉢ 신속한 불만 처리를 통해 불만 고객을 단골 고객으로 전환시킬 수 있으며, 가게 이미지가 상승할 수 있다.

② 불만 고객 대응법(MTP) : Man(누가), Time(언제), Place(어디서)를 설정하여 해결 방안을 구체적으로 정하여 대응하는 방법이다.

③ 불만 고객 응대 기본 4원칙(클레임 처리의 4원칙)
  ㉠ 우선 사과의 원칙
  ㉡ 원인 파악의 원칙
  ㉢ 신속 해결의 원칙
  ㉣ 불논쟁의 원칙

Topic 02 매장 판매

1. 상품 주문서 작성 사항

① 고객, 받는 사람의 이름, 연락처, 주소
② 상품 종류, 상품 가격
③ 배송 유무, 배송 시간
④ 카드 및 리본 메시지 내용, 기타사항 등

2. 상품 정보 전달 및 가격 전략

① 상품 정보
  ㉠ 상품 구매 정보 : 상품·서비스 선택을 위해 도움이 되는 정보를 말한다.
  ㉡ 식물 관리 방법 : 식물 정보 및 관리법을 적은 설명서를 작성하여 배포한다.
  ㉢ 상품 가격 : 재료비, 인건비, 임대료 등을 포함하여 가격을 결정한다.

② 상품 가격 전략
  ㉠ 할인 전략 : 현금할인, 수량할인, 계절할인 등이 있다.
  ㉡ 가격 세분화 : 정가 결제 후, 쿠폰·마일리지 등으로 가격 일부를 환원한다.
  ㉢ EDLP 전략 : Every Day Low Price의 약자로 가격을 항상 저렴하게 유지한다.
  ㉣ high-low pricing 전략 : 정가 판매에 빈번한 할인 행사를 통해 가격을 낮춘다.

Topic 03 매장 외 판매

1. 전화 판매

① 전화 주문 응대 방법
  ㉠ 전화 예법을 갖춰 친절, 신속, 정확히 응대한다.
  ㉡ 주문서를 꼼꼼히 작성하여 실수가 없도록 한다.
  ㉢ 고객 주문사항 및 요구를 정확히 파악하여 상품을 제작 및 배송한다.

② 전화 구매 상담 방법
  ㉠ 고객의 목표 및 특성을 파악하여 상품 정보를 전달한다.
  ㉡ 상품의 종류, 가격, 장단점, 활용성 등을 안내한다.
  ㉢ 주문서 작성 후 내용이 정확한지 재확인한다.
  ㉣ 상품 관리법 및 주의사항을 전달한다.
  ㉤ 배송 관련 내용을 제공한다.
  ㉥ 교환 및 환불 정보를 제공한다.

2. 전자상거래 판매

(1) 통신 판매 업체 체인서비스
  ① **장점**
    ㉠ 배송지와 가까운 매장에서 상품이 배송된다.
    ㉡ 시간 거리의 제약 없이 판매할 수 있다.
  ② **단점** : 주문받는 업체와 제작·배송하는 업체가 다르기에 상품의 질이 달라질 수 있다.
    예 전국꽃배달

(2) 개인 인터넷 쇼핑몰 판매
  ① 상품 사진, 동영상, 정보, 관리 방법 등 상세한 정보를 제공한다.
  ② 상품의 수명 및 운반 특성을 고려하여 판매 상품 및 배송 방법을 결정한다.
  ③ 주문, 결제, 배송 확인, 교환, 환불이 편리하도록 서비스를 제공한다.

Topic 04 상품 홍보

1. 상품 홍보

① 상품 특성에 따른 시장조사(온·오프라인 모두)를 실시하고 고객 선호도를 조사한다.
② 고객 선호도를 분석하고 이에 따라 홍보 방법을 선택한다.
③ 홍보계획서 및 홍보예산서를 작성하여 효과적으로 홍보를 실시한다.

구분	작성 내용
홍보계획서	상품명, 홍보주제, 대상, 기간, 방법, 내용, 비용 등
홍보예산서	항목별 비용, 예산액, 전년도 예산액, 비용증감 총액 등

2. 상품 홍보 수단

① **인쇄 매체** : 신문, 잡지, 전단, 스티커, 태그 등
② **전파 매체** : 라디오, TV, SNS
③ **옥외광고 매체** : 간판, 현수막

단원별 핵심 문제

01 다음 중 불만 고객 응대 기본 4원칙(클레임 처리의 4원칙)이 아닌 것은?

① 우선 사과의 원칙
② 원인 파악의 원칙
③ 신속 해결의 원칙
④ 논쟁의 원칙

해설 | 불만 고객 응대 기본 4원칙은 불논쟁의 원칙이다.

02 불만 고객 관리의 중요성에 대한 설명으로 옳은 것은?

① 신속한 불만 처리를 통해 불만 고객을 단골 고객으로 전환시킬 수 있으며, 가게 이미지 상승시킬 수 있다.
② 불만 고객의 고객 이탈을 촉진시킨다.
③ 불만 고객으로 가게 이미지를 악화시킨다.
④ 가게 이미지가 악화되어 잠재 고객을 이탈시킨다.

해설 | 불만고객 관리를 통해 불만 고객 이탈 방지, 가게 이미지 악화 방지, 잠재 고객 이탈 방지의 효과를 볼 수 있다.

03 〈보기〉의 빈칸에 들어갈 내용으로 옳은 것은?

> **보기**
> 전체 고객의 10%로 전체 매출의 50%를 차지하는 고객을 ( )이라고 한다.

① 일반 고객
② 우량 고객
③ 잠재 고객
④ 신규 고객

해설 | 우량 고객에 대한 설명이다.

04 매장 외 판매에서 전화 주문 응대 방법으로 옳지 않은 것은?

① 전화 예법을 갖춰 친절, 신속, 정확히 응대한다.
② 매장 상황에 맞춰 배송한다.
③ 주문서를 꼼꼼히 작성하여 실수가 없도록 한다.
④ 고객 주문사항을 정확히 파악하여 상품 제작을 한다.

해설 | 고객의 주문사항에 맞춰 배송한다.

정답 01 ④ 02 ① 03 ② 04 ②

05 통신 판매 업체 체인서비스에 대한 설명으로 옳은 것은?

① 주문한 매장에서 상품이 배송된다.
② 시간의 제약 없이 판매가 가능하다.
③ 주문받는 업체와 제작 배송하는 업체가 같다.
④ 판매 시 거리의 제약이 있다.

해설 | 통신 판매 업체 체인서비스의 특징
- 주문받는 업체와 제작 배송하는 업체가 다르다.
- 배송지와 가까운 매장에서 상품이 배송된다.
- 시간·거리의 제약 없이 판매할 수 있다.

06 화훼장식 상품 판매 시 고객 관리의 목적이 아닌 것은?

① 신규 고객 발굴
② 고객 이탈
③ 고객 충성도 높임
④ 상품 및 서비스상의 문제점 해결

해설 | 고객 관리를 통해 고객 이탈을 방지할 수 있다.

07 소비패턴에 따른 분류에 대한 설명으로 틀린 것은?

① 관습적 집단 : 특정 상품 반복 구매
② 합리적 집단 : 충동 구매
③ 감성적 집단 : 유행 상품 구매
④ 가격중심 집단 : 저렴한 상품 구매

해설 |
- 합리적 집단 : 합리적 동기로 구매
- 유동적 집단 : 충동 구매

08 화훼장식 상품 홍보 수단 중 인쇄매체가 아닌 것은?

① 신문   ② 잡지
③ 스티커   ④ 라디오

해설 | 라디오는 상품 홍보 수단 중, 전파매체에 해당한다.

09 매일 낮은 가격으로 항상 저렴하게 유지하려는 상품 가격 전략을 무엇이라고 하는가?

① 할인 전략
② EDLP 전략
③ 가격 세분화
④ high-low pricing 전략

해설 | EDLP은 Every Day Low Price의 약자로 매일 낮은 가격을 유지하며, 저렴하게 많은 상품을 판매하려는 전략이다.

10 〈보기〉는 행동결과에 따른 고객 분류에 대해 설명하고 있다. ㉠, ㉡에 들어갈 내용으로 옳은 것은?

보기
- 잠재 고객 : 거래는 없었지만 잠재적으로 고객이 될 수 있음
- (㉠) 고객 : 첫 거래 고객
- 단골 고객 : 반복적으로 구매하는 고객
- (㉡) 고객 : 과거 거래는 있었지만, 더 이상 구매하지 않는 고객

① ㉠ 신규, ㉡ 이탈
② ㉠ 이탈, ㉡ 기존
③ ㉠ 신규, ㉡ 일반
④ ㉠ 신규, ㉡ 기존

해설 | • 일반 고객 : 전체 고객의 60~70%로 전체 매출의 50% 미만을 차지함
• 우량 고객 : 전체 고객의 10%로 전체 매출의 50% 정도를 차지함
• 기존 고객 : 2회 이상 구매 기록이 있는 고객

11 개인 인터넷 쇼핑몰 판매에 대한 설명이 아닌 것은?

① 상품 사진, 동영상, 관리 방법 등 상세한 정보를 제공한다.
② 상품의 수명 및 운반 특성을 고려하여 상품 및 배송 방법을 결정한다.
③ 배송지와 가까운 매장에서 상품이 배송된다.
④ 주문, 결제, 배송 확인, 교환, 환불이 편리하도록 서비스를 제공한다.

해설 | 배송지와 가까운 매장에서 상품이 배송되는 것은 통신 판매 업체 체인 서비스에 대한 설명이다.

12 고객 구매 행동분석요소(RFM)에 해당하지 않는 것은?

① Relay : 정보 전달
② Recency : 구매 최근성
③ Frequency : 구매빈도 · 횟수
④ Monetary : 평균 구매금액

해설 | **고객 구매 행동분석요소(RFM)**
• Recency : 구매 최근성
• Frequency : 구매빈도 · 횟수
• Monetary : 평균 구매금액

정답 05 ② 06 ② 07 ② 08 ④ 09 ② 10 ① 11 ③ 12 ①

CHAPTER 07 화훼장식 배송 유통 관리

Topic 01 화훼장식 배송

1. 배송 관리
① **상품 납품서** : 상품 종류·수량, 배송 장소·일시, 주문자·인수자 이름·연락처·주소, 전달 메시지 등
② **배송 계획서** : 상품명·종류·수량, 배송 장소·일시, 출발시간 및 예상 소요시간, 기타 요구사항 등
③ **상품 인수 확인서** : 인수자(받은 사람) 이름, 인수 일시, 인수자 서명 등

2. 배송수단 설정
① 거리, 수량, 배송 예정시간 등을 고려하여 알맞은 운송수단을 통해 배송한다.
② **배송수단** : 직접배송, 택배, 도보, 오토바이 퀵, 화물승합차, 냉장 탑차 등

3. 배송 상품 종류 및 포장
(1) 배송 상품 종류
  ① **절화 상품** : 꽃다발, 꽃바구니, 꽃꽂이, 코사지, 화환 등
  ② **분화 상품** : 관엽식물, 다육식물, 선인장류, 테라리움, 분재 등
  ③ **가공화 상품** : 인조화, 건조화, 압화 등

(2) 배송 상품 포장
  ※ 배송 중 파손되지 않도록 안정감 있게 포장한다.
  ① **상품 크기별 포장**
    ㉠ 키 큰 상품 : 벽에 붙여 고정한다.
    ㉡ 중·소형 상품 : 박스에 담아 움직이지 않게 고정한다.
  ② **포장재별 포장**
    ㉠ 박스 포장 : 상품 크기와 종류에 맞게 박스를 선택하여 포장해야 하며 박스와 상품 사이 완충제를 채운다.
    ㉡ 비닐 포장 : 외부 충격에 약함으로 배송 시 주의한다.

③ 날씨별 포장
　㉠ 비가 올 때 : 비닐에 감싸 물에 젖지 않게 포장한다.
　㉡ 더울 때 : 통풍과 환기가 잘되게 포장한다.
　㉢ 추울 때 : 보온재 및 비닐로 감싸 포장한다.

Topic 02 상품 판매 후 고객관리

1. 고객 만족도 조사
① **조사 방법** : 설문 조사, 상품을 받은 사람의 만족도 확인 등
② **설문 조사 항목** : 상품 종류·만족도, 가격 적정성, 서비스 만족도, 배송 만족도 등

2. 상품 관리 방법 안내
① 상품별 관리 방법 안내서를 만들어 매장에 비치한다.
② 상품 구입 후 관리 방법을 말로 설명하고 관리법 안내서를 배포한다.
③ 전자상거래의 경우 제품 및 관리법을 상세 표기한다.

3. 고객 불만 사항 조치 방법
① **교환 또는 환불 조치** : 다른 상품 배송, 배송 중 상품 파손
② **수정 및 보완 조치** : 상품 구성요소 중 빠진 물품 발생, 메시지·리본 문구 실수
③ **주문서 내용과 비교하여 설명** : 상품이 소비자 취향에 맞지 않음으로 인한 불만 접수
④ **고객 과실 안내** : 고객의 관리 소홀로 인한 상품 변형(시듦 등)으로 불만 접수

4. 소비자보호법
제공한 상품·서비스에 불만 발생 시, 소비자기본법·소비자분쟁해결기준(공정거래 위원회 고시)에 의거하여 문제를 해결한다.

단원별 핵심 문제

01 배송 상품 종류와 그에 대한 예시로 잘못 연결된 것은?
① 절화 상품 – 꽃다발
② 분화 상품 – 관엽식물
③ 가공화 상품 – 인조화
④ 절화 상품 – 압화

해설 | 압화는 가공화 상품이다.

02 절화의 신선도를 유지할 수 있는 배송수단은?
① 직접배송　　② 택배
③ 오토바이 퀵　④ 냉장 탑차

해설 | 냉장보관 시 절화의 신선도를 유지할 수 있다.

03 배송 상품 포장에 대한 설명으로 틀린 것은?
① 키 큰 상품은 트럭 중앙에 놓아 배송한다.
② 비가 올 때는 상품을 비닐에 감싸 물에 젖지 않게 포장한다.
③ 더울 때는 통풍과 환기가 잘되게 포장한다.
④ 추울 때는 보온재 및 비닐로 감싸 포장한다.

해설 | 키 큰 상품은 벽에 붙여 고정하여 배송한다.

04 다음 중 상품 관리 방법 안내법으로 옳지 않은 것은?
① 상품 관리 방법 안내서를 만들어 매장에 비치한다.
② 관리법은 구두로만 설명한다.
③ 전자상거래의 경우 제품 및 관리법을 상세 표기한다.
④ 관리법 안내서를 배포한다.

해설 | 상품 구입 시 관리 방법에 대해 구두(말) 설명 및 관리법 안내서를 배포하는 것이 좋다.

05 인수자의 이름 및 서명, 인수 일시 등을 적은 확인서를 무엇이라고 하는가?
① 배송 계획서
② 상품 납품서
③ 상품 인수 확인서
④ 상품 주문서

해설 | 상품 인수 확인서에는 인수자(받은 사람)의 이름, 서명, 인수 일시 등을 기록한다.

정답 | 01 ④　02 ④　03 ①　04 ②　05 ③

CHAPTER 08 화훼장식 식물 관리

Topic 01 화훼식물재료

1. 화훼식물재료 분류(식물명)

① **식물학적 분류** : 계(가장 큰 단위)＞문＞강＞목＞과＞속＞종(가장 작은 단위)
② **학명**
  ㉠ 국제식물명명규약에 따라 전 세계가 공통으로 사용하는 이름으로 라틴어를 사용한다.
  ㉡ 린네의 이명법 : 식물 분류 기준 중, 하위 단위인 속명과 종명을 적는다.
  ㉢ 학명 표기 방법 : 속명＋종명＋명명자 예 장미 *Rosa hybrida* Hort.

구분	속명	종명	명명자
첫글자 표기	대문자	소문자	대문자
글씨체	이탤릭체	이탤릭체	인쇄체

  ※ 이탤릭체 표기가 어려울 때는 밑줄로 표시한다.

  ㉣ 종 하부 단위 : 변종(var. v.), 품종(for. f.), 재배종(cv.) 교배종(x)
  ㉤ 명명자가 2명일 경우, et 또는 &을 사용한다. 예 재상 & 민준

TIP 주요 용어 설명
- 변종 : 같은 종류의 생물 중, 변이가 생겨 형태나 성질이 달라진 종류이다.
- 품종 : 식물의 변종 중, 인위적으로 선발하여 만들어진 것을 말한다.
- 재배종 : 화훼, 작물 수확 등 특정 목적을 위해 인간이 키우는 종을 말한다. 반대어로는 야생종이 있다.
- 교배종 : 교배를 통해 만든 새로운 품종을 말한다.
- 교배 : 다음 세대를 얻기 위해 암수를 인위적으로 수정, 수분시키는 것을 말한다.

③ **보통명**
  ㉠ 각 나라, 지역마다 모국어로 만들어서 부르는 이름이다.
  ㉡ 일반명, 상업명, 통용명, 향토명 등으로 부르기도 한다.
  ㉢ 이해하기 쉽게 식물의 특징에 빗대어 만든다.
  ㉣ 학술용어로 사용되기에는 비과학적이다.
  ㉤ 학명에 비해 부적합한 것이 많다.
  ㉥ 전 세계 사람이 통용어로 사용할 수 없다.
    예 나팔꽃(나팔 모양을 닮음), 할미꽃(할머니를 닮음)

④ 학명, 보통명의 장단점

구분	장점	단점
학명	• 전 세계 공통으로 사용 가능 • 식물의 정보 파악이 가능 • 정확하고 생물학적으로 이용 가능	• 일반인이 사용하기 어려움 • 발음하기 어렵고, 기억하기 어려움
보통명	• 모국어라 기억하고, 부르기 쉬움 • 일반인이 사용하기 쉬움	• 학명에 비해 부정확하고 비과학적 • 전 세계 통용어로 사용할 수 없음 • 학술적으로 사용 불가함 • 같은 식물이 여러 이름을 가지거나 다른 식물이 같은 이름을 가질 수 있어 혼돈을 유발할 수 있음

2. 식물재료의 원예학적 분류

(1) 1, 2년 초화류
  ① **개요** : 생활환이 1~2년 이내인 식물로 춘파일년초, 추파일년초, 이년초로 나뉜다.
  ② **춘파일년초**
    ㉠ 원산지 : 열대, 아열대
    ㉡ 봄에 파종하면 그해 여름~가을에 꽃이 피고 겨울 전 종자 결실 후 고사한다.
    예 채송화, 맨드라미, 한련화, 나팔꽃
  ③ **추파일년초**
    ㉠ 원산지 : 온대, 아한대
    ㉡ 가을에 파종하면 겨울을 지나고 다음 해 봄에 꽃이 피고 여름에 종자 결실 후 고사한다.
    예 스토크, 팬지, 금어초, 금잔화
  ④ **이년초** : 씨앗을 뿌리고 1년이 지나 꽃이 피고 종자 결실한다.
    예 접시꽃, 물망초, 달맞이꽃

(2) 숙근초화류(다년초, 여러해살이풀)
  ① **개요** : 겨울에는 지상부가 죽지만, 뿌리가 살아남아 여러 해를 사는 식물이다.
  ② **노지 숙근초** : 추위에 강해 노지에서 월동이 가능하다.
    예 기린초, 옥잠화, 용담, 작약, 루드베키아
  ③ **반노지 숙근초** : 비닐·짚단 등을 덮어주면 월동이 가능하다.
    예 국화, 카네이션
  ④ **온실 숙근초** : 추위에 약해 온실에서 겨울 보내야 한다.
    예 거베라, 베고니아, 안개꽃, 스타티스, 안스리움

(3) 구근류

① **개요** : 숙근류의 일종으로 식물체의 일부가 비대해져 저장기능을 갖춘다.

② **인경(비늘줄기)**

　㉠ 잎 줄기가 비대하게 변형되었다.

　㉡ 여러 개의 인편이 모여 구가 된다. 인편으로 번식한다.

구분	내용
유피인경	• 외부 인편이 건조하여 막이 됨 • 피막이 인경을 보호함 예 수선화, 아마릴리스, 알리움, 튤립, 히아신스
무피인경	겉껍질(막)이 없는 인경 예 나리, 프리틸라리아

③ **구경(알줄기)** : 줄기 마디 아랫부분이 비대해진 것이다. 마디와 피막이 있다.

　예 글라디올러스, 프리지아

④ **괴경(덩이줄기)** : 지하 줄기 끝이 비대해진 것으로 마디와 피막이 없다.

　예 감자, 아네모네, 칼라

⑤ **근경(뿌리줄기)** : 땅속의 줄기가 뿌리모양을 한다.

　예 생강, 붓꽃, 칸나, 연꽃, 아이리스

⑥ **괴근(덩이뿌리)** : 뿌리가 비대해진 것이다.

　예 고구마, 라넌큘러스, 다알리아

TIP 알뿌리의 종류

CHAPTER 08 화훼장식 식물 관리

(4) 화목류
① 꽃, 잎, 열매 등을 관상하는 목본 식물을 말한다.

관상의 종류에 따른 예시
- 꽃 관상 : 장미, 벚나무, 개나리
- 잎 관상 : 소나무, 은행나무
- 열매 관상 : 모과나무

② **목본 식물 분류**
　㉠ 교목 : 2m 이상으로 키가 큰 나무를 말한다.
　　　예 벚나무, 목련, 전나무, 소나무, 은행나무
　㉡ 관목 : 키가 작은 나무를 말한다.
　　　예 장미, 개나리, 무궁화, 철쭉
　㉢ 덩굴 : 줄기가 다른 물체에 붙어 올라가거나 지면에 줄을 뻗어 자란다.
　　　예 능소화, 등나무, 담쟁이덩굴, 다래나무, 인동덩굴

(5) 관엽식물
① 잎의 형태, 색상, 무늬 등이 아름다워 잎의 관상가치가 높은 식물을 말한다.
② **원산지** : 주로 열대, 아열대
③ 내한성이 약하며 온도에 민감하다.
④ 내음성이 좋아 실내에서 키운다.
　　예 아이비, 드라세나, 행운목, 팔손이, 소철

내한성과 내음성
- 내한성 : 식물이 추위에 견디며 생존할 수 있는 성질
- 내음성 : 식물이 약광조건에서 생존하고 생장하는 능력

(6) 선인장 · 다육식물
① **개요** : 고온건조한 곳에서 잘 자라는 식물로 줄기와 잎이 가시화 또는 다육화되었다.
② **선인장** : 줄기가 비대하고 잎이 변해 가시가 된 식물이다.
　　예 부채선인장, 비모란
③ **다육식물** : 줄기나 잎이 다량의 수분을 함유한다.
　　예 알로에, 바위솔, 꽃기린, 산세베리아

다육화
식물의 줄기, 잎 등의 부위가 다량의 수분을 가지는 상태

(7) 난과식물
   ① **개요** : 형태가 아름답고 수명이 길어 관상 가치가 높다.
   ② **원산지에 따른 분류**
      ㉠ 동양란
         - 온대 지방인 한국 · 일본 · 중국 등에서 자생
         - 향이 좋고 은은한 멋을 지님
         - 예 춘란, 보세란, 나도풍란, 소심란
      ㉡ 서양란
         - 열대 · 아열대 지방인 동남아 · 남아메리카에서 자생
         - 꽃이 크고 화려하나 향이 거의 없음
         - 꽃 모양 : 입술모양 꽃잎, 안쪽 꽃잎 3장, 바깥쪽 꽃받침 3장
         - 예 반다, 호접란, 심비디움, 온시디움
   ③ **생장 습성에 따른 분류**
      ㉠ 지생란 : 땅속에 뿌리를 내린다.
         - 예 건란, 심비디움, 춘란, 한란
      ㉡ 착생란 : 나무나 바위에 붙어 고착생활(다른 생물체에 붙어 생활)을 한다.
         - 예 카틀레아, 온시디움, 풍란, 석곡, 덴드로비움, 반다

자생, 고착생활
- 자생 : 식물이 자연상태 그대로 생활하고 있는 것
- 고착생활 : 다른 생물체에 붙어 생활함

(8) 수생식물
   ① 물가에 매우 인접하게 살아가거나 식물체의 일부 혹은 대부분을 물에 담근 상태로 살아가는 식물을 말한다.
   ② 물에 잠긴 정도에 따라 분류한다.
      ㉠ 침수성 식물 : 식물체 대부분이 물에 잠겨있다.
         - 예 검정말, 나사말
      ㉡ 부유성 식물 : 수중 · 수면을 떠돌아다닌다.
         - 예 개구리밥, 통발
      ㉢ 부엽성 식물 : 잎만 수면에 뜬다.
         - 예 연꽃, 물옥잠
      ㉣ 물가 식물 : 물가에서 자란다.
         - 예 갈대, 꽃창포

(9) 기타식물
① **식충식물** : 벌레를 잡아먹는 식물이다.
　　예) 파리지옥, 끈끈이주걱, 네펜데스, 사라세니아
② **방향성식물(허브식물)** : 향기가 나는 식물이다.
　　예) 로즈마리, 라벤더, 레몬밤, 애플민트
③ **반입식물(반엽식물, 무늬식물)**
　　㉠ 입이 녹색이 아닌 다른 색으로도 나타나는 식물이다.
　　㉡ 엽록소 결핍 및 부족, 표피세포 변형 등으로 잎의 색이 두 가지 이상으로 혼합된다.
　　예) 러브체인, 벤자민고무나무, 듀란타
④ **야생식물** : 산이나 들에 자생하는 식물 중 관상가치가 있는 초본·목본류를 말한다.
　　예) 앵초, 구절초, 감국, 해국

3. 식물재료의 이용 형태별 분류

(1) 절화용 식물
① 뿌리가 잘린 채 이용되는 꽃을 말한다.
② 꽃의 모양과 가치에 따라 분류할 수 있다.
　㉠ 꽃의 모양에 따른 분류
　　• 라인 플라워 예) 금어초
　　• 폼 플라워 예) 나리, 백합
　　• 매스 플라워 예) 장미, 카네이션
　　• 필러 플라워 예) 소국, 안개
　㉡ 꽃의 가치에 따른 분류
　　• 대가치 예) 극락조, 나리, 안스리움
　　• 중가치 예) 거베라, 튤립, 작약
　　• 소가치 예) 안개, 공작초

(2) 절지용 식물
뿌리가 잘린 채 이용되는 가지를 말한다.
예) 개나리, 산수유, 목련, 청미래덩굴, 다래덩굴, 말채, 오리목

(3) 절엽용 식물
① 뿌리가 잘린 채 이용되는 잎을 말한다.
② 잎의 다양한 형태·무늬·색감을 이용한다.
예) 아이비, 몬스테라, 루모라고사리, 아스파라거스

(4) 분식물용 식물
① 뿌리가 있는 상태로 용기에 담겨 유통된다.
② 관화식물, 관엽식물, 관실식물, 허브류, 식충식물, 다육식물 등이 있다.
예) 행운목, 관음죽, 남천, 로즈마리 등

(5) 정원용 식물
① 실내·외 화단·정원에 심는 초화류 또는 수목을 말한다.
② **실내정원 구성 요소**
  ㉠ 중심목 : 중심이 되는 나무 예 소철, 파키라
  ㉡ 중목 : 중심목과 지피 사이 채우는 나무 예 남천, 관음죽
  ㉢ 하목 : 키가 작은 나무 예 백량금, 산호수
  ㉣ 지피식물 : 지표면의 빈자리 채움 예 호야, 고사리류, 이끼류

4. 화훼식물의 구조
(1) 화훼식물의 기관
① **영양기관** : 식물체의 영양을 맡아보는 기관으로 뿌리, 줄기, 잎이 이에 속한다.
② **생식기관** : 식물의 생식에 관계되는 기관으로 꽃, 열매, 종자(씨)가 이에 속한다.

(2) 꽃
① **꽃의 구조**
  ㉠ 암술 : 암술머리(주두), 암술대(화주), 씨방(자방)
  ㉡ 수술 : 꽃밥(약), 수술대(화사)
  ㉢ 꽃잎
  ㉣ 꽃받침

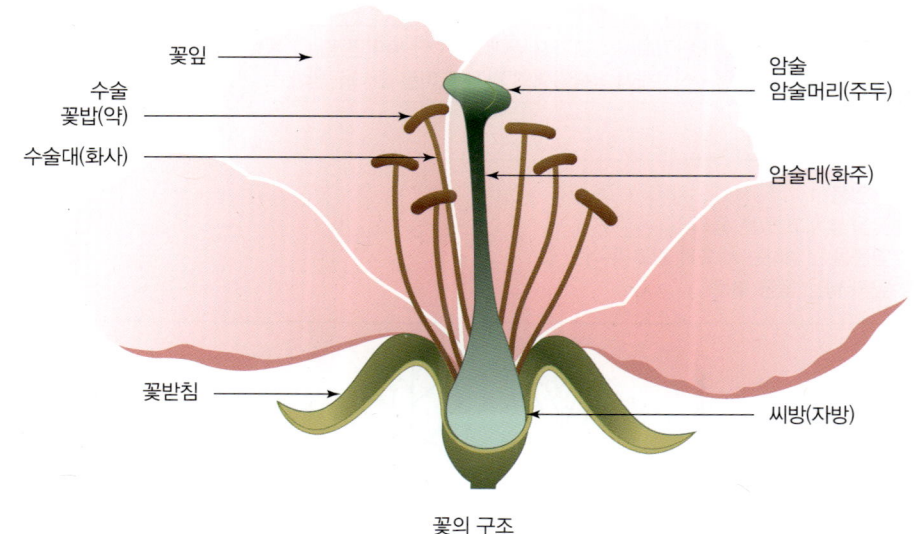

꽃의 구조

② **꽃의 분류**
  ㉠ 구성요소의 완전성에 따른 분류
   • 완전화(갖춘꽃) : 암술, 수술, 꽃잎, 꽃받침 모두 가진 꽃
   • 불완전화(안갖춘꽃) : 암술, 수술, 꽃잎, 꽃받침 중 하나라도 없는 꽃

ⓒ 암술과 수술 내포에 따른 분류
  • 양성화 : 암술, 수술이 한 꽃에 있다. 예 장미
  • 단성화 : 암술, 수술이 각자 다른 꽃에 있다.

자웅동주	암꽃과 수꽃이 한 그루에 있음 예 밤나무
자웅이주	암꽃과 수꽃이 다른 그루에 있음 예 은행나무

ⓒ 꽃잎의 모양에 따른 분류
  • 합판화(통꽃) : 꽃잎이 서로 붙어 있다. 예 나팔꽃
  • 이판화(갈래꽃) : 꽃잎이 서로 떨어져 있다. 예 목련

③ 꽃차례(화서)
  ㉠ 꽃대에 붙어있는 꽃의 배열 상태를 말한다.
  ㉡ 무한화서

개화 순서	화축의 아래 · 바깥 → 위 · 안쪽 순으로 꽃이 핌
종류	• 총상화서 : 꽃가지에 가지를 가진 작은 꽃이 붙어 있음 예 델피늄 • 수상화서 : 꽃가지에 꽃이 붙어 있음 예 리아트리스 • 산방화서 : 다른 마디에서 자란 꽃이 원형으로 배열됨 예 기린초 • 원추화서 : 원추형 모양으로 작은 꽃들이 피어남 예 플록스 • 두상화서 : 작은 꽃들이 모여 하나의 꽃으로 보임 예 국화 • 육수화서 : 육질로 된 화축에 작은 꽃이 붙어 있음 예 천남성과 식물

  ㉢ 유한화서

개화 순서	화축의 위 · 중심 → 아래 · 바깥 순으로 꽃이 핌
종류	• 단정화서 : 꽃가지 끝에 꽃이 한 송이만 핌 예 튤립 • 집산화서 : 삼각형의 화서를 이룸 예 숙근안개초

화축, 육질, 잎몸
  • 화축 : 꽃을 받치고 있는 줄기
  • 육질 : 잎몸을 구성하는 세포가 깊고 두꺼운 것
  • 잎몸 : 잎의 넓은 몸통 부분

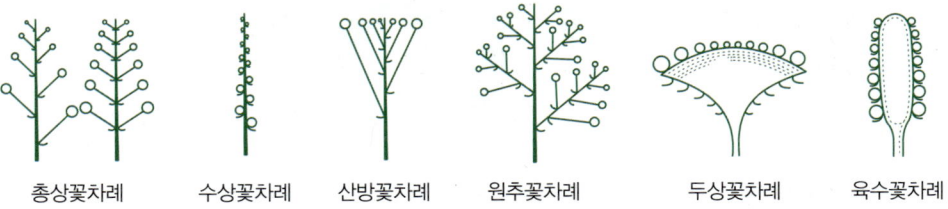
총상꽃차례 수상꽃차례 산방꽃차례 원추꽃차례 두상꽃차례 육수꽃차례

④ 꽃의 기형화
  ㉠ 꽃잎이 작아지고 포엽이 꽃잎화된다. 예 안스리움, 포인세티아, 칼라, 부겐빌레아
  ㉡ 꽃받침이 꽃잎화된다. 예 나리, 수선화, 튤립, 글라디올러스

(3) 잎
  ① 잎의 구조
    ㉠ 엽신 : 잎의 몸통으로 엽선·엽연·엽저로 구성
    ㉡ 엽병(잎자루)
    ㉢ 탁엽(턱잎)

잎의 구조

  ② 잎의 형태
    ㉠ 단엽 : 한 가지에 잎이 하나 붙어 있다.
    ㉡ 복엽 : 한 가지에 잎이 여러 개 붙어 있는 것을 말하며 모양에 따라 우상복엽과 장상복엽으로 구분한다.
    ㉢ 장상복엽 : 잎이 손바닥 모양으로 배열된다. 예 비로야자, 팔손이
    ㉣ 우상복엽 : 잎이 깃털모양으로 배열된다. 예 등나무

장상복엽   우상복엽

  ③ 엽서(잎차례)
    ㉠ 호생(어긋나기) : 잎이 어긋나게 난 형태이다. 예 거베라, 둥굴레
    ㉡ 대생(마주나기) : 마디에서 잎 두 장이 대칭으로 마주난 형태이다. 예 개나리, 숙근안개초, 용담, 카네이션, 회양목
    ㉢ 윤생(돌려나기) : 마디에서 3개 이상의 잎이 돌려난 형태이다.
    ㉣ 속생(모여나기) : 마디에서 여러 잎이 난 형태이다.

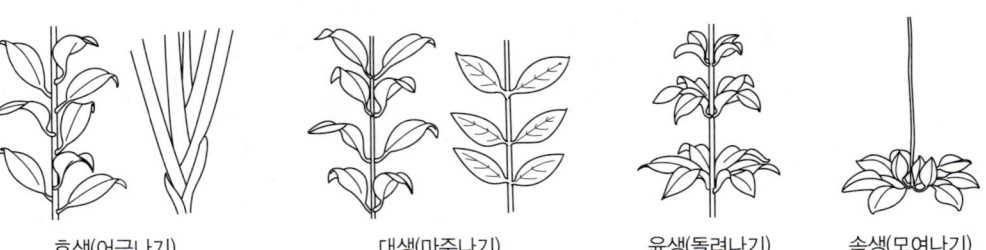

호생(어긋나기)   대생(마주나기)   윤생(돌려나기)   속생(모여나기)

④ 잎의 기능
  ㉠ 호흡작용 : 산소를 흡수하고 이산화탄소를 배출하는 작용이다.
  ㉡ 증산작용 : 잎의 기공(구멍)을 통해 물을 수증기 형태로 배출하는 작용이다.
  ㉢ 광합성작용 : 잎의 엽록소가 이산화탄소와 물, 빛에너지를 이용하여 포도당을 만드는 작용이다.

(4) 줄기
  ① **기능** : 식물체 지탱, 수분과 양분의 이동통로(운반), 여분의 양분 저장
  ② **분류** : 지상경(땅위줄기), 지하경(땅속줄기)
  ③ **줄기 형태** : 곧은 줄기(단풍나무), 휘감는 줄기(인동덩굴), 기어오르는 줄기(서양담쟁이), 구근류 등
  ④ **관다발**
    ㉠ 물관 : 뿌리에서 흡수한 무기양분과 물의 이동 통로
    ㉡ 형성층 : 세포분열로 줄기 부피 생장
    ㉢ 체관 : 잎에서 만든 유기양분의 이동 통로

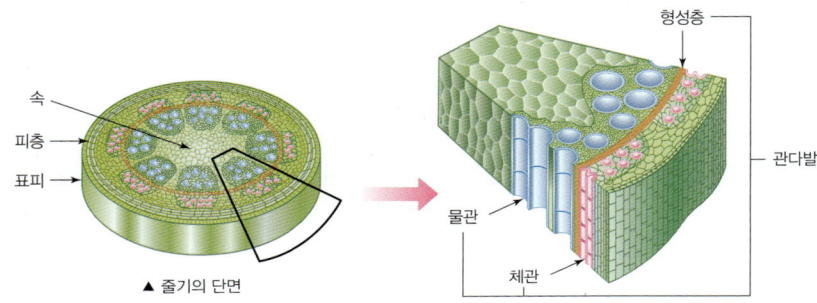

▲ 줄기의 단면

(5) 뿌리
  ① **기능** : 식물체 지탱 · 고정, 수분 · 무기양분 흡수, 물질 수송, 영양분 저장기관
  ② **구성**
    ㉠ 주근 : 주된 뿌리
    ㉡ 측근 : 원뿌리에서 갈라져 나온 뿌리
    ㉢ 뿌리골무 : 뿌리 끝에서 생장점을 싸서 보호함

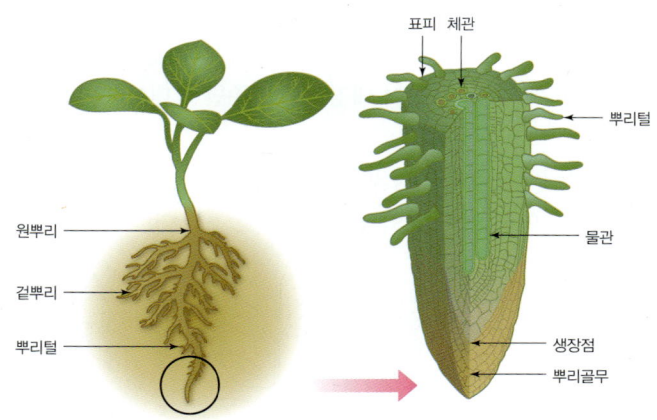

뿌리의 구조와 단면

(6) 열매
① 수정 후, 자방(암술 밑의 볼록한 기관)이 발달한 것이며 생식 기능을 한다.
② **열매의 구분**
  ㉠ 진과 : 씨방이 독자적으로 자란 열매를 뜻하며 외과피(과일의 껍질), 중과피(과육), 내과피(주로 씨를 감쌈)로 구성된다.
  ㉡ 위과 : 자방과 자방 주위(화탁, 화피 등)가 함께 발달한 열매로 배, 사과가 이에 속한다.

Topic 02 화훼식물 생장 관리

1. 번식
① **종자번식(유성번식)** : 종자(씨)를 번식에 이용하는 방법이다.
② **영양번식(무성번식)**
  ㉠ 영양기관(줄기, 잎, 뿌리)을 번식에 이용하는 방법이다.
  ㉡ 방법 : 삽목(꺾꽂이), 접목(접붙이기), 분구(구근나누기), 취목(휘묻이), 분주(포기나누기)

2. 꽃눈 형성과 개화
① **춘화현상** : 저온 자극을 받아야 꽃눈(식물에서 꽃이 될 눈)이 형성되고 개화하는 것이다.
② **일장(빛의 길이)에 따른 화훼 분류**
  ㉠ 장일식물 : 빛의 길이가 길 때 개화하는 식물이다(일장 : 12~14시간).
    예 금잔화, 금어초, 루드베키아, 델피니움
  ㉡ 단일식물 : 빛의 길이가 짧을 때 개화하는 식물이다(일장 : 12시간 이하).
    예 국화, 포인세티아, 매리골드, 코스모스
  ㉢ 중일식물 : 빛의 길이와 상관없이 생육일수가 경과하면 개화하는 식물이다.
    예 장미, 튤립, 팬지, 수국

3. 휴면
① 일시적으로 생육을 중단하는 것을 말한다.
② 내적 요인에 의해 휴면하는 자발적 휴면과 외적 요인(건조, 저온 등의 환경조건)에 의해 휴면하게 되는 타발적 휴면으로 분류된다.

Topic 03　화훼식물 병충해 관리

1. 병해와 충해
① **병해**
　㉠ 온도와 습도가 적절하지 못할 때 많이 발생한다.
　㉡ 종류 : 탄저병, 그을음병, 흰가루병, 잿빛곰팡이병
② **충해**
　㉠ 건조할 때 많이 발생한다.
　㉡ 종류 : 진딧물, 응애, 깍지벌레, 민달팽이

2. 살균제와 살충제
① **살균제**
　㉠ 종류 : 보르도액, 수화유황제, 오소사이드, 지네브제
　㉡ 살포 시 유의사항 : 취급·보관 주의, 조기 살포할 것, 정확한 농도로 조제할 것, 기상 조건 주의, 혼용 가능 여부 확인 후 사용 등
② **살충제의 종류** : 제충국 유제, 마라티온 유제, 켈센 유제, 스미치온

Topic 04　화훼장식의 역사

1. 동양 화훼장식의 역사
① **한국**
　㉠ 기원 : 신수사상, 불전공화
　㉡ 삼국시대

특징	중국에서 불교와 함께 불전공화 도입, 삼존양식
역사자료	강서대묘 현실 북벽 비천상(산화도), 쌍영총 부부도, 안악2호분

TIP 쌍영총 벽화
고구려 5~6세기, 좌우 대칭형, 직선과 곡선 구성, 직립한 소재가 중심을 이룸, 연꽃을 중심에 꽂음

　㉢ 통일신라시대

특징	삼존 형식, 불전 공화
역사자료	역사자료 : 수막새기와, 석굴암 십일면관음보살 입상

ⓔ 고려시대

특징	• 불교 전성기, 불전공화, 꽃병으로 청자가 사용됨 • 꽃꽂이 양식 : [고려 초기] 삼존형식, [고려 후기] 반월형 삼존형식
역사자료	• 수덕사 대웅전 벽화, 해인사 대적광전 벽화 • 꽃 관련 관직 : 권화사, 압화사, 선화주사, 화주궁관, 인화담원 • 꽃 관련 서적 : 동국이상국집(이규보), 고려도경

ⓜ 조선시대

특징	• 유교문화, 간결하고 깨끗한 꽃꽂이 양식 발달 　예) 일지화 : 병에 한 가지 꽃을 꽂음, 선비의 소박한 덕목을 나타냄 • 궁중의례, 민간의례에 꽃꽂이를 활용 • 꽃꽂이 양식 : [조선초기] 삼존양식·일지화, [조선후기] 기명절지화
역사자료	• 양화소록(강희안) : 조선의 꽃과 원예에 관한 내용 저술 • 성소부부고(허균) : 꽃·물 선택법, 꽃 작품 감상법 저술 • 산림경제(홍만선) : 꽃 재배법, 병꽂이 방법 저술 • 임원십육지(서유구) : 꽃꽂이 방법 저술

ⓗ 근대

특징	• 일제 강점기의 잔재로 전통 꽃꽂이가 계승되지 못했던 시절도 있었음 • 1960년대 후반부터는 꽃꽂이 역사 연구가 다시 행해지며 한국 전통 꽃장식이 다시 밝혀짐 • 근대는 실용적 장식 목적으로 대중에 널리 이용됨

② 일본

기원	불전공화
15C	이케노보(승려)가 최초의 꽃꽂이 학교 세움
18C	일본 전통 꽃꽂이인 이케바나 양식 성립 • 이케나바 의미 : 일본 꽃꽂이의 총칭 • 이케나바 특징 : 천, 지, 인 3주지 삼각구도
19C	모리나바, 지유바나 양식 등이 생김
1897년 이후	미국의 영향으로 플라워디자인 발전
현대	일본 전통 양식과 현대 자유 양식이 혼합됨

2. 서양 화훼장식의 역사

① 고대

고대이집트	• 화훼장식 특징 : 단순성, 반복 • 색채 : 빨강·파랑·노랑, 원색의 강한 색감 선호 • 화훼형태 : 화관, 리스, 갈란드, 꽃목걸이
고대그리스	• 코르누코피아(풍요의 뿔) : 한쪽이 굽은 원뿔 모양의 용기에 꽃·채소·과일을 풍성하게 꽂음. 추수감사절에 많이 사용 • 축제 때 꽃·꽃잎을 흩뿌림 • 리스, 갈란드, 화관, 꽃목걸이가 일상화됨

고대로마	• 리스, 갈란드가 보다 화려하며 육중해짐 • 식물 소재 사용이 정교화되었고 구근류를 선호함 • 밝은 색상, 향기가 좋은 꽃을 선호함
비잔틴시대	비잔틴 콘(좌우 대칭 원추형태) 디자인을 사용함

② 중세

르네상스시대	• 꽃 상징주의(장미-세속적 사랑, 백합-고결, 순결 등) • 정형화된 형태(대칭형, 삼각형, 원형, 타원형, 갈란드, 화관)
바로크시대	• 호가스(S)라인 : 영국 화가 윌리엄 호가스의 이름을 따서 부름 • 화려함, 사치스러움, 남성적
더치 플레미시시대	• 컴팩트한 디자인으로 많은 종류의 꽃과 색상들을 사용함 • 다양한 질감과 풍부한 색상이 디자인의 완성도를 높임 • 꽃과 함께 과일이나 조개껍질 등의 액세서리를 사용함
로코코시대	• 약 18세기경에 나타난 양식 • 라운드형, 부채형, 크레센트(C)라인, S라인의 곡선 디자인이 유행함 • 파스텔톤 꽃 선호, 여성적, 우아함, 부드러움 • 가볍고 회화적
영국 조지왕시대	• 노즈게이 : 향기가 나는 작은 꽃다발로 전염병 예방 효과가 있다고 여겨짐 • 향기에 공기 정화 기능이 있음 믿음
비더마이어시대	• 독일, 오스트리아 중심 • 소시민적 생활양식 • 꽃을 동심원에 빽빽이 꽂음 • 각 동심원에 색이 다른 여러 종류의 꽃을 꽂음 • 꽃들을 빈 공간 없이 촘촘하게 배열하여 원추형이나 반구형으로 조형함 • 같은 꽃이나 같은 색의 꽃을 모아 상면에서 볼 때 동심원 무늬를 이루도록 배열하거나 꼭대기에서 나선형으로 내려오도록 배열하는 방식
빅토리아시대	• 일상적으로 꽃과 식물이 애호되고 전문도서와 화훼장식기술학교가 설립되는 등 서양의 화훼장식이 체계화되기 시작한 시대 • 화훼장식이 하나의 예술로 자리 잡음 • 포지홀더 : 꽃다발 손잡이 • 유럽의 절화장식에서 꽃의 자연건조, 누름건조, 꽃그림 그리기, 조개·왁스·깃털·구슬 등으로 조화 만들기 등의 기술이 교육됨

③ 근대

아르누보	• 신미술, 유럽과 미국 • 곡선에서 영감을 받음
아르데코	• 장식미술, 프랑스와 미국 • 특징 : 기하학적 형태와 선, 패턴, 구불거림 등

④ 현대
  ㉠ 소재의 움직임, 작가의 창의성 등이 가미되어 새로운 디자인들이 탄생하였다.
  ㉡ 미니멀리즘, 포스트 모더니즘 등

단원별 핵심 문제

01 농업 서적과 관련된 저자 또는 역자의 연결로 틀린 것은?

① 산림경제 : 정다산
② 성소부부고 : 허균
③ 양화소록 : 강희안
④ 임원십육지 : 서유구

해설 │ 산림경제의 저자는 홍만선이다.

02 우리나라 화훼장식의 역사를 살펴볼 때 식물이 조형미를 갖추고 감상의 대상이 된 최초의 시기는?

① 삼국시대 ② 고려시대
③ 조선시대 ④ 1960년대 이후

해설 │ 삼국시대에는 중국에서 불교와 함께 불전공화가 도입되었고 삼존양식으로 장식되었다.

03 영국 조지왕시대(AD 1714~1760)에 꽃의 향기가 전염병을 예방해 주는 것으로 인식되어 손에 들고 다녔던 것은?

① 포푸리 ② 코사지
③ 노즈게이 ④ 갈란드

해설 │ ① 포푸리 : 향이 좋은 식물, 꽃, 잎, 과일 껍질, 향료 등을 함께 첨가하여 만든 향기주머니로 방향제의 일종이다.
② 코사지 : 신체 부위를 장식하는 작은 꽃다발을 말한다.
④ 갈란드 : 꽃, 잎, 열매 등을 엮어 만든 긴 꽃줄을 말한다.

04 서양의 전통 절화장식에 대한 특징으로 옳은 것은?

① 표현기법이 기하학적이고 꽃이 주재료이다.
② 선과 여백의 아름다움을 중요시한다.
③ 자연과의 조화를 추구하였다.
④ 3주지가 명확한 형태로 표현된다.

해설 │ ②, ③, ④는 동양의 전통 절화장식에 대한 특징이다.

05 화훼재료의 엽서(잎차례)의 연결이 틀린 것은?

① 윤생엽 : 아스플레니움, 칼라데아, 사스레피
② 호생엽 : 둥굴레, 송악, 느티나무
③ 대생엽 : 소철, 마가목, 주목
④ 근생엽 : 앵초, 맥문동, 민들레

해설 │ 사스레피는 호생엽이다.

정답 01 ① 02 ① 03 ③ 04 ① 05 ①

06 다음 중 초화류의 분류 중 구근류가 아닌 것은?
① 나리 ② 칼랑코에
③ 크로커스 ④ 아네모네

해설 | 칼랑코에는 다육식물이다.

07 다육식물이 아닌 것은?
① 피토니아 ② 돌나물
③ 바위솔 ④ 크라슐라

해설 | 피토니아는 관엽식물이다.

08 구근의 형태 중 줄기가 아니라 뿌리가 변형된 것은?
① 괴근 ② 인경
③ 괴경 ④ 근경

해설 | ② 인경(비늘줄기) : 잎이 비대하게 변형된 것이다.
③ 괴경(덩이줄기) : 줄기가 변형된 것이다.
④ 근경(땅속줄기) : 땅속 줄기가 변형된 것이다.

09 동양란으로 분류되는 것은?
① 춘란 ② 심비디움
③ 카틀레야 ④ 팔레놉시스

해설 | 심비디움, 카틀레야, 팔레놉시스는 서양란이다.

10 포엽이 꽃처럼 보이는 식물이 아닌 것은?
① 포인세티아 ② 안스리움
③ 범부채 ④ 부겐빌레아

해설 | 포엽은 꽃이나 꽃받침을 둘러싸고 있는 작은 잎을 말한다. 포엽이 꽃처럼 보이는 식물로는 포인세티아, 안스리움, 부겐빌레아가 있다.

정답 06 ② 07 ① 08 ① 09 ① 10 ③

PART 2

화훼장식기능사 기출문제

2013년 기출문제
2014년 기출문제
2015년 기출문제
2016년 기출문제

2013년 기출문제

01 1년초의 설명으로 옳은 것은?
① 씨를 뿌리면 싹이 터서 꽃이 피고 열매를 맺은 뒤 1년 이내에 생을 마치는 식물이다.
② 1년초의 씨뿌리기는 봄에만 가능하다.
③ 봄에 뿌리는 대표적인 초화는 팬지, 프리뮬러, 데이지 등이 있다.
④ 1년초는 대부분 화단에 심으며 용기에 심어 이용하지는 않는다.

해설 | 1년 이내에 싹이 터서 꽃이 피고 열매를 맺고 생활환을 마치는 것을 일년초라고 한다. 봄에 씨뿌리는 것은 춘파 일년초, 가을에 씨 뿌리는 것을 추파 일년초라고 한다.

02 형태에 따른 분류에서 선형(line) 꽃에 해당하지 않는 것은?
① 글라디올러스 ② 리아트리스
③ 스토크 ④ 카틀레아

해설 | 카틀레아는 형태(form) 꽃에 해당한다.

03 꽃의 기관 중 가장 먼저 분화되는 것은?
① 꽃받침 ② 꽃잎
③ 수술 ④ 암술

해설 | 꽃의 기관 중 가장 먼저 분화되는 것은 꽃받침이다. 꽃은 바깥쪽부터 안쪽으로 분화된다.

04 음지식물에 대한 설명으로 틀린 것은?
① 5,000~10,000lux에서 잘 자라는 식물이다.
② 주로 꽃을 감상하기 위해 식재하는 식물이다.
③ 열대 원산의 관엽식물이 대부분을 차지한다.
④ 디펜바키아, 네프로네페스, 스킨답서스가 대표적이다.

해설 | 음지식물은 주로 잎을 감상하기 위해 식재하는 식물이다.

05 화훼장식용 도구의 사용에 대한 설명으로 틀린 것은?
① 플로랄 테이프는 식물에 철사를 연결하여 줄기를 지지하였을 경우, 접착성으로 줄기와 철사의 접합을 돕기 위해 사용한다.
② 라피아는 꽃다발을 단단하게 묶는 데 사용한다.
③ 워터 픽은 플라스틱 제품으로서 그 속에 물을 넣어 식물을 꽂아 묶음 작업에 많이 사용한다.
④ 전지가위는 리본, 직물, 종이의 절단에 사용한다.

해설 | 리본, 직물, 종이의 절단에 사용하는 가위는 수공가위이다. 전지가위(전정가위)는 식물 줄기나 가지의 절단에 사용한다.

06 European 꽃꽂이를 잘 이해하려면 소재를 분류하고 관찰하는 능력이 필요하다. 다음 중 분류관찰에 해당되지 않는 것은?

① 식물의 모양 즉 자라는 모습이나 주변 환경
② 오브제를 이용한 비사실적 구성 능력
③ 꽃이 생장하는 방향 즉 움직이는 특성
④ 감각으로 느끼는 식물의 표면구조

해설 | 오브제를 이용한 비사실적 구성 능력은 자연을 이해하고 관찰하는 능력에 해당하지 않는다. 오브제란 꽃꽂이에서 꽃 이외의 재료를 말한다. 또한 초현실주의 미술에서는 오브제를 본래의 용도와 달리 작품에 사용하여 새로운 느낌을 일으키는 물체를 의미한다.

07 잎의 크기가 큰 열대원산의 식물로서 천남성과 식물은?

① 몬스테라　　② 팔손이
③ 종려　　　　④ 엽란

해설 | 몬스테라는 열대원산의 천남성과 식물이다.
② 팔손이 : 두릅나무과에 속하는 상록관목이다.
③ 종려 : 종려과의 상록 활엽 교목이다.
④ 엽란 : 백합과의 상록 여러해살이풀이다.

08 여러해살이 화초로만 짝지어진 것은?

① 코스모스, 국화, 금잔화
② 옥잠화, 샐비어, 알로에
③ 구절초, 원추리, 채송화
④ 옥잠화, 국화, 원추리

해설 | • 여러해살이초 : 국화, 금잔화, 옥잠화, 구절초, 원추리
• 1~2년초 : 코스모스, 샐비어, 채송화
• 관엽식물 : 알로에

09 절화용 용기의 조건으로 거리가 먼 것은?

① 물과 꽃줄기를 충분히 담을 수 있어야 한다.
② 전체 꽃의 무게를 지탱할 수 있는 무게를 가져야 한다.
③ 줄기를 고정하기 위한 어떤 도구도 감출 수 있어야 한다.
④ 장식 목적과 효과에 따라 배수구가 있는 경우가 일반적이다.

해설 | 일반적으로 절화용 용기에는 배수구가 없고, 분화용 용기는 배수구가 있다.

10 데코라고나무의 학명 표기법으로 옳은 것은?

① *Ficus elastica* Roxb. cv. Decora
② *Ficus elastica Roxb*. cv. 'Decora'
③ *Ficus elastica Roxb*. cv. Decora
④ Ficus elastica Roxb. cv. 'Decora'

해설 | 학명 표기법은 속명(이탤릭체, 첫 글자 대문자)+종명(이탤릭체, 첫 글자 소문자)+명명자(인쇄체, 첫 글자 대문자)로 쓴다.

11 화훼원예학에 대한 설명으로 거리가 먼 것은?

① 집약적이며, 기술적인 재배가 요구되는 화초와 화목을 대상으로 연구한다.
② 화훼식물의 분류 특징과 재배관리를 연구한다.
③ 화훼식물의 번식과 품종개량, 병충해 방제를 연구한다.
④ 화훼식물의 이용과 장식에 관한 것만 연구한다.

해설 | 화훼원예란 판매 목적으로 화훼를 생산, 유통, 이용, 제작을 하는 것을 의미한다.

정답　01 ①　02 ④　03 ①　04 ②　05 ④　06 ②　07 ①　08 ④　09 ④　10 ①　11 ④

12 분화장식에 대한 설명으로 틀린 것은?

① 천남성과 식물이나 접란 등의 관엽식물의 뿌리를 토양 대신에 물속에 넣어 키우는 것을 수경재배(water culture)라 한다.
② 유리용기에 수생식물을 심고 한쪽으로 물고기를 넣어서 같이 키우는 것을 비바리움(vivarium)이라 한다.
③ 접시처럼 넓고 깊이가 얕은 용기에 식물을 심어 작은 정원을 만드는 것을 디쉬가든(dish garden)이라 한다.
④ 바구니나 플라스틱분 등의 용기에 덩굴식물을 심어 아래로 늘어뜨리는 것을 걸이분(hanging basket)이라 한다.

해설 │ 유리용기에 수생식물을 심고 물고기를 넣어서 같이 키우는 분화장식은 아쿠아리움이다. 비바리움은 유리용기 속에 식물을 심고 동물(개구리, 뱀 등)과 같이 키우는 분화장식을 말한다.

13 개나리의 학명이 바르게 표기된 것은?

① *Cercis chinensis*
② *Magnolia denudata*
③ *Forsythia koreana*
④ *Hibiscus syriacus*

해설 │ ① *Cercis chinensis* : 박태기나무
② *Magnolia denudata* : 백목련
④ *Hibiscus syriacus* : 무궁화

14 〈보기〉에서 ㉠, ㉡에 들어갈 용어로 바르게 연결된 것은?

> **보기**
> 사막이나 건조 지방에서 잘 자라는 식물로 잎이 가시로 변한 식물은 (㉠)이고, 잎이나 줄기가 육질화된 식물은 (㉡)이라고 한다.

	㉠	㉡
①	다육식물	선인장
②	선인장	다육식물
③	선인장	수생식물
④	고산식물	다육식물

해설 │ • 수생식물 : 물속에서 생육하는 식물
• 고산식물 : 높은 산에서 생육하는 식물

15 화훼장식용으로 이용되고 있거나 이용 가능한 백합과 식물 중 울릉도 특산물인 것은?

① 말나리 ② 섬나리
③ 참나리 ④ 틈나리

해설 │ 섬나리는 백합과 여러해살이풀로 울릉도 특산물이다. 달걀모양이며 약간 붉은 빛이 난다.

16 실내의 분화 장식물에 있어서 우선적으로 고려해야 하는 사항이 아닌 것은?

① 유행하는 식물의 선택
② 실내의 기능적인 면과 이용자의 기호도
③ 실내의 환경조건
④ 바닥재료, 벽지 등 실내 분위기

해설 │ 실내 분화 장식물 선택 시, 유행은 우선적 고려사항이 아니다.

17 절화수명에 대한 설명으로 틀린 것은?

① 일반적으로 국화는 카네이션보다 절화수명이 길다.
② 극락조화는 3~4℃에서 저온해를 받는다.
③ 델피니움은 습식저장하는 것이 좋다.
④ 금어초는 에틸렌에 의한 피해를 받지 않는다.

해설 | 금어초는 에틸렌에 의한 피해를 받는다.

18 화훼장식물 제작을 위해 절화를 선택할 때 고려사항으로 틀린 것은?

① 꽃, 잎, 줄기의 균형이 맞아야 한다.
② 성숙도가 적당하고 상처가 없어야 한다.
③ 각 묶음이 정확한 본수를 가져야 한다.
④ 줄기는 되도록 긴 것이 다루기에 편리하다.

해설 | 절화 선택 시, 줄기가 곧고 단단한 것이 다루기에 편리하다.

19 절화보존제에 첨가하는 자당(sucrose)에 대한 설명으로 틀린 것은?

① 수확 후 일어나는 대사 작용에 이용된다.
② 첨가 농도는 화훼류에 관계없이 일정하다.
③ 가정용 설탕으로 대체가 가능하다.
④ 절화에 광합성 산물을 인위적으로 첨가하는 효과가 있다.

해설 | 화훼 종류에 따라 자당의 첨가 농도가 달라진다.

20 결혼식에서 신랑 상의 깃에 있는 단춧구멍에 다는 코사지(body corsage)의 명칭은?

① 부토니아(boutonniere)
② 브레스렛(bracelet)
③ 숄더(shoulder)
④ 헤어 오너먼트(hair ornament)

해설 | ② 브레스렛(bracelet) : 손목, 팔목에 부착
③ 숄더(shoulder) : 어깨에 부착
④ 헤어 오너먼트(hair ornament) : 머리에 부착

21 화훼장식에서 철사를 꽃의 줄기 속으로 집어넣어 눈에 보이지 않도록 하는 기법은?

① 시큐어링(securing)
② 소잉(sewing)
③ 인서션(insertion)
④ 헤어핀(hair-pin)

해설 | ① 시큐어링(securing) : 나선형으로 줄기를 감아 보강해주는 기법
② 소잉(sewing) : 꽃잎, 잎을 바느질하듯 꿰매는 기법
④ 헤어핀(hair-pin) : 와이어를 U자 모양으로 꽃잎, 잎 등에 찔러 넣어 곧게 지탱하는 기법

정답 12 ② 13 ③ 14 ② 15 ② 16 ① 17 ④ 18 ④ 19 ② 20 ① 21 ③

22 분화류의 관리 및 환경에 대한 설명으로 틀린 것은?

① 관엽류는 대부분 저온다습한 조건에서 생육이 왕성하다.
② 관엽류는 겨울철에 동해나 저온장해를 받지 않도록 주의해야 한다.
③ 분화류는 실내나 실외로 이동 시 환경의 급격한 변화로 인해 스트레스를 많이 받는다.
④ 관엽류는 잎 청소를 해주지 않으면 병충해 발생이 쉬워진다.

해설 | 관엽류는 대부분 고온다습한 조건에서 생육이 왕성해진다.

23 용기 위에 꽃다발을 얹은 것처럼 구성한 디자인으로, 줄기와 꽃이 자연스럽게 연결된 것처럼 보이도록 양쪽에서 연결하여 꽂는 디자인의 형태는?

① 대각선형(diagonal style)
② 나선형(spiral style)
③ 스프레이형(spray style)
④ 수평형(horizontal style)

해설 | 스프레이형은 용기 위에 꽃다발을 얹은 것처럼 구성한 디자인이다.
① 대각선형 : 다각형에서 이웃하지 않은 두 꼭짓점을 이은 모양
② 나선형 : 소라 껍데기처럼 빙빙 비틀려 돌아간 모양
④ 수평형 : 어느 한쪽으로 기울어지지 않고 평형을 이루는 모양

24 줄기 배열에 따른 꽃꽂이의 형태에 대한 설명으로 틀린 것은?

① 방사선 배열은 한 개의 초점에서부터 다방면으로 전개되는 방법이다.
② 감는선 배열은 서로 구부러져서 휘감기는 유연한 선의 흐름으로 이루어진 방법이다.
③ 병렬선 배열은 여러 개의 초점으로부터 나온 줄기를 수직방향으로만 배열하는 방법이다.
④ 교차선 배열은 여러 개의 초점으로부터 나온 줄기의 선이 여러 각도의 방향으로 뻗어서 엇갈리게 배열하는 방법이다.

해설 | 병렬선 배열은 수직뿐만 아니라 수평, 사선방향으로도 배열할 수 있다. 모두 한 방향으로 평행을 이루면 된다.

25 핸드타이드 부케를 만들 때 유의해야 할 점이 아닌 것은?

① 줄기는 한 방향으로 나선형이 되도록 구성한다.
② 묶은점은 느슨하게 묶어야 줄기가 잘 펼쳐지고 상하지 않는다.
③ 묶은점은 되도록 가늘게 필요한 만큼의 폭으로 묶는다.
④ 묶은점 이하 줄기는 깨끗이 다듬어 준다.

해설 | 묶은점을 단단하게 묶어야 부케의 모양이 흐트러지지 않는다.

26 순화에 대한 설명으로 옳은 것은?

① 생산지에서 소비자에 이르기까지 분화식물의 신선도를 유지하기 위해서는 한 단계의 순화과정이면 충분하다.
② 순화란 식물이 새로운 환경에 적응하는 것을 말한다.
③ 순화가 이루어진 식물과 그렇지 않은 식물은 외형적인 특성 차이가 없다.
④ 순화가 이루어진 식물과 그렇지 않은 식물은 광합성 능력에 큰 차이가 없다.

해설 | 순화란 식물이 다른 토지로 옮겼을 때 그 기후조건에 적응하거나, 또는 동일 지역에서의 기후조건의 변동에 점차 적응하는 것 또는 익숙해지는 과정을 말한다.

27 신부 부케의 제작 방법에 따른 분류로 가장 적합한 것은?

① 프레젠테이션 부케, 웨딩 부케
② 스테이지 부케, 프렌치 부케
③ 스프레이 부케, 핸드타이드 부케, 스파이럴 부케, 패러럴 부케
④ 철사를 이용하는 와이어링 부케, 핸드타이드 부케, 플로랄폼을 이용하는 부케

해설 | 신부 부케 제작 방법에 따른 분류
• 자연줄기 부케(핸드타이드 부케) : 자연 줄기 그대로 사용하여 만든 부케
• 와이어링 부케(철사 이용법) : 와이어로 줄기를 대체하여 만든 부케
• 홀더 부케(플로랄폼 이용) : 부케 홀더에 꽂아서 만든 부케

28 바인딩에 대한 설명으로 옳은 것은?

① 기능적인 목적보다는 특수한 요소를 강조할 때 사용한다.
② 밀집이나 옥수수 다발 등과 같은 다량의 소재들을 함께 묶는 기법이다.
③ 장식적인 목적과 동시에 수직적 표현을 하기 위한 것이다.
④ 세 줄기 이상의 많은 줄기를 함께 묶고, 묶은 끈으로 소재가 지탱되는 기법이다.

해설 | ① 밴딩 기법
② 번들링 기법

29 식물이 자연의 식생에서 보여주는 모습과는 관계없이 디자이너의 의도로 소재를 자유롭게 인위적으로 구성하는 스타일의 조형 형태는?

① 평행적 스타일 ② 장식적 스타일
③ 정원식 스타일 ④ 구조적 스타일

해설 | 장식적 스타일은 소재의 식생을 고려하지 않고 장식을 목적으로 디자인한다.
① 평행적 스타일 : 모든 줄기가 평행이 되도록 나란히 배열하여 제작한다.
③ 정원식 스타일 : 자연 속 정원처럼 디자인한 조형 형태이다.
④ 구조적 스타일 : 소재의 질감과 구조가 돋보이게 구성하는 조형 형태이다.

정답 22 ① 23 ③ 24 ③ 25 ② 26 ② 27 ④ 28 ④ 29 ②

30 주지(主枝) 방향에 의한 분류에 해당하지 않은 것은?
① 부화형(俘花型) ② 경사형(傾斜型)
③ 직립형(直立型) ④ 하수형(下垂形)

해설 | 주지의 방향에 따라 직립형, 경사형, 하수형으로 분류한다. 부화형은 물에 띄우는 형태를 말한다.
② 경사형 : 1주지의 각도가 40~60°로 기울어진 형태
③ 직립형 : 1주지의 각도가 0~15°로 세워진 형태
④ 하수 : 1주지의 각도가 90~180° 흘러내리는 형태

31 절화의 수확 후 저온처리 효과가 아닌 것은?
① 에틸렌 발생 촉진
② 절화수명 연장
③ 생리대사 억제
④ 호흡 억제

해설 | 절화의 수확 후 저온처리하면 에틸렌 발생이 억제된다.

32 공간장식 계획에서 가장 먼저 고려해야 하는 것은?
① 도면 및 서류 작성
② 작품의 형태 결정
③ 이미지 구축 및 디자인
④ 대상 공간의 특징 및 규모 파악

해설 | 공간장식 계획에서 가장 먼저 고려해야 하는 사항은 장식하고자 하는 공간의 특징 및 규모를 파악하는 것이다.

33 화훼류 재배 배양토의 가장 적정한 pH 범위는?
① pH 3.0~3.5 ② pH 4.0~4.6
③ pH 5.0~7.0 ④ pH 8.0~9.0

해설 | 화훼류 재배 배양토는 중성토양(pH 5.0~7.0)이 좋다.

34 0~4℃로 저장 시 저온장해를 받는 것은?
① 국화 ② 장미
③ 카네이션 ④ 안수리움

해설 | 안수리움은 0~4℃에서 저온장해를 받는 식물이다.

35 디자인에서 어떤 부위를 강조하거나 아름답게 보이게 하기 위하여 그 주위를 둘러싸고, 그 속을 바라보도록 구성하는 방법은?
① 섀도잉 ② 프레이밍
③ 시퀸싱 ④ 클러스터링

해설 | ① 섀도잉 : 먼저 꽂은 소재의 바로 뒤나 아래에 같은 소재를 하나 더 배치하여 그림자 효과를 내는 기법
③ 시퀸싱 : 소재의 크기, 높이, 색상을 점진적(점차적, 차례대로)으로 변화시켜 리듬감을 표현하는 기법
④ 클러스터링 : 색상, 질감, 형태 단위로 모아 빈 공간 없이 덩어리로 만들어 시각적인 강한 효과를 주는 기법

36 구조적 구성에 대한 설명으로 가장 적합한 것은?

① 전통적이며 우아하고 여성적이다.
② 아크릴이나 나무로 만들어진 틀이나 골조 안에 생화 또는 보존화의 다양한 소재를 붙여서 평면으로 구성한다.
③ 소재의 표면구조를 강조하기 위해 천, 털실, 깃털 등의 인공소재와 식물소재를 조합하기도 한다.
④ 비사실적이며 순수한 구성미의 창작 작품이다.

해설 | 구조적 구성은 소재의 질감과 표면구조가 돋보이게 작업한다. 대칭과 비대칭 구성 모두 가능하며 다양한 소재의 특성이 돋보이게 표현한다.

37 춘화작용(vernalizaton)에 대한 설명으로 틀린 것은?

① 가을뿌림 한해살이 화초의 경우 종자 단계에서 저온에 감응하여 개화하는데 이것을 종자 춘화라고 한다.
② 식물체의 상태에 따라 저온에 대한 감응이 다르다.
③ 저온처리 직후에 고온을 겪게 되면 저온에 의한 춘화현상이 진행되는 경우가 있다.
④ 춘화의 유효한 온도 범위는 −5~15℃ 사이이다.

해설 | 춘화처리란 식물을 일정기간 저온에 노출하거나 인위적 저온처리를 하여 식물이 꽃을 피우도록 하는 과정을 말한다. 저온처리 직후에 고온을 겪게 되면 개화가 되지 않는 탈춘화 현상이 나타난다.

38 그룹핑(grouping)의 대상으로 가장 거리가 먼 것은?

① 같은 색
② 같은 높이
③ 같은 종류
④ 같은 질감

해설 | 그룹핑(grouping)은 동일한 종류의 소재나 같은 질감, 같은 색상의 소재를 모아 꽂는 기법이다. 소재 각각의 독립성을 가지도록 각각의 그룹 사이에 공간을 두어 디자인 한다.

39 다음 〈보기〉에서 설명하는 관수 방법으로 가장 적합한 것은?

> 보기
> • 화분의 배수공을 통해 모세관 현상을 이용해서 수분을 흡수시키는 방법이다.
> • 비용이 저렴하고 화분의 크기와 상관없이 이용할 수 있는 방법이다.

① 파이프 관수
② 저면관수
③ 스프링클러 관수
④ 점적관수

해설 | 저면관수란 작물이 밑으로부터 물을 흡수하는 관수 방법이다. 모세관 현상은 액체가 중력과 같은 외부 도움 없이 좁은 관을 오르는 것을 의미한다.
① 파이프 관수 : 파이프로 물을 끌어올려 관수하는 방법
③ 스프링클러 관수 : 농업용 살수장치로 수압에 의해 노즐이 회전하면서 물이 골고루 뿌려질 수 있도록 하는 장치를 이용한 관수 방법
④ 점적관수 : 파이프·튜브에서 물이 천천히 흘러나오게 하여 넓은 면적에 균일하게 관수하는 방법

40 자연의 작품 속에서 사실적으로 표현하는 것으로, 식물 소재 각각의 생태적 모습이나 특성을 고려하는 형태는?

① 장식적 구성   ② 기하학적 구성
③ 선형적 구성   ④ 식생적 구성

해설 | ① 소재의 식생을 고려하지 않고 장식을 목적으로 디자인한다.
② 기하학(도형, 알파벳 등)의 형태를 띠고 있는 디자인이다.
③ 선과 형태의 대비를 통하여 긴장감을 유발하는 디자인이다.

41 교차(cross)에 대한 설명으로 틀린 것은?

① 여러 개의 선이 여러 각도의 방향으로 서로 엇갈리고 있는 경우를 말한다.
② 꽃이나 식물의 꽂는 지점이 겹쳐야 하므로 그룹으로 꽂아준다.
③ 대칭이나 비대칭에 상관없이 배열이 분명해야 한다.
④ 평행 형태에서 변형된 형태이다.

해설 | 교차는 꽂는 지점(초점, 생장점)이 겹쳐지지 않고 여러 개다.

42 누름꽃(압화)을 이용한 장식물 제작에 대한 설명으로 가장 거리가 먼 것은?

① 생화를 이용한 장식물이 일시적인 것에 비해 반영구적으로 보존이 가능하다.
② 악세사리, 열쇠고리 등에 누름꽃을 장식한 후 자외선 경화수지로 매몰시켜 영구적으로 보존한다.
③ 디자인 요소와 원리를 적용하여 작품을 구성해야 한다.
④ 유리를 이용한 액자 제작과 같은 밀폐되는 압화 장식물 제작 시에는 뒷면에 흡습제를 부착시키지 않아도 된다.

해설 | 밀폐되는 압화 장식물 제작 시에는 흡습제를 부착하여 습기로 인한 손상을 방지하는 것이 좋다.

43 다음 〈보기〉는 무엇에 대한 설명인가?

보기
순색에 다른 색을 혼합하면 색의 명탁이 달라지고 다른 어떤 색이라도 혼합하면 선명도가 떨어져 탁하게 보인다.

① 명도   ② 채도
③ 색상   ④ 색채

해설 | ① 명도 : 색의 밝고 어두움의 정도를 나타낸다.
③ 색상 : 빛의 파장에 의해 나타나는 눈으로 식별할 수 있는 색의 명칭을 말한다.
④ 색채 : 눈을 통해 지각되는 물리적 현상인 색을 말한다.

44 화훼장식 디자인 원리 중 반복에 대한 설명은?

① 일정한 간격을 두고 되풀이되는 것을 말한다.
② 미적 질서의 근본으로 근접, 전이로 표현된다.
③ 형태나 색채상으로 움직이는 느낌을 준다.
④ 많고 적음, 길고 짧음, 부분과 부분에 대한 차이다.

해설 | 화훼장식 디자인 원리 중 반복이란 일정한 간격을 두고 되풀이하는 것을 말한다.

45 다음 〈보기〉에서 설명하는 통일의 표현방법은?

> **보기**
> - 통일성을 이루어 내는 가장 간단한 방법으로 구성요소들을 서로 밀착시키는 것이다.
> - 화훼장식에서는 꽃과 잎, 식물들을 한 용기 안에 같이 넣어 형태와 크기, 질감, 색에 대한 통일감을 줄 수 있다.

① 근접　　　　② 반복
③ 전이　　　　④ 균형

해설 | 통일성을 표현하는 방법으로는 근접, 반복, 연속 등이 있다. 〈보기〉에서 설명하는 것은 근접 표현에 해당한다.

46 화훼장식의 설명으로 틀린 것은?

① 화훼장식을 구성하는 시각적 특성을 디자인 요소라고 한다.
② 화훼장식의 범위는 실내 · 외 공간이 해당된다.
③ 화훼장식은 절화만 이용한다.
④ 화훼장식의 기원은 종교의식에서 출발하였다.

해설 | 화훼장식은 절화뿐만 아니라 분식물, 조화 등을 이용할 수 있다.

47 화훼장식의 심리적 기능은 창작과정의 기능과 감상과정의 기능으로 나눌 수 있다. 다음 중 심리적 기능에 대한 설명으로 옳은 것은?

① 삼국시대에는 화훼장식이 정신수양의 주요 수단이었다.
② 창작과정의 기능에는 전위와 승화의 과정을 통해 부정적인 감정 반응들을 완화시키는 것이 있다.
③ 감상과정의 기능에는 자립능력 배양이 있다.
④ 감상과정의 기능에는 자아정체감의 향상이 있다.

해설 | 화훼장식의 심리적 기능 중 창작과정에는 부정적인 감정 반응을 완화시키는 심리적 기능이 포함된다. 화훼장식의 심리적 기능으로는 편안함, 안정감, 스트레스 해소, 분노감 감소, 정서 함양 등이 있다.
　① 삼국시대에는 화훼장식이 불전공화로 많이 쓰였다.
　③ 창작과정의 기능에는 자립능력 배양이 있다.
　④ 창작과정의 기능에는 자아정체감의 향상이 있다.

48 건조된 방향성 식물의 꽃과 잎, 열매 등에 정유(essential oil)를 첨가시키는 것으로 좋은 향기와 함께 실내 장식용으로 좋은 건조소재 장식은?

① 리스　　　　② 갈란드
③ 콜라쥬　　　④ 포푸리

해설 | ① 리스 : 링 모양의 원형 디자인으로 영원성, 윤회성, 무한성, 불멸성을 상징한다.
　② 갈란드 : 꽃, 잎, 열매 등을 엮어 만든 긴 꽃 줄을 말한다.
　③ 콜라쥬 : 여러 가지를 붙여서 구성하는 것을 말한다.

정답 | 40 ④　41 ②　42 ④　43 ②　44 ①　45 ①　46 ③　47 ②　48 ④

49 깊이감을 주는 방법으로 적합하지 않은 것은?

① 줄기선의 각도를 조절한다.
② 꽃을 부분적으로 겹치게 배열한다.
③ 색, 크기 질감의 변화를 이용한다.
④ 선명하고 짙은 색은 뒷부분에 높게, 옅고 가벼운 색은 앞부분에 낮게 배치한다.

해설 | 깊이는 평면적인 작품이 아닌 삼차원적인 작품을 구성하기 위해 사용된다.

TIP 깊이를 나타내기 위한 방법
- 소재의 길이를 길거나 짧게 사용하여 높낮이 표현
- 꽃을 앞뒤로 겹쳐서 배치
- 꽃의 특징에 따라 위 또는 밖에 배치하는 것과 아래 또는 안에 배치하는 방법
- 줄기의 각도를 과장되어 보이게 하기 위해 가장 뒤에 있는 줄기는 약간 더 뒤로 제치고 맨 앞의 줄기는 앞의 밑으로 늘어뜨림
- 꽃을 배열할 때 부분적으로 다른 꽃을 가리거나 꽃의 길이를 약간 다르게 해서 나타냄
- 큰 꽃은 아래로, 작은 꽃은 위로 큰 것에서 작은 것으로 점진적으로 변화하도록 배열함

50 다음 〈보기〉에서 설명하는 건조 방법은?

보기
수분 함량이 많은 줄기와 꽃에 효과적으로 이용 가능한 건조 방법으로 소재의 수축과 쭈그러짐이 거의 없으며, 자연적인 형태와 색상이 유지되어 수명이 연장되는 장점이 있다.

① 자연건조　　② 동결건조
③ 누름건조　　④ 열풍건조

해설 | ① 자연건조 : 자연 그대로 건조하는 방법
③ 누름건조 : 식물을 적당한 압력으로 눌러 건조하는 방법
④ 열풍건조 : 열을 가하여 수분이 빠르게 증발되도록 하여 건조하는 방법

51 화훼장식 디자인의 원리 중 비례(proportion)에 대한 설명으로 틀린 것은?

① 비례는 균형과 밀집한 관계를 가지고 있다.
② 비례는 통일과 변화를 쉽게 조절할 수 있는 원리이기도 하다.
③ 화훼장식물을 테이블에 놓을 때 반드시 한가운데 놓아야 하며 이는 가장 자연스러운 시각적 효과를 가져다준다.
④ 디자인의 비례가 적절하지 못하면 조화롭지 못하고 균형이 이루어지지 않는다.

해설 | 화훼장식물을 테이블에 놓을 때 자연스러운 시각적 효과를 주기 위해 가운데 외에 다른 곳에 놓을 수도 있다.

TIP 비례
- 구성 요소 간의 상대적 크기와의 관계
- 통일과 변화를 조성하는 원리
- 많고 적음, 길고 짧음, 부분과 전체의 차이 비
- 과소비율 1:1 이하, 정상비율 1:1~1:6, 과다비율 1:6 이상
- 황금비율 1:1.618, 3:5:8

52 다음 〈보기〉에서 설명하는 화훼장식의 기능으로 가장 적합한 것은?

보기
최근 연구 결과에 따르면 건물의 외부 유입 공기의 감소와 실내 화학 물질의 발생이 급격해짐에 따라 '병든 빌딩 증후군', '새집 증후군', '복합화학물질 증후군' 등으로 고통받고 있는 현대인들에게 실내 공간의 식물 유입으로 유해물질을 정화하고, 실내의 온도·습도 등의 환경을 조절하여 쾌적성을 향상시킬 수 있도록 한다.

① 환경적 기능　　② 치료적 기능
③ 장식적 기능　　④ 건축적 기능

해설 | ② 치료적 기능 : 심리적 안정감, 분노 경감 및 스트레스 완화, 창조를 통한 자신감 회복
③ 장식적 기능 : 아름다운 생활공간 조성, 쾌적한 분위기 연출, 공간의 품격 향상
④ 건축적 기능 : 공간 분할을 통한 경계 구분, 동선 유도, 차폐(시야차단)이 있다.

55 그리스 · 로마 시대에 유행했던 화훼장식물이 아닌 것은?
① 리스 ② 갈란드
③ 비더마이어 ④ 화관

해설 | 비더마이어는 1800년대 독일, 오스트리아에서 유행한 화훼장식물이다.

53 누름건조에 대한 설명으로 옳은 것은?
① 압화라고도 불리며 입체적인 장식에 주로 이용된다.
② 고가의 장비와 시설이 필요하다.
③ 꽃이나 잎을 흡습지 사이에 넣고, 눌러서 건조시킨다.
④ 채소와 과일 등은 건조가 불가능하다.

해설 | ① 누름건조는 압화라고도 불리며 평면적인 장식에 주로 이용된다.
② 고가의 장비는 필요하지 않다.
④ 채소와 과일 등도 건조할 수 있다.

56 보색 대비가 아닌 것은?
① 빨강(R) – 청록(GB)
② 노랑(Y) – 남색(PB)
③ 파랑(B) – 주황(YR)
④ 녹색(G) – 보라(P)

해설 | 녹색(G)의 보색은 자주(RP)이다.

TIP
보색 조화
색상환에서 서로 마주 보는 위치의 색상 간 조화이다. 강렬한 느낌, 생동감, 화려한 이미지를 준다.

54 화훼장식의 디자인 요소에 대한 설명으로 틀린 것은?
① 직선은 이상적이며 굳건한 느낌을 준다.
② 선은 사람의 시선을 움직여 전체 구성을 통합하는 골격이 된다.
③ 점의 이동이 선으로 느껴지기 위해서는 점의 크기보다 이동량이 적어야 한다.
④ 사선은 움직임과 흥분의 느낌을 준다.

해설 | 점의 이동이 선으로 느껴지기 위해서는 점의 이동량이 많아야 한다.

57 초점에 몰렸던 집중적인 시선을 디자인의 다른 모든 부분으로 옮겨가게 하는 특성이 있으며, 반복적으로 표현될 수 있는 디자인 요소는?
① 강조 ② 조화
③ 리듬 ④ 통일

해설 | ① 강조 : 전체의 통일감을 나타내기 위해 특정 부분을 돋보이게 하는 것
② 조화 : 모든 구성 요소들이 분리되지 않고 서로 잘 어우러져 전체적인 질서를 이루는 미적 원리
④ 통일 : 부분적인 요소들이 결합하여 하나의 효과로 표현되는 것

정답 49 ④ 50 ② 51 ③ 52 ① 53 ③ 54 ③ 55 ③ 56 ④ 57 ③

58 로코코 시대의 미학적인 특징에 대한 설명으로 옳은 것은?

① 화려하면서도 여성스러운 스타일이 주를 이루었으며, 아름다운 기품을 표현하기 위해 파랑, 자줏빛의 색상을 많이 사용하였다.
② 조화(造花)가 가장 많이 유행했던 시대이다.
③ 모방에서 창조로 넘어가는 대표적인 시대이다.
④ 루이 14세의 검소한 궁중 생활을 위해 단순한 꽃장식이 주로 행해졌던 시대이다.

해설 | 로코코는 프랑스 루이 15세 시대의 장식 양식으로 일반적으로 화려한 유럽풍 디자인이 많다.

> **TIP 로코코 시대**
> - 약 18세기경에 나타난 양식
> - 라운드형, 부채형, 크레센트(C)라인, S라인의 곡선 디자인이 유행
> - 파스텔톤 꽃 선호, 아름다운 기품을 표현하는 파랑·자주 색상 많이 사용
> - 화려함, 여성적, 우아함, 부드러움
> - 가볍고 회화적

59 화훼장식의 목적별 분류에 해당하는 것은?

① 절화장식, 분화장식
② 실내장식, 실외장식
③ 상업용, 혼례용, 근조용, 장식용
④ 꽃꽂이, 꽃다발, 꽃바구니, 테이블장식, 식물심기

해설 | 화훼장식은 목적에 따라 상업용, 혼례용, 근조용, 장식용으로 나눌 수 있다.

60 조선시대 강희안이 집필한 화훼에 관한 전문 서적은?

① 양화소록   ② 산림경제
③ 임원십육지 ④ 성소부부고

해설 | ② 산림경제 – 홍만선
③ 임원십육지 – 서유구
④ 성소부부고 – 허균

정답 58 ① 59 ③ 60 ①

2014년 기출문제

01 화훼식물이 장식에 이용되는 주요 형태로 가장 거리가 먼 것은?
① 절화장식 ② 도시조경
③ 분식물장식 ④ 실내정원

해설 | 화훼식물이 장식에 이용되는 주요 형태로는 절화장식, 분식물장식, 실내정원, 공간장식이 있다.

02 포엽(bract ; 苞葉)이 꽃처럼 보이는 식물이 아닌 것은?
① 범부채
② 포인세티아
③ 플라밍고 안스리움
④ 부게인빌레아 글라브라

해설 | 포엽은 꽃이나 꽃받침을 둘러싸고 있는 작은 잎을 말한다. 포엽이 꽃처럼 보이는 식물로는 포인세티아, 플라밍고 안스리움, 부게인빌레아 글라브라가 있다.

03 리본의 용도로 적절하지 않은 것은?
① 철사 처리 및 테이프 감은 부분을 마무리할 때 사용한다.
② 작품 제작 및 포장에 리본뿐만 아니라 리본 보우를 만들어 사용한다.
③ 철사에 리본을 감아 독특한 모양으로 만들어 장식적으로 사용한다.
④ 상품을 안전하게 보호하는 기능을 하는 데 주로 사용한다.

해설 | 상품을 안전하게 보호하는 기능을 하는 데 주로 사용되는 것은 포장지이다.

04 연회장 화훼장식을 위한 배치방법으로 가장 거리가 먼 것은?
① 연회장 테이블 위에는 절화나 소형 분식물을 이용한 장식물을 배치한다.
② 연회장 출입구에는 화환이나 대형 관엽식물을 배치한다.
③ 연회장 주변 테이블 앞에는 칼랑코에(Kalanchoe blossfeldiana Poelln)를 이용한 갈란드(galand)를 늘어뜨린다.
④ 연회장 테이블 위에는 상대방의 눈을 가리지 않는 높이의 장식물을 배치한다.

해설 | 갈란드 제작 시 주로 절화를 사용한다. 칼랑코에는 주로 분화로 이용된다.

05 분류의 가장 하위 단위는?
① 종 ② 속
③ 과 ④ 목

해설 | 계(상위 단위)>문>강>목>과>속>종(하위 단위)으로 식물학적 분류를 한다.

정답 01 ② 02 ① 03 ④ 04 ③ 05 ①

06 화훼에 대한 정의로 가장 거리가 먼 것은?

① 화훼는 관상을 대상으로 하는 초본식물을 포함한다.
② 화훼는 이용 목적에 따라 절화식물, 분식물, 정원식물 등으로 나눌 수 있다.
③ 화훼는 목본식물을 제외한 관상용 식물을 말한다.
④ 화훼의 분류는 식물학적 분류 및 원예학적 분류 등으로 구분된다.

해설 | 목본식물 또한 화훼에 포함된다.

07 다육식물이 아닌 것은?

① 용설란　　② 유카
③ 칼랑코에　④ 맥문동

해설 | 맥문동은 여러해살이초(다년초)에 속한다.

08 잎의 구조에 대한 설명으로 틀린 것은?

① 잎은 잎새, 잎자루, 턱잎의 세 부분으로 구성되어 있다.
② 쌍떡잎 식물의 잎맥은 나란한맥이다.
③ 잎새는 잎의 중심 부분이다.
④ 턱잎의 잎자루의 기부에 있는 일종의 부속기관이다.

해설 | 쌍떡잎 식물의 잎맥은 그물맥이다.

09 숙근류에 대한 설명으로 틀린 것은?

① 파종해서 여러 해 동안 식물체가 살아남아 매년 개화 결실하는 것을 말한다.
② 국내 자생식물은 숙근류가 상대적으로 많다.
③ 거베라와 카네이션은 숙근류에 포함된다.
④ 가을에 파종하여 겨울을 난 후 봄에 꽃이 핀 다음 죽는 것도 숙근류로 볼 수 있다.

해설 | 가을에 파종하여 겨울을 난 후 봄에 꽃이 핀 다음 죽는 것은 추파일년초이다.

숙근초화류(다년초, 여러해살이풀)

구분	설명
노지 숙근초	추위에 강함, 노지에서 월동 가능 예) 붓꽃, 기린초, 옥잠화, 용담, 작약, 루드베키아
반노지 숙근초	비닐, 짚단을 덮어주면 월동 가능 예) 국화, 카네이션
온실 숙근초	추위에 약함, 온실에서 겨울을 보냄 예) 거베라, 베고니아, 안개꽃, 스타티스, 안스리움

10 실내 공간 내 유해 휘발성 물질, 특히 포름알데히드의 제거 효과가 매우 큰 식물로 보스톤고사리로 불리는 것은?

① 스파티필름(*Spathiphyllum wallisii*)
② 개맥운동(*Liriope spicata*)
③ 벤자민고무나무(*Ficus benjamina*)
④ 네프로레피스(*Nephrolepis exaltata*)

해설 | 네프로레피스(보스톤 고사리)는 고사리목 면마과에 속하는 다년초로 유해 휘발성 가스(포름알데히드)의 제거 효과가 커 실내 환경에 도움을 주는 식물이다.

11 절화장식에 사용되는 화기로 적절하지 않은 것은?

① 병
② 테라리움 용기
③ 수반
④ 콤포트

해설 | 테라리움 용기는 분화장식에 사용되는 화기이다.

12 한국의 결혼식장에서 주로 이용되는 화훼장식으로 가장 거리가 먼 것은?

① 주례단상 장식
② 화관
③ 화동의 꽃바구니
④ 십자가 장식

해설 | 십자가 장식은 기독교 장례식장에서 주로 이용되는 화훼장식이다.

13 물을 흡수할 수 있는 것과 흡수하지 못하는 것으로 구분되며, 식물에게 수분을 공급하고 식물을 고정시키는 역할을 하는 것은?

① 플로랄폼
② 침봉
③ 플라스틱 망
④ 라피아

해설 | ② 침봉 : 촘촘히 박힌 침에 줄기를 꽂아 고정하는 꽃꽂이 도구이다.
③ 플라스틱 망 : 격자 사이로 줄기를 꽂아 고정하는 꽃꽂이 도구이다.
④ 라피아 : 라피아야자의 잎에서 얻는 섬유로 꽃다발을 묶을 때 사용하는 도구이다.

14 분류상 칸나(Canna)가 속하는 과(科)명은?

① 분꽃과
② 홍초과
③ 백합과
④ 십자화과

해설 | 칸나는 홍초과이다.
① 분꽃과 : 쌍떡잎식물군 중심자목 예 부겐빌레아
③ 백합과 : 외떡잎식물군 백합목 예 수선화
④ 십자화과 : 쌍떡잎식물군 십자화목 예 순무

15 소재를 자르는 데 사용하는 도구에 대한 설명으로 틀린 것은?

① 칼은 가위보다 소재를 플로랄폼에 단단히 고정되도록 한다.
② 칼은 가위보다 물을 빨아올리는 조직이 덜 파괴되게 한다.
③ 칼은 목본류를 자르는 전정용 도구로 사용된다.
④ 서양에서는 소재를 자를 때 대부분 가위보다 칼을 많이 사용한다.

해설 | 목본류를 자르는 전정용 도구로는 주로 전정가위(전지가위)가 사용되고, FD 나이프(칼)은 초화류를 자르는 전정용 도구로 사용된다.

16 구성형태 중 식물의 생태학적, 식물 사회학적인 것을 고려하여 디자인한 것은?

① 장식적 형태
② 선형적 형태
③ 도형적 형태
④ 식생적 형태

해설 | ① 장식적 형태 : 소재의 식생을 고려하지 않고 장식을 목적으로 하는 디자인이다.
② 선형적 형태 : 선과 형태의 대비를 통하여 긴장감을 유발하는 디자인이다.
③ 도형적 형태 : 선이나 형태의 대비를 통해 간결하고 추상적으로 도형화되게 구성한다.

정답 | 06 ③ 07 ④ 08 ② 09 ④ 10 ④ 11 ② 12 ④ 13 ① 14 ② 15 ③ 16 ④

17 더치 플레미시(Dutch-flemish) 양식에 대한 설명으로 틀린 것은?

① 다양한 액세서리를 과일과 새둥지 · 조개껍질을 포함한 사치스러운 부케 주변을 장식하였다.
② '천송이 꽃'이라는 의미로 풍요로운 인상을 표현한다.
③ 17세기 네덜란드와 벨기에 화가들의 그림에서 보여지는 양식이다.
④ 더치 플레미시 어렌지먼트는 바로크 스타일처럼 개방적이지 않지만, 비율이 적용되었고 더욱 콤팩트하게 만들었다.

해설 | '천송이 꽃'이라는 의미로 풍요로운 인상을 표현하는 것은 밀 드 플레 양식이다.

18 절화보존제의 효과로 볼 수 없는 것은?

① 양분의 공급
② 에틸렌 발생 억제
③ 노화 촉진
④ 미생물 등의 발생 억제

해설 | 절화보존제는 노화 억제의 효과를 준다.

19 개더링(gathering) 기법으로 한 송이 장미꽃에 다른 장미의 꽃잎을 붙여 큰 송이의 장미꽃처럼 만드는 것은?

① 빅토리안 로즈(Victorian rose)
② 더치스 튤립(Dutchess tulip)
③ 유칼립투스 로즈(Eucalytus rose)
④ 릴리멜리아(Lilymellia)

해설 | 개더링 기법은 분화된 꽃잎을 모아 크기나 모양에 변화를 주는 방법이다. 빅토리안 로즈(장미), 릴리멜리아(백합) 등이 그 예이다.

20 선, 모양, 색, 질감 등의 요소에 점진적인 변화를 주어 디자인의 한 부분에서 다른 부분으로 시선을 유도하는 기법은?

① 쉐도잉(shadowing)
② 프레이밍(framing)
③ 시퀀싱(sequencing)
④ 클러스트링(clustering)

해설 | ① 쉐도잉 : 먼저 꽃은 소재의 바로 뒤나 아래에 같은 소재를 하나 더 배치하여 그림자 효과를 내는 기법
② 프레이밍 : 프레임(테두리)을 만들어 작품 안의 어떤 특정 부분을 강조하는 기법
④ 클러스트링 : 색상, 질감, 형태 단위로 모아 빈 공간 없이 덩어리로 만들어 시각적으로 강한 효과를 주는 기법

21 소재를 끈이나 여러 가지 묶는 재료를 사용하여 함께 감는 기법으로 주로 장식적 목적으로 사용되는 것은?

① 바인딩(binding)
② 레이어링(layering)
③ 스테킹(stacking)
④ 밴딩(banding)

해설 | ① 바인딩 : 기능적, 물리적으로 3개 이상의 줄기를 단단히 묶는 기법
② 레이어링 : 같은 소재를 사용하여 나란히 포개어 겹치는 기법
③ 스테킹 : 각각의 소재들을 차곡차곡 장작을 쌓듯 꽂는 기법

22 조형형태의 분류에서 형-선적 구성에 대한 설명으로 틀린 것은?

① 각 소재가 가지고 있는 형과 선을 뚜렷한 선과 각도로 대비시킨다.
② 소재 종류를 최소화한다.
③ 소재의 양을 최소화한다.
④ 작품의 윤곽이 명확하지 않아서 선과 형을 강조하기 위한 공간이 넓을 필요는 없다.

해설 | 형-선적 구성은 선과 형태의 대비를 통하여 긴장감을 유발하는 디자인이다. 소재의 양과 종류를 최대한 억제하여 사용하는 것이 식물의 가치 표현에 도움이 된다.

23 화훼식물의 수분 부족 현상이 아닌 것은?

① 기공이 닫힌다.
② 뿌리털이 감소한다.
③ 영양 결핍이 생긴다.
④ 잎이 시들고 심하면 말라 죽는다.

해설 | 뿌리털이란 식물의 뿌리 끝에 나온 가는 털을 말하며, 땅속에 있는 양분과 수분을 흡수하는 역할을 한다.

24 화훼식물의 이용에 대한 설명으로 옳은 것은?

① 분식물은 용기와 토양, 식물을 기본으로 구성된다.
② 분식물 장식은 배치되는 장소와 환경조건은 중요하지 않다.
③ 관엽식물과 관화식물은 개화기에 일시적으로만 이용된다.
④ 분식물 표현 양식은 동양식과 서양식으로 나눌 수 없다.

해설 | ② 분식물 장식에서 배치 장소와 환경조건은 중요한 요소이다.
③ 관엽식물은 개화(꽃이 핌)를 관상하는 것보다는 잎의 아름다움을 관상하는 식물이다.
④ 분식물 표현 양식은 동양식과 서양식으로 나눌 수 있다.

25 소매상(화원)에서의 절화 취급 요령으로 가장 거리가 먼 것은?

① 구입한 절화는 구입 즉시 재절단 한다.
② 구입 즉시 신선한 수돗물을 받아 절화를 꽂은 후 실온에 보관한다.
③ 보존제를 처리할 때는 어떤 전처리제를 사용했는지 확인한다.
④ 절화는 저온 저장고에 보관한다.

해설 | 수돗물 사용 시 하루 전에 물을 받아 침전물을 제거하고 사용하는 것이 좋다.

26 식물의 노화 촉진 호르몬은 무엇인가?

① GA
② IAA
③ Ethylene
④ Daminozide

해설 | 에틸렌은 식물 노화 호르몬이다.

27 꽃을 가득 모아 줄기가 모이는 부분을 끈으로 묶어 다발로 묶은 형태를 무엇이라 하는가?

① 부케
② 리스
③ 갈란드
④ 콜라주

해설 | ② 리스 : 링 모양의 원형 디자인으로 영원성, 윤회성, 무한성, 불멸성을 상징한다.
③ 갈란드 : 꽃, 잎, 열매 등을 엮어 만든 긴 꽃줄을 말한다.
④ 콜라주 : 캔버스 화판에 다양한 재료(신문지, 헝겊, 물건, 천, 금속, 돌 등)를 붙여 구성하는 표현기법의 장식물을 말한다.

정답 | 17 ② 18 ③ 19 ① 20 ③ 21 ④ 22 ④ 23 ② 24 ① 25 ② 26 ③ 27 ①

28 중심축을 기준으로 사방으로 균일하게 꽂는 형태로 가장 적합한 것은?

① 분리형 ② 복합형
③ 방사선형 ④ 부하형

해설 | 방사선형이란 중앙의 한 점에서 사방으로 뻗어 나간 모양을 말한다.

29 아이비 잎에 철사를 사용하여 머리 핀 모양으로 구부려서 잎이나 꽃에 꽂아 보강하는 방법은?

① 헤어핀 방법 ② 피어싱 방법
③ 크로싱 방법 ④ 후킹 방법

해설 | ② 피어싱 : 소재 줄기에 와이어를 가로질러 통과시킨 후 직각으로 구부려 감는 방법
③ 크로싱 : 소재 줄기에 두 줄의 와이어를 십자로 교차되도록 통과시킨 후 아래로 구부려 감는 방법
④ 후킹 : 와이어 끝을 갈고리 모양으로 만들어 꽃의 윗부분에서 아래로 당겨 고정하는 방법

30 서양식 절화장식의 구성 형식 중 가장 먼저 만들어진 것은?

① 선형적 구성 ② 평행적 구성
③ 장식적 구성 ④ 자연적 구성

해설 | 장식적 구성은 소재의 식생을 고려하지 않고 장식을 목적으로 디자인한 것이며 가장 먼저 만들어진 구성 형식이다.

31 전통 한국식 꽃꽂이의 특성이 아닌 것은?

① 자연에서 식물이 자라는 모습을 화기에 재현한 자연적인 구성이다.
② 나뭇가지의 선의 아름다움을 강조한다.
③ 대부분 사방형으로 제작한다.
④ 자연에서 식물이 자라는 형태는 직립형, 경사형, 하수형으로 나눌 수 있다.

해설 | 전통 한국식 꽃꽂이는 주로 일방형으로 제작한다.

32 클러스터링(clustering) 기법을 사용한 것은?

① 주의를 끌기 위해 밀짚을 다발로 묶었다.
② 아이비 잎을 조금씩 겹치게 여러 겹 배열했다.
③ 솔리다스터를 짧게 잘라 뭉치로 모아 꽂았다.
④ 장미를 밝은색에서 어두운색으로 배열하며 꽂았다.

해설 | 클러스터링은 색상, 질감, 형태 단위로 모아 빈 공간 없이 덩어리로 만들어 시각적인 강한 효과를 주는 기법이다.

33 신부 부케에 대한 설명으로 가장 거리가 먼 것은?

① 신부의 외적요인과 결혼식의 형식 등 여러 조건에 영향을 받아 디자인한다.
② 신부 부케는 원형, 폭포형, 삼각형, 초생달형, S자형, 링형 등 다양한 형태로 만들 수 있다.
③ 신부 부케의 수명은 하루이므로 꽃의 증산작용이 활발해야 한다.
④ 철사로 만들어지는 신부 부케에는 난류와 다육질의 꽃이 선호된다.

해설 | 증산작용은 식물체 안의 수분이 공기 중으로 나오는 것을 말한다. 증산작용이 활발하면 식물이 시들게 되므로 부케에 사용하는 꽃의 증산작용은 활발하지 않은 것이 좋다.

34 온주성(溫周性)의 설명으로 옳은 것은?

① 열대식물이 갖는 독특한 온도 반응이다.
② 따뜻한 기온이 식물의 생육에 좋은 영향을 미치는 현상이다.
③ 기온이 변화하는 주기가 생육에 영향을 미치는 현상이다.
④ 싸늘한 기온이 식물의 생육에 좋은 영향을 미치는 현상이다.

해설 | 온주성이란 변하는 온도에 식물이 적절하게 반응하는 것을 말한다.

35 〈보기〉의 (a), (b)에 해당하는 것으로 알맞은 것은?

> 보기
> 식물의 광합성은 잎의 엽록체에서 대기 중으로부터 기공을 통해 흡수한 (a)와 뿌리로부터 흡수한 (b)을/를 재료로 광에너지를 이용해 탄수화물을 합성하는 것이다.

① (a) 산소, (b) 질소
② (a) 이산화탄소, (b) 물
③ (a) 수소, (b) 붕소
④ (a) 아황산가스, (b) 칼륨

해설 | 광합성은 이산화탄소(잎의 기공에서 흡수)와 물(뿌리에서 흡수)을 탄수화물로 합성하는 것이다.

36 분식물은 기본적으로 용기와 토양, 식물, 첨경물로 구성된다. 다음 중 디시가든 장식에 적절하지 않은 것은?

① 접시처럼 넓고 얕은 용기
② 키가 작은 식물
③ 생육 속도가 빠른 식물
④ 뿌리가 깊게 뻗지 않는 식물

해설 | 디쉬가든에 사용되는 용기는 넓고 얕아 키가 작고 뿌리가 깊게 뻗지 않으며, 생육 속도가 느린 식물을 심는 것이 적합하다.

37 물이 흐르는 모습과 가장 거리가 먼 디자인은?

① 워터폴(waterfall) 스타일
② 호가스(hogarth) 스타일
③ 케스케이드(cascade) 스타일
④ 샤워(shower) 스타일

해설 | 워터폴(폭포), 케스케이드(폭포), 샤워(소나기처럼 뿜어 내리는 물)는 물 흐르는 모습과 연관된 디자인이다. 호가스 스타일은 S형의 디자인이다.

38 방향성 식물을 주로 사용하는 화훼장식품은?

① 콜라주   ② 포푸리
③ 테라리움   ④ 토피어리

해설 | ① 콜라주 : 캔버스나 화판에 다양한 재료(신문지, 헝겊, 물건, 천, 금속, 돌 등)를 붙여 구성하는 표현기법의 장식물로 입체감을 나타낸다.
③ 테라리움 : 투명한 용기에 흙을 채우고 작은 식물을 배치하여 장식한 것이다.
④ 토피어리 : 기하학적·동물 모양으로 식물을 구성한 것이다.

정답 | 28 ③ 29 ① 30 ③ 31 ③ 32 ③ 33 ③ 34 ③ 35 ② 36 ③ 37 ② 38 ②

39 화훼를 삽목할 때에는 많이 사용하며 배수가 가장 잘되는 토양은?

① 참흙(양토) ② 자갈(역토)
③ 모래(사토) ④ 질흙(점토)

해설 | 모래(사토)는 입자가 굵어 배수가 잘되는 토양이다.

TIP 삽목
식물체 일부(가지, 뿌리, 잎)를 잘라 땅에 꽂아 뿌리를 내리게 하여 새로운 식물 개체를 만들어 가는 번식 방법

40 화훼장식을 위한 식물소재의 관리에 대한 설명으로 틀린 것은?

① 절화는 구입 후 충분히 물을 흡수하여 신선하면서 적절하게 개화되도록 한다.
② 분식물은 구입 후 적절한 온도와 광선 환경을 유지해 주고 적절한 관수를 한다.
③ 절화는 수명 연장을 위해 가능한 절화보존제 처리를 해주도록 한다.
④ 분식물은 장식 후 잘 견딜 수 있도록 물을 주지 않으면서 순화를 시킨다.

해설 | 분식물은 장식 후 충분히 물을 주고 이후 음지에서 순화시킨 후 제자리에 옮겨 놓는다.

TIP 순화
식물이 새로운 환경에 적응하는 것을 말한다.

41 압화 장식에 대한 설명으로 틀린 것은?

① 꽃잎, 나뭇잎, 가지, 줄기 등을 본래의 색은 유지하면서 누르고 건조시켜 장식하는 것을 말한다.
② 대상 장식물에 대해 입체적인 느낌이 강조된다.
③ 식물의 표본을 만들기 위해 만든 것이 그 기원으로 영국의 빅토리아 여왕시대에 장식문화로서 본격적으로 시작되었다.
④ 압화 장식의 기법에는 꽃 염료 올리기 기법, 필름지를 이용한 코팅기법, 액자를 이용한 기법 등이 있다.

해설 | 압화는 눌러서 건조하는 장식물이므로 평면적인 느낌이 강조된다.

42 비더마이어(biedermeier)에 대한 설명으로 옳은 것은?

① 꽃들을 빈 공간 없이 촘촘하게 배열하여 원추형이나 반구형(Dome)으로 조형한다.
② 수천 송이의 꽃이란 의미가 있다.
③ 네덜란드 화풍에서 나온 디자인이다.
④ 물이 흐르는듯한 모양으로 꽂는다.

해설 | 비더마이어는 꽃들을 빈 공간 없이 촘촘하게 배열하여 원추형이나 반구형으로 조형하는 것을 말한다. 같은 꽃이나 같은 색의 꽃을 모아 상면에서 볼 때 동심원 무늬를 이루도록 배열하거나 꼭대기에서 나선형으로 내려오도록 배열하는 방식을 말한다.

43 다음 <그림>과 같은 디자인 원리는?

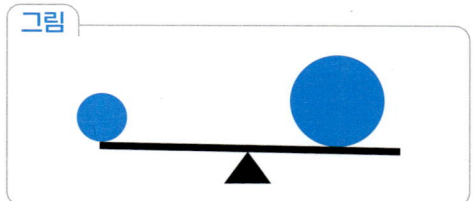

① 리듬(Rhythm) ② 통일(Unity)
③ 균형(Balance) ④ 조화(Harmony)

해설 | 균형은 중심축을 기준으로 양쪽을 안정감 있게 배치하는 것을 말한다.
① 리듬 : 반복, 연계를 통해 만들어지는 시각적 운동성이나 흐름
② 통일 : 부분적인 요소들이 결합하여 하나의 효과로 표현되는 것
④ 조화 : 모든 구성 요소들이 분리되지 않고 서로 잘 어우러져 전체적인 질서를 이루는 미적 원리

44 화훼디자인을 함에 있어 설계는 아주 중요한데, 설계도면을 그리면서 주의해야 할 점이 아닌 것은?

① 정면도와 평면도를 정확한 치수로 제도하는 것이 중요하다.
② 형태를 분명하게 나타내기 위해 색채를 진하게 칠한다.
③ 전체의 도안은 우선 연필로 그리고, 그 후 꽃과 잎사귀들은 유성 펜으로 그린다.
④ 척도와 치수, 테마, 이름 등은 펜으로 도면에 기입한 후 연필로 그린 초안을 지운다.

해설 | 설계도면을 그림에 있어 색채는 너무 진할 필요 없이 적절하게 칠한다.

45 사군자에 해당되지 않는 것은?

① 왕대 ② 오죽
③ 황매화 ④ 국화

해설 | 사군자는 매화, 난초, 국화, 대나무(왕대, 오죽)이다.

46 화훼장식 디자인의 원리와 요소에 대한 설명으로 틀린 것은?

① 색(color)은 유일하게 촉각에 호소하는 요소로서 균형, 깊이, 강조, 리듬, 조화와 통일을 이루는 데 사용된다.
② 균형(balance)은 물리적 균형과 시각적 균형이 모두 존재할 때 안정감을 준다.
③ 디자인을 완성시키는 데 있어 시간, 장소, 목적이 존재할 때 안정감을 준다.
④ 디자인의 압도적인 느낌을 주도하며 흥미를 유발하는 시각적 활동의 중심을 초점이라 한다.

해설 | 색은 시각에 호소하는 요소이다. 질감이 촉각에 호소하는 요소이다.

47 한국의 전통적인 꽃 예술의 성격과 거리가 먼 것은?

① 생활공간의 장식
② 의식으로서의 헌화와 공화
③ 심신의 수련
④ 사회적 변화의 적응

해설 | 한국의 전통 꽃 예술은 생활공간 장식, 헌화, 심신 수련의 성격이 있다.

정답 | 39 ③ 40 ④ 41 ② 42 ① 43 ③ 44 ② 45 ③ 46 ① 47 ④

48 디자인의 원리에 대한 설명으로 틀린 것은?

① 반복에서 동감(動感)을 느낀다.
② 리듬은 선의 고조, 대소, 반복에서 느낀다.
③ 유사(類似) 조화는 공통점이 없어 조화하기 쉽다.
④ 통일이란 각 부분이 전체적인 부분으로 완성되어 가는 것이다.

해설 | 유사 조화는 공통점이 있어 자연스럽게 조화하기 쉽다.

49 수분 함량이 많은 꽃의 이상적인 건조방법은?

① 글리세린 건조법
② 동결건조법
③ 자연건조법
④ 실리카겔 건조법

해설 | 동결건조는 빠르게 얼려 수분을 승화시켜 건조하는 방법으로 식물의 형태와 색 보존이 잘된다.
① 글리세린 건조법 : 글리세린을 흡수시켜 건조하는 방법으로 식물 본연의 모습 그대로 보존하기 좋고 잎의 유연성이 좋다.
③ 자연 건조법 : 자연 그대로 건조하는 방법이다.
④ 실리카겔 건조법 : 실리카겔(흡수력이 좋음)에 식물을 매몰시켜 건조하는 방법이다.

50 물체의 형태를 더욱 강하게 표현하며 면적은 없지만 방향이 있으며, 방향에 따라 감정을 표현할 수 있는 요소는?

① 점 ② 선
③ 면 ④ 명암

해설 | 선은 방향에 따라 감정을 표현할 수 있다.

TIP 선
가장 기본적인 요소로 디자인의 전체적인 틀과 골격을 형성하며 방향에 따라 감정을 표현할 수 있다.

구분	설명
수직선	정적인 선, 상승, 힘과 강한 인상, 위엄, 엄격함, 공식적이며 근엄함
수평선	안정감, 평화로움
사선	운동성, 방향감, 속도감, 불안함, 긴장, 흥미, 재미
곡선	부드러움, 우아함, 리듬감

51 먼셀(Albert H. Munsell) 색표계의 색을 표시하는 기호로 옳은 것은?

① H C/V ② V H/C
③ C V/H ④ H V/C

해설 | 색상의 표기는 H V/C으로 색상(H), 명도(V), 채도(C) 순으로 표기한다.
예 5R 5/14는 5R 5의 14라고 읽고 색상은 5R, 명도는 5, 채도는 14이다.

52 크기가 차이가 있는 알리움을 나란히 연속적으로 꽂음으로써 얻을 수 없는 것은?

① 통일 ② 강조
③ 리듬 ④ 변화

해설 | 강조는 전체의 통일감을 나타내기 위해 특정 부분을 돋보이게 하는 것이다.

53 화훼식물의 재배와 관리에 대한 강희안의 저서는?

① 임원십육지
② 양화소록
③ 동국세시기
④ 오주연문장전산고

해설 | ① 임원십육지 : 서유구
③ 동국세시기 : 홍석모
④ 오주연문장전산고 : 이규경

54 통일신라시대의 석굴암 십일면관음보살 입상에 나타난 헌공화의 형태는?

① 타원형   ② 삼각형
③ 직사각형 ④ 정사각형

해설 | 삼존형식으로 삼각형의 형태이다.

55 가법혼색(additive color mixture)의 삼원색이 아닌 것은?

① 파랑색(Blue)   ② 노랑색(Yellow)
③ 빨강색(Red)   ④ 녹색(Green)

해설 | • 가법혼색(가산혼합, 빛의 혼합)의 삼원색 : 빨강(Red), 파랑(Blue), 녹색(Green)
• 감법혼색(감산혼합, 색료의 혼합)의 삼원색 : 마젠타(Magenta), 노랑(Yellow), 시안(Cyan)이다.

56 꽃을 자연 건조할 경우 고려해야 할 조건으로 틀린 것은?

① 햇빛이 비추는 개방된 곳이 좋다.
② 꽃의 성숙 정도는 활짝 피기 전이 좋다.
③ 장소는 서늘하며 통풍이 잘 되어야 한다.
④ 먼지, 바람, 수분 등을 피하는 것이 좋다.

해설 | 꽃을 자연 건조할 경우 그늘에서 하는 것이 좋다.

TIP 자연 건조하기 좋은 환경
통기성 좋음, 습도 40~50%, 그늘

57 꽃의 건조방법에 대한 설명으로 틀린 것은?

① 열풍건조는 열풍건조기를 이용하여 많은 건조화를 생산하며, 꽃을 빠르게 건조시키면서 변색이 적고 형태 유지가 가능하다.
② 동결건조는 형태와 색상이 그대로 유지되고, 공기 중의 수분흡수가 적어 밀폐되지 않은 공간장식에 많이 이용된다.
③ 실리카겔을 이용한 매몰건조는 형태와 색상변화가 적으나 공기 중 수분을 쉽게 흡수하므로 밀폐공간이나 피막처리하여 장식해야 한다.
④ 누름건조를 이용한 건조화를 누름꽃이라 하고, 밀폐용 액자와 평면장식에 이용된다.

해설 | 동결건조(빠르게 얼려 수분을 승화시켜 건조하는 방법)의 경우 밀폐된 공간장식에 많이 이용된다.

정답 48 ③ 49 ② 50 ② 51 ④ 52 ② 53 ② 54 ② 55 ② 56 ① 57 ②

58 디자인 요소와 관련된 설명으로 틀린 것은?

① 물체선(actual line)은 실제 존재하는 선으로 시각적인 운동감을 만들어 낸다.
② 향기는 화훼장식에 있어서 형태, 질감 등과 마찬가지로 하나의 요소로 강조되면서도 필수적인 요소로는 거리가 있다.
③ 독특한 꽃이나 식물은 쉽게 focal point를 만들어 주의를 끌 수 있으며, 이러한 강조된 형태가 뚜렷하게 보이기 위해서는 주위 공간에 여백을 두지 않는다.
④ 꽃꽂이에서 깊이감을 연출하기 위해서는 줄기선의 각도조절 및 꽃을 겹치게 하는 방법이 주로 쓰인다.

해설 | 강조된 형태가 뚜렷하게 보이기 위해서는 주위 공간의 여백을 적절히 두어야 한다.

59 화훼장식이 미치는 심리적 기능에 대한 설명으로 틀린 것은?

① 편안함과 안정감을 준다.
② 서양에서는 인격 형성에 화도, 다도, 서도의 3도를 이용해 왔다고 볼 수 있다.
③ 식물이나 꽃으로 인해 스트레스도 해소되고 분노감이 줄어든다.
④ 사람의 오감을 만족시켜 정서 함양에 도움이 된다.

해설 | 화훼장식의 심리적 기능으로는 편안함, 안정감, 스트레스 해소, 분노감 감소, 정서 함양 등이 있다.

60 현대 화훼장식에 대한 설명으로 옳은 것은?

① 전통적인 꽃꽂이 개념을 유지, 고수하고 있다.
② 꽃을 이용한 장식의 범위가 실내 환경으로 변하였다.
③ 화훼장식의 목적이 용도별, 주제별, 기능별로 다양화되었다.
④ 일관된 형식으로 장식적인 목적을 만족시키고 있다.

해설 | 현대 화훼장식은 전통적인 꽃꽂이 개념과 새로운 양식이 결합되어 발전하고 있다. 꽃을 이용한 장식 범위는 실내뿐만 아니라 실외도 될 수 있다.

정답 58 ③ 59 ② 60 ③

2015년 기출문제

01 다음 중 식물의 표찰 표기법에서 표찰의 표기 내용에 해당되지 않는 것은?

① 학명   ② 보통명
③ 번식법   ④ 원산지

해설 | 식물의 표찰에는 학명, 보통명, 원산지를 표기한다. 번식법과 식물의 특징은 표기하지 않는다.

02 화훼원예의 특징이 아닌 것은?

① 노동과 자본집약적 경향이 강하다.
② 주년생산과 고품질화를 추구한다.
③ 환경미화용 재료를 생산한다.
④ 토지생산성이 낮다.

해설 | 화훼원예는 토지생산성이 높다.

03 꽃가루가 암술머리에 묻는 현상을 무엇이라고 하는가?

① 이형예현상   ② 웅예선숙
③ 수분   ④ 수정

해설 | ① 이형예현상은 꽃에 따라서 수술이나 암술의 길이가 다른 것을 말한다.
② 웅예선숙은 양성화 꽃에서 수술이 암술보다 먼저 성숙하는 현상을 말한다.
④ 수정은 암수 생식 세포가 하나로 합쳐지는 것을 말한다.

04 플로랄폼(floral foam)에 대한 설명으로 틀린 것은?

① 꽃꽂이 이용에 적합하도록 만들어진 다공성 제품이다.
② 물을 많이 흡수하는 특성이 있다.
③ 오아시스라는 상품명을 지닌다.
④ 다양한 형태의 꽃꽂이를 만들기는 어렵다.

해설 | 플로랄폼을 활용하여 다양한 형태의 꽃꽂이를 만들 수 있다.

TIP

플로랄폼
- 가장 많이 사용하는 고정재료로 절화, 절지, 절엽 등을 고정할 때 사용한다.
- 흡수성과 비흡수성이 있다.
- 많은 양의 꽃을 꽂을 수 있다.
- 꽃에 수분 공급을 해주는 역할을 한다.
- 재사용이 불가능하다.
- 플로랄폼은 경도가 다른 제품, 다양한 모양으로 생산되어 나온다.
- 플로랄폼 물 흡수방법 : 물통에 물을 담고 그 위에 플로랄폼을 띄운다. 그리고 자연스럽게 물이 흡수될 수 있게 놔둔다. 손으로 누른다거나 위에서 물을 부으면 안 된다.
- 종류 : 브릭형 플로랄폼(일반 직사각형), 링형 플로랄폼, 드라이폼, 컬러폼, 부케홀더, 구, 갈란드, 르클립

정답 01 ③ 02 ④ 03 ③ 04 ④

05 동양식 꽃꽂이에서 많이 사용하는 것으로 꽃을 꽂을 수 있도록 철제에 바늘이 박혀 있는 꽃장식 도구는?

① 플로랄폼 ② 침봉
③ 콤포트   ④ 오브제

해설 | 침봉은 굵은 침에 꽃과 가지의 줄기를 꽂아 고정하는 꽃꽂이 도구이다.
① 가장 많이 사용하는 고정재료로 절화, 절지, 절엽 등을 고정할 때 사용한다.
③ 서양식으로 굽이 있는 화기이다.
④ 생활에 쓰이는 다양한 물건들을 작품에 그대로 이용한 것을 오브제라고 한다.

06 카네이션 학명을 올바르게 표기한 것은?

① *Dianthus* caryophyllus L.
② Dianthus caryophyllus L.
③ *Dianthus caryophyllus* L.
④ Dianthus *caryophyllus* L.

해설 | 학명=속명(이탤릭체, 첫 글자 대문자)+종명(이탤릭체, 첫 글자 소문자)+명명자(인쇄체, 첫 글자 대문자)

07 전기공사 시 고정용으로 사용되며 철사로 고정할 때보다 손쉽고 다양한 색상을 디자인에 응용할 수 있어 최근 각광받는 화훼장식의 고정재료는?

① 픽   ② 플로랄 테이프
③ 케이블 타이 ④ 접착 테이프

해설 | 케이블 타이는 플라스틱으로 만든 끈으로 전선을 묶어 정리하는 데 쓰인다. 화훼장식에서는 구조물을 만들고 고정할 때 사용한다.

08 잎이 소형화한 것으로 광합성 능력이 거의 없거나 완전히 없으며, 일반적으로 어린 화아(flower bud)를 감싸서 보호하는 역할을 하는 것은?

① 화관(corolla)
② 꽃받침(calyx)
③ 꽃자루(peduncle)
④ 포엽(bract leaf)

해설 | 포엽은 잎의 변한 모양으로 꽃이나 꽃받침을 둘러싸고 있는 작은 잎을 말한다.

09 잎의 구조와 형태에 대한 설명으로 틀린 것은?

① 잎은 광합성작용을 하는 주된 기관이다.
② 잎맥은 보통 주맥, 곁맥, 가는 맥으로 구분한다.
③ 여러 개의 잎몸(엽신)이 깃털모양으로 배열된 잎을 장상복엽이라 한다.
④ 잎의 관다발과 이것을 둘러싼 부분을 잎맥이라고 하는데, 잎맥은 잎 속의 물질이 이동하는 부분이다.

해설 | 복엽은 한 가지에 잎이 여러 개 붙어 있는 것을 말한다.
• 장상복엽 : 잎자루에 여러 개의 작은 잎이 손바닥 모양으로 배열된 잎
• 우상복엽 : 여러 개의 잎몸이 깃털모양으로 배열된 잎

10 화훼의 특성에 대한 설명으로 가장 옳은 것은?

① 문화 수준이 낮을수록 수요가 증가하게 된다.
② 미적인 효과는 높지만, 치료적 효과는 볼 수 없다.
③ 다른 농작물에 비하여 국제성이 낮다.
④ 미적인 요인과 향기, 정서 등의 가치기준을 중요시한다.

해설 | 화훼는 문화 수준이 높을수록 수요가 증가한다. 미적인 효과뿐만 아니라 치료 효과도 볼 수 있으며 국제성 또한 높은 작물이다.

TIP 절화 형태별 분류
- 라인 플라워(line flower) : 길고 뾰족한 형태로 작품에서 길이감과 전체 골격을 만든다.
  예 글라디올러스, 용담
- 폼 플라워(foam flower) : 크고, 독특한 모양으로 작품의 중심이 되는 포컬 포인트 역할을 주로 한다.
  예 나리, 극락조화
- 매스 플라워(mass flower) : 장미 정도의 큼직한 꽃으로, 여러 송이를 함께 사용해 작품에서 부피감을 형성한다.
  예 카네이션, 장미, 튤립
- 필러 플라워(filler flower) : 스프레이 형태가 주를 이루고, 작품의 공간을 채워주는 역할을 한다.
  예 스프레이 장미, 스프레이 카네이션, 솔리다스터

11 덩이줄기(괴경)를 가지는 식물이 아닌 것은?

① 아네모네　② 칼라
③ 칼라디움　④ 백합

해설 | 백합은 비늘줄기(인경)를 가지는 식물이다.

TIP 덩이줄기(괴경)
지하 줄기 끝이 비대해진 것으로 마디와 피막이 없다.

12 라인 플라워(line flower)로만 짝지어진 것은?

① 나리, 수선
② 튤립, 극락조화
③ 글라디올러스, 용담
④ 카네이션, 장미

해설 | 라인 플라워(line flower)는 길고 뾰족한 형태로 작품에서 길이감과 전체 골격을 만든다. 글라디올러스, 용담이 라인 플라워에 속한다.

13 식물 뿌리의 역할이 아닌 것은?

① 광합성을 한다.
② 양분을 흡수하여 각 기관으로 전달한다.
③ 식물체를 유지·지탱한다.
④ 수분을 흡수하여 지상부로 보낸다.

해설 | 광합성은 잎의 엽록소가 이산화탄소와 물을 빛에너지를 이용하여 포도당을 만드는 작용으로 식물 잎의 역할에 해당한다.

14 대자연의 식물 형태에서 비롯된 동양 꽃꽂이의 화형에 포함되지 않는 것은?

① 반구형　② 하수형
③ 직립형　④ 경사형

해설 | 반구형은 서양 꽃꽂이 화형이다.

정답 05 ②　06 ③　07 ③　08 ④　09 ③　10 ④　11 ④　12 ③　13 ①　14 ①

15 아이리스(Iris)는 구근의 유형 중 어느 것에 속하는가?

① 덩이뿌리(괴근) ② 뿌리줄기(근경)
③ 알줄기(구경)   ④ 비늘줄기(인경)

해설 | 아이리스는 뿌리줄기(근경) 유형에 속한다.

TIP 구근류
숙근류의 일종으로 식물체의 일부가 비대해져 저장기능을 갖춘다.

종류	설명
인경 (비늘줄기)	• 잎 줄기가 비대하게 변형된 것 • 여러 개의 인편이 모여 구가 됨, 인편으로 번식함 예) 수선화, 아마릴리스, 알리움, 튤립, 히아신스, 나리, 프리틸라리아
구경 (알줄기)	줄기 마디 아래 부분이 비대해짐, 마디와 피막이 있음 예) 글라디올러스, 프리지아
괴경 (덩이줄기)	지하 줄기 끝이 비대해짐, 마디와 피막이 없음 예) 감자, 아네모네, 칼라
근경 (뿌리줄기)	땅 속 줄기가 뿌리모양을 함 예) 생강, 붓꽃, 칸나, 연꽃, 아이리스
괴근 (덩이뿌리)	뿌리가 비대해짐 예) 고구마, 라넌큘러스, 다알리아

16 생화와 비교할 때 인조화의 특징이 아닌 것은?

① 장식 시 물이 필요 없고 수명이 장기간 유지된다.
② 보관과 운반, 관리가 편리하여 다양하게 이용된다.
③ 색상과 꽃의 크기, 모양을 자유자재로 이용 가능하다.
④ 색채가 아름답고 신선감과 생동감이 있다.

해설 | 생화가 인조화에 비해 색채가 아름답고 신선하며 생동감이 있다.

17 분화류 관수방법으로 가장 부적합한 것은?

① 흙의 표면이 약간 말라보일 때 관수한다.
② 화분 바닥으로 충분히 물이 흘러나오도록 관수한다.
③ 겨울철 관수 시 수돗물을 틀어서 즉시 관수한다.
④ 관수 시기는 봄, 가을에는 오전 9~10시에 한 번 관수한다.

해설 | 미리 받아놓아 하루 정도 가라앉힌 수돗물을 사용하여 관수한다.

18 조형형태의 배치법에 있어서 교차(cross)에 관한 설명으로 틀린 것은?

① 교차선 배열은 여러 개의 초점으로부터 나온 줄기의 선이 제각기 여러 각도의 방향으로 뻗어서 서로 교차하는 상태로 줄기가 배열된 것이다.
② 꽃이나 식물을 꽂는 지점이 겹치지 않게 그룹으로 꽂아준다.
③ 교차는 병행의 변형으로 복합형이 많아서 병행선에서 분리하여 다루어진다.
④ 1980년대 자연관찰 시점의 변화로부터 시작된 배열이다.

해설 | 교차는 여러 개의 초점에서 나온 줄기의 선이 여러 각도의 방향으로 뻗어 서로 배열 방법이며 그룹으로 꽂지 않는다.
예 수직교차, 사선교차, 수평교차

19 화훼장식의 표현기법 중 시퀀싱(sequen-cing)에 대한 설명으로 틀린 것은?

① 꽃의 크기와 색깔로 차례를 짓는 기법이다.
② 꽃은 베이스에 가까울수록 작은 꽃을 꽂는다.
③ 꽃은 봉오리에서 시작해 만개한 형태로 배열한다.
④ 소재의 색상, 크기 등으로 점진적 변화를 창조한다.

해설 | 꽃은 베이스에 가까울수록 큰 꽃을 꽂고, 외곽에 가까울수록 작은 꽃을 꽂는다.

> **TIP 시퀀싱**
> 소재의 크기, 높이, 색상을 점진적(점차적, 차례대로)으로 변화시켜 리듬감을 표현하는 기법
> 예 크기가 작은 것에서 큰 것으로, 색이 밝은 색에서 어두운색으로, 꽃봉오리에서 활짝 핀 꽃 순으로 표현

20 절화를 재절단할 때 물속 자르기를 하는 주된 이유는?

① 대기 중에서 자르는 것보다 자르기가 쉬워서
② 도관에 기포(공기방울)가 생기는 것을 방지하기 위해
③ 도관이 뭉개지는 것을 방지하기 위해
④ 자르는 면을 깨끗하게 하기 위해

해설 | 공기 중에서 절화를 자르면 잘린 도관으로 공기방울이 생길 수 있어 이를 막기 위해 물속 자르기를 한다.

21 배양토와 그 특징의 연결한 것으로 적절하지 않은 것은?

① 부엽 : 보수성, 보비력이 좋으며 재배 도중의 구조변화가 거의 일어나지 않는다.
② 피트모스 : 보수성, 보비력, 염기치환 능력이 좋다.
③ 버미큘라이트 : 규산 화합물이며 모래의 1/15 무게이다.
④ 펄라이트 : 중성 또는 약알카리성으로 삽목용토에 적합하다.

해설 | 낙엽이 부식되어 만들어진 부엽토는 분해가 진행되면서 구조변화가 일어날 수 있다.

22 절화 수확 후 실시하는 전처리에 대한 설명으로 틀린 것은?

① 물올림 처리 후 줄기를 단단하게 하기 위해 절화 보관 장소의 온도를 30℃ 수준으로 올린다.
② 펄싱처리는 절화의 수확 후 꽃에 당분과 다른 화학물질을 공급하는 것을 말한다.
③ 펄싱처리는 장기간 선적되기 전 꽃에 에너지를 주기 위한 것으로 모든 꽃이 펄싱용액에 똑같은 효과를 보이지는 않는다.
④ 봉오리 열림제는 봉오리의 미성숙단계에서 사용되는 처리로 살균제와 당을 함유한다.

해설 | 절화 보관 장소의 온도는 열대·아열대 절화는 7~15℃, 온대 절화는 0~4℃로 하는 것이 좋다.

정답 15 ② 16 ④ 17 ③ 18 ② 19 ② 20 ② 21 ① 22 ①

23 식물의 분지를 증가시키는 데 기여하는 광의 파장 범위는?

① 400~450nm   ② 500~550nm
③ 600~650nm   ④ 700~750nm

해설 | 식물의 분지를 증가시키는 데 기여하는 광의 파장 범위는 400~450nm이다.

TIP 분지
식물학상 가지가 나누어지는 것으로, 원래의 줄기에서 뿌리, 줄기, 잎맥 등이 갈라져 나가는 것을 말한다.

24 감상하는 사람의 시선을 특정한 곳으로 끌기 위하여 초점지역에 틀(테두리)을 만들어 소재를 꽂는 기법은?

① 쉐도잉(shadowing)
② 밴딩(banding)
③ 클러스터링(clustering)
④ 프레이밍(framing)

해설 | ① 먼저 꽂은 소재 뒤에 동일한 소재를 그림자처럼 꽂아 배치한다.
② 장식을 목적으로 소재를 묶는다.
③ 빈 공간 없이 덩어리로 꽂는 기법이다.

25 절화를 잘 보존하기 위한 환경과 관련된 설명 중 틀린 것은?

① 공중습도는 80~85% 수준이 좋다.
② 수질은 pH 8.0 정도의 약알칼리성 용액에서 보존하는 것이 좋다.
③ 열대나 아열대산 절화의 경우 7~15℃의 온도가 적당하다.
④ 잎이 있는 절화는 광합성을 할 수 있도록 광도를 조절해준다.

해설 | 수질은 pH 4~6 정도에서 보존하는 것이 좋다.

TIP pH
pH는 물의 산성이나 알칼리성의 정도를 1~14의 범위로 나타내는 수치이다.
• 산성 : pH 7 미만
• 중성 : pH 7
• 염기성 : pH 7 초과

26 코사지나 부케 제작 시 식물 종류별 철사 감기 방법을 연결한 것으로 틀린 것은?

① 거베라 – 트위스팅법(twisting method)
② 칼라 – 인서션법(insertion method)
③ 장미 – 피어스법(pierce method)
④ 아이비 – 헤어핀법(hair-pin method)

해설 | 거베라는 인서션법(insertion method)을 사용하여 철사처리한다.

TIP 인서션(insertion)
약하거나 속이 비어있는 줄기 안으로 와이어를 관통시키는 방법
예 칼라, 거베라, 수선화

27 절화와 절엽 등을 길게 엮은 장식물로 고대 이집트와 로마시대부터 행사에서 경축의 용도로 벽이나 천장에 드리우거나 기둥의 둘레를 감는 목적으로 사용된 장식물은?

① 리스   ② 갈란드
③ 부케   ④ 형상물

해설 | ① 둥근 링 모양으로 영원성을 상징한다.
③ 꽃다발을 말한다.
④ 어떠한 모양을 가진 물체를 말한다.

28 꽃받침이나 씨방 또는 줄기에 철사를 직각으로 꽂고, 꽃이 크고 더 무거운 경우에는 철사를 +자 모양이 되게 두 개의 철사로 다시 한번 더 처리하여 한층 안정감을 주는 기법은?

① 시큐어링(securing)법
② 트위스팅(twisting)법
③ 헤어핀(hair-pin)법
④ 피어스(pierce)법

해설 | ① 나선형으로 줄기를 감아 보강해주는 기법
② 작은 꽃이나 가는 가지 줄기를 모아 와이어로 묶는 방법
③ 와이어를 U자 모양으로 꽃잎, 잎 등에 찔러 넣어 곧게 지탱하는 방법

29 일반적인 꽃다발 제작 방법에 대한 설명으로 틀린 것은?

① 일반적으로 꽃다발은 꽃을 가득 모아 줄기가 모이는 부분을 끈 등으로 묶는 다발 형태를 말한다.
② 꽃다발의 형태는 정면에서 보았을 때 대부분 원형이나 폭포형으로 나타내며, 그 외 초승달형, S형, 삼각형 등의 다양한 형태가 이용된다.
③ 핸드타이드형 꽃다발은 옛날부터 많이 이용되어 온 꽃다발의 형태이며 오늘날에도 그 이용도가 높다.
④ 장미 줄기를 철사로 대체할 때는 일반적으로 후크법을 이용한다.

해설 | 장미 줄기를 철사로 대체할 때는 일반적으로 피어싱법을 이용한다.

피어싱
소재 줄기에 와이어(철사)를 가로질러 통과시킨 후 직각으로 구부려 감는 방법
예 카네이션, 장미, 다알리아

30 신부 부케에 대한 설명으로 거리가 먼 것은?

① 신부의 체격(키, 체형)을 고려하여 제작한다.
② 신부의 아름다움과 드레스의 아름다움을 최대한 돋보이게 디자인되어야 한다.
③ 주로 원형, 삼각형, 캐스케이드 등 형태적인 것에 중점을 둔 미국식 부케가 많이 사용되나 최근에는 식물 생태적 형태인 독일식 부케도 이용된다.
④ 꽃이나 잎을 많이 사용하여 무게감을 주어 안정되게 제작한다.

해설 | 신부 부케는 무게를 가볍게 하여 들기 쉽게 제작한다.

31 실내 공간에서 이용되는 분화장식물의 관리에 대한 설명으로 틀린 것은?

① 사람들이 많이 이용하는 관엽식물은 열대와 아열대 원산이므로 겨울의 저온에 주의해야 한다.
② 튤립이나 히아신스는 온도가 높고 햇빛을 많이 받아야 줄기가 구부러지지 않는다.
③ 국화, 시클라멘과 같은 식물도 비교적 저온에서 잘 견디는 편이지만 햇빛을 충분히 받지 않으면 꽃이 빨리 시든다.
④ 습도 관리에 있어서도 저장실이나 전시실의 습도가 30% 이하이면 가습장치를 설치해주는 것이 좋다.

해설 | 튤립이나 히아신스는 온도가 낮은 곳에서 잘 견딘다.

튤립과 히아신스
• 튤립 : 남동 유럽과 중앙아시아 원산의 내한성 구근초로 가을에 심는다.
• 히아신스 : 발칸반도 및 터키 원산이며 가을에 심는 구근초이다.

정답 23 ① 24 ④ 25 ② 26 ① 27 ② 28 ④ 29 ④ 30 ④ 31 ②

32 꽃다발 완성 후 마무리 방법에 대한 설명으로 옳지 않은 것은?

① 꽃다발이 완성된 후에는 줄기 끝을 사선으로 잘라준다.
② 묶이는 부분 아래에 있는 모든 잎은 제거해 준다.
③ 묶을 때는 단단하게 마무리한다.
④ 물 공급을 중단한다.

해설 | 꽃다발 완성 후 물처리를 하는 것이 신선도 유지에 좋다.

33 테라싱(terracing)에 대한 설명으로 가장 거리가 먼 것은?

① 동일한 소재를 계단식으로 꽂는 기법이다.
② 작품의 베이스에 시각적인 세부 묘사를 하는 데 목적이 있다.
③ 베지테이티브 디자인에서 밑 부분을 마무리하기 좋으며 작품에 통일감을 준다.
④ 정원이나 풍경양식의 구성에만 적용할 수 있어서 활용도가 낮은 편이다.

해설 | 테라싱은 정원이나 풍경양식의 구성 외에도 적용할 수 있다.

34 구성형식에 따른 꽃꽂이에서 형-선적 구성(formal-linear composition)에 대한 설명으로 가장 적절한 것은?

① 재질감을 강조한 구성이다.
② 쌓기를 강조한 구성이다.
③ 소재의 형태와 선이 돋보이는 비대칭 구성이다.
④ 구성식물은 자연식생에 관계없이 인위적 구성이다.

해설 | 형-선적 구성은 선과 형태의 대비를 통하여 긴장감을 유발하는 디자인이다. 소재의 양과 종류를 최대한 억제하여 사용하는 것이 식물의 가치 표현에 도움이 되며 대부분 비대칭 구성이다.

35 조형형태 중에서 장식적 구성에 대한 설명으로 가장 옳은 것은?

① 자연을 사실적으로 표현한다.
② 소재의 생태적 특성을 살린다.
③ 이끼나 돌 등으로 땅이나 흙을 표현한다.
④ 자연의 생태적 특성과 관계없이 작가의 의도에 의해 인위적으로 구성한다.

해설 | ①~③은 식생적 구성에 대한 설명이다.

> **TIP 장식적 구성과 식생적 구성**
> - 장식적 구성
>   - 소재의 식생을 고려하지 않고 장식을 목적으로 디자인함
>   - 풍성하고 화려함. 대부분 대칭구성
>   - 소재의 형태, 질감, 색의 효과를 중요시함
>   - 식물이 자연에서 자라는 모습과는 관계없이 디자이너의 의도대로 자유롭게 재구성하여 장식성을 높인 구성 형식
> - 식생적 구성
>   - 자연의 특성에 가깝게 식물의 생리, 생태적인 면을 고려하여 디자인함
>   - 식물의 생장 형태 혹은 앞으로 생장하게 될 형태를 사실적으로 표현하는 조형형태
>   - 대부분 비대칭 구성. 세 개의 서로 다른 크기의 그룹(주, 역, 부)으로 구성되는 비대칭적 질서가 일반적임
>   - 자연에서 보듯 생장점(출발점)이 종종 화기 안에서 한 점 또는 그 이상 있는 듯 보임
>   - 꽃의 가치효과와 운동성, 색상, 용기선택 등을 고려해야 함

36 절화에 에틸렌 가스 발생을 억제하는 방법으로 거리가 먼 것은?

① 감압제거법에 의한 에틸렌 발생원 제거
② 자외선에 의한 오존의 산화
③ 적외선에 의한 오존의 산화
④ 활성탄에 의해 흡착하는 방법

해설 | 적외선에 의한 오존의 산화는 에틸렌 가스 발생 억제 방법에 해당하지 않는다.

TIP 산화, 적외선
- 산화 : 물질이 산소와 화합하는 반응, 수소를 빼앗는 반응을 말한다.
- 적외선 : 태양이 방출하는 빛을 프리즘으로 분산시켜 보았을 때 적색선의 끝보다 더 바깥쪽에 있는 전자기파를 말한다.

37 식사 초대를 위한 유럽 스타일의 테이블장식에 관한 설명으로 가장 거리가 먼 것은?

① 아침식사(breakfast) 테이블은 상쾌한 햇살에 어울리는 흰색이나 파란색 또는 악센트로 색상이 조금 있는 것을 살짝 곁들인다.
② 런치(lunch) 테이블은 짙고 옅은 색의 배합으로 고상하게 장식하거나 특별한 손님이나 관심이 가는 손님 앞에는 특별한 색을 하나 더하여 정성을 곁들인다.
③ 가든(garden) 테이블은 뜰에 피는 작은 꽃을 모아 꽂아 친숙한 느낌을 주고, 꽃이나 잎을 조금 높게 꽂아 바람에 살랑거리게 하여 시원함을 준다.
④ 디너(dinner) 테이블은 주가 되는 소재의 꽃을 여러 종류로 정하여 대범하게 꽂아 나가며 꽃향기가 강한 것을 사용한다.

해설 | 꽃향기가 강한 것은 식욕을 떨어뜨릴 수 있으므로 식사 테이블 장식으로 사용하지 않는 것이 좋다.

38 한국의 절화장식 목적으로 가장 거리가 먼 것은?

① 생활공간의 장식
② 화려하면서 세련되고 우아함을 표현하기 위한 장식
③ 신에게 공양하는 제의식의 매개물
④ 궁중의례를 위한 장식

해설 | 서양의 절화장식은 화려하면서 세련되고 우아함을 표현하기 위한 장식이 많다.

39 서양 꽃꽂이에서 직선 구성에 해당하지 않는 것은?

① 부채형　　② 역T자형
③ 대각선형　④ 수직형

해설 | 부채형은 방사형의 반원 모양으로 부채를 펴 놓은 모양으로 곡선 구성에 해당한다.

40 평행 배열로 된 꽃꽂이 형태에 대한 설명으로 옳은 것은?

① 원형, 평행형, 폭포형, 수평형 등이 있다.
② 교차선 배열에서 발전된 형으로 유연한 선의 흐름이다.
③ 모든 줄기의 선이 한 개의 초점에서 사방으로 전개되는 배열이다.
④ 여러 개의 초점으로부터 나온 줄기가 모두 같은 방향으로 나란히 뻗어 있는 배열이다.

해설 | 평행 배열은 소재의 대부분이 병행으로 배치되는 디자인으로 소재의 생장점이 모두 다르다.
② 감는선 배열
③ 방사선 배열

정답 32 ④ 33 ④ 34 ③ 35 ④ 36 ③ 37 ④ 38 ② 39 ① 40 ④

41 절화의 품질평가 시 품질이 좋은 절화라고 볼 수 없는 것은?

① 줄기가 곧고 길 것
② 개화가 덜 된 봉오리 상태일 것
③ 외형이 바르고 신선할 것
④ 화색이 좋고 물리적 손상이 없을 것

해설 | 개화가 어느 정도 진행된 봉오리 상태가 품질이 좋은 절화이다.

42 동양식 꽃꽂이의 특징이 아닌 것은?

① 기본형태는 4개의 주지를 골격으로 구성한다.
② 선과 여백의 미를 강조한다.
③ 구도는 긴장감이 있는 비대칭 조화를 이룬다.
④ 소재는 목본류가 많이 이용된다.

해설 | 동양식 꽃꽂이 기본형태는 3개의 주지를 골격으로 구성한다.

43 주황색의 나리(lily)를 주소재로 하여 꽃다발을 제작할 때 꽃을 보다 강하고 뚜렷하게 보여주는 포장지의 색상으로 가장 적당한 것은?

① 빨강   ② 노랑
③ 파랑   ④ 자주

해설 | 색상을 강하고 뚜렷하게 보이고자 할 때는 보색 대비로 색상을 쓴다. 주황색의 보색은 파랑색이다.

44 다음 〈보기〉에 해당하는 디자인 요소는 무엇인가?

> 보기
> • 모든 재료들이 가지는 고유한 구조적 특성이다.
> • 재료의 조직, 밀도감, 질량감, 빛의 반사도 등에 따른 시각적인 느낌이다.
> • 같은 재료일지라도 크기에 따라 다르게 나타날 수 있다.

① 형태   ② 선
③ 질감   ④ 색

해설 | ① 형태 : 물체의 외형으로 3차원적 입체적 모양(높이, 너비, 깊이)을 의미한다.
② 선 : 가장 기본적인 요소로 디자인의 전체적인 틀과 골격을 형성한다.
④ 색 : 가장 중요한 디자인 요소로, 빛의 파장에 의해 시각적으로 지각되는 모든 색을 말한다.

45 화훼장식을 "자연과 조형 위에 성립되는 시공간 예술"이라 할 때, 화훼장식이 가지는 일반적인 4가지 속성으로 가장 거리가 먼 것은?

① 자연성   ② 종교성
③ 공간성   ④ 시간성

해설 | 화훼장식이 가지는 속성 4가지는 자연성, 공간성, 시간성, 조형성이다.

46 흡수성이 강하여 건조 과정 중에 변형을 최소화시키고 빠른 탈수를 유도하는 가장 효과적인 건조제는?

① 글리세린   ② 실리카겔
③ 붕사   ④ 모래

해설 | 실리카겔은 흡수성이 강하며 빠른 탈수를 유도하는 건조제이다.

47 다음 중 강조점에 대한 설명으로 틀린 것은?

① 강조점과 초점은 상호 밀접한 관계가 있다.
② 강조점은 한 가지 특성에 관심을 모으고 나머지는 모두 부수적으로 만드는 것을 말한다.
③ 강조점을 만들기 위해서는 여러 요소의 결합보다는 색상을 강조한다.
④ 강조점을 잘 사용하면 꽃꽂이 내부에 질서를 잡을 수 있다.

해설 | 강조점을 만들기 위해서는 색상, 크기, 형태 등의 여러 요소를 결합하여 강조한다(큰 크기, 뚜렷한 형태).

48 디자인에서 선 요소 중 수평선이 주는 감정적 특성으로 옳은 것은?

① 움직임과 흥분의 느낌
② 강한 힘, 장엄한 느낌
③ 평화롭고, 휴식과 안정의 느낌
④ 부드럽고 편안하며 흥미로운 느낌

해설 | 수평선은 평화롭고, 휴식과 안정의 느낌을 준다.

선의 종류와 감정적 특성

선의 종류	감정적 특성
수직선	정적인 선, 상승, 힘과 강한 인상, 위엄, 엄격함, 공식적이며 근엄함
수평선	안정감, 평화로움
사선	운동성, 방향감, 속도감, 불안함, 긴장, 흥미, 재미
곡선	부드러움, 우아함, 리듬감

49 화훼의 건조 방법으로 가장 거리가 먼 것은?

① 자연건조법 ② 냉동건조법
③ 밀봉건조법 ④ 누름건조법

해설 | 화훼의 건조 방법으로는 자연건조법, 냉동건조법, 누름건조법, 감압건조법, 동결건조법 등이 있다.

50 다음 색의 혼합 결과 명청색(tint color)은?

① 흰색＋순색 ② 회색＋순색
③ 검정＋순색 ④ 청색＋순색

해설 | 검정＋순색의 혼합 결과는 암청색이다.

Tint, Tone, Shade
- 색＋흰색＝고명도 Tint(명청색)
- 색＋회색＝중명도 Tone
- 색＋검정＝저명도 Shade(암청색)

51 같은 명도에서 시각에 의한 명도의 비율로 조화 면적비가 적당한 것은?

① 노랑:보라＝1:3
② 주황:녹색＝5:4
③ 빨강:녹색＝1:3
④ 노랑:주황＝5:3

해설 | ①은 조화 면적비가 적당하다.

정답 | 41 ② 42 ① 43 ③ 44 ③ 45 ② 46 ② 47 ③ 48 ③ 49 ③ 50 ① 51 ①

52 조형에서 비대칭 그룹의 설명으로 잘못된 것은?
① 균형의 중심은 기하학상의 중심축과 주그룹 사이에 있다.
② 주그룹의 중심축은 기하학상 중심축과 일치하도록 한다.
③ 크기, 형, 무게, 거리 등이 서로 다른 요소와 소재가 자연스러운 느낌으로 배치되어 있다.
④ 주그룹, 대항그룹, 보조그룹으로 중심 양쪽의 시각적인 균형을 잡는다.

해설 | • 조형에서 대칭은 주그룹의 중심축이 기하학상 중심축과 일치한다.
• 비대칭은 주그룹의 중심축이 기하학상 중심축과 일치하지 않는다.

53 화훼장식 디자인을 할 때 가장 먼저 실행하는 것은?
① 장식 공간의 용도와 목적 파악
② 도면과 서류작성
③ 소재의 종류와 배치
④ 장식물의 크기, 형태, 색상 구상

해설 | 화훼장식 디자인을 할 때 가장 먼저 실행하는 것은 장식 공간의 용도와 목적 파악하는 것이다.

54 형태(form)의 특징이 아닌 것은?
① 형태는 3차원적인 입체 공간을 말한다.
② 자연적 형태는 사실적이며 동적이다.
③ 기하학적 형태는 안정, 간결, 명료감을 준다.
④ 비기하학적 형태는 아름답고 매력적이며 우아하고 여성적인 느낌을 준다.

해설 | 자연적 형태는 정적이다.

55 건조 소재의 조건으로 틀린 것은?
① 건조 후에도 소재의 지속성이 있어야 한다.
② 건조 후에도 원하는 색을 유지해야 한다.
③ 건조나 가공 후의 변형이 있을수록 좋다.
④ 건조 후에도 유연성이 있어야 한다.

해설 | 건조나 가공 후의 변형은 없는 것이 좋다.

56 영국의 예술가 윌리엄 호가스(William Hogarth)에 의해 창시되었다고 보는 화형은?
① 초승달형 ② 부채형
③ S커브형 ④ 원추형

해설 | 바로크시대 18세기 영국의 예술가 윌리엄 호가스에 의해 S커브형이 유행하였다.

57 한국 꽃꽂이의 기원설과 관계가 먼 것은?
① 자연신앙 ② 수목숭배사상
③ 불전공화 ④ 개인의 취미

해설 | 한국 꽃꽂이의 기원으로는 자연신앙, 수목숭배사상, 불전공화가 있다.

58 꽃꽂이의 형태적인 구성과 소재는 고식적인 삼존형식이 주류를 이루었으나 후기에 이르러 반월형 삼존형식으로 변화한 시대는?
① 삼국시대 ② 신라시대
③ 고구려시대 ④ 고려시대

해설 | 고려시대 초기에는 삼존형식이 주류를 이루었으나 후기에 이르러 반월형 삼존형식으로 변화하였다.

59 화훼류의 자연건조법에 대한 설명으로 옳지 않은 것은?

① 꽃대가 약한 식물은 꽃을 별도로 철사에 끼어서 말린다.
② 안개꽃은 물병에 꽂아 둔 채 말려도 가능하다.
③ 통풍이 잘되지 않고 햇빛이 잘 드는 곳이 좋다.
④ 재료를 다발 지어 높은 곳에 거꾸로 매달아 놓는다.

해설 | 화훼류의 자연건조에는 통풍이 잘되고 햇빛이 안 드는 곳이 좋다.

60 화훼장식의 기능으로 가장 거리가 먼 것은?

① 장식적 기능   ② 건축적 기능
③ 언어적 기능   ④ 교육적 기능

해설 | 화훼장식의 기능으로는 장식적 기능, 건축적 기능, 교육적 기능, 치료적 기능, 환경적 기능, 교육적 기능, 건축적 기능 등이 있다.

정답 52 ② 53 ① 54 ② 55 ③ 56 ③ 57 ④ 58 ④ 59 ③ 60 ③

2016년 기출문제

01 화훼재료의 엽서(잎차례)의 연결이 틀린 것은?

① 윤생엽 : 아스플레니움, 칼라데아, 사스레피
② 호생엽 : 둥굴레, 송악, 느티나무
③ 대생엽 : 소철, 마가목, 주목
④ 근생엽 : 앵초, 맥문동, 민들레

해설 | 사스레피는 호생엽이다.

02 용도에 맞는 철사 사용에 대한 설명으로 틀린 것은?

① 철사 처리는 단정한 기법으로 제작되어야 한다.
② 연약한 꽃과 잎에 사용하는 철사는 30~32번이 적당하다.
③ 가벼운 소재에 사용할수록 표준치수의 수치가 큰 것을 사용한다.
④ 재료를 받쳐 지탱할 수 있을 만큼 되도록 굵은 철사를 사용한다.

해설 | 재료를 받쳐 지탱할 수 있을 만큼 되도록 얇은 철사를 사용한다.

03 다음 중 일장에 따른 구분에서 단일성 식물 화훼인 것은?

① 국화　　　　② 금잔화
③ 델피니움　　④ 금어초

해설 | 단일성 식물 화훼는 낮이 짧은 시기에 꽃이 피는 식물을 말한다.

TIP 일장(빛의 길이)에 따른 화훼 분류

구분	내용
장일성 식물	빛의 길이가 길 때 개화하는 식물(12~14시간) 예 금잔화, 금어초, 루드베키아, 델피니움
단일성 식물	빛의 길이가 짧을 때 개화하는 식물(12시간 이하) 예 국화, 포인세티아, 매리골드, 코스모스
중일성 식물	빛의 길이와 상관없이 생육일수가 경과하면 개화하는 식물 예 장미, 튤립, 팬지, 수국

04 절화장식 작업 시 칼의 장점이 아닌 것은?

① 절단면이 깨끗하게 잘린다.
② 절단 작업이 빠르다.
③ 나뭇가지를 주로 이용한다.
④ 휴대가 간편하다.

해설 | 나뭇가지를 자를 때는 전지가위를 주로 이용한다. 칼은 초화를 자를 때 주로 이용한다.

05 부케 제작 시 와이어와 줄기가 분리되는 것을 방지하거나, 와이어를 감추기 위해 사용하는 자재는?

① 플로랄 테이프
② 생화용 접착제
③ 오아시스 테이프
④ 케이블 타이

해설 | ② 생화를 붙일 때 사용하는 자재이다.
③ 플로랄폼을 고정할 때 사용하는 자재이다.
④ 구조물 등을 고정할 때 사용하는 자재이다.

06 다음 중 변형된 잎이 아닌 것은?

① 선인장의 가시
② 생이가래의 잎
③ 네펜데스의 포충낭
④ 금잔화의 잎

해설 | ① 선인장의 가시는 잎이 변형된 것이다(엽침).
② 생이가래의 잎은 수면보다 아래에 있는 잎이다(침수엽).
③ 네펜데스의 포충낭은 곤충을 포획하기 위해 변한 잎이다(포충엽).

07 화훼의 이용형태에 관한 설명으로 연결이 틀린 것은?

① 생산화훼 : 영리를 목적으로 한다.
② 생산화훼 : 절화, 절엽, 절지, 분화, 종묘, 화단묘가 해당된다.
③ 취미원예 : 판매를 목적으로 하지 않는다.
④ 후생화훼 : 가정원예, 실내원예, 베란다원예, 생활원예가 해당된다.

해설 | 후생화훼는 환경조성과 교육을 목적으로 하며 원예치료, 도시원예, 경관원예가 해당된다.

08 결혼식용 화훼장식으로 가장 적합하지 않은 것은?

① 부토니아
② 코사지
③ 콜라주
④ 부케

해설 | 콜라주는 캔버스, 화판에 다양한 재료를 붙여 만드는 장식물을 말한다.

09 플라스틱 핀 홀더에 대한 설명으로 가장 옳은 것은?

① 스케일이 큰 디자인에 사용한다.
② 용기 바닥에 접착 점토를 사용하여 고정한다.
③ 철사를 감은 후에 그 위에 감아준다.
④ 용기 속에 말아 넣어 줄기를 고정한다.

해설 | ① 플라스틱 핀 홀더는 내구성이 약하여 스케일이 큰 작품에서 이용할 수 없다.
③ 철사를 감은 후에 플로랄타이를 이용하여 감아준다.
④ 치킨망을 용기 속에 말아 넣어 줄기를 고정한다.

10 다음 중 초화류의 분류 중 구근류가 아닌 것은?

① 나리
② 칼랑코에
③ 크로커스
④ 아네모네

해설 | 칼랑코에는 다육식물이다.

TIP

구근류
숙근류의 일종으로 식물체의 일부가 비대해져 저장기능을 갖춘 것을 말한다. 인경, 구경, 괴경, 근경, 괴근으로 나뉜다.

11 화훼에 대한 설명으로 가장 옳은 것은?

① 화훼는 관상식물로 초본식물만을 의미한다.
② 화훼의 '훼'는 꽃의 배경을 이루는 푸른 바탕을 뜻한다.
③ 실용적으로 건조화와 절화를 화훼로 규정한다.
④ 한국의 일인당 꽃 소비액은 일본에 비해 10% 수준이다.

해설 | 화훼(花卉)는 '꽃 화(花)'와 '풀 훼(卉)'로 이루어져 있으며 관상식물로 초본식물과 목본 식물을 의미한다. 실용적으로 절화, 분화, 구근, 관상수 등을 화훼로 규정한다.

12 장례의식에서의 화훼장식에 대한 설명으로 틀린 것은?

① 외국에서는 묘지 앞에 꽃을 심거나 장식하는 일이 많다.
② 서양의 풍습에서는 관 속에 화훼장식을 하지 않았다.
③ 한국의 장례식에 사용되는 꽃의 색상은 대부분 흰색과 노란색이 주를 이룬다.
④ 외국에서의 장례식용 화환은 리스나 십자가, 별, 하트 등의 형태가 선호된다.

해설 | 서양의 풍습에서는 관 속에 화훼장식을 하였다.

13 습기가 많은 토양조건에서 잘 자라는 식물이 아닌 것은?

① 바위솔   ② 알로카시아
③ 낙우송   ④ 토란

해설 | 바위솔은 다육식물로 건조한 곳에서 잘 자란다.

14 우리나라에서 노지숙근 초화류로 분류되지 않는 것은?

① 국화   ② 제라니움
③ 꽃창포   ④ 옥잠화

해설 | 제라니움은 추위에 약한 숙근초이다. 노지숙근 초화류는 추위에 강하다.

숙근초
겨울에는 지상부가 죽지만, 뿌리가 살아 남아 여러 해를 사는 식물을 말한다. 노지숙근초, 반노지숙근초, 온실숙근초로 나뉜다.

15 난꽃의 특징에서 나타나는 용어가 아닌 것은?

① 꽃술대(예주)   ② 순판
③ 약모   ④ 통상화

해설 | 통상화는 화관의 형태가 통 모양으로 국화과 식물의 특징에서 나타나는 용어이다.

16 구입 후 절화의 품질을 유지하는 방법에 대한 설명으로 틀린 것은?

① 구입 후 상하거나 시든 잎은 신속히 제거한다.
② 구입 후 열대(아열대) 원산의 절화는 꽃 냉장고에 보관하는 것이 좋다.
③ 물올림은 줄기의 기부가 3~5cm 정도 잠기도록 한다.
④ 구입 후 2~24시간 정도의 물올림 하는 것이 좋다.

해설 | 열대(아열대) 원산의 절화는 낮은 온도에서 냉해를 입으므로 7~15℃로 보관한다.

17 식물 생육과 수분에 대한 설명으로 옳은 것은?

① 식물의 종류, 생육 단계 및 부위에 따라 일정하다.
② 과습 상태는 뿌리의 호흡기능을 높이는 방법이다.
③ 선인장과 다육식물은 습한 상태를 좋아한다.
④ 식물 체내에서 물질을 운반하는 역할을 한다.

해설 | ① 수분은 식물의 종류, 생육 단계 및 부위에 따라 다르게 공급한다.
② 과습 상태는 뿌리의 호흡기능을 저하한다.
③ 선인장과 다육식물은 습한 상태를 좋아하지 않는다.

18 절화를 물에 꽂을 때 줄기의 절단면은 어떤 상태인 것이 수분흡수가 많고 좋은가?

① 망치로 찧어 줄기 끝을 뭉갠 것
② 수평면으로 자른 것
③ 사선으로 자른 것
④ 어떤 상태든 상관없음

해설 | 절화를 물에 꽂을 때 줄기의 절단면은 사선으로 잘라 수분흡수를 높인다.

19 절화보존제로서 당의 특성이 아닌 것은?

① 기공의 기능을 높여주어서 수분 수지를 개선해 준다.
② 화색을 선명하게 유지시켜 준다.
③ 꽃잎의 세포 팽압을 떨어뜨린다.
④ 엽록소의 분해를 억제시킨다.

해설 | 당은 꽃잎의 세포 팽압을 유지하는 역할을 한다.

20 절화의 수분 흡수 촉진 방법으로 옳지 않은 것은?

① 국화 – 열탕 처리
② 칼라 – 탄화 처리
③ 라일락 – 열탕 처리
④ 장미 – 펌프 주입

해설 | 장미는 물속 자르기를 통해 수분 흡수를 촉진시킨다.

21 프랑스어로 발효시킨 항아리라는 뜻으로 말린 꽃, 향기가 있는 식물, 잎, 과일 껍질, 향료 등을 향기가 있는 기름을 첨가한 후 숙성시켜 사용하는 것은?

① 테라리움   ② 비바리움
③ 아쿠아리움   ④ 포푸리

해설 | ① 테라리움 : 투명한 용기에 흙을 채우고 작은 식물을 배치하여 장식한 것이다.
② 비바리움 : 식물을 심은 유리용기에 작은 동물을 기르는 것이다.
③ 아쿠아리움 : 유리용기에 물을 붓고 수생식물과 관상용 물고기, 거북이 등을 같이 기르는 것이다.

22 카틀레야와 같은 열대 원산의 절화를 저장하기에 가장 적당한 온도는?

① −2~0℃   ② 0~3℃
③ 3~8℃   ④ 8~15℃

해설 | 열대 원산의 절화는 7~15℃, 온대 원산의 절화는 0~4℃에 저장한다.

정답 11 ② 12 ② 13 ① 14 ② 15 ④ 16 ② 17 ④ 18 ③ 19 ③ 20 ④ 21 ④ 22 ④

23 절화의 특성에 대한 설명으로 틀린 것은?

① 다양한 색과 모양, 향기를 가지는 꽃에 관상 가치를 둔다.
② 분화류보다 감상 기간이 길다.
③ 뿌리 없이 줄기로 양분과 수분을 흡수한다.
④ 수확 후 관리와 신선도 유지가 중요하다.

해설 | 분화류가 절화보다 감상 기간이 길다.

24 다음 디자인의 기법 중 베이싱(basing) 기법과 배치 형태가 유사하지 않은 것은?

① 테라싱(terracing)
② 파베(pave)
③ 필로잉(pillowing)
④ 쉐도잉(shadowing)

해설 | 베이싱 기법
 • 작품의 베이스가 되는 부분에 사용하는 기법으로 마무리 작업 및 플로랄폼을 가리는 데 이용된다.
 • 시각적 안정감 및 장식적인 표면을 강조할 수 있다.
 • 테라싱, 파베, 필로잉, 스테킹, 클러스터링, 레이어링, 터프팅이 이에 해당한다.

25 철사(Wire) 처리법을 사용하여 낚시 바늘 모양으로 구부려서 사용하는 방법은?

① 헤어핀법(Hair-pin method)
② 후크법(Hook method)
③ 트위스트법(Twist method)
④ 인서션법(Insertion method)

해설 | ① 와이어를 U자 모양으로 꽃잎, 잎 등에 찔러 넣어 곧게 지탱한다.
③ 작은 꽃이나 가는 가지 줄기를 모아 와이어로 묶는다.
④ 약하거나 속이 비어있는 줄기 안에 와이어를 관통시킨다.

26 어버이날을 상징하는 꽃으로 가장 적절한 것은?

① 국화   ② 카네이션
③ 백합   ④ 장미

해설 | 어버이날을 상징하는 꽃은 카네이션이다.

27 다음 중 디자인 기법에 대한 설명이 알맞게 짝지어진 것은?

① 스테킹 : 같은 크기의 소재들을 공간 없이 순서대로 차곡차곡 위로 쌓아가는 기법
② 바인딩 : 디자인의 아랫부분을 차지하는 지지체를 가리기 위한 기법
③ 프레이밍 : 소재의 색상과 종류를 구역화하는 기법
④ 레이어링 : 3개 이상의 소재 줄기를 함께 묶어주는 기법

해설 | ② 바인딩 : 기능적, 물리적으로 3개 이상의 줄기를 단단히 묶은 것
③ 프레이밍 : 프레임(테두리)을 만들어 작품 안의 어떤 특정 부분을 강조하는 기법
④ 레이어링 : 같은 소재를 사용하여 나란히 포개어 겹치는 기법

28 절화수명 연장제의 설명으로 옳은 것은?

① 구성 성분은 당분, 살균제, 에틸렌 발생제, 산도 조절제, 습윤제 등이다.
② 소매상이나 화훼장식가에 의해 처리되는 것을 후처리제라고 한다.
③ 식물생장 조절물질은 절화수명 연장제로 사용되지 않는다.
④ 수확 직후 재배자에 의해 처리되는 것을 후처리제라고 한다.

해설 | ① 구성 성분은 당, 살균제, 에틸렌 생성 및 작용 억제제, 식물생장 조절물질, 구연산, 아스코르브산, 황산, 칼슘 등이다.
③ 식물생장 조절물질은 절화수명 연장제로 사용된다.
④ 수확 직후 재배자에 의해 처리되는 것을 전처리제라고 한다.

29 장식적으로 잘라낸 정원수로부터 유래한 것으로 장대 위에 구형으로 디자인한 장식은?
① 레이
② 페스턴
③ 팬던트
④ 토피어리

해설 | 토피어리는 기하학적 · 동물 모양으로 식물을 구성한 것이다.

TIP 레이
하와이에서 사용하는 화환으로 목에 걸어 장식할 수 있는 디자인 구성이다.

30 다음 중 에틸렌에 민감한 식물이 아닌 것은?
① 백합
② 프리지아
③ 안스리움
④ 카네이션

해설 | 안스리움은 에틸렌에 민감하지 않다.

TIP 에틸렌
- 식물의 노화를 촉진시키는 호르몬
- 에틸렌 발생 억제 방법 : 저온 유지, 노화된 식물 및 숙성된 과일 제거, 미생물 및 곰팡이 제거 등 청결 유지, 환기, 에틸렌 억제제 사용, 감압제거법 등
- 에틸렌 발생 시, 피해 증상 : 꽃잎의 위조, 낙화 및 수명 단축, 엽록소 파괴 등

31 다음 중 방사상 구성으로 이루어진 형태가 아닌 것은?
① 반구형
② 역T형
③ 병렬형
④ 수평형

해설 | 병렬형은 병행(평행) 구성으로 이루어진 형태이다.

32 다음 중 절화의 물올림을 좋게 하기 위한 방법으로 옳지 않은 것은?
① 수중 절단한다.
② 초본류의 경우 줄기 기부를 짓이기는 것이 좋다.
③ 잎을 적당히 제거하여 적절한 엽면적을 유지토록 한다.
④ 살균제가 함유된 용액에 담근다.

해설 | 초본류의 경우 줄기 끝을 사선으로 자르는 것이 좋다.

33 식물에 좋은 토양조건이 아닌 것은?
① 보수력과 보비력이 좋아야 한다.
② 배수성과 통기성이 좋아야 한다.
③ 염류가 많아야 한다.
④ 병충해가 없는 무병토이어야 한다.

해설 | 염류(소금기)가 많으면 식물에 좋지 않다.

정답 | 23 ② 24 ④ 25 ② 26 ② 27 ① 28 ② 29 ④ 30 ③ 31 ③ 32 ② 33 ③

34 서양의 전통 절화장식에 대한 특징으로 옳은 것은?

① 표현기법이 기하학적이고 꽃이 주재료이다.
② 선과 여백의 아름다움을 중요시한다.
③ 자연과의 조화를 추구하였다.
④ 3주지가 명확한 형태로 표현된다.

해설 | ②, ③, ④는 동양의 전통 절화장식에 대한 특징이다.

35 다음 중 절화의 수명이 짧아지는 원인이 아닌 것은?

① 수분 부족　　② 박테리아 번식
③ 체내 양분 소모　④ 호흡량 감소

해설 | 호흡량이 증가할 때 절화의 수명이 짧아진다.

36 식물의 생육에 영향을 미치는 환경요인의 설명으로 틀린 것은?

① 식물의 생육 적온은 식물마다 다르다.
② 식물 생육에 주로 관여하는 광은 자외선이다.
③ 수분은 광합성을 통한 탄수화물의 합성 원료가 된다.
④ 식물의 생육 시기에 따라 수분 요구도가 다르다.

해설 | 식물 생육에 주로 관여하는 광은 가시광선으로 이를 이용하여 광합성을 한다.

37 절화 생리에 대한 설명 중 옳지 않은 것은?

① 일반적으로 저온에 두면 오랫동안 신선도를 유지할 수 있다.
② 일반적으로 여름에 수확한 절화가 겨울에 수확한 것에 비해 수명이 길다.
③ 안스리움, 반다 등은 8℃ 이하의 저온에 두면 저온장해를 받는다.
④ 온도가 높고 습도가 낮은 상태에서 절화를 보관하면 쉽게 시들어 관상할 수 있는 기간이 매우 짧아진다.

해설 | 일반적으로 겨울에 수확한 절화가 여름에 수확한 것에 비해 수명이 길다.

38 절화를 이용하여 고리모양으로 만들어 낸 장식물로 화관용, 테이블용, 벽걸이용 등으로 이용되는 것은?

① 갈란드　　② 리스
③ 콜라주　　④ 형상물

해설 | ① 갈란드 : 꽃, 잎, 열매 등을 엮어 만든 긴 꽃줄을 말한다.
③ 콜라주 : 캔버스나 화판에 다양한 재료(신문지, 헝겊, 물건)를 붙여 만드는 장식물로 입체감을 나타낸다.
④ 형상물 : 어떠한 모양을 가진 물체를 말한다.

39 다음 중 회의 테이블 장식에 대한 설명으로 가장 옳지 않은 것은?

① 향이 강하고 짙은 식물을 선택하여 호기심을 유발한다.
② 상대편과의 시야를 방해하지 않도록 낮게 디자인한다.
③ 장식물 부피가 테이블 폭보다 지나치게 크지 않게 디자인한다.
④ 회의의 목적에 맞는 디자인을 한다.

해설 | 회의 및 식사 테이블 장식에는 향이 강하고 짙은 식물의 선택은 피한다.

40 일반적으로 선(線)을 나타내는 디자인에 많이 사용하는 소재가 아닌 것은?

① 델피니움 ② 수국
③ 부들 ④ 칼라

해설 | 수국은 매스 플라워로 선을 나타내는 것보다 부피를 나타내는 역할을 주로 한다.

TIP 선의 꽃(라인 플라워)
길고 뾰족한 형태로 작품에서 길이감과 전체 골격을 만든다.

41 꽃바구니 제작 시 꽃의 형태 중 폼 플라워(form flower)로 이용되는 것은?

① 리아트리스 ② 금어초
③ 스토크 ④ 백합

해설 | 리아트리스, 금어초, 스토크는 라인 플라워이다.

TIP 형태의 꽃(폼 플라워)
크고, 독특한 모양으로 작품의 중심이 되는 포컬 포인트 역할을 주로 한다.

42 다음 색의 기본 원리에 관한 설명 중 옳은 것은?

① 색의 강도 혹은 선명한 정도를 색상이라 한다.
② 표면색은 빛을 흡수하여 물체 표면에 나타난 색을 말한다.
③ 흰색은 명도가 가장 밝은색이다.
④ 삼원색은 빨강, 노랑, 녹색이다.

해설 | ① 눈으로 식별할 수 있는 색의 명칭을 색상이라 한다.
② 표면색은 빛을 반사하여 물체 표면에 나타난 색을 말한다.
④ 빛의 삼원색은 빨강(red), 청색(blue), 녹색(green)이다. 색의 삼원색은 자주(magenta), 노랑(yellow), 파랑(cyan)이다.

43 다음 중 가장 따뜻한 느낌을 주는 색상은?

① 하늘색 ② 주황색
③ 연두색 ④ 보라색

해설 | 색상 중 따뜻한 느낌을 주는 색을 난색이라 하며 빨강, 주황, 자주색이 이에 해당한다. 한색(차가운 느낌을 주는 색)은 파랑, 남색, 청록이며 중성색은 연두, 녹색, 보라이다.

44 우리나라 화훼장식의 역사를 살펴볼 때 식물이 조형미를 갖추고 감상의 대상이 된 최초의 시기는?

① 삼국시대 ② 고려시대
③ 조선시대 ④ 1960년대 이후

해설 | 삼국시대에는 중국에서 불교와 함께 불전공화가 도입되었고 삼존양식으로 장식되었다.

45 영국 조지왕 시대(AD 1714~1760)에 꽃의 향기가 전염병을 예방해 주는 것으로 인식되어 손에 들고 다녔던 것은?

① 포푸리 ② 코사지
③ 노즈게이 ④ 갈란드

해설 | ① 포푸리 : 향이 좋은 식물, 꽃, 잎, 과일 껍질, 향료 등을 함께 첨가하여 만든 향기주머니로 방향제의 일종이다.
② 코사지 : 신체 부위를 장식하는 작은 꽃다발을 말한다.
④ 갈란드 : 꽃, 잎, 열매 등을 엮어 만든 긴 꽃줄을 말한다.

정답 | 34 ① 35 ④ 36 ② 37 ② 38 ② 39 ① 40 ② 41 ④ 42 ③ 43 ② 44 ① 45 ③

46 매몰건조 시 주의해야 할 사항으로 적절하지 않은 것은?

① 꽃이 지나치게 개화하기 전에 건조시킬 꽃을 채화해야 한다.
② 건조 전에 꽃에 물방울을 완전히 제거한다.
③ 겹꽃의 경우는 꽃잎 사이의 물기는 적당히 있어야 한다.
④ 건조될 꽃이 고른 압력을 받도록 매몰시켜야 한다.

해설 | 건조 시 물기는 없는 것이 좋다.

47 균형(balance)에 관한 설명으로 옳은 것은?

① 대칭 균형만이 완전한 균형을 이룬다.
② 균형은 형태나 색채상으로 평형 상태인 것을 말한다.
③ 비대칭 균형은 엄숙하고 장중한 느낌을 준다.
④ 비대칭 균형은 동적인 화훼장식을 표현할 수 없다.

해설 | 균형
- 중심축을 기준으로 양쪽을 안정감 있게 배치하는 것을 말한다.
- 대칭 균형은 중심축 양쪽의 무게가 시각적으로 동일하게 표현되는 것을 말한다.
- 비대칭 균형은 중심축 양쪽의 무게가 동일하지 않지만, 시각적 안정감 있게 표현하는 것을 말한다.

48 화훼장식의 환경조절 기능에 속하지 않는 것은?

① 오염된 공기 정화
② 적당한 습도 유지
③ 실내 공간 분할
④ 음이온 발생

해설 | 실내 공간을 분할하는 것은 화훼장식의 건축적 기능에 속한다.

49 초점에 집중적인 시선을 디자인의 다른 모든 부분으로 옮겨가게 하는 특성이 있으며, 반복적으로 표현될 수 있는 디자인 요소는?

① 강조   ② 조화
③ 리듬   ④ 통일

해설 | ① 강조 : 전체의 통일감을 나타내기 위해 특정부분을 돋보이게 한다.
② 조화 : 모든 구성 요소들이 분리되지 않고 서로 잘 어우러져 전체적인 질서를 이루는 미적 원리이다.
④ 통일 : 부분적인 요소들이 결합하여 하나의 효과로 표현되는 것이다.

50 다음 〈보기〉에서 설명하는 화훼장식의 기능은?

> 보기
> - 실내·외 미적 효과를 높이면서 공간구성에 큰 역할을 한다.
> - 시야의 차단, 공간 분할 등의 효과를 낸다.

① 치료적 기능   ② 건축적 기능
③ 환경적 기능   ④ 교육적 기능

해설 | ① 치료적 기능 : 심리적 안정감, 분노 경감 및 스트레스 완화, 창조를 통한 자신감 회복 기능이다.
③ 환경적 기능 : 온도 조절, 습도 조절, 음이온 발생의 기능이다.
④ 교육적 기능 : 식물지식 습득, 관찰력 및 집중력 향상, 자연적인 미적 감각 향상의 기능이다.

51 농업 서적과 관련된 저자 또는 역자의 연결로 틀린 것은?

① 산림경제 – 정다산
② 성소부부고 – 허균
③ 양화소록 – 강희안
④ 임원십육지 – 서유구

해설 | 산림경제의 저자는 홍만선이다.

52 식물 염색에 사용하는 방법이 아닌 것은?

① 대량 염색할 때는 염료가 첨가된 물에 식물을 넣고 삶은 후 건조시킨다.
② 염색은 표백 후 하는 것이 좋고, 염료 혼합 시는 증류수를 사용하는 것이 좋다.
③ 염료가 섞여 있는 물에 식물을 꽂아 도관을 통해 물을 흡수시킨다.
④ 스프레이 염료를 분무해서 염색시키는 것은 건조화에서만 가능하다.

해설 | 스프레이 염료를 분무해서 염색시키는 것은 생화와 건조화 모두 가능하다.

53 둘 이상의 화훼 장식적 요소가 합쳐져 통일된 감각적 효과를 발휘하는 디자인 원리는?

① 비례   ② 조화
③ 초점   ④ 구성

해설 | 비례는 구성 요소 간의 상대적 크기와의 관계를 말한다.

54 드라이 플라워(dry flower)의 건조방법으로 옳은 것은?

① 열풍건조법 : 양분 손실이 커지기 전에 열풍건조기를 이용하면 꽃의 아름다운 색을 유지할 수 있다.
② 동결건조법 : 꽃을 동결시킨 후 수분을 승화시켜 건조하는 방법으로 자연건조보다 수축과 쭈그러짐이 많다.
③ 자연건조법 : 환기가 잘되고 습기가 없는 서늘한 양지에서 꽃다발을 거꾸로 걸어서 말린다.
④ 글리세린 건조법 : 글리세린을 40℃의 물과 1:2~1:3의 비율로 혼합하고 트윈 20(tween 20)과 같은 습윤제를 10% 정도 첨가해 이용한다.

해설 | ② 동결건조법 : 자연건조보다 수축과 쭈그러짐이 거의 없다.
③ 자연건조법 : 양지가 아닌 음지(그늘)에서 말리는 것이 좋다.
④ 글리세린 건조법 : 물과 글리세린은 3:2의 비율로 한다.

55 규모에 대한 설명으로 틀린 것은?

① 질감과 색은 규모에 있어서 중요한 요소이다.
② 화훼장식물에서 용기의 크기는 형태를 결정하는 요소가 될 수 있다.
③ 화훼장식물의 크기는 공간의 크기와는 상관없이 조화를 이루어야 한다.
④ 적절한 규모의 디자인은 일관성이 있고 편안함을 준다.

해설 | 화훼장식물의 크기는 공간의 크기와 조화를 이루어야 한다.

정답 | 46 ③ 47 ② 48 ③ 49 ③ 50 ② 51 ① 52 ④ 53 ② 54 ① 55 ③

56 다음 명도에 관한 일반적인 설명으로 가장 옳은 것은?

① 검은색을 많이 사용하면 명도는 높아진다.
② 검정을 0, 흰색을 9로 하여 10단계로 명도를 구분한다.
③ 채도의 높고 낮음에 따라 명암의 효과가 나타난다.
④ 명도는 빛의 반사율을 척도화하여 나타낸 것이다.

해설 | ① 검은색을 많이 사용하면 명도는 낮아진다.
② 검정을 0, 흰색을 10으로 하여 명도를 구분한다.
③ 순색에 가까울수록 채도가 높고, 다른 색을 혼합하면 할수록 채도가 낮다.

57 다음 중 먼셀 표색계에 대하여 바르게 설명한 것은?

① 색상 : H, 명도 : V, 채도 : C로 표기한다.
② 표기 순서는 CV/H이다.
③ 먼셀 표색계의 채도는 10단계이다.
④ 먼셀 색상환의 최초 색상기준은 3원색이다.

해설 | ② 표기 순서는 HV/C이다.
③ 먼셀 표색계의 채도는 14단계이다.
④ 먼셀 색상환의 최초 색상기준은 5원색이다.

58 건조소재의 보존방법으로 적절한 것은?

① 다습한 곳에서 보관한다.
② 직사광선이 비춰지는 곳에서 보관한다.
③ 병충해 침입을 방지하기 위해서 나프탈렌과 같은 물질을 첨가해 보관한다.
④ 매몰건조에 의해 건조된 소재는 저장 중 습기를 제거할 필요가 없다.

해설 | ① 건조한 곳에서 보관한다.
② 직사광선이 비추지 않는 곳에서 보관한다.
④ 매몰건조에 의해 건조된 소재는 저장 중 습기를 제거하여야 한다. 피막처리를 하거나 유리용기에 밀폐한다.

59 다음 〈보기〉에서 설명하는 부케는?

보기
1814~1848년 오스트리아와 독일에서 처음 등장한 형태이며, 전통주의와 풍요로움의 상징으로 꽃을 촘촘하게 중심을 향해 꽂아가는 반구형으로 아주 치밀한 양식의 꽃다발이다.

① 콜로니얼 부케(Colonial Bouquet)
② 터지머지 부케(Tussy Muzzy Bouquet)
③ 비더마이어 부케(Biedermeier Bouquet)
④ 스노우볼 부케(Snowball Bouquet)

해설 | 비더마이어는 꽃을 동심원에 빽빽이 꽂아 장식하는 것이다.

60 디자인 원리 중 통일에 대한 설명으로 가장 옳은 것은?

① 통합이 되거나 완전해진 하나의 상태로 전체의 구성이 개개의 부분에 비해 훨씬 두드러진 것을 의미한다.
② 화훼장식 구성 내의 시각적인 평형감과 평정의 느낌이다.
③ 화훼장식의 재료들이 대비를 이룰 때 이루어진다.
④ 디자인 안에서 전체와 부분, 부분과 다른 부분과의 관계를 의미한다.

해설 | 통일은 부분적인 요소들이 결합하여 하나의 효과로 표현되는 것이다.

정답 56 ④ 57 ① 58 ③ 59 ③ 60 ①

PART 3

화훼장식기능사
CBT 기출복원문제

2018년 CBT 기출복원문제
2019년 CBT 기출복원문제
2020년 CBT 기출복원문제
2021년 CBT 기출복원문제
2022년 CBT 기출복원문제
2023년 CBT 기출복원문제
2024년 CBT 기출복원문제
2025년 CBT 기출복원문제

2018년 CBT 기출복원문제

※ 2016년 4회 이후 CBT로 출제된 기출문제는 개정된 출제기준과 해당 회차의 기출 키워드 등을 분석하여 복원하였습니다.

01 화훼의 생태학적 분류방식이 아닌 것은?

① 기후형에 따른 분류
② 광도에 따른 분류
③ 광주기에 따른 분류
④ 형태에 따른 분류

해설 | 형태에 따른 분류는 꽃 모양에 따른 이용 형태별 분류방식이다.

02 건조화(dry flower)로 이용되는 꽃이 아닌 것은?

① 밀짚꽃(*Helichrysum bracteatum*)
② 스토크(*Matthiola incana*)
③ 두모사 스타티스(*Limonium tataricum Dumosa*)
④ 천일홍(*Gomphrena globosa*)

해설 | 건조화로 이용되는 꽃에는 밀짚꽃, 스타티스, 천일홍 등이 있다.

03 다육식물이 아닌 것은?

① 피토니아　　② 돌나물
③ 바위솔　　　④ 크라슐라

해설 | 피토니아는 관엽식물이다.

04 구근의 형태 중 줄기가 아니라 뿌리가 변형된 것은?

① 괴근　　② 인경
③ 괴경　　④ 근경

해설 | ② 인경(비늘줄기) : 잎이 비대하게 변형된 것이다.
③ 괴경(덩이줄기) : 줄기가 변형된 것이다.
④ 근경(땅속줄기) : 땅속의 줄기가 변형된 것이다.

05 화훼의 특성으로 가장 거리가 먼 것은?

① 대표적인 집약작물이다.
② 종과 품종이 많은 작물이다.
③ 높은 재배기술이 필요한 작물이다.
④ 국제성이 낮은 작물이다.

해설 | 화훼는 국제성이 높은 식물이다.

06 줄기 또는 뿌리가 변형된 구근의 종류와 해당 식물의 연결로 옳은 것은?

① 인경 – 글라디올러스
② 구경 – 튤립
③ 괴경 – 라넌큘러스
④ 괴근 – 다알리아

해설 | ① 인경 – 튤립, 히아신스
② 구경 – 프리지아, 글라디올러스
③ 괴경 – 아네모네, 칼라디움

07 화훼원예에 대한 설명으로 옳지 않은 것은?

① 영어로 floriculture이며 꽃을 의미하는 'flori'와 재배를 나타내는 'culture'의 합성어이다.
② 형태 및 목적에 따라 생산화훼, 전시화훼, 취미화훼로 구분한다.
③ 절화, 분화, 화단묘 등의 화훼를 생산, 유통, 이용, 가공, 판매하는 것이다.
④ 이용 방향에 따라 과수, 채소로 나뉜다.

해설 | 원예는 과수, 채소, 화훼로 나뉜다.

08 화훼장식물 제작 시 사용되는 기법에 대한 설명으로 옳은 것은?

① 클러스터링(clustering) 기법은 소재의 형태적 특징을 포인트로 꽂는다.
② 포컬 에리아(focal area)는 작은 꽃, 가지 또는 옅은색 꽃을 집단으로 꽂는다.
③ 패러럴리즘(parallelism) 기법은 두 개 이상의 선들이 수평, 수직, 사선으로 배열된다.
④ 시퀀싱(seqyncing) 기법은 비슷한 소재끼리 옆으로 나란히 포개 나가는 방법으로 질감을 표현한다.

해설 | ① 클러스터링(clustering) 기법 : 색상, 질감, 형태 단위로 모아 빈 공간 없이 덩어리로 만들어 시각적인 강한 효과를 준다.
② 포컬 에리아(focal area) : 포인트로 강조하여 장식한다.
④ 시퀀싱(sequencing) 기법 : 소재의 크기, 높이, 색상을 점진적(점차적, 차례대로)으로 변화시켜 리듬감을 표현한다.

09 식물이 상처를 입거나 부패와 같은 스트레스를 받으면 증가하는 물질은?

① 엽록소 ② 에틸렌
③ 단백질 ④ 포도당

해설 | 식물이 상처를 입거나 부패와 같은 스트레스를 받으면 노화호르몬인 에틸렌이 증가한다.

10 동양란으로 분류되는 것은?

① 춘란 ② 심비디움
③ 카틀레야 ④ 팔레놉시스

해설 | 심비디움, 카틀레야, 팔레놉시스는 서양란이다.

11 포엽이 꽃처럼 보이는 식물이 아닌 것은?

① 포인세티아 ② 안스리움
③ 범부채 ④ 부겐빌레아

해설 | 포엽은 꽃이나 꽃받침을 둘러싸고 있는 작은 잎을 말한다. 포엽이 꽃처럼 보이는 식물로는 포인세티아, 안스리움, 부겐빌레아가 있다.

12 다음 중 플로랄폼에 대한 설명으로 틀린 것은?

① 물을 빠르게 흡수시킬 때에는 손으로 눌러 가라앉도록 한다.
② 물을 흡수했다가 말린 것을 재사용하는 것은 바람직하지 않다.
③ 플로랄폼은 경도가 다른 제품들이 있다.
④ 플로랄폼은 다양한 모양으로 생산되어 나온다.

해설 | 플로랄폼에 물을 흡수하기 위해서는 물통에 물을 담고 그 위에 플로랄폼을 띄운 후 물이 자연스럽게 흡수될 수 있게 놔둔다. 손으로 누른다거나 위에서 물을 붓는 것은 적절하지 않다.

정답 | 01 ④ 02 ② 03 ① 04 ① 05 ④ 06 ④ 07 ④ 08 ③ 09 ② 10 ① 11 ③ 12 ①

13 다음 중 꽃꽂이에 이용되는 철사에 관한 설명으로 거리가 먼 것은?

① 굵기는 주로 홀수 번호로 표시된다.
② 번호 숫자가 클수록 가늘다.
③ 철사는 꽃의 줄기를 대신하는 용도로 이용되기도 한다.
④ 번호가 없지만, 장식용이나 고정용으로 이용되는 카파와이어, 늘림 와이어 등도 사용된다.

해설 | 꽃꽂이 철사의 굵기는 주로 짝수 번호로 표시된다.

14 코사지나 부케 제작 시 식물 종류에 따른 철사감기 방법으로 옳지 않은 것은?

① 프리지아 – 트위스팅법(twisting method)
② 칼라 – 인서션법(insertion method)
③ 장미 – 피어스법(pierce method)
④ 아이비 – 헤어핀법(hair–pin method)

해설 | 프리지아는 시큐어링법을 사용한다.

15 다음 중 공간장식 계획에서 가장 먼저 고려해야 하는 것은?

① 화훼장식의 양감 구성
② 화훼장식을 할 대상공간의 특징 및 규모 파악
③ 화훼장식 재료의 색채와 질감 선택
④ 화훼장식의 형태 결정

해설 | 공간장식에서 가장 먼저 고려해야 할 사항은 대상공간의 특징 및 규모를 파악하는 것이다.

16 꽃다발에 대한 설명으로 가장 거리가 먼 것은?

① 꽃을 모아 줄기가 모이는 부분을 묶어 다발로 만든 형태이다.
② 실생활에 꽃꽂이와 함께 많이 이용되는 절화장식물이다.
③ 종류로는 노즈게이, 리스, 갈란드가 있다.
④ 화형의 디자인에 따라 여러 가지 형태가 만들어질 수 있다.

해설 | 리스와 갈란드는 꽃다발에 해당하지 않는다.

17 관엽식물에 관한 설명으로 틀린 것은?

① 대부분 열대 및 아열대 원산의 사철 푸른 식물이다.
② 그늘에 약하며 높은 습도를 싫어한다.
③ 잎의 모양이나 색을 감상하는 식물이다.
④ 페페로미아(peperomia), 칼라데아(calathea), 몬스테라(monstera) 등이 이에 속한다.

해설 | 관엽식물은 그늘·반그늘의 고온다습한 환경에서 잘 자란다.

18 절화 줄기를 고정하는 데 사용하는 재료 중 디자인의 형태를 고려해 표현할 경우 다양한 형태의 조형이 어려워 제약이 가장 많이 따르는 것은?

① 철망   ② 격자
③ 침봉   ④ 플로랄폼

해설 | 침봉은 쇠로 된 판에 짧고 굵은 핀이 촘촘히 박혀 있다. 동양 꽃꽂이에서 주로 사용되며 화기 안에서 절화, 절지, 절엽 등을 고정한다.

19 꽃의 형태별 분류에 따른 설명으로 옳은 것은?

① 나리, 백합은 필러 플라워에 속한다.
② 안개초, 스타티스는 라인 플라워에 속한다.
③ 칼라, 소국, 스프레이 장미는 매스 플라워에 속한다.
④ 폼 플라워(form flower)는 작품의 중심부에 꽂아 강조하는 역할을 한다.

해설 | • 폼 플라워-나리, 백합, 칼라
• 필러 플라워-소국, 스프레이 장미

20 서양 디자인에서 전통 스타일을 제작할 때 플로랄폼을 화기에 고정하는 방법으로 가장 적절한 것은?

① 밖으로 보이지 않게 화기보다 낮게 고정한다.
② 화기 가운데만 플로랄폼을 고정하고 주변으로 여유가 있도록 한다.
③ 화기 바깥으로 충분히 넘치도록 고정시킨다.
④ 화기보다 약간 높게 고정시킨다.

해설 | 서양 디자인에서 전통 스타일을 제작할 때 플로랄폼은 밖에서 약간 보일 수 있게 고정한다. 화기에 플로랄폼이 꽉 끼도록 하여 고정한다.

21 교차선 배열에 대한 설명으로 틀린 것은?

① 교차선 배열은 자연의 식물 모습에서도 볼 수 있는 배열이다.
② 선이 엇갈리며 여러 각도로 표현된다.
③ 여러 개의 생장점이 있으며 구조적 구성에는 활용되지 않는다.
④ 꽃을 꽂는 한 지점에 여러 개의 소재가 겹치지 않아야 한다.

해설 | 교차선 배열은 여러 개의 생장점이 있으면 구조적 구성에 활용된다.

22 다음 중 절화장식에 속하는 것은?

① 콜라주   ② 테라리움
③ 디시가든   ④ 비바리움

해설 | 테라리움, 디시가든, 비바리움은 분식물장식에 속한다.

23 주간 온도가 16℃, 야간 온도가 23℃일 때의 DIF 값은?

① +39   ② +7
③ -7   ④ -39

해설 | DIF는 낮과 밤의 온도 차이를 말한다. 이 값이 클수록 식물의 신장 생장이 좋아지고, 영이거나 마이너스인 경우에는 신장 생장이 좋지 못하다. 문제에서 제시된 DIF 값은 주간 온도(16℃)-야간 온도(23℃)=-7이다.

24 동양식 꽃꽂이를 위한 화기가 너비 40cm, 높이 5cm일 때, 1주지의 표준길이로 가장 적합한 것은?

① 약 30~40cm
② 약 45~65cm
③ 약 70~90cm
④ 약 95~105cm

해설 | 1주지의 표준길이는 화기의 (높이+너비)× 1.5~2배이다.
(40+5)×1.5~2=67.5~90

정답 | 13 ① 14 ① 15 ② 16 ③ 17 ② 18 ③ 19 ④ 20 ④ 21 ③ 22 ① 23 ③ 24 ③

25 하나로 묶어서 결합시키는 기법이 아닌 것은?

① 바인딩   ② 랩핑
③ 그룹핑   ④ 밴딩

해설 | 묶는 기법으로는 바인딩, 밴딩, 번들링, 번칭, 랩핑, 핸드 타잉이 있다. 그룹핑은 동일한 소재나 같은 색상의 소재를 모아 꽂는 기법을 말한다. 소재 각각의 독립성을 가지도록 각각의 그룹 사이에 공간을 두어 디자인한다.

26 분식물의 용기에 대한 설명으로 틀린 것은?

① 용기는 배수구가 있는 것이 관수, 관리하기 용이하다.
② 일반적으로 키가 큰 식물은 낮고 넓은 용기가 적절하다.
③ 배수구가 있는 용기는 물 받침이 충분하지 않으면 바닥에 물이 넘칠 수 있어 주의한다.
④ 배수구가 없는 용기는 관찰용 파이프를 묻어 용기 바닥의 물을 관찰해 준다.

해설 | 일반적으로 키가 큰 식물은 높은 용기가 적절하다.

27 다음 중 일반적으로 신부부케 제작 시 요구되는 사항으로 가장 옳은 것은?

① 신부부케는 들고 다니기 편리하도록 반드시 부케홀더를 사용한다.
② 색상은 신부의 체형, 키, 피부색, 웨딩드레스 등에 맞도록 제작한다.
③ 형태는 되도록 크고 늘어지게 한다.
④ 색상은 대단히 화려하고 눈에 띄는 큰 꽃으로 한다.

해설 | 부케홀더 외에도 자연줄기, 철사처리 등으로 신부부케 제작이 가능하다.

28 같은 재료는 모아주면서 다른 재료는 서로 공간을 두어 겹치지 않게 구획정리를 해주는 표현기법은?

① 조닝(zoning)
② 그룹핑(grouping)
③ 쉐도잉(shadowing)
④ 프레이밍(framing)

해설 | 조닝은 소재의 색상이나 종류를 구역 나누기 해주는 기법이다.
② 그룹핑 : 동일한 소재나 같은 색상의 소재를 모아 꽂는 기법으로 소재 각각의 독립성을 가지도록 각각의 그룹 사이에 공간을 두어 디자인한다.
③ 쉐도잉 : 먼저 꽂은 소재의 바로 뒤나 아래에 같은 소재를 하나 더 배치하여 그림자 효과를 내는 기법이다.
④ 프레이밍 : 프레임(테두리)을 만들어 작품 안의 어떤 특정 부분을 강조하는 기법이다.

29 형-선적(formal linear) 구성에 대한 설명으로 틀린 것은?

① 각 소재가 지닌 형과 선을 뚜렷한 선과 각도로 대비시켜 표현하는 것을 말한다.
② 작품 소재의 종류와 양을 최소화하여 최대의 효과를 얻을 수 있는 형태이다.
③ 매스(mass)가 되는 꽃을 길게 사용하면 작품의 선을 더욱 강조하게 되어 형태를 더 뚜렷하게 나타낼 수 있다.
④ 수직선, 수평선, 사선, 곡선을 모두 이용하여 소재의 형태를 작품에 잘 활용한다.

해설 | 라인(line)이 되는 꽃을 길게 사용하면 작품의 선을 더욱 강조하게 되어 형태를 더 뚜렷하게 나타낼 수 있다.

30 핸드 타이드 부케(hand-tied bouquet)에 대한 설명으로 틀린 것은?

① 다양한 꽃과 소재의 줄기가 모이는 점을 중심으로 나선형으로 가지런하게 배열하여 묶어준다.
② 줄기를 잘라 세웠을 때 반듯하게 설 수 있도록 하여 증정받은 후 바로 용기에 꽂을 수 있도록 한다.
③ 꽃의 줄기를 잘라 철사로 대체하여 줄기를 마음대로 구부릴 수 있게 한 뒤 배열하여 묶어준다.
④ 핸드 타이드 부케 제작 시 줄기를 모으는 방법은 두 가지가 있다.

해설 | ③은 와이어링 부케에 대한 설명이다.

31 꽃 품질이 떨어지는 외관적인 원인이 아닌 것은?

① 위조(시듦) ② 낙화(꽃떨어짐)
③ 잎의 황화 ④ 비료 부족

해설 | 비료 부족은 꽃 품질이 떨어지는 내적인 원인이다.

32 꽃줄기 속이 비어있거나 잘 부러지는 소재의 경우 줄기 기부에서 철사를 끼워 넣는 방법은?

① 인서션 메소드 ② 크로스 메소드
③ 트위스팅 메소드 ④ 피어스 메소드

해설 | ② 크로스 메소드 : 철사를 십자형으로 찔러 넣어 줄기 아래로 구부리는 기법
③ 트위스팅 메소드 : 여러 줄기를 모아 철사로 감아 내려오며 고정하는 기법
④ 피어스 메소드 : 꽃받침 아래 철사를 꽂아 줄기 방향으로 내려주는 기법

33 자연줄기 그대로를 표현해서 꽃다발을 연상하게 만든 꽃꽂이 형태는?

① L자형
② 스프레이형
③ 크리센트형
④ 패러렐 스트라우스

해설 | 스프레이형은 꽃과 줄기를 따로 꽂아 꽃다발처럼 보이도록 디자인한 꽃꽂이 형태이다.

34 식물의 생장 형태 혹은 앞으로 생장하게 될 형태를 사실적으로 표현하는 조형 형태로 옳은 것은?

① 식생적 구성   ② 장식적 구성
③ 형 – 선적 구성 ④ 도형적 구성

해설 | 식생적 구성은 자연의 특성에 가깝게 식물의 생리, 생태적인 면을 고려하여 디자인한다.

35 웨딩 부케에 대한 설명으로 옳지 않은 것은?

① 삼각형 부케(트라이앵글)는 두 개의 갈란드를 중심부에 연결하여 아름다운 곡선이 돋보이는 형태이다.
② 초승달형 부케(크레센트)는 선의 흐름을 최대한 돋보이게 하고 대칭적, 비대칭적 제작이 가능하다.
③ 폭포형 부케(캐스케이드)는 상부의 원형 부케를 하부의 갈란드와 연결한 것이다.
④ 일반적으로 모든 부케의 기본 형태는 원형이다.

해설 | 삼각형 부케는 3개의 갈란드를 중심부에 연결한 형태이다.

36 에틸렌 발생의 요인으로 거리가 먼 것은?

① 시들은 절화
② 익어가는 과일
③ 질병에 감염된 분식물
④ 저온

해설 | 저온에서는 에틸렌 발생이 감소한다.

37 비슷한 소재들을 계단식으로 꽂는 기법은?

① 스테킹　　② 테라싱
③ 파베　　　④ 필로잉

해설 | ① 스테킹 : 각각의 소재들을 차곡차곡 장작 쌓듯이 디자인하는 기법
③ 파베 : 보석을 박듯이 꽃들을 빈 공간 없이 빽빽하게 디자인하는 기법
④ 필로잉 : 둥근 언덕 모양으로 아랫부분에 낮게 꽂는 기법

38 그룹핑(grouping)에 대한 설명으로 옳지 않은 것은?

① 각각의 요소가 모여서 조화로운 형태를 이루면 그룹핑이라 하며 공통점이 없어도 된다.
② 소재를 모으고 분류하며 강한 인상을 줄 수 있다.
③ 소재를 분산시켜 구성하는 것보다 소재의 다양성 및 형태 등이 뚜렷이 구별되고 여백의 미를 강조할 수 있다.
④ 색상, 질감, 형태 등이 비슷하여 조화를 이루고 통일되도록 한다.

해설 | 그룹핑은 동일한 소재나 같은 색상의 소재를 모아 꽂는 기법으로 공통점이 있어야 한다.

39 꽃 소재와 철사 처리기법의 연결로 틀린 것은?

① 안개초 – 피어싱법
② 칼라 – 인서션법
③ 국화 – 후킹법
④ 아이비 – 헤어핀법

해설 | 안개초는 트위스팅 법으로 철사 처리한다.

철사 처리기법
- 피어싱 : 소재 줄기에 와이어를 가로질러 통과시킨 후 직각으로 구부려 감는 방법
- 인서션 : 약하거나 속이 비어있는 줄기 안에 와이어를 관통시키는 방법
- 후킹 : 와이어 끝을 갈고리 모양으로 만들어 꽃의 윗부분에서 아래로 당겨 고정하는 방법
- 헤어핀 : 와이어를 U자 모양으로 꽃잎, 잎 등에 찔러 넣어 곧게 지탱하는 방법
- 트위스팅 : 작은 꽃이나 가는 가지 줄기를 모아 와이어로 묶는 방법

40 품질관리를 위한 수확 후 처리방법에 대한 설명으로 틀린 것은?

① 모든 절화는 끓는 물에 수 초간 줄기부를 담그는 열탕처리가 수명 연장에 가장 효과적이다.
② 절화는 온도가 높으면 호흡량이 많아지므로 가능한 저온에 보관한다.
③ 절화에 STS처리는 Ag 이온이 에틸렌 작용을 억제하기 때문에 효과가 있다.
④ 미생물이 증식하여 절화의 도관을 막으면 수분흡수가 억제되므로 미생물의 증식을 억제시킨다.

해설 | 모든 절화에 열탕처리가 가장 효과적인 것은 아니다. 열탕처리가 좋은 절화로는 국화, 안개초 등이 있다.

41 먼셀 표색계의 '채도'에 대한 설명으로 틀린 것은?

① 채도는 'C'로 표시한다.
② 색의 선명도를 나타내는 것으로 포화도라고도 한다.
③ 채도가 높으면 색이 탁해진다.
④ 채도는 1에서 14단계로 나뉘며 색입체의 중심축에서 바깥쪽으로 멀어질수록 채도 번호는 점점 높아진다.

해설 │ 채도가 높으면 색은 순수해진다.

42 다음 중 화훼장식의 기능에 대한 내용으로 거리가 먼 것은?

① 스트레스를 줄이고, 일의 효율과 창의력을 높여 준다.
② 실내공간의 공기를 정화시킨다.
③ 정서적 안정과 같은 정신적인 치료 효과를 준다.
④ 시각적인 혼란으로 상업공간에서 구매의욕을 저하시키는 효과를 준다.

해설 │ 화훼장식을 통해 상업공간에서 구매의욕을 상승시키는 효과를 볼 수 있다.

43 대칭형이 나타내는 느낌으로 옳지 않은 것은?

① 편안하고 안정된 느낌
② 공식적이고 위엄적인 느낌
③ 인위적인 느낌
④ 자연스럽고 생동적인 느낌

해설 │ 자연스럽고 생동적인 느낌을 나타내는 것은 비대칭형이다.

44 영국 조지왕 시대에 애용된 노즈게이(nosegay)에 대한 설명으로 틀린 것은?

① 꽃향기는 전염병을 예방해 준다고 믿어 향기가 나는 것으로 만들었다.
② 후에 머리, 목, 허리, 가슴 등의 몸 장식으로 이용되기 시작했다.
③ 작은 원형 디자인으로 코르누코피아(cornucopia)라고 불리기도 하였다.
④ 터지머지(tuzzy-muzzy)라고 불리었다.

해설 │ 코르누코피아(풍요의 뿔)는 한쪽이 굽은 원뿔 모양의 용기에 꽃·채소·과일을 풍성하게 꽂아 장식하는 것을 말한다. 추수감사절에 많이 사용한다.

45 화훼장식 구성 내의 시각적인 평형감과 평정의 느낌을 주는 형식으로 적절한 것은?

① 강조   ② 균형
③ 비례   ④ 리듬

해설 │ ① 강조 : 전체의 통일감을 나타내기 위해 특정부분을 돋보이게 하는 것을 말한다.
③ 비례 : 구성 요소 간의 상대적 크기와의 관계를 말한다.
④ 리듬 : 반복, 연계를 통해 만들어지는 시각적 운동성이나 흐름이다.

정답 36 ④ 37 ② 38 ① 39 ① 40 ① 41 ③ 42 ④ 43 ④ 44 ③ 45 ②

46 건조화를 만드는 과정에서 글리세린을 처리하는 이유로 가장 적절한 것은?

① 건조 후 재료의 부스러짐을 예방하기 위해서
② 질감을 다르게 하기 위해서
③ 건조 시 색이 변하는 것을 방지하기 위해서
④ 건조 후 향을 별도로 첨가하지 않기 위해서

해설 | 글리세린은 무색 투명의 냄새가 없는 액체이며 공기 중의 수분을 흡수하는 능력이 우수하여 보습제로 많이 사용한다. 건조화 제작에 사용하면 건조 후 재료의 부스러짐을 예방할 수 있다.

47 그리스어인 흐르다(rheo)에서 유래한 말이며, 유사한 요소가 반복, 배열됨으로써 시각적 인상이 강화되는 미적 형식 원리는?

① 균형   ② 조화
③ 리듬   ④ 강조

해설 | ① 균형 : 중심축을 기준으로 양쪽을 안정감 있게 배치하는 것을 말한다.
② 조화 : 모든 구성 요소들이 분리되지 않고 서로 잘 어우러져 전체적인 질서를 이루는 미적 원리이다.
④ 강조 : 전체의 통일감을 나타내기 위해 특정 부분을 돋보이게 하는 것이다.

48 화훼장식의 디자인 원리 중 비례에 대한 설명으로 틀린 것은?

① 자연에서 식물의 꽃, 잎, 가지의 배열 등은 황금분할에 해당하는 것이 많다.
② 황금분할은 유클리드에 의해 알려진 이상적인 비율이다.
③ 주그룹, 대항그룹, 보조그룹의 크기는 8:3:5의 비율이 적절하다.
④ 비례는 전체 구성에 대한 부분 구성의 비율을 나타낸다.

해설 | 주그룹, 대항그룹, 보조그룹의 크기는 8:5:3의 비율이 적절하다.

49 다음 중 꽃꽂이의 특징에 대한 설명으로 가장 거리가 먼 것은?

① 다양한 식물 외에 부 소재와 조형물을 함께 응용할 수 있다.
② 고정용 소재로는 반드시 플로랄폼만 사용해야 한다.
③ 장소의 특성, 이용자의 요구사항에 따라 디자인이 달라질 수 있다.
④ 꽃을 잘라 줄기가 물을 흡수할 수 있도록 용기에 꽂는데서 시작하였다.

해설 | 고정용 소재에는 플로랄폼, 침봉 등이 사용될 수 있다.

50 압화의 재료로 사용하기 가장 어려운 소재는?

① 주름이 많은 꽃
② 색상의 선명도가 높은 꽃
③ 구조가 간단한 꽃
④ 수분 함량이 적은 잎

해설 | 주름이 많은 꽃은 압화의 재료로 사용하기 어렵다.

TIP 압화
- 살아 있는 식물을 눌러서 말려 평면적으로 건조 가공한 것을 말한다. 꽃, 잎, 줄기, 채소, 과일, 버섯 등 다양한 재료로 제작할 수 있다.
- 적합한 재료 조건 : 화색 선명, 꽃 구조 간단, 꽃잎(수분 함량 적음, 두께 얇음, 작음, 주름 적음) 예 팬지, 코스모스

51 디자인에서 색채의 영향으로 틀린 것은?
① 색채는 시각적 균형을 유지시켜 준다.
② 한색과 난색을 같이 사용하여 시각적 깊이감을 강조한다.
③ 색을 반복하여 사용하면 색의 통일감이나 조화의 기능이 떨어진다.
④ 색채는 디자인의 원리들을 완성하기 위해 효과적으로 이용된다.

해설 | 색을 반복하여 사용하면 색의 통일감이나 조화의 기능이 높아진다.

52 건조화를 제작할 때 식물을 응달에서 건조시키는 주된 이유는?
① 소재의 색상을 그대로 보존하기 위하여
② 소재의 형태를 그대로 유지하기 위하여
③ 건조시간을 절약하기 위하여
④ 소재가 튼튼해지므로

해설 | 건조화를 제작할 때는 소재의 색상을 그대로 보존하기 위해 응달에서 건조한다.

53 화훼장식의 정의로 가장 거리가 먼 것은?
① 식물을 주재료로 하여 장식한다.
② 실내공간만을 대상으로 효율적으로 장식한다.
③ 꽃과 식물을 이용한 입체조형 활동이다.
④ 절화장식, 분식물장식, 실내정원 등을 포함한다.

해설 | 화훼장식은 실내공간과 실외공간을 대상으로 효율적으로 장식한다.

54 선(line)에 대한 설명으로 거리가 먼 것은?
① 곡선은 유동적인 연속성을 가지고 있다.
② 수평선은 안정돼 보이는 반면 권태로워 보이는 단점도 있다.
③ 사선은 강한 에너지의 운동성을 지닌다.
④ 수직선은 높이가 강조되며 여성적이며 유연한 느낌을 준다.

해설 | 수직선은 높이가 강조되며 남성적인 느낌을 준다.

55 서양의 꽃 문화에 대한 설명으로 옳은 것은?
① 영국의 화가 윌리엄 호가스에 의한 초승달형 화훼장식이 유행하였다.
② 르네상스 시대는 종교적 의미를 담은 꽃꽂이를 하거나 줄기가 보이지 않을 정도로 꽃을 가득 채운 원추형, 원형 등의 꽃꽂이 형태가 일반적이었다.
③ 빅토리아 시대는 암울한 시대상황으로 꽃 문화가 융성하지 못했다.
④ 미국 초창기의 꽃 문화는 빅토리안 양식에 영향을 받아 부채모양이 일반적이었다.

해설 | ① 바로크시대 윌리엄 호가스에 의한 S형(호가스라인) 화훼장식이 유행하였다.
③ 빅토리아 시대는 전문서적 발행 등 꽃 문화가 융성하였다.

56 광원에 따라 물체의 색이 달라지는 광원의 특성을 무엇이라 하는가?

① 연색성　　② 광도
③ 광속　　　④ 조도

해설 | ② 광도 : 일정한 방향에서 물체 전체의 밝기를 나타내는 양을 말한다.
③ 광속 : 빛의 빠르기를 말한다.
④ 조도 : 단위 면적이 단위 시간에 받는 빛의 양을 말한다.

57 건조시키는 과정에서 꽃의 크기 변화가 가장 적은 건조법은?

① 열풍 건조　② 동결 건조
③ 매몰 건조　④ 자연 건조

해설 | ① 열풍 건조 : 열을 가하여 수분이 빠르게 증발되도록 하여 건조하는 방법이다.
③ 매몰 건조 : 흡수력이 좋은 재료에 식물을 매몰시켜 건조하는 방법이다.
④ 자연 건조 : 자연 그대로 건조하는 방법이다.

58 오스트발트 색상환의 색상배치에 기본이 된 이론은?

① 먼셀의 5원색설
② 헤링의 4원색설
③ 영-헬름홀츠의 3원색설
④ 뉴턴의 프리즘설

해설 | 헤링의 4원색설(노랑, 파랑, 빨강, 초록)은 오스트발트 색상환에 기본이 되는 이론이다.

59 화훼장식품의 제작 시 배색의 유의점으로 거리가 먼 것은?

① 색의 이미지와 기호, 계절, 유행을 고려하여 적용한다.
② 작품이 놓일 환경과 목적에 부합되어야 한다.
③ 작품은 인공조명의 영향을 거의 받지는 않으므로 조명의 영향은 배제한다.
④ 화기와 리본의 색도 전체 작품의 색과 고려하여 선택한다.

해설 | 작품은 인공조명의 영향을 받는다.

60 서양의 화훼장식 역사에 대한 설명으로 옳은 것은?

① 르네상스 시대에 코누코피아가 만들어졌다.
② 바로크 시대의 꽃은 용기 높이 2~3배로 고딕 건축물과 같이 꽂았다.
③ 1600년대에 빅토리아 스타일이 만들어졌다.
④ 다수의 출판 서적, 기술을 지도하는 전문가 및 전문학교는 빅토리아 시대에 등장하였다.

해설 | ① 고대 그리스 시대에 코누코피아가 만들어졌다.
② 바로크 시대의 꽃은 호가스라인이 유행하였다.
③ 1800년대에 빅토리아 스타일이 만들어졌다.

정답 56 ①　57 ②　58 ②　59 ③　60 ④

2019년 CBT 기출복원문제

※ 2016년 4회 이후 CBT로 출제된 기출문제는 개정된 출제기준과 해당 회차의 기출 키워드 등을 분석하여 복원하였습니다.

01 가을에 파종하여 이듬해 꽃을 피우는 식물은?

① 샐비어 ② 맨드라미
③ 프리뮬라 ④ 해바라기

해설 | 샐비어, 맨드라미, 해바라기는 춘파일년초(봄에 파종하여 이듬해 꽃을 피우는 식물)이다.

 학명과 보통명
- 학명 : 국제식물명명규약에 따라 전 세계가 공통으로 사용하는 이름으로 라틴어를 사용한다.
- 보통명 : 각 나라, 지역마다 모국어로 만들어서 부르는 이름으로 이해하기 쉽게 식물의 특징에 빗대어 만든다.

02 다음 중 형태적으로 줄기가 방사상으로 자라는 표준형 식물이 아닌 것은?

① 마란타 ② 페페로미아
③ 렉스베고니아 ④ 산세베리아

해설 | 산세베리아는 병행상으로 자란다.

03 다음 중 식물을 학명과 보통명으로 나눌 때 보통명에 대한 설명으로 틀린 것은?

① 보통명은 전 세계 사람이 통용어로 사용할 수 없다.
② 식물학자들은 식물 분야 학회에서 보통명을 사용한다.
③ 학술용어로 사용되기에는 비과학적이다.
④ 학명에 비해 부적합한 것이 많다.

해설 | 식물학자들은 식물 분야 학회에서 학명을 사용한다.

04 다음 중 건조소재에 대한 설명으로 틀린 것은?

① 생화에 비해 취급하기가 편리하며 소재의 보관과 운전 시에 시간적 제한성이 없다.
② 관리와 환경에 따라 반영구적으로 보관, 감상할 수 있다.
③ 건조화는 열매, 줄기, 뿌리, 가지, 잎, 덩굴 등 다양한 부위가 사용된다.
④ 출하 시기에 제한을 받아 일정 기간에만 건조가 가능하다.

해설 | 건조소재는 출하 시기에 제한을 받지 않는다.

05 대기오염에 의한 식물의 피해 현상이 아닌 것은?

① 반점현상 ② 조기낙엽
③ 형태변화 ④ 꽃눈형성

해설 | 꽃눈형성은 형태적인 발달로 꽃눈(식물에서 꽃이 될 눈)이 만들어지는 것을 말한다.

정답 01 ③ 02 ④ 03 ② 04 ④ 05 ④

06 잎의 형태가 원형인 식물은?

① 소나무　　② 팬지
③ 코레우스　④ 한련화

해설 | 소나무는 침형, 팬지는 긴 타원형, 코레우스는 심장형의 잎 형태이다.

07 핸드타이드 부케 제작 시 일반적으로 사용되는 테크닉으로 줄기를 나선형으로 가지런하게 배열하여 꽃과 소재의 위치와 방향을 조절하고, 시각적으로도 깔끔하게 보이도록 하는 테크닉 기법은?

① 파라렐　　② 갈란드
③ 스파이럴　④ 바인딩

해설 | ① 소재의 대부분이 병행으로 배치되는 디자인이다.
② 꽃, 잎, 열매 등을 엮어 만든 긴 꽃줄을 말한다.
④ 기능적, 물리적으로 3개 이상의 줄기를 단단히 묶은 것이다.

08 자연적 디자인 양식이라 볼 수 없는 것은?

① 보테니컬 디자인(botanical design)
② 베지테이티브 디자인(vegetative design)
③ 뉴컨벤션 디자인(new convention design)
④ 랜드스케이프 디자인(landscape design)

해설 | 뉴컨벤션 디자인은 선적 디자인 양식이다.

09 리본에 대한 설명으로 틀린 것은?

① 소재의 줄기가 모이는 부분에 달아주는 것이 무난하다.
② 작품의 크기에 비례하여 리본의 폭이 적절하여야 한다.
③ 리본 색의 선정은 전체 작품의 색과 전혀 관계가 없다.
④ 사용한 리본의 부피만큼 꽃의 사용을 줄일 수 있다.

해설 | 리본 색의 전체 작품의 색과 어울리게 선정하여야 한다.

10 서양식 꽃꽂이에서 형태 잎(form foliage)으로 장식하기에 가장 적합한 소재는?

① 엽란　　　② 필로덴드론
③ 극락조화 잎　④ 산세베리아

해설 | 엽란, 극락조화 잎, 산세베리아는 선 잎(line foliage)으로 장식하기에 적합하다.

11 화훼장식에 사용되는 테이프의 용도로 틀린 것은?

① 플로랄 테이프 : 철사를 감싸거나 소재를 묶기
② 플로랄 테이프 : 코사지, 부토니아 만들 때 사용
③ 방수 테이프 : 용기에 플로랄폼을 고정
④ 양면 테이프 : 줄기 고정용 격자를 만들 때 사용

해설 | • 양면 테이프 : 잎을 붙일 때 사용
• 클리어 테이프, 투명 테이프 : 줄기 고정용 격자를 만들 때 사용

12 자연적 구성에서 고려해야 할 요소로 틀린 것은?

① 같은 종류끼리 단짓기를 한다.
② 대칭형과 비대칭형이 모두 가능하다.
③ 식물의 생태학적 성격에 가깝게 표현한다.
④ 시각적으로 모든 재료는 화기 밖에서 출발하여 나온다.

해설 | 자연적 구성에서 시각적으로 모든 재료는 화기 안에서 출발하여 나온다.

13 절화 줄기의 고정방법으로 적합하지 않은 것은?

① 폴로랄 폼을 이용하여 특정한 형태를 만들어 낸다.
② 줄기를 얽거나 grid를 만들어 고정한다.
③ 디자인한 후 무거운 침봉을 이용하여 눌러준다.
④ 워터튜브나 유리관을 이용하여 필요한 곳에 배열한다.

해설 | 디자인 전 침봉을 배치하고 소재를 침봉에 꽂아 장식한다.

14 주로 절화용으로 사용되는 화훼류가 아닌 것은?

① 숙근안개초   ② 극락조화
③ 칼랑코에   ④ 오리엔탈나리

해설 | 칼랑코에는 주로 분화용으로 사용되는 화훼류이다.

5 일반적인 식물체의 줄기 기능으로 가장 거리가 먼 것은?

① 식물체를 지지하는 기능
② 향기의 기능
③ 물질의 통로 기능
④ 양분 저장 기능

해설 | 향기는 식물체의 꽃의 기능이다.

16 다음 중 다육식물에 대한 설명으로 가장 거리가 먼 것은?

① 건조지방에서 잘 자란다.
② 사막이나 태양광선이 강한 곳에서 잘 자란다.
③ 식물체가 연약하므로 잦은 관수를 통해 유지해야 한다.
④ 주로 분화용으로 많이 이용되며 분주, 삽목 등의 영양번식을 주로 한다.

해설 | 다육식물은 관수를 적게 한다.

17 꽃받침이 꽃잎화된 것이 아닌 것은?

① 안스리움   ② 나리
③ 극락조화   ④ 수국

해설 | 안스리움은 포엽(꽃이나 꽃받침을 둘러싸고 있는 작은 잎)이 꽃잎화된 것이다.

18 다음 중 다육식물인 꽃기린이 속하는 과명은?

① 석류풀과   ② 대극과
③ 박주가리과   ④ 돌나물과

해설 | 꽃기린은 대극과 식물이다.

정답 06 ④ 07 ③ 08 ③ 09 ③ 10 ② 11 ④ 12 ④ 13 ③ 14 ③ 15 ② 16 ③ 17 ① 18 ②

19 소매상에서의 절화 취급방법에 대한 설명으로 틀린 것은?

① 물올림 후 절화 품질과 수명을 연장시키기 위해 작물별 특성에 따라 적정 절화보존제를 사용하는 것이 좋다.
② 생산자에 의해서 출하 전 STS제로 전처리되었다면, 소매상에서는 STS제를 재처리해서는 안 된다.
③ 생산자에 의해 질산은제가 함유된 전처리제를 사용했다면, 물올림 과정에서 재절단을 하는 것이 좋다.
④ 열대산 절화를 제외하고는 대부분의 절화는 저온(5℃ 내외)에서 전시하거나 보관하는 것이 좋다.

해설 | 질산은은 줄기 위로 이동하지 않는다. 그러므로 생산자에 의해 질산은제가 함유된 전처리제를 사용했다면, 물올림 과정에서 재절단하지 않는 것이 좋다.

20 〈보기〉에서 설명하는 재료로 옳은 것은?

보기
• 흡수성과 비흡수성이 있다.
• 많은 양의 꽃을 꽂을 수 있다.
• 꽃에 수분공급을 해주는 역할을 한다.

① 플로랄폼 ② 침봉
③ 플라스틱 망 ④ 워터튜브

해설 | 플로랄폼은 가장 많이 사용하는 고정재료로 절화, 절지, 절엽 등을 고정할 때 사용한다.

21 식물이 건조, 저온 등으로 발아에 부적당한 조건에 놓이게 되어 배의 활동이 제한되는 경우와 같이 외적 요인으로 일어나는 식물 휴면은?

① 자발적 휴면 ② 타발적 휴면
③ 자동적 휴면 ④ 정기적 휴면

해설 | 휴면은 생물의 활동 또는 생장이 일시적으로 정체되거나 정지되는 것을 말한다. 외적 조건이 부적당하여 유발되는 휴면을 타발적 휴면 또는 강제휴면이라고 한다.

22 절화의 노화 원인과 관련이 없는 것은?

① C/N율 저하
② 수분균형 불량
③ 에틸렌에 노출
④ 호흡에 의한 양분 소모

해설 | C/N율은 식물체 내의 탄수화물과 질소의 비율이다. C/N율이 높으면 개화를 유도하고 C/N율이 낮으면 영양생장이 계속된다.

23 자생지가 온대산인 식물의 화분갈이 시기로 가장 적절한 때는?

① 낙엽이 지는 가을철
② 생장이 완료되어 휴면이 시작되기 전
③ 겨울철 휴면기간
④ 휴면이 끝나고 생장 직전

해설 | 온대산 식물은 휴면이 끝나고 생장 직전에 화분갈이를 한다.

24 동양식 꽃꽂이에서 작품의 높이를 결정하는 주지(主枝)는?

① 1주지　　② 2주지
③ 3주지　　④ 종지

해설 | 1주지가 작품의 높이를 결정한다.

TIP 동양 꽃꽂이에서 주지의 역할
- 1주지 : 작품의 높이 및 화형을 결정한다.
- 2주지 : 작품의 너비를 결정한다.
- 3주지 : 작품의 부피를 결정한다.

25 관리에 편리한 분화류 모아심기의 요령으로 옳은 것은?

① 연약한 식물만 골라 심는다.
② 여러 가지 다양한 식물을 골고루 심는다.
③ 생육정도가 빠른 것만 골라 심는다.
④ 환경조건이 비슷한 것을 골라 심는다.

해설 | 분화류를 모아 심었을 때 관리를 편하게 하려면 환경조건이 비슷한 식물끼리 골라 심는 것이 좋다.

26 코사지에 대한 설명으로 틀린 것은?

① 코사지는 신체 장식의 하나이다.
② 가슴부위에 다는 것만을 코사지라고 한다.
③ 다는 사람의 이미지와 맞는 소재, 크기를 선택한다.
④ 주 소재가 코사지를 달고 있는 사람을 향하도록 한다.

해설 | 코사지는 신체 부위를 장식하는 작은 꽃다발로 다양한 신체 부위(머리, 가슴, 손목, 허리 등)에 장식할 수 있다.

27 식물체 내 수분의 역할 중 식물 체온 조절에 대한 설명으로 옳은 것은?

① 공기습도가 포화되면 엽온은 안정된다.
② 증산작용을 통해 식물의 체온 상승을 막는다.
③ 세포 내의 팽압 유지로 식물의 체온을 유지시킨다.
④ 각종 효소의 활성을 증대시켜 식물의 체온이 상승하도록 한다.

해설 | 증산작용은 잎의 뒷면에 있는 기공을 통해 물이 기체상태로 식물체 밖으로 빠져나가는 것을 말한다. 이를 통해 식물의 체온 상승을 막을 수 있다.

28 페더링(feathering)기법에 대한 설명으로 옳은 것은?

① 큰 꽃의 꽃잎을 분해하여 깃털처럼 새로운 꽃으로 만드는 기법이다.
② 약하거나 속이 비어있는 줄기 안에 와이어를 관통시키는 기법이다.
③ 와이어를 더욱 단단히 보강하기 위해 덧대어 사용하는 기법이다.
④ 나선형으로 줄기를 감아 보강해 주는 기법이다.

해설 | ② 인서션
　　　③ 익스텐션
　　　④ 시큐어링

29 다음 중 전후좌우 어느 방향에서도 감상할 수 있는 입체적인 디자인 형태는?

① 피라미드형　　② L형
③ 역T형　　　　④ 직립 기본형

해설 | 전후좌우 어느 방향에서도 감상할 수 있는 입체적인 디자인을 사방화라 한다. 사방화에는 피라미드형, 수평형, 반구형, 원추형 등이 있다.

정답 | 19 ③　20 ①　21 ②　22 ①　23 ④　24 ①　25 ④　26 ②　27 ②　28 ①　29 ①

30 소재의 형, 선, 각도를 강조하고, 형과 선이 두드러지게 대비되며 여백을 이용하여 소재의 아름다움을 강조한 형식은?

① 식생적 구성 ② 선형적 구성
③ 장식적 구성 ④ 구조적 구성

해설 | ① 식생적 구성 : 자연의 특성에 가깝게 식물의 생리, 생태적인 면을 고려하여 디자인한다.
③ 장식적 구성 : 소재의 식생을 고려하지 않고 장식을 목적으로 디자인한다.
④ 구조적 구성 : 소재의 질감과 구조가 돋보이게 구성한다.

31 동양식 꽃꽂이에서 1주지가 수평선 아래로 90~180° 늘어뜨려서 꽂는 형은 무엇인가?

① 직립형 ② 경사형
③ 하수형 ④ 분리형

해설 | 1주지를 수평선 아래로 늘어뜨려서 꽂는 형을 하수형이라고 한다.

32 〈보기〉와 같은 고려사항이 요구되는 유러피언 스타일(european style)의 디자인 구성은?

보기
- 세 개의 서로 다른 크기의 그룹(주·역·부)으로 구성되는 비대칭적 질서가 일반적이다.
- 자연에서 보듯 생장점(출발점)이 종종 화기 안에 한 점에 있는 듯이 보인다.
- 꽃의 가치효과와 운동성, 색상, 용기선택 등을 고려해야 한다.

① 식생형(vegetative)
② 장식형(decorative)
③ 형-선형적 구성(formal-linear)
④ 병행형(parallel)

해설 | 식생형 구성은 자연의 특성에 가깝게 식물의 생리, 생태적인 면을 고려하여 디자인한다.

33 절화의 수명을 연장하기 위한 방법으로 옳은 것은?

① 열대성 절화는 0~4℃의 온도에서 저온 저장한다.
② 절화의 관상가치를 위해 꽃냉장고에 과일과 함께 보관한다.
③ 보존 용액은 pH 5 정도의 약산성 용액을 사용한다.
④ 절화 수명 연장을 위한 최적의 공중습도는 50% 미만이다.

해설 | ① 열대성 절화는 7~15℃의 온도에서 저온 저장한다.
② 꽃 냉장고에 과일과 함께 절화를 보관하면 안 된다.
④ 절화 수명 연장을 위한 최적의 공중습도는 70~80%이다.

34 통기성이 좋은 다공성 재질로 자연미가 있으며, 모양과 크기가 다양하나 깨질 위험이 있는 화훼장식 용기는 무엇인가?

① 유리 ② 강철
③ 플라스틱 ④ 테라코타

해설 | 테라코타는 점토질의 흙을 구워 만든 용기로 통기성이 좋고 형태와 크기가 다양하다.

35 웨딩부케를 제작할 때 가장 중요하게 고려해야 할 사항은?

① 신부이므로 화려하게 제작하는 것이 원칙이다.
② 가볍고 들기 쉽게 만들어야 한다.
③ 멋스럽고 크게 만드는 것이 좋다.
④ 신부의 체형보다도 예식장 전체 분위기에 맞게 하는 것이 좋다.

해설 | 웨딩부케 제작 시 신부의 체형 및 기호에 맞춰 가볍고 들기 쉽게 만들어야 한다.

36 분식물장식에 대한 설명으로 틀린 것은?

① 테라리움은 밀폐된 용기 속에 식물을 심고 연못을 만들어 거북이나 물고기를 넣어 키우는 것이다.
② 디시가든은 용기에 키가 작고 생육속도가 느린 식물을 심는 분식물 장식이다.
③ 걸이분은 바구니를 비롯한 가벼운 용기에 식물을 심어 매달아 키우는 형태이다.
④ 수경재배는 토양 대신 식물을 지지할 수 있는 배지와 물을 넣어 재배하는 것을 말한다.

해설 | ①은 비바리움에 대한 설명이다.

37 볏단, 밀짚다발, 옥수수대 등을 이용하여 같은 재료 또는 비슷한 재료를 단단히 묶는 기법은?

① 조닝　　　　　② 시퀀싱
③ 번들링　　　　④ 테라싱

해설 | ① 소재의 색상이나 종류를 구역으로 나누어 주는 기법이다. 재료와 재료를 분리시킴으로써 만들어지는 공간을 통해 각 재료의 특징이 더욱 돋보이게 한다.
② 소재의 크기, 높이, 색상을 점진적(점차적, 차례대로)으로 변화시켜 리듬감을 표현한다.
④ 납작한 종류의 재료를 수직 또는 수평으로 꽂아 계단처럼 표현한다.

38 수직적인 디자인의 주소재로 가장 어울리는 것은?

① 스킨답서스　　② 개나리
③ 말채　　　　　④ 스마일락스

해설 | 말채는 수직으로 곧게 뻗은 가지로 수직 디자인의 주소재로 잘 어울린다.

39 간단한 가족모임을 위해 꽃을 꽂으려 한다. 장식물을 식탁 위에 둔다면, 다음 중 어느 형으로 계획하는 것이 가장 적합한가?

① 피닉스형　　　② 피라미드형
③ 수평형　　　　④ 부채형

해설 | 식탁 위에 두는 테이블 장식으로는 수평형이 가장 적합하다.

40 장미꽃의 관리요령으로 가장 적합한 것은?

① 줄기의 잎을 될 수 있는 한 많이 떼어낸다.
② 잎과 가시는 모두 물속에 그대로 둔다.
③ 물속에 잠기는 잎과 노화된 잎은 떼어낸다.
④ 보관 용기 안에 빽빽하게 많이 넣을수록 좋다.

해설 | 보관 용기 안에는 통기가 될 수 있게 여유를 두고 소재를 넣어 보관한다.

41 토양의 수분이 과다할 경우 발생하는 현상이 아닌 것은?

① 토양 미생물의 활동을 억제한다.
② 유기물의 분해를 촉진한다.
③ 통기 불량으로 뿌리가 썩는다.
④ 토양 속의 공기 함량이 감소한다.

해설 | 수분이 과다할 경우 유기물 분해가 촉진되지는 않는다.

정답 | 30 ② 31 ③ 32 ① 33 ③ 34 ④ 35 ② 36 ① 37 ③ 38 ③ 39 ③ 40 ③ 41 ②

42 〈보기〉에서 설명하는 디자인 원리는?

> **보기**
> 하나의 디자인이 지닌 여러 요소 속에 어떤 조화나 일치감이 존재하고 있음을 의미한다. 유사한 선적인 요소, 형태, 색상 등의 반복 속에서 비롯되고 있다.

① 통일 ② 비례
③ 리듬 ④ 대비

해설 | ② 비례 : 구성 요소 간의 상대적 크기와의 관계
③ 리듬 : 반복, 연계를 통해 만들어지는 시각적 운동성이나 흐름
④ 대비 : 서로 다른 성질을 가진 색상, 질감, 형태를 강조하는 방법

43 대칭균형에 대한 설명으로 가장 거리가 먼 것은?

① 중심축 양쪽의 무게가 동일하지 않다.
② 질서가 있어 안정된 느낌이다.
③ 공식적이고 위엄이 있어 보인다.
④ 중심축을 기준으로 양쪽에 같은 요소로 동일하게 배열한다.

해설 | ①은 비대칭균형의 특징에 대한 설명이다.

44 다음 중 실내식물이 환경에 미치는 영향에 대한 설명으로 옳지 않은 것은?

① 실내에서의 공중습도를 증가시킨다.
② 실내에서의 급격한 온도변화를 방지할 수 있다.
③ 녹지효과로 시각적 안정성을 도모할 수 있다.
④ 광합성으로 산소를 흡수하고 이산화탄소를 방출하므로 공기를 정화시킨다.

해설 | 실내식물은 광합성으로 이산화탄소를 흡수하고 산소를 방출하므로 공기를 정화시킨다.

45 오스트발트 색채계에 대한 설명으로 옳은 것은?

① 노랑, 빨강, 파랑, 초록을 4원색으로 설정한다.
② 4원색의 사이 색으로 자주, 남보라, 청록, 연두의 4가지 색을 합하여 8색을 기본으로 하고 있다.
③ 8가지 기본색을 각각 3단계씩 나누어 각 색상명 앞에 1, 2, 3 번호를 붙이고 3번이 중심 색상이 되도록 한다.
④ 총 28가지 색상으로 이루어진다.

해설 | 독일의 색채학자 빌헬름 오스트발트가 헤링의 4원색설을 기본으로 발표한 색체계이다. 색상 번호, 백색의 양, 흑색의 양 순서로 표기한다.

46 화훼장식에 색채를 응용할 경우 고려할 점으로 잘못된 것은?

① 작품의 전체적인 명도가 높을수록 크게 보이고, 낮을수록 작게 보인다.
② 시선의 주의력을 집중적으로 드러나게 하는 경우 따뜻한 계통의 색을 이용한다.
③ 통일성과 조화미를 갖는 색과 명도를 제공하는 것이 좋다.
④ 꽃 색을 안정감 있게 배색하려면 명도가 높은 꽃을 아래쪽에 배치하는 것이 좋다.

해설 | 꽃 색을 안정감 있게 배색하려면 명도가 높은 꽃을 위쪽에, 명도가 낮은 꽃을 아래쪽에 배치하는 것이 좋다.

47 대비에 의한 강조 효과를 가장 얻기 어려운 것은?

① 대부분의 것이 어두울 때 하나의 밝은 형태인 것
② 대부분의 것들이 비슷한 크기일 때 의외로 작은 것
③ 대부분의 것들이 수직일 때 사선인 것
④ 형태의 대부분이 평행사변형일 때 직선인 것

해설 | 대비에 의한 강조 효과를 주기 위해서는 서로 다른 것들을 대비하여야 한다. 평행사변형은 직선으로 구성된 사다리꼴이기에 서로 다르다고 보기 어렵다.

48 사선의 위치와 효과에 대한 설명으로 옳은 것은?

① 공식적이며 근엄한 느낌을 준다.
② 부드럽고 우아하다.
③ 운동성, 방향감, 속도감을 가진다.
④ 상승하는 힘과 강한 인상을 준다.

해설 | ①, ④ 수직선 : 정적인 선, 상승, 힘과 강한 인상, 위엄, 엄격함, 공식적이며 근엄함
② 곡선 : 부드러움, 우아함, 리듬감

49 하나로 묶어서 결합시키는 기법이 아닌 것은?

① 바인딩(binding)
② 번들링(bundling)
③ 그룹핑(grouping)
④ 밴딩(banding)

해설 | 그룹핑은 동일한 소재나 같은 색상의 소재를 모아 꽂는 기법이다. 소재 각각의 독립성을 가지도록 각각의 그룹 사이에 공간을 두어 디자인한다.
① 바인딩 : 기능적, 물리적으로 3개 이상의 줄기를 단단히 묶은 것
② 번들링 : 볏단, 밀짚 다발, 옥수수대 등 비슷하거나 같은 소재들을 모아 한 지점에서 단단히 묶는 기법
④ 밴딩 : 장식적인 목적으로 줄기를 묶는 기법

50 색의 선명하고 맑은 정도를 나타내는 속성을 가지고 있으며 색의 순도를 의미하는 용어는?

① 명도   ② 채도
③ 틴트(tint)   ④ 톤(tone)

해설 | ① 색의 밝고 어두운 정도, 명도가 높으면 밝아지고 명도가 낮으면 어두워진다.
③ 틴트(고명도)=색+흰색
④ 톤(중명도)=색+회색

51 일상적으로 꽃과 식물이 애호되고 전문도서와 화훼장식기술학교가 설립되는 등 서양의 화훼장식이 체계화되기 시작한 시대는?

① 르네상스 시대   ② 바로크 시대
③ 로코코 시대   ④ 빅토리아 시대

해설 | 빅토리아 시대는 화훼장식이 하나의 예술로 자리 잡았다.

52 질감에 대한 설명으로 옳지 않은 것은?

① 시각적 질감과 촉각적 질감이 있다.
② 거친 질감은 먼거리감, 매끈한 질감은 근거리감을 준다.
③ 질감으로 원근감을 표현할 수 있다.
④ 식물 소재로 질감을 표현할 수 있다.

해설 | 매끈한 질감은 먼거리감, 거친 질감은 근거리감을 준다.

정답 42 ① 43 ① 44 ④ 45 ① 46 ④ 47 ④ 48 ③ 49 ③ 50 ② 51 ④ 52 ②

53 화훼장식 디자인 원리에서 강조(emphasis)에 대한 설명으로 틀린 것은?

① 강조점은 디자인의 나머지 부분에 비해 두드러지기 때문에 사람들은 디자인에서 이 부분을 가장 먼저 보게 된다.
② 구성 내에서 디자인의 크기, 모양, 위치에 따라 강조요소는 1개 또는 여러 개가 될 수도 있다.
③ 헬리코니아, 극락조화와 같은 폼 플라워나 크고 활짝 핀 꽃 등은 그렇지 않은 꽃에 비해 시선을 유도하는 측면이 있어서 강조에 적합하다.
④ 모든 디자인에는 반드시 강조점을 2개 이상 두는 것이 좋다.

해설 | 디자인에 따라 강조점의 개수가 달라진다.

54 글리세린 건조작업 시 글리세린과 물이 잘 혼합되도록 넣는 물질은?

① 트윈(tween) 80
② 8-HQC
③ 황산은
④ 질산은

해설 | 습윤제인 트윈 80은 물의 표면장력을 줄여 물과 글리세린이 잘 혼합되도록 한다.

55 〈보기〉에서 설명하는 화훼장식 디자인 요소는?

보기
- 줄기의 각도를 과장되어 보이게 하기 위해 가장 뒤에 있는 줄기는 약간 더 뒤로 제치고 맨 앞의 줄기는 앞의 밑으로 늘어뜨린다.
- 꽃을 배열할 때 부분적으로 다른 꽃을 가리거나 꽃의 길이를 약간 다르게 해서 나타낸다.
- 큰 꽃은 아래로, 작은 꽃은 위로 큰 것에서 작은 것으로 점진적으로 변화하도록 배열한다.

① 형태
② 강조
③ 깊이
④ 조화

해설 | 깊이는 평면적인 작품이 아닌 삼차원적인 작품을 구성하기 위해 사용된다.
① 형태 : 물체의 외형으로 3차원적 입체적 모양(높이·너비·깊이)을 의미한다.
② 강조 : 전체의 통일감을 나타내기 위해 특정 부분을 돋보이게 하는 것이다.
④ 조화 : 모든 구성 요소들이 분리되지 않고 서로 잘 어우러져 전체적인 질서를 이루는 미적 원리이다.

56 영국 조지왕 시대에 꽃향기가 공기 중의 전염성 균과 페스트를 제거해 준다고 믿어, 꽃향기를 항상 몸에 지니고 다니기 위해 가지고 다닌 부케는?

① 포푸리
② 핸드타이드 부케
③ 번치 부케
④ 노즈게이 부케

해설 | 조지왕 시대에는 꽃향기가 전염병을 제거해 준다고 믿어 노즈게이 부케를 지니고 다녔다.

57 리듬을 만드는 방법에 해당하지 않은 것은?

① 색의 규칙적인 반복 사용
② 같은 형태의 꽃을 반복 사용
③ 색의 연계
④ 이질적인 색을 동일한 양으로 사용

해설 | 리듬은 반복, 연계를 통해 만들어지는 시각적 운동성이나 흐름을 말한다.

리듬
반복, 연계를 통해 만들어지는 시각적 운동성이나 흐름이다.

58 〈보기〉에서 설명하는 화훼장식 디자인의 원리는?

> 보기
> • 통일과 변화를 조성하는 원리
> • 많고 적음, 길고 짧음, 부분과 전체의 차이 비

① 리듬　　② 조화
③ 강조　　④ 비례

해설 | ① 반복, 연계를 통해 만들어지는 시각적 운동성이나 흐름
② 모든 구성 요소들이 분리되지 않고 서로 잘 어우러져 전체적인 질서를 이루는 미적 원리
③ 전체의 통일감을 나타내기 위해 특정부분을 돋보이게 하는 것

59 우리나라와 같은 동양권에서 방위를 표시할 때 음양오행설에 따른 오방색으로 표현할 수 있다. 그 연결이 옳은 것은?

① 적(赤) – 북쪽
② 청(靑) – 서쪽
③ 황(黃) – 중앙
④ 흑(黑) – 남쪽

해설 | 오방색은 다섯 방위를 상징하는 색을 말한다. 동쪽은 청색, 서쪽은 흰색, 남쪽은 적색, 북쪽은 흑색, 가운데는 황색이다.

60 다음 중 화훼장식에서 건조방법으로 쓰이지 않는 것은?

① 감압 건조　　② 큐어링 건조
③ 매몰 건조　　④ 글리세린 건조

해설 | 큐어링은 저장 중인 고구마의 부패를 방지하기 위해 상처에 유상조직을 발달시키는 조작을 말한다.

정답　53 ④　54 ①　55 ③　56 ④　57 ④　58 ④　59 ③　60 ②

2020년 CBT 기출복원문제

※ 2016년 4회 이후 CBT로 출제된 기출문제는 개정된 출제기준과 해당 회차의 기출 키워드 등을 분석하여 복원하였습니다.

01 화훼장식의 부재료에 대한 설명으로 옳은 것은?

① 철사는 재료를 지탱할 수 있는 범위 내에서 가장 가는 것을 선택한다.
② 흡수성 플로랄폼 사용 시 제조회사의 상표명이 하부에 오도록 하여 사용한다.
③ 유리용기를 사용할 경우 반드시 접착점토를 이용한다.
④ 글루건은 글루팬에 비해 여러 사람이 공용으로 사용하기 용이하다.

해설 | ② 플로랄폼 사용 시 제조회사의 상표명이 뒤에 오도록 하여 사용한다.
③ 유리용기를 사용할 경우 접착점토를 이용하지 않아도 된다.
④ 글루팬은 글루건에 비해 여러 사람이 공용으로 사용하기 용이하다.

02 수경재배 식물 소재로 가장 적합한 것으로 나열된 것은?

① 반다, 수레국화
② 사라세니아, 스킨답서스
③ 히아신스, 싱고니움
④ 러브체인, 온시디움

해설 | 수경재배 식물로는 히아신스, 싱고니움, 스파티필름 등이 있다.

03 식물학적 분류에 대한 설명으로 틀린 것은?

① 종이 기본단위로 되며, 속과 과의 계급이 중요하게 취급되고 있다.
② 학명은 속명과 종명으로 2명법으로 표기한다.
③ 식물의 자연분류에서 계(kingdom)는 속씨식물과 겉씨식물로 분류한다.
④ 시중에 유통되고 있는 나리는 나팔나리, 아시아틱나리, 오리엔탈나리의 계통이 있다.

해설 | 식물의 자연분류에서 계(kingdom)는 동물계과 식물계로 분류한다.

04 동양 꽃꽂이에 주로 사용하는 침봉에 대한 설명으로 틀린 것은?

① 핀이 촘촘하게 꽂혀 있어야 한다.
② 가능하면 안정감을 가질 무게를 선택한다.
③ 물에 오래 담가 두어도 녹슬지 않아야 한다.
④ 침의 끝부분은 다치지 않도록 둥글게 만든다.

해설 | 침의 끝부분 줄기를 고정할 수 있도록 뾰족하게 만든다.

TIP 침봉
- 쇠로 된 판에 짧고 굵은 핀이 촘촘히 박혀 있다.
- 동양 꽃꽂이에서 주로 사용되며, 화기 안에서 절화, 절지, 절엽 등을 고정한다.
- 절화 줄기를 고정하는 데 사용하는 재료 중 디자인의 형태를 고려해 표현할 경우 다양한 형태의 조형이 어려워 제약이 가장 많이 따른다.

05 작품을 강조하고 지배적인 형태를 이루어 표현 효과가 큰 꽃으로 넓은 공간을 필요로 하는 소재로 가장 적합한 것은?

① 장미
② 극락조화
③ 거베라
④ 안개초

해설 | 작품 구성 시 필요한 공간의 크기는 폼 플라워(극락조화)>매스 플라워(장미, 거베라)>필러 플라워(안개초)의 순서로 필요로 한다.

06 절화상품의 글씨리본의 역할이 아닌 것은?

① 상품을 묶고 장식한다.
② 메시지를 전달한다.
③ 상품의 부가가치를 높여 준다.
④ 햇빛, 바람 등 외부환경으로부터 절화상품을 보호한다.

해설 | 햇빛, 바람 등 외부환경으로부터 절화상품을 보호하는 것은 포장의 역할이다.

07 다음 중 불만고객 응대 기본 4원칙(클레임 처리의 4원칙)이 아닌 것은?

① 우선 사과의 원칙
② 원인 파악의 원칙
③ 신속 해결의 원칙
④ 논쟁의 원칙

해설 | 불만고객 응대 기본 4원칙은 우선 사과의 원칙, 원인 파악의 원칙, 신속 해결의 원칙, 불논쟁의 원칙이다.

08 화훼장식 상품 홍보 계획서에 들어갈 작성 내용이 아닌 것은?

① 상품명
② 홍보 기간
③ 홍보 비용
④ 고객관리 전략

해설 | 상품 홍보 계획서에는 상품명, 홍보 기간, 홍보 비용 등을 작성한다.

09 불만고객 관리의 중요성에 대한 설명으로 옳은 것은?

① 신속한 불만 처리를 통해 불만고객을 단골고객으로 전환 가능 및 가게 이미지 상승
② 불만고객의 고객 이탈 촉진
③ 불만고객의 가게 이미지 악화
④ 가게 이미지 악화를 통한 잠재고객 이탈

해설 | 불만고객 관리를 통해 불만고객 이탈 방지, 가게 이미지 악화 방지, 잠재고객 이탈 방지 등의 효과를 볼 수 있다.

10 매장 외 판매에서 전화 주문 응대 방법으로 옳지 않은 것은?

① 전화 예법을 갖춰 친절, 신속, 정확히 응대한다.
② 매장 상황에 맞춰 배송한다.
③ 주문서를 꼼꼼히 작성하여 실수가 없도록 한다.
④ 고객 주문사항을 정확히 파악하여 상품 제작을 한다.

해설 | 고객의 주문사항에 맞춰 배송한다.

정답 | 01 ① 02 ③ 03 ③ 04 ④ 05 ② 06 ④ 07 ④ 08 ④ 09 ① 10 ②

11 이른 봄철 잎이 나기 전에 꽃부터 먼저 피는 수종은?

① 조팝나무　② 은행나무
③ 튤립　　　④ 황매화

해설 | 선화후엽은 잎이 나기 전에 꽃부터 먼저 피는 수종으로 벚꽃, 목련, 조팝나무 등이 그 예이다.

12 다음 절화의 형태 분류 중 필러 플라워에 속하지 않는 것은?

① 카스피아　② 안개꽃
③ 공작초　　④ 안스리움

해설 | 안스리움은 폼 플라워이다.

필러 플라워
스프레이 형태가 주를 이루는 자잘한 꽃으로 작품의 공간을 채워주는 역할을 한다.
예 카스피아, 안개초, 공작초

13 다음 중 천남성과 식물인 것은?

① 나리　　　② 칼라
③ 무스카리　④ 산세베리아

해설 | ①, ③ 나리, 무스카리 : 백합과
　　　④ 산세베리아 : 용설란과

14 꽃에 대한 설명으로 틀린 것은?

① 튤립은 꽃받침과 꽃잎의 구분이 불분명하다.
② 홑꽃과 겹꽃은 한 겹 또는 두 겹 이상의 꽃잎 배열로 구분한다.
③ 난초과 식물은 현화식물 중 가장 진화한 식물이다.
④ 무한화서는 선단 또는 중심부의 꽃이 먼저 핀다.

해설 | 무한화서는 꽃의 형성, 개화의 순서가 아래에서 위로, 가장자리에서 가운데로 차차 피기 시작하는 꽃차례를 말한다.

15 뿌리의 형태와 기능에 관한 설명으로 틀린 것은?

① 뿌리는 수염뿌리와 덩이뿌리로 나눌 수 있다.
② 뿌리에서 흡수된 양수분은 목부를 통해 줄기와 잎으로 운반된다.
③ 체관은 양분을 잎에서 뿌리로 수송한다.
④ 괴경은 뿌리가 비대하여 양분의 저장기관으로 변태한 것이다.

해설 | 괴경(덩이줄기)은 줄기가 비대하게 변태한 것이다.

16 다음 중 건조소재에 대한 설명으로 틀린 것은?

① 생화에 비해 취급하기가 편리하며 소재의 보관과 운전 시에 시간적 제한성이 없다.
② 관리와 환경에 따라 반영구적으로 보관, 감상할 수 있다.
③ 건조화는 열매, 줄기, 뿌리, 가지, 잎, 덩굴 등 다양한 부위가 사용된다.
④ 출하 시기에 제한을 받아 일정 기간에만 건조가 가능하다.

해설 | 건조소재는 출하 시기에 제한을 받지 않는다.

17 대기오염에 의한 식물의 피해 현상이 아닌 것은?

① 반점현상　② 조기낙엽
③ 형태변화　④ 꽃눈형성

해설 | 꽃눈형성은 형태적인 발달로 꽃눈(식물에서 꽃이 될 눈)이 만들어지는 것을 말한다.

18 식물명과 학명이 잘못 연결된 것은?

① 무궁화 – *Hibiscus syriacus*
② 튤립 – *Hyacinthus tulipa*
③ 스토크 – *Matthiola incana*
④ 채송화 – *Portulaca grandiflora*

해설 | 튤립의 학명은 *Tulipa spp*.이다.

19 괴근(塊根, 덩이뿌리)에 해당하는 구근류 (알뿌리)는?

① 수선화   ② 글라디올러스
③ 칼라   ④ 다알리아

해설 | 괴근은 뿌리가 비대해진 것으로 고구마, 라넌큘러스, 다알리아가 이에 해당한다.

20 화훼장식에서 사용하는 용기 중 다공성 재질로 통기성이 좋고 자연미가 있으며, 모양과 크기가 다양하나 깨어질 위험이 있는 것은?

① 테라코타
② 유리
③ 스테인리스 스틸
④ 플라스틱

해설 | 테라코타는 다공설 재질로 통기성이 좋고 자연미가 있다.

21 절화의 신선도를 높이고 수명을 연장하기 위하여 처리하는 약제의 명칭으로 가장 거리가 먼 것은?

① 장기처리제   ② 절화보존제
③ 수명연장제   ④ 선도유지제

해설 | 절화의 신선도를 높이고 수명을 연장하기 위해 처리하는 약제를 절화보존제, 선도유지제, 수명연장제, 품질유지제로 부른다.

22 그 자체만으로는 구성요소로 인식하기에 너무 작은 소재들을 색, 질감, 형태 단위로 모아 빈틈없이 덩어리를 만들어 꽂는 기술은?

① 바인딩(binding)
② 프레이밍(framing)
③ 클러스터링(clustering)
④ 그룹핑(grouping)

해설 | ① 바인딩 : 기능적, 물리적으로 3개 이상의 줄기를 단단히 묶은 것이다.
② 프레이밍 : 프레임(테두리)을 만들어 작품 안의 어떤 특정 부분을 강조하는 기법이다.
④ 그룹핑 : 동일한 소재나 같은 색상의 소재를 모아 꽂는 기법이다.

23 다음 〈그림〉의 형태로 작품을 구성할 경우 1~7 위치의 외곽선을 표현하기로 가장 적합한 소재는?

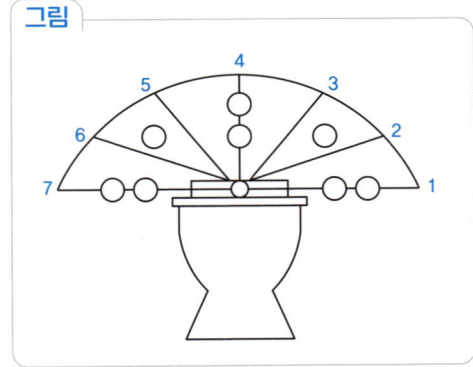

① 스프레이 카네이션
② 스프레이 장미
③ 리아트리스
④ 나리

해설 | 라인플라워인 리아트리스가 가장 적합하다. 라인플라워는 길고 뾰족한 형태로 작품에서 길이감과 전체 골격을 만든다.

정답 | 11 ① 12 ④ 13 ② 14 ④ 15 ④ 16 ④ 17 ④ 18 ② 19 ④ 20 ① 21 ① 22 ③ 23 ③

24 줄기배열 방식 중 교차(cross)의 설명으로 가장 거리가 먼 것은?

① 평행의 변형 · 발전된 형식이다.
② 적은 소재를 써서 큰 스케일의 디자인이 가능하다.
③ 줄기를 꽂는 점이 겹쳐도 방향성이 좋으면 관계없다.
④ 구조적 구성에서 많이 나타난다.

해설 | 교차는 줄기의 꽂는 점(초점)이 모두 다르므로 꽂는 점이 겹쳐지지 않는다.

25 절화와 절엽 등을 길게 엮은 장식물로, 길고 유연성이 있어 어깨에 걸치거나 기둥의 둘레를 감거나 난간, 문 등을 장식할 수 있는 것은?

① 리스   ② 형상물
③ 갈란드   ④ 콜라주

해설 | 갈란드 제작 시 흩어지지 않게 단단히 고정함은 물론 연결하는 끈은 강하고 질긴 것을 사용하여야 한다. 행사, 결혼식, 크리스마스 장식 등으로 다양하게 사용된다.

26 디자인 형태 중 고전형(traditional design)에 대한 설명으로 틀린 것은?

① 형태가 뚜렷해야 한다.
② 주로 페러럴(Parallel)로 꽂는다.
③ 균형감을 느낄 수 있도록 장식한다.
④ 다양한 전통적 꽃을 사용한다.

해설 | 고전형은 주로 방사로 꽂는다.

27 신부 부케 제작에 영향을 미치지 않는 요인은?

① 신부의 취향
② 신부의 신체 크기
③ 신부의 발 치수
④ 웨딩드레스 형태와 색상

해설 | 신부의 취향 · 신체 크기 및 웨딩드레스 형태와 색상에 맞춰 신부 부케를 제작한다.

28 동양식 꽃꽂이에서 2개 이상의 화기와 화형을 선택하여 꽂는 꽃꽂이 형은?

① 부화형(浮花型)
② 분리형(分離型)
③ 복형(複型)
④ 배합형(配合型)

해설 | 복형은 2개 이상의 화기와 화형을 선택하여 꽂는 동양식 꽃꽂이다.

29 병문안용으로 꽃을 고를 때 적합하지 않은 것은?

① 환자의 기분이 되어 꽃을 선택한다.
② 수명이 길고 계절감을 느낄 수 있는 꽃이 좋다.
③ 꽃가루가 있는 꽃은 피한다.
④ 향기가 강한 꽃을 선택한다.

해설 | 병문안용으로는 향기가 없거나 약한 꽃을 선택한다.

30 꽃을 사용한 센터피스(centerpiece) 제작 시 주의 사항으로 거리가 먼 것은?

① 장소, 목적, 음식들의 조건에 따라 다르게 구성되어야 한다.
② 지나치게 향기가 진한 꽃은 사용을 자제한다.
③ 눈높이에 맞게 높게 디자인하여 시야에 작품이 잘 보이게 한다.
④ 가까이에서 보게 되기 때문에 세밀하게 처리되어야 한다.

해설 | 눈높이보다 낮게 디자인하여 시야가 가리지 않도록 제작한다.

31 노즈게이 혹은 터지머지라는 이름으로 불리며, 18세기에는 외출 시 손에 들고 다녔던 것은?

① 리스　　② 콜라주
③ 형상물　④ 꽃다발

해설 | 노즈게이는 향기가 나는 작은 꽃다발로 전염병 예방을 위해 사용되었다. 18세기에는 꽃 향기에 공기 정화 기능이 있다고 믿었다.

32 물과 살충제를 희석해서 만든 1,000배액은?

① 물 1L, 살충제 10mL
② 물 1L, 살충제 1mL
③ 물 1L, 살충제 0.1mL
④ 물 1L, 살충제 0.01mL

해설 | 물 1L(1,000mL)에 살충제 1mL를 넣으면 1,000배액이 된다.

33 소재를 차곡차곡 쌓아 놓듯이 표현하는 기법은?

① 시퀀싱(sequencing)
② 스테킹(stacking)
③ 클러스터링(clustering)
④ 파베(pave)

해설 | ① 시퀀싱 : 소재의 크기, 높이, 색상을 점진적(점차적, 차례대로)으로 변화시켜 리듬감을 표현하는 기법이다.
③ 클러스터링 : 색상, 질감, 형태 단위로 모아 빈 공간 없이 덩어리로 만들어 시각적인 강한 효과를 주는 기법이다.
④ 파베 : 보석을 박듯이 꽃들을 빈 공간 없이 빽빽하게 디자인하는 기법이다.

34 관수 요령에 대한 설명으로 틀린 것은?

① 관수 전에는 손으로 배양토를 만져 본다.
② 겨울철에는 오전 중에 관수하는 것이 좋다.
③ 대부분 식물에서는 배양토 위에 관수한다.
④ 물을 조금씩 여러 번 나누어 자주 준다.

해설 | 관수 시 화분 밑으로 물이 흘러나올 정도로 충분히 준다.

35 다음 중 수확 후 절화수명에 관여하는 수확 전 재배기간 동안의 요인으로 거리가 가장 먼 것은?

① 광량　　② 사용한 농기구
③ 시비량　④ 온도

해설 | 광량, 시비량, 온도는 수확 후 절화수명에 관여한다.

36 진주암을 1,000℃ 이상으로 가열하여 입자 내 공극을 팽창시킨 것으로 염기치환용량은 상당히 낮은 원예용토는?

① 하이드로볼 ② 버미큘라이트
③ 암면　　　 ④ 펄라이트

해설 | ① 점질토를 800℃ 전후에서 구운 다공질 소재
② 질석을 1,000℃ 가열하여 입자 내 공극을 팽창시킨 것
③ 현무암이나 안산암 같은 화성암을 섬유상 가공한 것

37 플라워 디자인 작품이나 상품을 제작할 때 고려해야 할 사항이 아닌 것은?

① 장식하는 장소와 환경을 고려한다.
② 생생한 아름다움이 느껴지도록 마무리한다.
③ 장식원예 보조 용구를 사용하지 않는 것이 좋다.
④ 예비소재를 준비해 둔다.

해설 | 플라워 디자인 작품이나 상품 제작 시 장식원예 보조 용구를 사용하는 것이 좋다.

38 비료의 3요소가 아닌 것은?

① 질소　　② 인산
③ 칼륨　　④ 칼슘

해설 | 비료의 3요소는 질소, 인산, 칼륨이다.
칼슘
• 꽃눈 형성에 영향을 준다.
• 세포막을 튼튼하게 하며 흙의 산성화를 막아준다.

TIP 비료의 3요소
• 질소
 - 줄기와 잎 형성, 광합성 작용에 영향을 준다.
 - 식물의 발육인 영양 생장에 중요한 역할을 한다.
• 인산
 - 꽃, 열매(과실), 씨(종자) 형성과 뿌리 발육에 영향을 준다.
 - 생식 생장에 중요한 역할을 한다.
• 칼륨
 - 줄기, 가지, 뿌리 발육에 영향을 준다.
 - 식물체의 단백질 함량 및 탄수화물 합성을 높인다.

39 절화를 구입할 때 주의사항으로 틀린 것은?

① 각 묶음은 정확한 수량의 줄기를 가지고 있어야 한다.
② 꽃이나 잎줄기에 상처와 병충해가 없어야 한다.
③ 개화 정도는 화훼종류와 용도에 상관없이 단단한 봉오리가 좋다.
④ 꽃은 화색이 선명하고, 잎은 농약의 잔재가 없어야 한다.

해설 | 화훼종류 및 용도에 맞춰 개화 정도를 다르게 하여 구입한다.

40 핸드타이드 부케의 제작방법으로 옳은 것은?

① 바인딩 포인트 하단 부분의 소재 줄기에 잎이나 가시가 없도록 깨끗이 정돈한다.
② 바인딩 포인트는 소재가 추가되면서 점점 내려가게 제작한다.
③ 나선형으로 제작 시 바인딩 포인트의 줄기가 여러 방향으로 가게 하여 두껍게 제작한다.
④ 각 소재별로 물올림을 다르게 하여 건조한 상태에서 제작한다.

해설 | 핸드타이드 부케 제작 시 바인딩 포인트는 아랫부분을 깨끗이 정돈한다.

41 고대이집트 시대 화훼장식의 특징을 알 수 있는 단어가 아닌 것은?

① 반복　　② 단순함
③ 명쾌함　④ 우아함

해설 | 고대이집트 시대 화훼장식의 특징은 단순, 반복, 명쾌함이다. 원색(빨강·파랑·노랑)의 강한 색감을 선호하였고 화훼형태로는 화관, 리스, 갈란드, 꽃목걸이가 있다.

42 철사처리법 중 후킹(hooking method)에 적합하지 않은 꽃은?

① 데이지　　② 국화
③ 금잔화　　④ 장미

해설 | 장미는 피어싱 기법을 사용한다.

TIP 후킹
와이어 끝을 갈고리 모양으로 만들어 꽃의 윗부분에서 아래로 당겨 고정하는 방법이다.

43 식물이 사람에게 필요한 산소를 공급하고 이산화탄소를 흡수하여 공기를 정화시키는 기능은?

① 장식적 기능　② 환경적 기능
③ 건축적 기능　④ 심리적 기능

해설 | 공기 정화는 화훼장식의 환경적 기능이다.
① 장식적 기능 : 아름다운 생활공간 조성, 쾌적한 분위기 연출, 공간의 품격 향상 기능
③ 건축적 기능 : 공간 분할을 통한 경계 구분, 동선 유도, 차폐(시야 차단)
④ 심리적 기능 : 정서적 안정감, 긴장감과 스트레스 완화, 창조를 통한 자아정체감 향상

44 테이블장식물을 제작할 때 유의할 사항이 아닌 것은?

① 행사의 장소 확인이 필요하다.
② 테이블의 모양과 크기를 확인한다.
③ 좌식, 서식은 고려하지 않는다.
④ 행사장의 분위기에 통일성 있는 구성이 되도록 한다.

해설 | 좌식 테이블 장식 제작 시 시야를 가리지 않도록 낮게 장식한다.

정답 | 36 ④　37 ③　38 ④　39 ③　40 ①　41 ④　42 ④　43 ②　44 ③

45 색에 의해서 사람의 관심을 끄는 주목성의 특징으로 옳은 것은?

① 명시성이 낮은 색은 주목성이 높아지게 된다.
② 따뜻한 난색은 차가운 한색보다 주목성이 높다.
③ 명도와 채도가 높은 색은 주목성이 낮다.
④ 빨강, 노랑 등과 같은 원색일수록 주목성이 낮다.

해설 | ① 명시성이 높은 색은 주목성이 높다.
③ 명도와 채도가 높으면 주목성이 높다.
④ 빨강, 노랑 등과 같은 원색일수록 주목성이 높다.

46 유럽의 신부용 부케에서 다산의 의미로 사용된 것은?

① 장미   ② 카네이션
③ 벼 이삭   ④ 월계수 잎

해설 | 벼 이삭은 다산의 의미를 가진다.

47 꽃의 건조방법에 대한 설명으로 틀린 것은?

① 열풍건조는 열풍 건조기를 이용하여 많은 건조화를 생산하며, 꽃을 빠르게 건조시키면서 변색이 적고 형태유지가 가능하다.
② 실리카겔을 이용한 매몰건조는 형태와 색상변화가 적으나 공기 중 수분을 쉽게 흡수하므로 밀폐공간이나 피막 처리하여 장식해야 한다.
③ 누름건조를 이용한 건조화를 누름 꽃이라 하고, 밀폐용 액자와 평면장식에 이용된다.
④ 동결건조는 형태와 색상이 그대로 유지되고, 공기 중에서 수분흡수가 적어 밀폐되지 않은 공간장식에 많이 이용된다.

해설 | 동결건조 후 밀폐하여 보관한다.

48 한색과 난색에 관한 설명으로 틀린 것은?

① 색을 보면서 따뜻하거나 차갑다고 느끼는 감정은 색채와 사물의 경험적인 현상으로 서로 다른 감각세계의 느낌을 말한다.
② 빨간색, 연두색은 난색이며 녹색, 노란색, 보라색은 한색이다.
③ 오렌지색의 따뜻한 색을 배경으로 한 녹색은 차갑게 느껴진다.
④ 파란색의 차가운 색을 배경으로 한 녹색은 따뜻하게 보인다.

해설 | • 난색 : 빨강, 노랑
• 한색 : 파랑, 남색
• 중성색 : 녹색, 보라색

49 화훼장식 디자인 시 우선적인 고려사항에 포함되지 않는 것은?

① 독창성   ② 목적 및 동기
③ 장소   ④ 시간

해설 | 화훼장식의 장소, 시간, 목적 및 동기는 디자인 선정 시 우선 고려사항에 속한다.

50 우리나라 분식물장식의 역사로 틀린 것은?

① 문인, 문객들의 문집에 수록된 시에서 그 흔적을 찾아볼 수 있다.
② 고려 말기의 자수병풍에서 분식물을 찾아볼 수 있다.
③ 한국의 전통적인 분식물은 매화나무나 소나무 등 자생 목본식물이 주종을 이룬다.
④ 홍만선의 산림경제에는 노송을 비롯한 만년송 등에 대한 내용을 수록하고, 어울리는 수형과 분토에 이끼를 생겨나게 하는 요령 등이 자세히 소개되어 있다.

해설 | 홍만선의 산림경제에서는 꽃 재배법, 병꽃이 방법 등이 수록되어 있다.

51 화훼장식에 대한 일반적인 설명으로 틀린 것은?

① 화훼장식은 조화 소재를 주로 사용하여 실내공간을 장식하는 것이다.
② 화훼장식이란 장식물을 제작, 설치, 유지 및 관리하는 기술을 말한다.
③ 화훼장식 중 실내 장식의 형태는 절화 장식, 분식물 장식, 실내정원 등으로 구분할 수 있다.
④ 화훼장식의 재료에서 화훼는 관상의 대상이 되는 초본식물과 목본식물을 총괄하는 식물을 말한다.

해설 | 화훼장식은 생화, 조화 등을 사용하여 실내외 공간을 장식하는 것을 말한다.

52 유럽의 화훼장식 역사 중 좌우 대칭에서 부드러운 비대칭 형태로 변화하고 S라인의 꽃꽂이 형태가 만들어진 시기는?

① 비잔틴　　② 바로크
③ 로코코　　④ 르네상스

해설 | 바로크 시대는 호가스(S)라인 형태가 만들어진 시기이다. 화려하고 사치스러우며 남성적이다.

53 질감(texture)의 구분과 그에 따른 감정 표현의 연결로 틀린 것은?

① 무게 : 가볍다, 약하다
② 빛에 대한 반응 : 반투명하다, 광택이 있다
③ 구조와 조직 : 조밀하다, 불규칙적이다
④ 촉감 : 야무지다, 느슨하다

해설 | 질감은 직접 만지면서 느껴지는 촉각적 질감과 눈으로 볼 수 있는 시각적 질감으로 구분한다. 거침, 부드러움, 딱딱함, 매끈함, 단단함 등으로 표현할 수 있다.

54 절화장식에 관한 설명으로 옳은 것은?

① 절화장식은 꽃꽂이로 많이 알려져 있으며 오늘날의 절화장식은 전통을 고수하는 방식으로 이루어지고 있다.
② 꽃다발, 갈란드, 리스, 형상물, 콜라쥬, 압화장식, 포푸리 등이 있다.
③ 대부분의 절화장식물의 줄기는 방사선으로 배열되며 줄기를 짧게 잘라 꽃으로만 배열하기도 한다.
④ 절화장식은 주로 실내에서 이용하고 주 소재가 목본식물이며 장식기간이 일시적이다.

해설 | 절화란 뿌리가 잘린 채 이용되는 꽃을 말한다.
① 오늘날의 절화장식은 전통적인 꽃꽂이와 다양한 양식이 혼재되어 새로운 양식으로 발전하고 있다.
③ 절화장식물의 줄기는 방사선, 교차선, 감는선 등 다양한 방식으로 제작된다.
④ 절화장식은 실내 · 외에서 이용할 수 있다.

정답 45 ② 46 ③ 47 ④ 48 ② 49 ① 50 ④ 51 ① 52 ② 53 ④ 54 ②

55 더치 플레미시 디자인(dutch flemish de-sign)에 대한 설명으로 옳지 않은 것은?

① 컴팩트한 디자인이다.
② 많은 종류의 꽃과 많은 색상을 사용하였다.
③ 식물소재 이외의 사용은 가능한 금지하였다.
④ 다양한 질감, 풍부한 색상이 디자인의 완성도를 높였다.

해설 │ 더치 플레미시 디자인에서는 꽃과 함께 과일이나 조개껍질 등의 액세서리를 사용하였다.

56 황금비율을 가장 바르게 나열한 것은?

① 8:3:1   ② 8:4:1
③ 8:5:3   ④ 8:6:3

해설 │ 황금비율은 1:1.618, 3:5:8이다.

57 건조화가 최적의 소재가 되기 위한 특성이 아닌 것은?

① 유연성이 있어야 한다.
② 지속성이 있어야 한다.
③ 원하는 색을 유지해야 한다.
④ 건조나 가공 후 변형이 있어야 한다.

해설 │ 건조화는 건조 가공 후 변형이 없어야 한다.

58 다음 중 상대적으로 깊이감이 덜 요구되는 기법은?

① 쉐도잉 기법   ② 그룹핑 기법
③ 파베 기법   ④ 테라싱 기법

해설 │ 파베 기법은 보석을 박듯이 꽃들을 빈 공간 없이 빽빽하게 디자인하는 것을 말한다.
① 쉐도잉 : 먼저 꽃은 소재의 바로 뒤나 아래에 같은 소재를 하나 더 배치하여 그림자 효과를 내는 기법이다.
② 그룹핑 : 동일한 소재나 같은 색상의 소재를 모아 꽂는 기법으로 소재 각각의 독립성을 가지도록 각각의 그룹 사이에 공간을 두어 디자인한다.
④ 테라싱 : 납작한 종류의 재료를 수직 또는 수평으로 꽂아 계단처럼 표현하는 기법이다.

59 이색 3조화에 대한 설명으로 옳은 것은?

① 12개의 색상환에서 1색상씩 건너뛰어 3색이 함께 조화될 수 있게 한다.
② 색상환이 마주보는 반대쪽에 대립하는 색이다.
③ 색상환에서 120°의 위치에 있는 색과 함께 조화를 이루는 것이다.
④ 유사색 조화보다 좀 더 약한 색채 조화 효과를 얻을 수 있다.

해설 │ 이색 3조화는 색상환에서 120° 위치에 있는 색의 조화를 말한다.

60 정적인 선에 해당하며, 일반적으로 힘 있는 느낌과 위엄 그리고 엄격함을 표현하는 데 효과적인 것은?

① 포물선   ② 나선형
③ 사선   ④ 수직선

해설 │ 수직선은 상승, 힘과 강한 인상, 공식적이며 근엄함을 표현하는 데 효과적이다.

정답 │ 55 ③ 56 ③ 57 ④ 58 ③ 59 ③ 60 ④

2021년 CBT 기출복원문제

※ 2016년 4회 이후 CBT로 출제된 기출문제는 개정된 출제기준과 해당 회차의 기출 키워드 등을 분석하여 복원하였습니다.

01 다음 중 화훼에 대한 설명으로 적절하지 못한 것은?

① 관상가치가 있는 식물을 말한다.
② 초화류, 화목류, 관엽류, 난류는 화훼에 속한다.
③ 절화, 분화는 화훼에 속한다.
④ 상추, 배추, 시금치는 화훼에 속한다.

해설 | 상추, 배추, 시금치는 채소에 속한다.

02 1년초로 분류되는 식물로만 나열된 것은?

① 가자니아, 피튜니아, 살비어, 크로커스
② 색비름, 팬지, 시네라리아, 달리아
③ 루드베키아, 원추리, 금어초, 마가렛
④ 메리골드, 금잔화, 한련화, 팬지

해설 | 1년초는 생활환이 1년 이내인 식물을 말한다.
• 1년초 : 가자니아, 샐비어, 색비름, 팬지, 메리골드, 금잔화, 한련화
• 2년초 : 시네라리아
• 다년초(여러해살이초) : 피튜니아, 달리아, 루드베키아, 원추리, 금어초, 마가렛
• 구근류 : 크로커스

03 우리나라에서 화환의 뒷배경용으로 자주 사용되는 사스레피나무에 관한 설명으로 틀린 것은?

① 상록성 식물이다.
② 제주도와 남부지방에 자생한다.
③ 꽃이 피는 관목식물이다.
④ 중북부지방에서 자생하는 교목성 식물이다.

해설 | 사스레피나무는 남부지방에 자생하는 꽃이 피는 상록성 식물이다.

04 다음 중 일년초 화는?

① 맨드라미 ② 속새
③ 범부채 ④ 옥잠화

해설 | 일년초는 생활환이 1년 이내인 식물로 춘파일년초, 추파일년초로 나뉜다. 범부채는 외떡잎식물 백합목 붓꽃과의 여러해살이풀이다.

05 다음 중 백합과 식물이 아닌 것은?

① 드라세나 골든킹
② 아스파라거스 플루모서스
③ 옥잠화
④ 프리지아

해설 | 프리지아는 백합목 붓꽃과 식물이다.

정답 01 ④ 02 ④ 03 ④ 04 ① 05 ④

06 전통적이며 부드럽고 은은한 느낌을 주는 닥나무로 만든 종이재질의 포장지는?

① 한지   ② 망사
③ 마   ④ 왁스지

해설 | 한지는 닥나무로 만든 종이재질의 포장지이다.

07 가공화 폐기물 관리방법 중 산업폐기물로 처리해야 하는 재료는?

① 플라스틱   ② 인조화
③ 유리   ④ 철

해설 | 인조화는 산업폐기물로 분류하여 처리한다.

08 화훼장식 상품 판매 시, 고객 관리의 목적이 아닌 것은?

① 신규 고객 발굴
② 고객 이탈
③ 고객 충성도 높임
④ 상품 및 서비스상의 문제점 해결

해설 | 고객 관리를 통해 고객 이탈을 방지할 수 있다.

09 〈보기〉에서 설명하는 것은?

> **보기**
> 판매가격=식물재료+부재료+인건비
> 예) 식물재료=도매가의 3~5배, 부재료=도매가의 2배, 인건비=도매가의 20~25%

① 노동비 포함 가격 책정법
② 표준비 가격 책정법
③ 백분율분할 가격 책정법
④ 생산비 포함 가격 책정법

해설 | 노동비 포함 가격 책정법에 대한 설명이다.

10 다음 중 화훼공판장의 역할이 아닌 것은?

① 유통 정보의 수집과 전달 기능
② 공개 경매를 통해 공정하고 투명한 적정 가격 형성
③ 집하 및 분배를 통한 수급 조절 기능
④ 편협한 종류와 품종의 화훼 수집

해설 | 화훼공판장을 통해 다양한 종류와 품종의 화훼 수집이 가능하다.

11 화훼장식에 사용되는 도구에 대한 설명으로 틀린 것은?

① 플로랄 테이프는 쭉 펴서 감아주면 잘 들러붙도록 다양한 색상의 종이에 접착제 성분이 있다.
② 철사는 지름에 따라 번호가 매겨지며, 수가 증가할수록 굵은 철사이다.
③ 워터튜브는 절화의 줄기가 짧아 플로랄폼에 바로 꽂을 수 없을 때 사용한다.
④ 글루건은 글루스틱을 녹여 이용하는 기구이다.

해설 | 철사는 수가 증가할수록 얇은 철사이다.

12 추식구근으로 무피인경에 속하는 식물은?

① 수선   ② 아마릴리스
③ 무스카리   ④ 나리(백합)

해설 | 무피인경은 잎 줄기가 비대하게 변형된 인경 중 겉껍질(막)이 없는 것을 말한다.

13 구조물에 대한 설명으로 적절하지 않은 것은?

① 자연적 소재만을 이용할 수 있다.
② 기능적 구조물과 장식적 구조물이 있다.
③ 최근 다양한 형태의 구조물이 사용되고 있다.
④ 기능적 구조물의 경우 서포터 역할을 많이 한다.

해설 | 구조물 제작 시 자연적 소재뿐만 아니라 인공소재도 사용할 수 있다.

14 절화의 물올림 방법으로 적절하지 않은 것은?

① 물속에서 재절단하며, 재절단 시 가위보다 예리한 칼을 사용한다.
② 같은 종 또는 같은 품종 단위로 동일한 용기에 넣고 물올림시킨다.
③ 유액이 나오는 줄기는 재절단 후 끓는 물에 수 초간 담근다.
④ 수분 흡수 능력을 향상시키기 위해서 줄기 기부를 수평으로 절단한다.

해설 | 수분 흡수 능력을 향상시키기 위해서는 줄기 기부를 사선으로 절단한다.

15 온대지방에서 겨울나기가 가능하고, 가을에 심어야 하는 알뿌리 식물은?

① 칸나
② 수선화
③ 글라디올러스
④ 다알리아

해설 | 수선화는 가을에 식재하는 추식구근이다. 칸나, 글라디올러스, 다알리아는 봄에 식재하는 춘식구근이다.

16 압화의 재료로 사용하기 어려운 꽃은?

① 주름이 많은 꽃
② 색이 선명한 꽃
③ 꽃잎의 수분함량이 적은 꽃
④ 구조가 간단하고 꽃잎이 작은 꽃

해설 | 주름이 많은 꽃은 압화의 재료로 사용하기 어렵다.

17 밀폐된 투명한 플라스틱이나 유리용기 속에 식물을 심어 재배 관상하는 화훼장식의 이용 형태는?

① 토피어리
② 테라리움
③ 디시가든
④ 아쿠아리움

해설 | ① 토피어리 : 식물의 가지를 전정하여 동물 모양이나 기하학적 형태 등으로 디자인하는 것
③ 디시가든 : 접시와 같이 넓고 얕은 용기에 식물을 심어 작은 정원을 꾸미는 것
④ 아쿠아리움 : 어항과 같이 유리 용기에 수생식물을 심고, 거북이나 물고기를 넣어 기르는 것

18 고전적 형태의 하나로 양끝이 서로 이어지려는 듯이 곡선과 공간의 균형이 아름다우며 동적인 느낌을 주는 디자인은?

① 나선형
② 초승달형
③ 수직형
④ 둥근형

해설 | 초승달형은 양끝이 서로 이어지려는 C형 화형이다.

정답 | 06 ① 07 ② 08 ② 09 ① 10 ④ 11 ② 12 ④ 13 ① 14 ④ 15 ② 16 ① 17 ② 18 ②

19 학명의 표시방법으로 옳은 것은?

① 속명의 첫 글자는 소문자로 쓴다.
② 학명은 반드시 영어나 영어화된 단어를 쓴다.
③ 변종은 이탤릭체를 사용한다.
④ 명명자는 이탤릭체로 쓰고, 첫 글자는 대문자로 쓴다.

해설 | ① 속명의 첫 글자는 대문자로 쓴다.
② 학명은 라틴어를 쓴다.
④ 명명자는 인쇄체를 쓰고, 첫 글자는 대문자를 쓴다.

20 다음 중 자연적인 디자인 양식(natural design style)에 속하는 디자인은?

① 삼각형(triangular shape)
② 타원형(oval shape)
③ 비더마이어(biedermeier)
④ 가든양식(garden style)

해설 | 삼각형, 타원형, 비더마이어는 인위적인 디자인 양식에 속한다.

21 식물의 대사, 호흡에 이용되는 당의 역할에 대한 설명으로 가장 거리가 먼 것은?

① 노화를 지연시킨다.
② 기공을 폐쇄하여 수분 손실을 적게 한다.
③ 삼투압을 높여서 영양분을 공급한다.
④ 에틸렌을 합성한다.

해설 | 에틸렌은 식물의 노화를 촉진시키는 호르몬이다.

22 식물을 다른 소재와 조합하여 비사실적 기법에 의해 새로운 형태를 탄생시키는 구성을 가리키는 것은?

① 식생적 구성
② 오브제적 구성
③ 장식적 구성
④ 구조적 구성

해설 | ① 식생적 구성 : 자연의 특성에 가깝게 식물의 생리, 생태적인 면을 고려하여 디자인한다.
③ 장식적 구성 : 소재의 식생을 고려하지 않고 장식을 목적으로 디자인한다.
④ 구조적 구성 : 소재의 질감과 구조가 돋보이게 구성한다.

23 테라싱(terracing) 기법에 대한 설명으로 옳은 것은?

① 동일한 소재들을 어느 정도의 공간을 두며 계단처럼 층층이 쌓는다.
② 줄기가 짧은 재료들을 한데 모아 쿠션 또는 언덕의 효과를 내는 것이다.
③ 소재를 서로 간의 공간 없이 겹겹이 차곡차곡 쌓는다.
④ 소재를 마사지하여 유연하게 만드는 기법이다.

해설 | 테라싱은 납작한 종류의 재료를 수직 또는 수평으로 꽂아 계단처럼 표현하는 기법이다.

24 〈보기〉에서 설명하는 동양식 절화장식은?

> **보기**
> - 화기를 2개 이상 반복적으로 배치하여 하나의 작품이 되도록 구성한다.
> - 하나하나 독립된 특성과 완성미를 나타낸다.
> - 같이 연결되어 있을 때 더욱 효과적인 조화의 미를 표현할 수 있다.

① 분리형　　② 경사형
③ 전개형　　④ 복합형

해설 | 복합형(복형)은 두 개 이상의 화기를 사용한 형태를 말한다.

25 서양식 절화장식에서 골격을 형성하는 선형꽃(line flower)으로 주로 이용되는 소재로 가장 거리가 먼 것은?

① 스토크　　② 장미
③ 글라디올러스　　④ 금어초

해설 | 장미는 덩어리 꽃(매스플라워)이다.

TIP
덩어리 꽃
장미 정도의 큼직한 꽃으로, 여러 송이를 함께 사용해 작품에서 부피감을 형성한다.

26 꽃바구니 제작 시 유의사항으로 옳지 않은 것은?

① 용도와 장소에 맞게 제작한다.
② 제작 후 플로랄폼이 보이지 않도록 한다.
③ 바구니의 물빠짐을 용이하게 하기 위하여 바닥에 비닐 등을 깔지 말아야 한다.
④ 바구니에 맞추어 메인 플라워가 강조되도록 한다.

해설 | 꽃바구니 제작 시 물이 흘러나오지 않도록 바닥에 비닐 등을 깔아야 한다.

27 장식적인 목적으로 강조를 하거나 주의를 끌 필요가 있을 때 꽃재료를 묶는 디자인 기법은?

① 밴딩(banding)
② 바인딩(binding)
③ 번들링(bundling)
④ 레이어링(layering)

해설 | ② 바인딩 : 기능적, 물리적으로 3개 이상의 줄기를 단단히 묶은 것
③ 번들링 : 볏단, 밀짚 다발, 옥수수대 등 비슷하거나 같은 소재들을 모아 한 지점에서 단단히 묶는 기법
④ 레이어링 : 같은 소재를 사용하여 나란히 포개어 겹치는 기법

정답 | 19 ③　20 ④　21 ④　22 ②　23 ①　24 ④　25 ②　26 ③　27 ①

28 플랜터(planter)는 바닥 위로 돌출한 형과 바닥에 묻힌 매몰형이 있다. 이때 매몰형의 특징으로 틀린 것은?

① 식재면의 높이가 바닥과 같아 자연과 같은 느낌이다.
② 통행이 많은 백화점, 쇼핑센터에 이용하면 좋다.
③ 잉여수분의 처리가 곤란하다.
④ 사람과 수목의 일체감을 갖는 데 효과적이다.

해설 | 매몰형 플랜터는 잉여수분을 처리할 수 있다.

29 각각의 소재가 가지고 있는 형태, 크기, 색, 재질감뿐만 아니라 소재의 배열이 나타내는 표면의 조직이나 구성, 재질감, 즉 구조의 효과를 전면에 부각시키는 화훼장식 구성은?

① 장식적 구성　② 식생적 구성
③ 구조적 구성　④ 형 – 선적 구성

해설 | ① 장식적 구성 : 소재의 식생을 고려하지 않고 장식을 목적으로 디자인한다. 풍성하고 화려하며 대부분 대칭구성이다.
② 식생적 구성 : 자연의 특성에 가깝게 식물의 생리, 생태적인 면을 고려하여 디자인한다.
④ 형 – 선적 구성 : 선과 형태의 대비를 통하여 긴장감을 유발하는 디자인이다.

30 절화 장식물에서 플로랄폼이나 기초 부분을 가려줄 수 있는 기법은?

① 테라싱(terracing)
② 번들링(bundling)
③ 그룹핑(grouping)
④ 프레이밍(framing)

해설 | 마무리 작업 및 플로랄폼 등의 기초 부분을 가리는 데에는 베이싱 기법을 이용한다. 이 기법은 시각적 안정감 및 장식적인 표면을 강조할 수 있다. 베이싱 기법의 예로는 테라싱, 파베, 필로잉, 스테킹, 클러스터링, 레이어링, 터프팅이 있다.

31 절화보존용액의 효과로 거리가 먼 것은?

① 절화의 관상 기간을 연장해 준다.
② 절화의 물올림을 원활하게 해 준다.
③ 조기 채화된 봉오리의 개화를 돕는다.
④ 절화의 색상과 향기를 증진시킨다.

해설 | 절화보존용액으로 절화의 향기를 증진시킬 수는 없다.

32 시큐어링 기법에 대한 설명으로 옳은 것은?

① 사용한 철사가 약하거나 짧을 때 더욱 단단하게 보강하기 위해 사용하는 방법
② 꽃의 약한 줄기를 보강해 주거나 줄기를 구부릴 때 그 줄기를 보강하기 위해 사용하는 방법
③ 와이어 줄기를 한 개로 하는 방법으로 굵은 와이어의 끝을 갈고리 모양으로 구부려서 줄기를 따라서 감아 내리는 방법
④ 씨방이나 꽃받침 부분의 줄기에 철사를 직각이 되게 찔러 넣고 구부리는 방법

해설 | ① 익스텐션 기법
③ 후킹 기법
④ 피어싱 기법

33 공간연출을 위한 디자인 과정으로 옳은 것은?

① 기획 – 조사분석 – 구상 – 계획 – 시공 – 관리
② 조사분석 – 기획 – 계획 – 구상 – 시공 – 관리
③ 계획 – 기획 – 구상 – 조사분석 – 시공 – 관리
④ 구상 – 기획 – 계획 – 조사분석 – 시공 – 관리

해설 | 공간연출 디자인 과정은 기획 – 조사분석 – 구상 – 계획 – 시공 – 관리 순으로 진행된다.

34 양지성 식물을 음지에서 재배했을 때 나타나는 현상은?

① 잎이 작아진다.
② 줄기 길이가 짧아진다.
③ 단위 면적당 잎의 수가 적어진다.
④ 꽃의 색상이 짙어진다.

해설 | 양지성 식물을 음지에서 재배했을 때 나타나는 현상으로는 잎 커짐, 줄기 길어짐, 꽃 색상 옅어짐이 있다.

35 오브제적(objective) 구성에 대한 설명으로 틀린 것은?

① 사실적 기법으로 표현해야만 한다.
② 디스플레이용이나 전시용으로 많이 이용한다.
③ 서로 다른 물체들의 조화와 대비가 중요하다.
④ 생물과 무생물의 조화로 새로운 대상을 탄생시키는 방법이다.

해설 | 오브제적 구성은 비사실적 기법으로 표현한다.

36 줄기를 나선상으로 조합하여 둥근형으로 만드는 신부 부케는?

① 캐스케이드 부케
② 바스켓 부케
③ 비더마이어 부케
④ 트라이앵글러 부케

해설 | ① 캐스케이드 부케 : 폭포형
② 바스켓 부케 : 바구니형
④ 트라이앵글러 부케 : 삼각형

37 식물 소재의 손질 방법으로 틀린 것은?

① 구입한 절화 소재에서 시들거나 손상된 부위의 꽃잎과 잎은 제거하고 잎이 너무 무성하면 솎아준다.
② 절화 줄기나 나뭇가지 아랫부분의 잎은 깨끗하게 제거한다.
③ 비슷한 길이의 서로 평행으로 자란 나뭇가지는 모양이 좋으므로 가지를 자르지 않고 잘 살리는 것이 좋다.
④ 대칭으로 자란 잔가지는 번갈아 쳐내어 공간을 살리는 것이 좋다.

해설 | 비슷한 길이의 서로 평행으로 자란 나뭇가지는 용도에 맞게 길이를 다르게 잘라 사용하는 것이 좋다.

38 다음 중 굴지성이 가장 잘 나타나는 절화는?

① 스프레이 국화
② 거베라
③ 글라디올러스
④ 장미

해설 | 굴지성은 식물체가 중력의 작용에 의하여 일정한 방향으로 굽는 성질을 말한다. 굴지성이 잘 나타나는 절화로는 글라디올러스와 금어초가 있다.

정답 | 28 ③ 29 ③ 30 ① 31 ④ 32 ② 33 ① 34 ③ 35 ① 36 ③ 37 ③ 38 ③

39 원예용 배양토의 조건으로 적합하지 않은 것은?

① 배수성 및 통기성이 좋아야 한다.
② 보수력과 보비력이 높아야 한다.
③ 병충해가 없는 무병토양이어야 한다.
④ 일반적으로 산도가 높아야 한다.

해설 | 식물에 따라 배양토의 산도는 달라진다.

배양토 선정 시 확인 요소
- 배수성 : 물이 빠지는 성질
- 통기성 : 공기가 통할 수 있는 성질이나 정도
- 보수력 : 흙이 수분을 보존할 수 있는 힘
- 보비력 : 거름기를 오래 지속할 수 있는 땅의 능력

40 〈보기〉에서 설명하고 있는 디자인 기법으로 적절한 것은?

보기
색상이 밝고 작은 소재들은 바깥쪽에, 어둡고 무거운 소재들은 중앙을 향해 배치하여 시각적 균형과 점진적 변화를 창조하였다.

① 시퀀싱　　　② 프레이밍
③ 그룹핑　　　④ 쉐도잉

해설 | ② 프레이밍 : 프레임(테두리)을 만들어 작품 안의 어떤 특정 부분을 강조하는 기법
③ 그룹핑 : 동일한 소재나 같은 색상의 소재를 모아 꽂는 기법
④ 쉐도잉 : 먼저 꽂은 소재의 바로 뒤나 아래에 같은 소재를 하나 더 배치하여 그림자 효과를 내는 기법

41 코르누코피아(cornucopia)에 대한 설명으로 틀린 것은?

① 풍요의 의미를 갖고 있다.
② 원뿔모양의 바구니(화기)이다.
③ 크리스마스 장식에 어울린다.
④ 그리스 로마 신화에서 유래되었다.

해설 | 코르누코피아는 추수감사절, 가을 장식에 어울린다.

42 식물이 이산화탄소를 흡수할 때 공기 중의 벤젠, 포름알데히드 등의 오염물질을 흡수하여 공기를 정화하는 것은 화훼장식의 어떤 기능에 속하는가?

① 심리적 기능
② 환경적 기능
③ 치료적 기능
④ 교육적 기능

해설 | 공기 정화는 화훼장식의 환경적 기능에 속한다.

43 다음 중 구심적 공간의 특징으로 옳은 것은?

① 양성적이고, 수렴성이 있는 공간이다.
② 분산적이며, 힘이 없는 공간이다.
③ 소극적이며, 자연발생적 공간이다.
④ 무계획하고, 우연히 발생하는 공간이다.

해설 | 구심적(중심) 공간은 양성적(꽃이나 소재로 채워진 공간)이고, 수렴성(한군데로 모아지는)이 있는 공간이다.

44 조선시대 강희안의 대표적인 원예서적은?

① 조선왕조실록
② 양화소록
③ 산림경제
④ 임원심육지

해설 | ③ 산림경제 : 홍만선
　　　④ 임원심육지 : 서유구

45 〈보기〉의 설명이 의미하는 것은?

보기
빨간색에 둘러싸인 주황색은 노란색처럼 보이고, 노란색에 둘러싸인 주황색은 빨간색처럼 보인다.

① 색상 대비　② 보색 대비
③ 명도 대비　④ 계시 대비

해설 | 색상대비란 색상이 다른 두 색을 같이 볼 때 서로의 영향을 받아 각 색상의 차이가 크게 느껴지는 현상을 말한다.

46 고려시대 꽃 문화에 대한 설명으로 틀린 것은?

① 불교가 융성함에 따라 꽃 문화가 크게 발전하였다.
② 초기에는 고구려의 영향을 받아 삼존형식이 주류를 이루었다.
③ 고려시대까지는 꽃꽂이가 수반이나 화기에만 꽂혔다.
④ 꽃병으로 청자가 사용되었다.

해설 | 고려시대 해인사 대적광전 벽화를 보면 바구니에도 꽃이 꽂혀 있다.

47 먼셀 색체계에 대한 색의 설명으로 옳지 않은 것은?

① 먼셀 색상환은 빨강, 노랑, 파랑 3색을 기본으로 한다.
② 무채색은 0에서 10, 즉 11단계로 구분하며, 색상은 없다.
③ 색은 무채색에 가까워질수록 채도가 낮아진다.
④ 적색(Red) 원색의 채도는 가장 낮은 단계를 1도로 하고 가장 높은 단계를 14도로 한다.

해설 | 먼셀의 색체계는 빨강, 노랑, 녹색, 파랑, 보라의 5가지 색을 기본색으로 한다.

48 서양의 화훼장식 역사 중 종교적 상징성이 강한 한 송이 백합이나 긴 원추형의 좌우대칭 디자인 및 삼각형, 원형 등의 형태를 주로 사용하던 시대는?

① 고대 로마　② 비잔틴 시대
③ 중세 시대　④ 르네상스 시대

해설 | 르네상스 시대는 꽃 상징주의이다(장미-세속적 사랑, 백합-고결, 순결).

49 병치혼합의 특징에 해당되지 않는 것은?

① 회전혼합과 같은 평균혼합이므로 명도와 채도가 평균값으로 지각된다.
② 병치혼합의 원리를 이용한 효과를 베졸드(Willheln von Bzold)효과라고 한다.
③ 색료 자체의 혼합이 아니기 때문에 가법혼색에 속한다.
④ 채도가 떨어진 상태에서 중간색을 얻을 수 있다.

해설 | 채도가 높은 상태에서 중간색을 얻을 수 있다.

정답 | 39 ④　40 ①　41 ③　42 ②　43 ①　44 ②　45 ①　46 ③　47 ①　48 ④　49 ④

TIP 병치혼합
- 색을 실제로 섞은 것이 아니라, 혼합 배치하여 두 색의 중간 정도로 보이는 착시현상인 중간혼합에 해당한다.
- 서로 다른 두 색을 조밀하게 배치하여 멀리서 보면 섞여진 하나의 색으로 보이는 현상이다.

50 초등학교 교실에 화분 키우기를 하여 식물의 이름과 생육 모습을 관찰하게 함으로써 아이들에게 얻을 수 있는 교육적 효과에 해당하지 않는 것은?

① 식물 생장의 이해
② 전자파 차단, 방음 등의 환경 개선
③ 꽃과 식물을 이용한 생활환경 대한 관심
④ 식물에 대한 식물학적 이해와 애정의 감정적 승화

해설 | 전자파 차단, 방음 등의 환경 개선은 화훼장식의 환경적 효과에 해당한다.

51 강조에 대한 설명으로 틀린 것은?

① 작품 전체의 통일감을 주면서 특정 부분을 강하게 표현하는 것이다.
② 다른 작품과 대비를 이룰 때 이루어진다.
③ 디자인에서 필수적인 요소이며 디자인의 크기, 모양에 상관없이 한 개만 존재한다.
④ 디자인의 일부로 남아 있어야 한다.

해설 | 강조는 디자인의 크기, 모양에 따라 한 개 또는 여러 개가 존재할 수 있다.

52 건조소재의 보존방법으로 틀린 것은?

① 습기가 적은 곳에 보관한다.
② 온도가 낮은 곳에 보관한다.
③ 햇빛이 잘 드는 곳에 보관한다.
④ 통풍이 잘 되는 곳에 보관한다.

해설 | 건조소재는 직사광선이 없는 그늘진 곳에 보관한다.

53 화훼장식 디자인 원리에 대한 설명으로 틀린 것은?

① 전체를 구성하는 부분 사이의 조화를 창조하기 위한 방법이다.
② 디자인 원리는 절대적인 규칙과 법칙에 따라 이루어진다.
③ 디자인 원리는 기준으로서의 가치를 가진다.
④ 디자인 원리는 독립적으로 나타나는 것이 아니고 상호 보완적인 관계를 갖고, 형식적이나 감각적 요소의 영향에 의해 총체적으로 나타난다.

해설 | 디자인의 원리는 절대적인 규칙과 법칙에 따라 이루어지지 않는다. 기본적인 원칙에 감각적 요소의 영향을 받는다.

54 색의 대비에 관한 설명으로 옳은 것은?

① 채도 대비는 원근 암시요소를 포함하고 있다.
② 보색인 두 색이 나란히 있으면 각각의 채도가 더 낮아져 보인다.
③ 명도 대비는 명도차가 작을수록 강해진다.
④ 청색과 보라색은 노란색과 주황색보다 수축되어 보인다.

해설 | 색의 대비는 2가지 이상의 색을 배열하였을 때 서로 영향을 받아 그 차이가 강조되어 보이는 현상을 말한다. 한색(청색, 보라색)과 난색(노란색, 주황색)을 같이 볼 때 한색은 더 차갑고 작게, 난색은 더 따뜻하고 크게 보인다.

58 화훼장식의 속성으로 가장 거리가 먼 것은?
① 예술성 ② 철학성
③ 실용성 ④ 모방성

해설 | 화훼장식의 속성으로는 예술성, 철학성, 실용성, 독창성이 있다.

55 식물체 내의 수용성 색소의 중요성분이 아닌 것은?
① 플라보노이드류(flavonoids)
② 화청소(anthocyanin)
③ 탄닌(tannin)
④ 카로틴(carotene)

해설 | 카로틴은 지용성(기름에 녹는 성질) 색소이다.

59 통일성을 나타낼 수 있는 방법이 아닌 것은?
① 근접성 ② 반복성
③ 연계성 ④ 대비

해설 | 근접, 반복, 연계를 통해 통일성을 나타낼 수 있다.

TIP 통일
- 부분적인 요소들이 결합하여 하나의 효과로 표현되는 것이다.
- 통일감을 이루는 방법으로는 근접성, 연계성, 반복성이 있다.
- 동일 질감의 재료선택, 유사색 사용, 일관된 기술의 사용을 통해 나타낼 수 있다.

56 색채를 표현할 때 일반적으로 조화가 잘되고 배색이 가장 아름다울 때의 비율은?
① 주색 50%, 보조색 30%, 강조색 20%
② 주색 70%, 보조색 25%, 강조색 5%
③ 주색 60%, 보조색 20%, 강조색 20%
④ 주색 60%, 보조색 35%, 강조색 5%

해설 | 주색 70%, 보조색 25%, 강조색 5%으로 할 때 배색이 가장 아름답다.

60 식물재료의 시각적 느낌 중 무거운 느낌이 드는 표현으로 연결된 것은?
① 크다 – 매끄럽다 – 밝다
② 크다 – 거칠다 – 어둡다
③ 작다 – 부드럽다 – 밝다
④ 작다 – 뾰족하다 – 차갑다

해설 | 무거운 느낌을 주기 위해서는 크고 거칠며 어둡게 표현한다.

57 리듬(Rhythm)감을 주는 방법이 아닌 것은?
① 꽃과 꽃의 간격
② 선의 높고 낮음
③ 동일한 소재의 동일한 색상과 명암
④ 소재의 질감 변화

해설 | 리듬은 반복, 연계를 통해 만들어지는 시각적 운동성이나 흐름이다.

정답 | 50 ② 51 ③ 52 ③ 53 ② 54 ④ 55 ④ 56 ② 57 ③ 58 ④ 59 ④ 60 ②

2022년 CBT 기출복원문제

※ 2016년 4회 이후 CBT로 출제된 기출문제는 개정된 출제기준과 해당 회차의 기출 키워드 등을 분석하여 복원하였습니다.

01 화훼류의 형태에 대한 설명으로 틀린 것은?
① 잔디와 같은 벼과식물은 줄기(대)를 싸고 있는 엽초(잎집)와 엽신(잎몸)으로 구성되어 있다.
② 쉐프렐라 아보리콜라는 장상복엽(掌狀複葉)으로 구성되어 있다.
③ 콩과식물인 등나무는 우상복엽(羽狀複葉)으로 되어 있다.
④ 팔손이는 여덟(8) 개의 우상엽(羽狀葉)으로 되어 있다.

해설 | 팔손이는 장상엽으로 되어 있다.

 TIP 장상복엽, 우상복엽
• 장상복엽 : 잎이 손바닥 모양으로 배열되어 있다. 예 비로야자, 팔손이
• 우상복엽 : 잎이 깃털모양으로 배열되어 있다. 예 등나무

02 시중의 화원에서 흔히 보스톤이라고 부르는 식물은 어떤 식물의 변종이다. 정확한 식물종의 명칭은?
① 칼라 ② 글라디올러스
③ 안수리움 ④ 네프로레피스

해설 | 네프로레피스 잎은 레이스처럼 곱슬곱슬하고 선명한 연녹색이다. 잎줄기는 약 45cm로 짧고 뒤로 젖혀져 있으며 오래된 잎은 아래로 늘어진다.

03 다음 중 화훼에 대한 설명으로 가장 옳은 것은?
① 관상가치가 있는 꽃나무와 화초를 뜻하는 말이다.
② 꽃나무와 화초를 관상가치가 있도록 꾸미는 것이다.
③ 원예의 한 분야로 꽃나무와 화초를 이용하는 것이다.
④ 원예의 한 분야로 꽃나무와 화초를 생산하는 것이다.

해설 | 화훼는 화(花, 꽃 화), 훼(卉, 풀 훼)로 꽃나무와 화초를 뜻하는 말이다.

04 화훼의 이용형태와 화훼종류의 연결이 올바르지 않은 것은?
① 절화용 – 국화, 스타티스
② 분식용 – 포인세티아, 칼랑코에
③ 화단용 – 팬지, 매리골드
④ 절엽용 – 파초일엽, 시네라리아

해설 | 시네라리아는 절화용, 파초일엽은 절엽용이다.

05 화훼장식에서 사용하는 이용도구 중 절화를 지지하는 데 사용되는 재료가 아닌 것은?

① 회전판 ② 플로랄폼
③ 침봉   ④ 철망

해설 | 회전판은 화훼장식 작품을 제작할 때 도움을 주는 재료이다.

06 절화상품 포장지에 대한 설명으로 옳지 않은 것은?

① 플로드지는 다양한 색상의 비닐 포장지이다.
② 습자지(색화지)는 얇은 종이 재질의 포장지로 습기에 약하다.
③ 크라프트지는 종이 재질의 포장지이다.
④ 유산지는 종이에 왁스 처리를 한 포장지로 광택, 방습성이 좋다.

해설 | 종이에 왁스 처리를 한 포장지로 광택, 방습성이 좋은 성질을 지닌 것은 왁스지이다. 유산지는 화학 펄프를 유산 용액으로 처리한 포장지로 내수성, 내유성이 좋다.

07 대여상품약정서의 작성내용으로 틀린 것은?

① 상품 종류
② 상품 배치장소
③ 임대기간
④ 상품홍보방법

해설 | 상품홍보방법은 홍보계획서의 작성내용에 해당한다.

08 용도에 따른 리본 끝처리 형태로 옳지 않은 것은?

① 애도 – 일자
② 진급 – 반원
③ 축하 – 사선 또는 삼각
④ 감사 – 일자

해설 | 감사 용도로 사용 시 리본은 사선 또는 삼각으로 끝처리한다.

09 다음 중 절화상품 포장의 목적으로 옳지 않은 것은?

① 휴대 편리성을 통해 운반이 용이하다.
② 절화상품의 미적 효과를 감소시킨다.
③ 광고효과를 통해 경제성을 높인다.
④ 햇빛, 바람 등 외부환경으로부터 상품을 보호한다.

해설 | 절화상품은 포장으로 미적 효과가 증진된다.

10 구근아이리스의 학명은 $Iris \times hollandica$ 이다. 이때 가운데 × 표시는 무엇을 뜻하는가?

① 종간 교배종이라는 뜻이다.
② Iris와 hollandica가 교배하였다는 것을 표시한 것이다.
③ 속간 교배에 의하여 생긴 종이라는 뜻이다.
④ holland종과 indica종과의 교배종임을 뜻한다.

해설 | 종간 교배종을 나타낼 때 × 표시를 한다.

정답 | 01 ④ 02 ④ 03 ① 04 ④ 05 ① 06 ④ 07 ④ 08 ④ 09 ② 10 ①

11 〈보기〉는 학명표기에 대한 표현이다. ㉠~㉢에 들어갈 내용을 순서에 맞게 나열한 것은?

> 보기
> 학명=(㉠)+(㉡)+(㉢)

① 종명 – 속명 – 명명자
② 속명 – 종명 – 명명자
③ 종명 – 명명자 – 속명
④ 명명자 – 속명 – 종명

해설 | 학명은 속명+종명+명명자의 순서로 구성되어 있다.

12 다음 중 채우기(filler flower) 꽃으로 가장 많이 사용되는 것은?

① 리아트리스   ② 숙근안개초
③ 장미   ④ 극락조화

해설 | ① 리아트리스 : 선의 꽃
③ 장미 : 덩어리 꽃
④ 극락조화 : 형태의 꽃

13 화훼식물의 분류에 대한 설명으로 틀린 것은?

① 숙근류는 다년생으로 자라는 것을 말한다.
② 테이블야자는 관엽식물이다.
③ 아이리스, 크로커스는 구근류에 속한다.
④ 군자란은 난과식물이다.

해설 | 군자란은 수선화과에 속하는 식물이다.

14 구근의 형태에 따른 분류에서 구경류로만 나열된 것은?

① 튤립, 아마릴리스, 히아신스
② 감자, 아네모네, 칼라
③ 다알리아, 라넌큘러스, 고구마
④ 글라디올러스, 프리지어, 크로커스

해설 | ① 인경(비늘줄기)
② 괴경(덩이줄기)
③ 괴근(덩이뿌리)

15 속명의 연결이 틀린 것은?

① 장미속 – *Rosa*
② 카네이션속 – *Dianthus*
③ 진달래속 – *Aconitum*
④ 단풍나무 – *Acer*

해설 | 진달래속의 속명은 Rhododendron이다.

16 테라리움(terrarium)에 관한 설명으로 틀린 것은?

① 테라리움은 밀폐 또는 반 밀폐된 유리 용기 속에 토양층을 형성하여 식물이 자라도록 만든 것이다.
② 테라리움 안의 식물은 물을 하루에 한 번 충분히 주어 적당한 습도를 유지시킨다.
③ 테라리움 안의 배수층에 물이 오래 고여 있지 않도록 한다.
④ 식물을 심을 때는 내음성 식물로 키가 작은 식물을 선택하여 조화롭게 배치한다.

해설 | 테라리움은 물을 자주 주지 않아도 수분이 오랫동안 유지된다.

17 플로랄폼에 대한 설명으로 틀린 것은?

① 플로랄폼을 칼, 가위, 철사를 이용하여 자르면 표면이 매끄럽게 잘린다.
② 플로랄폼은 물에 담가 충분히 흡수시켜 사용해야 한다.
③ 시중에서 오아시스라고 부르는 것은 플로랄폼을 말하는 것이다.
④ 플로랄폼에 물을 빨리 흡수시키기 위해서는 손으로 눌러준다.

해설 | 플로랄폼에 물을 흡수시킬 때 물 위에 띄워 서서히 물이 흡수되도록 기다린다.

18 화훼장식물 제작 과정에 사용되는 도구에 대한 설명으로 옳은 것은?

① 철사는 번호가 작을수록 굵다.
② 플로랄 테이프는 풀이나 본드를 사용하여 감아준다.
③ 칼은 너무 예리하므로 줄기를 자르는 데 적당하지 않다.
④ 디자인에 상관없이 화기는 도자기 재질이 가장 좋다.

해설 | ② 플로랄 테이프는 철사를 감쌀 때, 소재를 묶을 때, 코사지, 부토니아 만들 때 사용한다.
③ 플로랄 나이프는 예리하여 줄기를 자르는 데 적당하다.
④ 디자인에 맞춰 화기의 재질을 선택하여 사용한다.

19 분류학상 미선나무가 속하는 과(科)는?

① 천남성과   ② 물푸레나무과
③ 장미과   ④ 차나무과

해설 | 미선나무는 열매의 모양이 부채를 닮아 미선나무로 불리는 관목이다. 우리나라에서만 자라는 한국 특산식물로 물푸레나무과에 해당한다.

20 광도 요구도에 따른 식물 분류에서 채송화, 맨드라미, 선인장류, 소나무 등이 속하는 것은?

① 양지식물   ② 반음지식물
③ 음지식물   ④ 수생식물

해설 | 양지식물은 내음성이 약하고 양지에서 활발하게 생육하는 식물이다. 소나무, 채송화, 맨드라미, 선인장류 등이 이에 속한다.

21 결혼식장에서 남성의 상의 칼라 단추 구멍에 꽂는 몸 장식용 꽃은?

① 갈란드   ② 코사지
③ 부토니아   ④ 에포렛

해설 | 결혼식장에서 남성의 상의 칼라 단추 구멍에 꽂는 몸 장식용 꽃을 부토니아라고 한다.

22 스트링잉(stringing) 제작 기법에 사용되는 소재는?

① 집게, 망치
② 끈, 줄, 실
③ 파이프, 철판
④ 통나무, 유리

해설 | 스트링잉은 끈, 줄, 실을 이용하여 꽃, 잎, 열매 등을 꿰어주는 기법이다.

23 다음 중 피어스 메소드(pierce method)를 이용할 수 없는 식물은?

① 장미   ② 카네이션
③ 다알리아   ④ 국화

해설 | 국화는 후킹 메소드 철사처리를 이용한다.

정답 | 11 ② 12 ② 13 ④ 14 ④ 15 ③ 16 ② 17 ④ 18 ① 19 ② 20 ① 21 ③ 22 ② 23 ④

24 형과 선을 강조하는 하이스타일 디자인으로 아르데코라 불리는 비대칭형 장식은?

① 보케(boeket)
② 스트라우스(strauss)
③ 부케(bouquet)
④ 포멀 리니어(formal linear)

해설 | 아르데코는 유럽과 미국에서 1920~1930년대에 유행했던 미술 양식으로 장식미술을 의미하는 명칭이다.

TIP
포멀 리니어(형선적, 선형적)
• 선과 형태의 대비를 통하여 긴장감을 유발하는 디자인
• 소재의 양과 종류를 최대한 억제하여 사용하는 것이 식물의 가치 표현에 도움됨
• 대부분 비대칭 구성

25 베이싱(basing)에 대한 설명으로 옳은 것은?

① 작품의 기초가 되는 밑 부분에 사용하는 기법을 말한다.
② 유사한 꽃 크기, 색 등으로 이루어지는 기법이다.
③ 재료의 특성이 강한 것은 사용하지 않는다.
④ 소재들 사이에는 공간이 있어서는 안 된다.

해설 | 베이싱은 작품의 베이스가 되는 부분에 사용하는 기법으로 마무리 작업 및 플로랄폼을 가리는 데 이용된다. 시각적 안정감 및 장식적인 표면을 강조할 수 있다.

26 구조적(structure) 디자인의 설명이 아닌 것은?

① 대칭과 비대칭의 질서를 유지하면서 형과 선을 명확하게 표현한다.
② 소재 표면의 조직이나 재질감(texture)이 드러난다.
③ 하나하나 조밀하게 구성하여 여러 겹으로 포개놓은 형태이다.
④ 잎 소재를 여러 겹 겹쳐 쌓아서 만든 작품들이 대부분 포함된다.

해설 | 선형적 구성은 대칭과 비대칭의 질서를 유지하면서 형과 선을 명확하게 표현한다.

27 한국의 결혼식장에서 거의 사용되지 않는 꽃장식은?

① 꽃길과 주례단상
② 화환
③ 화동이 드는 꽃다발 장식
④ 십자가 장식

해설 | 십자가 장식은 서양의 장례식장에서 많이 사용되고 있는 꽃장식이다.

28 다음 중 분식물 장식에 속하지 않는 것은?

① 갈란드
② 테라리움
③ 디쉬가든
④ 걸이분(hanging basket)

해설 | 갈란드는 절화 장식에 속한다.

갈란드
- 절화, 절엽, 열매 등을 길게 엮어 만든 유연성 있는 장식물을 말한다.
- 흩어지지 않게 단단히 고정함은 물론 연결하는 끈은 강하고 질긴 것을 사용하여야 한다.
- 어깨에 걸치거나 벽·기둥 등을 감거나 난간 문 등을 장식하기 용이하다.
- 행사, 결혼식, 크리스마스 장식 등으로 다양하게 사용된다.

31 서양 꽃꽂이의 화형을 기하학적 형태를 기초로 하여 직선적 구성과 곡선적 구성으로 구분할 때 곡선적 구성에 해당하는 것은?

① L자형(L-shape)
② 역 T자형(inverted-T)
③ 초승달형(crescent)
④ 수직형(vertical)

해설 | ①, ②, ④는 직선적 구성이다.

29 화훼장식 작품 제작 시 사용되는 기법 중 그 성격이 다른 하나는?

① 밴딩(banding)
② 바인딩(binding)
③ 번들링(bundling)
④ 시퀀싱(sequencing)

해설 | 밴딩, 바인딩, 번들링은 묶는 기법에 해당된다.

시퀀싱
- 소재의 크기, 높이, 색상을 점진적(점차적, 차례대로)으로 변화시켜 리듬감을 표현하는 기법이다.
- 크기가 작은 것에서 큰 것으로, 색이 밝은 색에서 어두운 색으로, 꽃봉오리에서 활짝 핀 꽃 순으로 표현한다.

32 절화 장미 수확 후 품질특성에 관한 설명으로 옳은 것은?

① 장미는 수분 보유력이 강해 수확 후 물올림 작업이 필요 없다.
② 물올림이 잘되지 않으면 꽃목 굽음이 발생한다.
③ 저온에 민감하여 저온 장해를 일으키므로 10℃ 이상에서 수송 및 유통을 한다.
④ 카네이션에 비해 수확 후 에틸렌 발생이 많은 편이다.

해설 | ① 장미는 수분 보유력이 약해 수확 후 물올림 작업이 필요하다.
③ 장미는 저온에서 수송 및 유통한다.
④ 장미보다 카네이션이 수확 후 에틸렌 발생이 많은 편이다.

30 대칭 구성에 대한 설명으로 틀린 것은?

① 대칭은 자유로운 질서이다.
② 장식적 구성에 자주 사용한다.
③ 좌우 양쪽의 무게가 시각적 균형을 이루어야 한다.
④ 안정적이고 차분한 분위기를 연출하므로 연회용 헤드테이블 장식에 어울린다.

해설 | 비대칭 구성이 자유로운 질서이다.

33 다음 형태 중 음성(음화)적 공간이 가장 적게 나타나는 것은?

① 부채형
② 호가스형(S)
③ 초승달형
④ L자형

해설 | 음화적 공간은 디자인 안에서 꽃이나 소재가 채워지지 않은 부분을 말한다.

정답 24 ④ 25 ① 26 ① 27 ④ 28 ① 29 ④ 30 ① 31 ③ 32 ② 33 ①

34 평면적인 화면에 입체적인 생화나 건조 소재 등의 소재를 반평면적으로 배치하여 표현하는 장식물은?

① 갈란드   ② 콜라쥬
③ 리스   ④ 코사지

해설 | ① 갈란드 : 꽃, 잎, 열매 등을 엮어 만든 긴 꽃줄
③ 리스 : 고리 모양의 틀에 꽂거나, 붙이거나 엮어서 제작
④ 코사지 : 신체 부위를 장식하는 작은 꽃다발

35 〈보기〉에서 설명하고 있는 것으로 옳은 것은?

> 보기
> • 참나무, 밤나무와 같은 활엽수 낙엽을 쌓아 충분히 썩혀 만들어진 토양이다.
> • 가볍고 보수력, 배수력이 있으며 통기성이 좋고 양분을 오래 간직하여 원예 식물 재배용으로 널리 이용한다.

① 부엽토   ② 피트모스
③ 바크   ④ 펄라이트

해설 | ② 피트모스 : 수태 및 양치류가 늪 · 땅속에 묻혀 썩은 것
③ 바크 : 활엽수, 침엽수 등의 나무껍질을 잘게 빻아 발효 · 살균 처리한 것
④ 펄라이트 : 진주암을 고열 처리한 용토

36 〈보기〉에서 설명하는 동양식 절화장식은?

> 보기
> • 화기를 2개 이상 반복적으로 배치하여 하나의 작품이 되도록 구성한다.
> • 하나하나 독립된 특성과 완성미를 나타낸다.
> • 같이 연결되어 있을 때 더욱 효과적인 조화의 미를 표현할 수 있다.

① 직립형   ② 복형
③ 하수형   ④ 분리형

해설 | ① 직립형 : 1주지의 각도가 0~15°로 세워진 형태
③ 하수형 : 1주지의 각도가 90~180°로 흘러내리는 형태
④ 분리형 : 한 화기에 출발점이 2개 이상인 형태

37 폭포형 부케에 대한 설명으로 옳은 것은?

① 원형의 본체에 갈란드를 조립하여 만드는 부케로 원형이 자연스럽게 길어진 형태이다.
② 세 개의 다른 갈란드를 조립하여 삼각형 형식으로 구성한 부케이다.
③ 세 개의 둥근 꽃다발을 조립해 한 개의 가지에 여러 송이의 꽃이 핀 것 같은 부케이다.
④ 팔에 걸쳐서 사용하는 부케로 앞면에서 꽃이 차례대로 보일 수 있게 만든 부케이다.

해설 | ② 삼각형(트라이앵글) 부케
③ 엠파이어 부케
④ 암부케

38 플라워 디자인 기법 중에서 작품의 밑 부분에 비슷한 소재를 계단식으로 꽂는 기법은?

① 클러스터링(clustering)
② 프레이밍(framing)
③ 테라싱(terracing)
④ 조닝(zoning)

해설 | ① 클러스터링 : 색상, 질감, 형태 단위로 모아 빈 공간 없이 덩어리로 만들어 시각적인 강한 효과를 주는 기법이다.
② 프레이밍 : 프레임(테두리)을 만들어 작품 안의 어떤 특정 부분을 강조하는 기법이다.
④ 조닝 : 소재의 색상이나 종류를 구역으로 나누어주는 기법이다.

39 방사선 배열의 사방화 꽃꽂이 작품으로 테이블 센터피스(table centerpiece) 장식으로 많이 활용되는 화형은?

① 초승달형　　② 수평형
③ 부채형　　　④ 호가스형

해설 | 테이블 센터피스 장식에는 수평형 작품이 가장 많이 활용된다.

40 한국 전통 꽃꽂이 형태는?

① 원추형
② 경사형
③ 폭포형
④ 더치플래시미형

해설 | 원추형, 폭포형, 더치플래미시형은 서양 꽃꽂이 형태이다.

41 화훼장식의 기능과 관련된 내용으로 가장 거리가 먼 것은?

① 공간을 장식하는 건축적 기능이 있다.
② 화훼장식물은 보는 사람의 마음을 즐겁게 하는 심리적 기능이 있다.
③ 복잡한 현대 생활에 지친 몸과 마음을 치료하여 주는 기능이 있다.
④ 화훼장식에 필요한 소재를 구하기 위하여 꽃과 가지를 자르기 때문에 자연 파괴적 기능이 있다.

해설 | 화훼장식은 자연 파괴적 기능을 하지 않는다.

42 다음 명도에 관한 일반적인 설명으로 가장 옳은 것은?

① 검은색을 많이 사용하면 명도는 높아진다.
② 검정을 0, 흰색을 9로 하여 10단계로 명도를 구분한다.
③ 채도의 높고 낮음에 따라 명암의 효과가 나타난다.
④ 명도는 빛의 반사율을 척도화하여 나타낸 것이다.

해설 | 명도란 색의 밝고 어두운 정도이다. 명도가 높으면 밝아지고 명도가 낮으면 어두워진다. 밝기의 정도에 따라 0(검정색)~10(흰색)으로 나타내며 저명도, 중명도, 고명도로 구분한다.

43 염색화 제작 시 사용되는 표백제가 아닌 것은?

① 하이포아염소산염
② 구연산
③ 아염소산나트륨
④ 과산화수소

해설 | 구연산은 신맛이 강한 매실, 레몬 등에 있는 유기산이다. 비타민C의 분해를 억제하고 해독, 노화 방지 효과가 있다.

정답 | 34 ② 35 ① 36 ② 37 ① 38 ③ 39 ② 40 ② 41 ④ 42 ④ 43 ②

44 오늘날에도 많이 이용되는 화관, 리스, 갈란드 등의 절화 장식물이 일상적으로 이용되기 시작한 시대는?

① 고대 이집트
② 고대 그리스
③ 로마
④ 중세

해설 | 고대 이집트 화훼장식의 특징은 단순성, 반복이며 빨강·파랑·노랑 원색의 강한 색감 선호하였다. 대표적인 화훼형태로는 화관, 리스, 갈란드, 꽃목걸이가 있다.

45 균형의 종류 중 직선과 곡선, 딱딱함과 부드러움, 강하고 약함과 관련된 것은?

① 무게의 균형 ② 재질의 균형
③ 크기의 균형 ④ 색채의 균형

해설 | 직선과 곡선, 딱딱함과 부드러움, 강하고 약함은 재질의 균형에 속한다.

46 색채의 조화에서 배색을 하기 위한 조건으로 가장 거리가 먼 것은?

① 유행을 고려하지 않는 배색이 되어야 한다.
② 목적과 기능에 맞는 배색이 되어야 한다.
③ 색의 심리적인 작용을 고려해야 한다.
④ 주관적인 배색은 배제해야 한다.

해설 | 색채 조화 시 유행을 고려한다.

47 다음 중 화훼장식의 디자인적 요소가 아닌 것은?

① 균형   ② 형태
③ 질감   ④ 공간

해설 | 균형은 화훼장식의 디자인 원리에 해당한다.

TIP 화훼장식 디자인의 요소와 원리 분류
• 화훼장식 디자인 요소 : 선, 형태, 깊이, 공간, 질감, 향기, 색채.
• 화훼장식 디자인 원리 : 조화, 통일, 규모, 비례, 강조, 리듬, 대비, 균형

48 고구려 5~6세기의 쌍영총 벽화에 나타난 화훼장식의 형태가 아닌 것은?

① 좌우 대칭형이다.
② 직선과 곡선의 구성이다.
③ 직립한 소재가 중심을 이룬다.
④ 작약을 중심에 꽂아 두었다.

해설 | 고구려 쌍영총 벽화에는 연꽃을 중심에 꽂아 두었다.

49 NCS(Natural Color System) 색체계에 대한 설명 중 틀린 것은?

① NCS 기본 색상은 노랑, 빨강, 파랑, 녹색 4가지이다.
② 스웨덴에서 개발된 것으로 색을 논리적으로 해석한 것이다.
③ 흰색량+검정색량+순색량의 합은 100이다.
④ 2gc, 14ic, 8ea 등의 기호로 색을 표시한다.

해설 | 2gc, 14ic, 8ea 등의 기호로 색을 표시하는 것은 오스트발트 색체계이다.

50 다음 중 채도가 가장 높은 색은?

① 순색   ② 회색
③ 백색   ④ 흑색

해설 | 채도가 가장 높은 색을 순색이라고 한다. 채도가 높을수록 색이 순수하고 낮을수록 탁하다.

51 다음 중 압화의 소재로 이용하기 가장 어려운 것은?

① 팬지 ② 코스모스
③ 숙근안개초 ④ 극락조화

해설 | 극락조화의 꽃은 두께가 두꺼우며 수분 함량이 높아 압화로 사용하기에 부적합하다.

TIP 압화로 적합한 재료 조건
- 화색 : 선명
- 꽃 구조 : 간단
- 꽃잎 : 수분 함량 적음, 두께 얇음, 크기 작음, 주름 적음

52 건조화에 대한 설명으로 틀린 것은?

① 전시방법, 장소, 위치에 덜 구애받는다.
② 쉽게 부패되는 소재는 방부제 처리를 해준다.
③ 꽃이 만개하였을 때 건조하는 것이 효과적이다.
④ 보관 시에는 햇빛이 적게 받는 곳에 둔다.

해설 | 꽃이 대략 70% 정도 개화하였을 때 건조하는 것이 효과적이다.

53 액체 글리세린 건조법에 대한 설명으로 틀린 것은?

① 건조된 재료의 저장에 폴리에틸렌 필름을 사용한다.
② 수분이 글리세린으로 교환되어 좋은 질감과 유연함을 갖는다.
③ 수분 흡수 능력이 있는 계절에 이용 가능하다.
④ 글리세린의 농도와 처리시간에 따라서 색깔에 차이가 있다.

해설 | 건조된 재료의 저장에는 실리카겔을 사용한다.

54 꽃다발을 제작할 때 사용할 부소재로 가장 적합한 것은?

① 플로랄폼 ② 용기
③ 침봉 ④ 라피아

해설 | 플로랄폼, 용기, 침봉은 꽃꽂이를 할 때 부소재로 사용하기 적합하다.

55 조화의 특징으로 가장 거리가 먼 것은?

① 다양함 속의 통일을 지향한다.
② 서로 다른 요소들이 통합되어 상호관계를 이루는 것을 말한다.
③ 일정한 크기의 비율로 증가 또는 감소된 상태를 말한다.
④ 소재끼리 갖는 색상의 유사나 보색대비를 통하여 이루어지기도 한다.

해설 | ③은 리듬에 대한 설명이다.

TIP 리듬
- 반복, 연계를 통해 만들어지는 시각적 운동성이나 흐름
- 색의 규칙적인 반복사용, 같은 형태의 꽃을 반복 사용, 색의 연계 등을 통해 표현 가능
- 유사색을 사용하여 연속적으로 되풀이되는 변화를 주어 시각적인 즐거움을 줄 수 있음
- 리듬감을 주는 방법 : 꽃과 꽃의 간격, 선의 높고 낮음, 소재의 질감 변화

정답 | 44 ① 45 ② 46 ① 47 ① 48 ④ 49 ④ 50 ① 51 ④ 52 ③ 53 ① 54 ④ 55 ③

56 화훼장식 정의와 가장 거리가 먼 것은?

① 식물을 주 소재로 시간, 장소, 목적에 적합한 아름다운 조형물을 설치하는 것이다.
② 화훼장식의 넓은 의미는 화훼장식물을 유지 및 관리하는 영역도 포함된다.
③ 식물에 인간의 창의력이 첨가된 조형예술이다.
④ 화훼장식은 식물 생명의 유한성이 배제된 조형예술이다.

해설 | 화훼장식은 식물 생명의 유한성이 포함된 예술이다.

57 우리나라 화훼장식의 역사에 관한 설명으로 옳은 것은?

① 조선시대부터 화훼식물을 이용한 장식이 시작되었다.
② 조선시대는 불교 전성기로 불전공화가 행해졌다.
③ 고려 및 조선시대에는 화분을 심어서 이용하는 형태는 거의 이루어지지 않았다.
④ 조선시대 초기의 그림에는 병에 꽃가지를 꽂아 책상 위에 올려놓은 일지화가 많이 나타난다.

해설 | ① 한국 화훼 장식의 기원은 신수사상이다.
② 고려시대에는 불교 전성기로 불전공화가 행해졌다.
③ 고려 및 조선시대에는 화분을 심어서 이용하였다.

58 실내의 한 벽면에 커다란 쇼파를 놓고 그 벽면에 그림 한 장을 걸었을 때, 그 그림이 너무 크거나 작은 느낌 또는 아주 적당하다는 느낌을 주는 것은 디자인의 원리 중 주로 무엇에 의한 것인가?

① 조화   ② 통일
③ 비례   ④ 리듬

해설 | ① 조화 : 모든 구성 요소들이 분리되지 않고 서로 잘 어우러져 전체적인 질서를 이루는 미적 원리
② 통일 : 부분적인 요소들이 결합하여 하나의 효과로 표현되는 것
④ 리듬 : 반복, 연계를 통해 만들어지는 시각적 운동성이나 흐름

59 원색에 대한 설명으로 틀린 것은?

① 그 색을 다른 색으로 더 이상 분해할 수 없다.
② 어떠한 다른 색들의 혼합에 의하여 만들 수 없다.
③ 스펙트럼의 3원색을 전부 혼합하면 흑색이 된다.
④ 모든 색광의 근원이 되는 색이다.

해설 | 스펙트럼(빛)의 3원색을 전부 혼합하면 흰색이 되고, 색료의 3원색을 전부 혼합하면 흑색이 된다.

60 고려시대의 화훼장식과 관계가 없는 것은?

① 수월관음도
② 수덕사 대웅전의 야화도
③ 불교문화
④ 산화도

해설 | 강서대묘 현실 북벽 비천상(산화도)은 고구려 시대의 화훼장식이다.

정답 | 56 ④ 57 ④ 58 ③ 59 ③ 60 ④

2023년 CBT 기출복원문제

※ 2016년 4회 이후 CBT로 출제된 기출문제는 개정된 출제기준과 해당 회차의 기출 키워드 등을 분석하여 복원하였습니다.

01 다음 중 공간장식 계획에서 가장 먼저 고려해야 하는 것은?

① 화훼장식의 양감 구성
② 화훼장식을 할 대상공간의 특징 및 규모 파악
③ 화훼장식 재료의 색채와 질감 선택
④ 화훼장식의 형태 결정

해설 | 공간장식에서 가장 먼저 고려해야 할 사항은 대상공간의 특징 및 규모를 파악하는 것이다.

02 식물학적 분류에 대한 설명으로 틀린 것은?

① 종이 기본단위로 되며, 속과 과의 계급이 중요하게 취급되고 있다.
② 학명은 속명과 종명으로 2명법으로 표기한다.
③ 식물의 자연분류에서 계(kingdom)는 속씨식물과 겉씨식물로 분류한다.
④ 시중에 유통되고 있는 나리는 나팔나리, 아시아틱나리, 오리엔탈나리의 계통이 있다.

해설 | 식물의 자연분류에서 계는 식물계와 동물계로 분류한다.

03 화훼장식 소재로 줄기 또는 잎을 주로 사용하는 소재가 아닌 것은?

① 팔손이
② 시네라리아
③ 몬스테라
④ 유칼립투스

해설 | 시네라리아는 꽃을 주로 사용하는 소재이다.

04 동양 꽃꽂이에 주로 사용하는 침봉에 대한 설명으로 틀린 것은?

① 핀이 촘촘하게 꽂혀 있어야 한다.
② 가능하면 안정감을 가질 무게를 선택한다.
③ 물에 오래 담구어 두어도 녹슬지 않아야 한다.
④ 침의 끝부분은 다치지 않도록 둥글게 만든다.

해설 | 줄기를 고정할 수 있도록 침의 끝부분은 뾰족하게 만든다.

정답 01 ② 02 ③ 03 ② 04 ④

05 꽃의 기능에 대한 설명으로 틀린 것은?

① 꽃의 근본 기능은 생식이다.
② 풍매화의 꽃은 대부분 형태가 아름답다.
③ 충매화는 꽃잎의 형태를 복잡하게 하여 곤충을 유혹한다.
④ 꽃가루의 수분은 암술머리에서 이루어진다.

해설 | 풍매화는 바람에 의하여 꽃가루가 운반되어 수분이 이루어지는 꽃이다. 풍매화의 꽃은 바람에 날아가기 쉽도록 형태가 구성되어 있다. 충매화는 곤충에 의하여 꽃가루가 운반되어 수분이 이루어지는 꽃이다.

06 열매에 대한 설명으로 틀린 것은?

① 모과, 죽절초, 남천 등의 열매는 관상가치가 높다.
② 핵과는 장과와 비슷하지만, 내과피가 얇고 부드럽다.
③ 진과는 자방벽이 발달한 열매이다.
④ 밤, 호두, 개암 등은 대표적인 견과이다.

해설 | 핵과는 내과피가 두껍고 거칠다.

07 꽃의 형태별 분류에 따른 설명으로 옳은 것은?

① 나리, 백합은 필러 플라워에 속한다.
② 안개초, 스타티스는 라인 플라워에 속한다.
③ 칼라, 튤립, 아이리스는 매스 플라워에 속한다.
④ 폼 플라워(form flower)는 작품의 중심부에 꽂아 강조하는 역할을 한다.

해설 | 폼 플라워는 나리, 백합, 칼라가 있다. 필러 플라워로는 안개초, 스타티스가 있다.

08 서양 디자인에서 전통 스타일을 제작할 때 플로랄폼을 화기에 고정하는 방법으로서 가장 적합한 것은?

① 밖으로 보이지 않게 화기보다 낮게 고정한다.
② 화기 가운데만 플로랄폼을 고정하고 주변으로 여유가 있도록 한다.
③ 화기 바깥으로 충분히 넘치도록 고정시킨다.
④ 화기보다 약간 높게 고정시킨다.

해설 | 서양 디자인에서 전통 스타일을 제작할 때 플로랄폼은 밖에서 약간 보일 수 있게 고정한다. 화기에 플로랄폼이 꽉 끼도록 하여 고정한다.

09 화훼장식에 대한 설명으로 틀린 것은?

① 채소나 과일은 화훼장식 재료로 부적합하다.
② 화훼식물을 이용하여 우리 생활환경을 보다 아름답고 쾌적하게 조성할 수 있다.
③ 감상이나 가꾸는 것 외에 원예치료의 효과도 거둘 수 있다.
④ 생활환경을 아름답게 하기 위해 절화류, 분화류, 관엽식물 및 건조화 등의 이용 폭이 넓다.

해설 | 채소와 과일을 꽃과 함께 화훼장식 재료로 이용한다.

10 두상화서(頭狀花序)로 꽃이 피는 화훼류는?

① 장미   ② 카네이션
③ 국화   ④ 칼라

해설 | 두상화서란 작은 꽃들이 모여 하나의 꽃으로 보이는 것을 말한다.

11 광에 따른 생육 정도에 따라 음생식물과 양생식물로 분류할 수 있는데, 다음 중 양생식물에 속하는 것은?

① 아스파라거스 ② 베고니아
③ 군자란   ④ 백일홍

해설 | • 양생식물은 햇빛이 잘 들어오는 곳에서 잘 자라는 식물을 말한다. 예 피닉스 야자, 생이가래, 백일홍
• 음생식물은 그늘, 반그늘에서 잘 자라는 식물을 말한다. 예 스파티필럼, 이끼류

12 식물의 노화를 촉진하는 원인이 아닌 것은?

① 양분 부족
② 수분 부족
③ 사이토카이닌(cytokinin) 생성
④ 에틸렌(ethylene) 생성

해설 | 사이토카이닌은 생장을 조절하고 세포분열을 촉진하는 역할을 하는 물질이다. 휴면타파작용, 식물조직의 노화 억제, 잎과 곁눈의 생장 촉진, 잎과 과일의 노화를 방지한다.

13 흙에 심지 않고 나무나 돌 등에 붙여 재배하는 난의 종류는?

① 반다   ② 심비디움
③ 춘란   ④ 한란

해설 | 착생란은 나무나 바위에 붙어 고착생활(다른 생물체에 붙어 생활)을 한다. 예 카틀레아, 온시디움, 풍란, 석곡, 덴드로비움, 반다

14 신부 부케에 대한 설명으로 틀린 것은?

① 부케의 손잡이는 몸 선과 나란히 포컬 포인트(focal point)를 다소 위로 향하게 하면 아름답다.
② 부케는 양손으로 힘 있게 잡고 꽃의 표정은 아래를 보도록 한다.
③ 자연줄기로 만든 부케나 소품으로 만든 부케는 편안한 모습으로 자연스럽게 드는 것이 매력적이다.
④ 프레젠테이션(presentation)부케는 한 손으로는 꽃을 안은 듯 들고 나머지 손은 꽃다발 줄기를 잡은 듯 가볍게 든다.

해설 | 부케를 잡을 때 꽃의 표정은 중앙을 보도록 한다.

15 식물이 자연에서 자라는 모습과는 관계없이 디자이너의 의도대로 자유롭게 재구성하여 장식성을 높인 구성 형식은?

① 선형적 구성
② 식생적 구성
③ 장식적 구성
④ 그래픽적 구성

해설 | 장식적 구성은 소재의 식생을 고려하지 않고 장식을 목적으로 디자인한다. 풍성하고 화려하며 대부분 대칭구성이다.

16 다음 중 식물을 학명과 보통명으로 나눌 때 보통명에 대한 설명으로 틀린 것은?

① 보통명은 전 세계 사람이 통용어로 사용할 수 없다.
② 식물학자들은 식물분야 학회에서 보통명을 자주 사용한다.
③ 학술용어로 사용되기에는 비과학적이다.
④ 학명에 비해 부적합한 것이 많다.

해설 | 식물학자들은 식물분야 학회에서 학명을 사용한다.

17 다음 중 건조소재에 대한 설명으로 틀린 것은?

① 생화에 비해 취급하기가 편리하며 소재의 보관과 운반 시에 시간적 제한성이 없다.
② 관리와 환경에 따라 반영구적으로 보관, 감상할 수 있다.
③ 건조화는 열매, 줄기, 뿌리, 가지, 잎, 덩굴 등 다양한 부위가 사용된다.
④ 출하시기의 제한을 받아 일정 기간에만 건조가 가능하다.

해설 | 건조소재는 출하 시기의 제한을 받지 않는다.

18 대기오염에 의한 식물의 피해 현상이 아닌 것은?

① 반점현상   ② 조기낙엽
③ 형태변화   ④ 꽃눈형성

해설 | 꽃눈형성은 형태적인 발달로 꽃눈(식물에서 꽃이 될 눈)이 만들어지는 것을 말한다.

19 자연향을 오래 간직하기 위해서 말린꽃에 향기 나는 식물, 향료 등을 혼합하여 이것을 용기 속에 넣어 이용하는 장식화훼의 형태는?

① 포푸리   ② 리스
③ 부토니아   ④ 오브제

해설 | 포푸리는 방향성 식물의 꽃, 잎, 줄기, 열매 등의 방향성 부위를 건조시켜 용기에 담거나 주머니에 넣어 공간에 배치하거나 몸에 지니기도 하는 장식물이다.

20 국화과 식물이 아닌 것은?

① 과꽃   ② 백일홍
③ 메리골드   ④ 라넌큘러스

해설 | 라넌큘러스는 미나리아재비과 식물이다

21 플라워 디자인 기법 중에서 작품의 밑 부분에 비슷한 소재를 계단식으로 꽂는 기법은?

① 클러스터링(clustering)
② 프레이밍(framing)
③ 테라싱(terracing)
④ 조닝(zoning)

해설 | ① 색상, 질감, 형태 단위로 모아 빈 공간 없이 덩어리로 만들어 시각적인 강한 효과를 주는 기법이다.
② 프레임(테두리)을 만들어 작품 안의 어떤 특정 부분을 강조하는 기법이다.
④ 소재의 색상이나 종류를 구역 나누기 해주는 기법이다.

22 방사선 배열의 사방화 꽃꽂이 작품으로 테이블 센터피스(table centerpiece)장식으로 많이 활용되는 화형은?

① 초승달형　② 수평형
③ 부채형　　④ 호가스형

해설 | 테이블 센터피스로는 수평형 작품이 가장 많이 활용된다.

23 한국 전통 꽃꽂이 형태는?

① 원추형　　② 경사형
③ 폭포형　　④ 더치플래시미형

해설 | 원추형, 폭포형, 더치플래미시형은 서양 꽃꽂이 형태이다.

24 웨딩 부케에 대한 설명으로 옳지 않은 것은?

① 삼각형부케(트라이앵글)는 두 개의 갈란드를 중심부에 연결하여 아름다운 곡선이 돋보이는 형태이다.
② 초승달형부케(크레센트)는 선의 흐름을 최대한 돋보이게 하고 대칭적, 비대칭적 제작이 가능하다.
③ 폭포형부케(캐스케이드)는 상부의 원형 부케를 하부의 갈란드와 연결한 것이다.
④ 일반적으로 모든 부케의 기본 형태는 원형이다.

해설 | 삼각형부케는 3개의 갈란드를 중심부에 연결한 형태이다.

25 물주기에 대한 설명으로 옳은 것은?

① 겨울철에도 신선한 찬물을 준다.
② 겉흙이 약간 마른 듯할 때 물을 준다.
③ 항상 토양을 촉촉하게 유지한다.
④ 건조해지지 않도록 조금씩 자주 물을 준다.

해설 | ① 겨울철에는 미지근한 물을 준다.
③, ④ 흙이 마르면 물을 충분히 준다.

26 원예용 배양토의 조건으로 적합하지 않은 것은?

① 배수성 및 통기성이 좋아야 한다.
② 보수력과 보비력이 높아야 한다.
③ 병충해가 없는 무병토양이어야 한다.
④ 일반적으로 산도가 높아야 한다.

해설 | 식물에 따라 배양토의 산도는 달라진다.

단어 설명
- 배수성 : 물이 빠지는 성질
- 통기성 : 공기가 통할 수 있는 성질이나 정도
- 보수력 : 흙이 수분을 보존할 수 있는 힘
- 보비력 : 거름기를 오래 지속 할 수 있는 땅의 능력

정답 | 16 ② 17 ④ 18 ④ 19 ① 20 ④ 21 ③ 22 ② 23 ② 24 ① 25 ② 26 ④

27 자연줄기 그대로를 표현해서 꽃다발을 연상하게 만든 꽃꽂이 형태는?

① L자형
② 스프레이형
③ 크리센트형
④ 패러럴 스트라우스

해설 | 스프레이형은 꽃과 줄기를 따로 꽂아 꽃다발처럼 보이도록 디자인한 꽃꽂이 형태이다.

28 식물의 생장 형태 혹은 앞으로 생장하게 될 형태를 사실적으로 표현하는 조형 형태로 옳은 것은?

① 식생적 구성
② 장식적 구성
③ 형 – 선적 구성
④ 도형적 구성

해설 | 식생적 구성은 자연의 특성에 가깝게 식물의 생리, 생태적인 면을 고려하여 디자인한다.

29 분식물의 용기에 대한 설명으로 틀린 것은?

① 용기는 배수구가 있는 것이 관수, 관리하기 용이하다.
② 일반적으로 키가 큰 식물은 낮고 넓은 용기가 적절하다.
③ 배수구가 있는 용기는 물 받침이 충분하지 않으면 바닥에 물이 넘칠 수 있어 주의한다.
④ 배수구가 없는 용기는 관찰용 파이프를 묻어 용기 바닥의 물을 관찰해 준다.

해설 | 일반적으로 키가 큰 식물은 높은 용기가 적절하다.

30 각각의 소재가 가지고 있는 형태, 크기, 색, 재질감뿐만 아니라 소재의 배열이 나타내는 표면의 조직이나 구성, 재질감, 즉 구조의 효과를 전면에 부각시키는 화훼장식 구성은?

① 장식적 구성
② 식생적 구성
③ 구조적 구성
④ 형 – 선적 구성

해설 | ① 소재의 식생을 고려하지 않고 장식을 목적으로 디자인한다. 풍성하고 화려하며 대부분 대칭구성이다.
② 자연의 특성에 가깝게 식물의 생리, 생태적인 면을 고려하여 디자인한다.
④ 선과 형태의 대비를 통하여 긴장감을 유발하는 디자인이다.

31 절화 장식물에서 플로랄폼이나 기초 부분을 가려줄 수 있는 기법은?

① 테라싱(terracing)
② 번들링(bundling)
③ 그루핑(grouping)
④ 프레이밍(framing)

해설 | 베이싱은 작품의 베이스가 되는 부분에 사용하는 기법으로 마무리 작업 및 플로랄폼을 가리는 데 이용된다. 시각적 안정감 및 장식적인 표면을 강조할 수 있다. 예 테라싱, 파베, 필로잉, 스테킹, 클러스터링, 레이어링, 터프팅

32 신부 부케의 종류별 설명으로 옳은 것은?

① 클러치 부케(clutch bouquet)는 원형이 길어진 형태의 부케이다.
② 포멀 리니어(formal linear)는 장식적으로 구성한 부케이다.
③ 개더링 부케(gathering bouquet)는 꽃잎을 겹쳐서 만든 부케이다.
④ 호가스 부케(hogarth bouquet)는 두 개의 갈란드를 연결하여 초생달 형태가 되도록 조립한 부케이다.

해설 | ① 폭포형 부케는 원형이 길어진 형태의 부케이다.
② 포멀 리니어(formal linear)는 형태와 선으로 구성한 부케이다.
④ 초승달형 부케는 두 개의 갈란드를 연결하여 초생달 형태가 되도록 조립한 부케이다.

33 생산자가 채화를 할 때 주의해야 할 사항으로 틀린 것은?

① 꽃봉오리에서 화색을 구별할 수 있을 때 채화한다.
② 온실에서 수확한 절화는 통로에 놓아두었다가 한꺼번에 선별장으로 운반한다.
③ 기온이 낮은 계절에는 꽃이 피기 시작 무렵에 채화한다.
④ 고온기에는 서늘한 아침, 저녁에 채화하고, 예냉과 소독을 한다.

해설 | 온실에서 수확한 절화는 저온저장고에 둔다.

34 그룹핑(grouping)에 대한 설명으로 틀린 것은?

① 각각의 요소가 모여서 조화로운 형태를 이루면 그룹핑이라 하며 공통점이 없어도 된다.
② 소재를 모으고 분류하며 강한 인상을 줄 수 있다.
③ 소재를 분산시켜 구성하는 것보다 소재의 다양성 및 형태 등이 뚜렷이 구별되고 여백의 미를 강조할 수 있다.
④ 색상, 질감, 형태 등이 비슷하여 조화를 이루고 통일되도록 한다.

해설 | 그룹핑은 동일한 소재나 같은 색상의 소재를 모아 꽂는 기법으로 공통점이 있어야 한다.

35 장미꽃의 관리 요령으로 가장 적합한 것은?

① 줄기의 잎을 될 수 있는 한 많이 떼어낸다.
② 잎과 가시는 모두 물속에 그대로 둔다.
③ 물속에 잠기는 잎과 노화된 잎은 떼어낸다.
④ 보관 용기 안에 빽빽하게 많이 넣을수록 좋다.

해설 | 보관 용기 안에는 통기가 될 수 있게 여유를 두고 소재를 넣어 보관한다.

36 수직적인 디자인의 주소재로 가장 어울리는 것은?

① 스킨답서스   ② 개나리
③ 말채   ④ 스마일락스

해설 | 말채는 수직으로 곧게 뻗은 가지로 수직 디자인의 주소재로 잘 어울린다.

정답 | 27 ② 28 ① 29 ② 30 ③ 31 ① 32 ③ 33 ② 34 ① 35 ③ 36 ③

37 절화장식에 속하는 것은?

① 콜라주 ② 테라리움
③ 디시가든 ④ 비바리움

해설 | 테라리움, 디시가든, 비바리움은 분식물 장식에 속한다.

38 서양식 절화장식에서 골격을 형성하는 선형꽃(line flower)으로 주로 이용되는 소재로 가장 거리가 먼 것은?

① 스토크
② 카네이션
③ 글라디올러스
④ 금어초

해설 | 카네이션은 덩어리 꽃(매스 플라워)이다.

39 장식적인 목적으로 강조를 하거나 주의를 끌 필요가 있을 때 꽃 재료를 묶는 디자인 기법은?

① 밴딩(banding)
② 바인딩(binding)
③ 번들링(bundling)
④ 레이어링(layering)

해설 | ② 기능적, 물리적으로 3개 이상의 줄기를 단단히 묶는 기법
③ 볏단, 밀집다발, 옥수수대 등 비슷하거나 같은 소재들을 모아 한 지점에서 단단히 묶는 기법
④ 같은 소재를 사용하여 나란히 포개어 겹치는 기법

40 꽃바구니 제작 시 유의사항으로 틀린 것은?

① 용도와 장소에 맞게 제작한다.
② 제작 후 플로랄폼이 보이지 않도록 한다.
③ 바구니의 물빠짐을 용이하게 하기 위하여 바닥에 비닐 등을 깔지 말아야 한다.
④ 바구니에 맞추어 메인 플라워가 강조되도록 한다.

해설 | 꽃바구니 제작 시 물이 흘러나오지 않도록 바닥에 비닐 등을 깔아야 한다.

41 대칭형이 나타내는 느낌 중 잘못된 것은?

① 편안하고 안정된 느낌
② 공식적이고 위엄적인 느낌
③ 인위적인 느낌
④ 자연스럽고 생동적인 느낌

해설 | 비대칭형이 자연스럽고 생동적인 느낌을 나타낸다.

42 한국 화훼장식의 역사 중에서 삼국시대에 대한 설명으로 옳은 것은?

① 한국 꽃꽂이가 예술로 본격적으로 발전된 시대이다.
② 불교의 전래와 함께 불전헌공화가 전래되었다.
③ 청자의 곡선미와 순수한 아름다움에 어울리는 병 꽃꽂이를 처음으로 시도했던 시대이다.
④ 유교사상으로 꽃은 소박하고 간결한 표현 및 높이 세우는 형이 많아졌다.

해설 | 삼국시대에 불전(헌)공화가 시작되었다.

43 서양의 꽃 문화에 대한 설명으로 옳은 것은?

① 영국의 화가 윌리엄 호가스에 의한 초승달형 화훼장식이 유행하였다.
② 르네상스 시대는 종교적 의미를 담은 꽃꽂이를 하거나 줄기가 보이지 않을 정도로 꽃을 가득 채운 원추형, 원형 등의 꽃꽂이 형태가 일반적이었다.
③ 빅토리아 시대는 암울한 시대상황으로 꽃 문화가 융성하지 않았다.
④ 미국 초창기의 꽃 문화는 빅토리안 양식에 영향을 받아 부채모양이 일반적이었다.

해설 | ① 바로크시대 윌리엄 호가스에 의한 S형(호가스라인) 화훼장식이 유행하였다.
③ 빅토리아 시대는 전문서적 발행 등 꽃 문화가 융성하였다.

44 검정색과 노란색을 사용하는 교통표지판은 색채의 어떠한 특성을 이용한 것인가?

① 색채의 연상
② 색채의 이미지
③ 색채의 명시성
④ 색채의 심리

해설 | 명시성이란 두 가지 이상의 색·선·모양을 대비시켰을 때, 금방 눈에 뜨이는 성질을 말한다.

45 화훼장식의 주재료인 생화는 지속시간이 짧은 단점을 가지고 있다. 이 단점을 보완할 수 있는 것은?

① 콜라주
② 종이
③ 건조화
④ 염색화

해설 | 건조화는 생화보다 지속시간이 긴 장점을 가지고 있다.

46 전후좌우 어느 방향에서도 감상할 수 있는 디자인은?

① 원추형
② 부채형
③ 수직형
④ 삼각형

해설 | 전후좌우 어느 방향에서도 감상할 수 있는 디자인을 사방화라 한다. 사방화에는 피라미드형, 원추형, 반구형, 수평형이 있다.

47 한색과 난색에 관한 설명으로 틀린 것은?

① 색을 보면서 따뜻하거나 차갑다고 느끼는 감정은 색채와 사물의 경험적인 현상으로 서로 다른 감각세계의 느낌을 말한다.
② 빨간색·연두색은 난색이고, 녹색·노란색·보라색은 한색이다.
③ 오렌지색의 따뜻한 색을 배경으로 한 녹색은 차갑게 느껴진다.
④ 파란색의 차가운 색을 배경으로 한 녹색은 따뜻하게 보인다.

해설 | • 난색 – 빨강, 노랑
• 한색 – 파랑, 남색
• 중성색 – 녹색, 보라색

정답 37 ① 38 ② 39 ① 40 ③ 41 ④ 42 ② 43 ② 44 ③ 45 ③ 46 ① 47 ②

48 우리나라 분식물장식의 역사로 틀린 것은?
① 문인, 문객들의 문집에 수록된 시에서 그 흔적을 찾아볼 수 있다.
② 고려말기의 자수병풍에서 분식물을 찾아 볼 수 있다.
③ 한국의 전통적인 분식물은 매화나무나 소나무 등 자생 목본식물이 주종을 이룬다.
④ 홍만선의 산림경제에는 노송을 비롯한 만년송 등에 대한 내용을 수록하고, 어울리는 수형과 분토에 이끼를 생겨나게 하는 요령 등이 자세히 소개되어 있다.

해설 | 홍만선의 산림경제에서는 꽃 재배법, 병꽂이 방법 등이 수록되어 있다.

49 다음과 같은 고려사항이 요구되는 화훼장식의 조형 형태는?

> 보기
> • 세 개의 서로 다른 크기의 그룹(주, 역, 부)으로 구성되는 비대칭적 질서가 일반적이다.
> • 자연에서 보듯 생장점(출발점)이 종종 화기 안에서 한 점 또는 그 이상 있는 듯 보인다.
> • 꽃의 가치 효과와 운동성, 색상, 용기선택 등을 고려해야 한다.

① 식생적 구성
② 장식적 구성
③ 형 – 선적 구성
④ 병행적 구성

해설 | 식생적 구성은 자연의 특성에 가깝게 식물의 생리, 생태적인 면을 고려하여 디자인한다. 식물의 생장 형태 혹은 앞으로 생장하게 될 형태를 사실적으로 표현하는 조형 형태이다.

50 비례는 폭, 길이, 높이 등의 치수와 비교되는 분량의 측정관계이다. 가장 기본적인 비율로 3:5:8:13:…의 연속적인 분할 비율을 나타내는 것은?
① 황금비율　② 정상비율
③ 과소비율　④ 과대비율

해설 | 과소비율은 1:1 이하, 정상비율은 1:1~1:5, 과대비율은 1:6 이상을 말한다.

51 그리스·로마 시대에 유행했던 화훼장식물이 아닌 것은?
① 리스　② 갈란드
③ 화관　④ 노즈게이

해설 | 영국 조지왕 시대에 노즈게이가 유행하였다.

52 절화상품 장식리본에 대한 설명으로 옳지 않은 것은?
① 라피아는 야자 잎에서 얻은 섬유로 만든 리본이다.
② 오간디리본은 섬유를 접착, 엮어 만든 시트 형태의 리본이다.
③ 금속리본은 광택이 있고 화려하며 가볍다.
④ 리넨리본은 아마사로 짠 직물 리본으로 구김이 잘 생긴다.

해설 | 부직포리본은 섬유를 접착, 엮어 만든 시트 형태의 리본이다.

53 절화상품 포장지에 대한 설명으로 옳지 않은 것은?

① 플로드지는 다양한 색상의 비닐 포장지이다.
② 습자지(색화지)는 얇은 종이 재질의 포장지로 습기에 약하다.
③ 크라프트지는 종이 재질의 포장지이다.
④ 유산지는 종이에 왁스 처리를 한 포장지로 광택, 방습성이 좋다.

해설 | 왁스지는 종이에 왁스 처리를 한 포장지로 광택, 방습성이 좋다. 유산지는 화학 펄프를 유산 용액으로 처리한 포장지로 내수성, 내유성이 좋다.

54 다음 중 디자인 요소가 아닌 것은?

① 선   ② 형태
③ 색채   ④ 강조

해설 | 강조는 디자인 원리에 해당한다.

55 먼셀 표색계의 '채도'에 대한 설명으로 틀린 것은?

① 채도는 'C'로 표시한다.
② 색의 선명도를 나타내는 것으로 포화도라고도 한다.
③ 채도가 높으면 색이 탁해진다.
④ 채도는 1에서 14단계로 나뉘며 색입체의 중심축에서 바깥쪽으로 멀어질수록 채도 번호는 점점 높아진다.

해설 | 채도가 높으면 색은 순수해진다.

56 화훼장식품의 제작 시 배색의 유의점으로 거리가 먼 것은?

① 색의 이미지와 기호, 계절, 유행을 고려하여 적용한다.
② 작품이 놓일 환경과 목적에 부합되어야 한다.
③ 작품은 인공조명의 영향을 거의 받지는 않으므로 조명의 영향은 배제한다.
④ 화기와 리본의 색도 전체 작품의 색과 고려하여 선택한다.

해설 | 작품은 인공조명의 영향을 받는다.

57 사선의 위치와 효과에 대한 설명으로 옳은 것은?

① 공식적이며 근엄한 느낌을 준다.
② 부드럽고 우아하다.
③ 운동성, 방향감, 속도감을 가진다.
④ 상승하는 힘과 강한 인상을 준다.

해설 | ①, ④ : 수직선, ② : 곡선

58 병치혼합의 특징에 해당되지 않는 것은?

① 회전혼합과 같은 평균혼합이므로 명도와 채도가 평균값으로 지각된다.
② 병치혼합의 원리를 이용한 효과를 베졸드(Willheln von Bzold)효과라고 한다.
③ 색료 자체의 혼합이 아니므로 가법혼색에 속한다.
④ 채도가 떨어진 상태에서 중간색을 얻을 수 있다.

해설 | 채도가 높은 상태에서 중간색을 얻을 수 있다.

정답 | 48 ④ 49 ① 50 ① 51 ④ 52 ② 53 ④ 54 ④ 55 ③ 56 ③ 57 ③ 58 ④

59 고려시대 꽃 문화에 대한 설명으로 틀린 것은?

① 불교가 융성함에 따라 꽃 문화가 크게 발전하였다.
② 초기에는 고구려의 영향을 받아 삼존형식이 주류를 이루었다.
③ 고려시대까지는 꽃꽂이가 수반이나 화기에만 꽂아졌다.
④ 꽃병으로 청자가 사용되었다.

해설 | 고려시대 해인사 대적광전 벽화를 보면 바구니에 꽃이 꽂혀 있다.

60 더치 플레미시 디자인(dutch flemish design)에 대한 설명으로 틀린 것은?

① 컴팩트한 디자인이다.
② 많은 종류의 꽃과 많은 색상을 사용하였다.
③ 식물 소재 이외의 사용은 가능한 금지하였다.
④ 다양한 질감, 풍부한 색상이 디자인의 완성도를 높였다.

해설 | 더치 플레미시 디자인에서는 꽃과 함께 과일이나 조개껍데기 등의 액세서리를 사용하였다.

정답 59 ③ 60 ③

2024년 CBT 기출복원문제

※ 2016년 4회 이후 CBT로 출제된 기출문제는 개정된 출제기준과 해당 회차의 기출 키워드 등을 분석하여 복원하였습니다.

01 다음 중 난과 식물이 아닌 것은?
① 카틀레아 ② 사라세니아
③ 덴파레 ④ 온시디움

해설 | 사라세니아는 식충 식물이다.

02 숙근초에 해당되는 설명으로 맞는 것은?
① 종자로부터 발아하여 1년 이내에 모든 영양 및 생식생장, 즉 생활환을 마치는 초본성 식물이다.
② 식물체의 일부인 뿌리, 지하경이 남아서 월동하고 2년 이상 생장과 개화를 반복하는 목본류 이외의 식물이다.
③ 개화에 춘화처리를 필요로 하고 파종 후 개화, 결실 등의 모든 생육을 마치는 데에만 1~2년 소요되는 식물이다.
④ 대부분 종자번식을 하는 식물이다.

해설 | ①, ④ 일년초에 대한 설명이다.
③ 2년초에 대한 설명이다.

03 화훼장식 소재로 줄기 또는 잎을 주로 사용하는 소재가 아닌 것은?
① 팔손이 ② 공작초
③ 몬스테라 ④ 유칼립투스

해설 | 공작초는 꽃을 주로 사용하는 소재이다.

04 화훼의 이용형태와 화훼 종류의 연결이 올바르지 않은 것은?
① 절화용 – 국화, 장미
② 분식용 – 포인세티아, 칼랑코에
③ 화단용 – 팬지, 매리골드
④ 절엽용 – 파초일엽, 시네라리아

해설 | 시네라리아는 절화용, 파초일엽은 절엽용이다.

05 화훼의 특성으로 가장 거리가 먼 것은?
① 대표적인 집약작물이다.
② 종과 품종이 많은 작물이다.
③ 높은 재배기술이 필요한 작물이다.
④ 국제성이 낮은 작물이다.

해설 | 화훼는 국제성이 높은 식물이다.

06 화훼에 대한 정의로 가장 거리가 먼 것은?
① 화훼는 관상을 대상으로 하는 초본식물을 포함한다.
② 화훼는 이용 목적에 따라 절화식물, 분식물, 정원식물 등으로 나눌 수 있다.
③ 화훼는 목본식물을 제외한 관상용 식물을 말한다.
④ 화훼의 분류는 식물학적 분류 및 원예학적 분류 등으로 구분된다.

해설 | 목본식물 또한 화훼에 포함된다.

정답 | 01 ② 02 ② 03 ② 04 ④ 05 ④ 06 ③

07 대여상품약정서의 작성내용으로 틀린 것은?

① 상품 종류
② 상품 배치장소
③ 임대기간
④ 상품홍보방법

해설 | 상품홍보방법은 홍보계획서의 작성내용에 해당한다.

08 화훼장식물 제작 시 사용되는 기법에 대한 설명으로 옳은 것은?

① 클러스터링(clustering) 기법은 소재의 형태적 특징을 포인트로 꽂는다.
② 포컬 에리아(focal area)는 작은 꽃, 가지 또는 옅은색 꽃을 집단으로 꽂는다.
③ 패러럴리즘(parallelism) 기법은 두 개 이상의 선들이 수평, 수직, 사선으로 배열된다.
④ 시퀀싱(seqyncing) 기법은 비슷한 소재끼리 옆으로 나란히 포개 나가는 방법으로 질감을 표현한다.

해설 | ① 클러스터링(clustering) 기법 : 색상, 질감, 형태 단위로 모아 빈 공간 없이 덩어리로 만들어 시각적인 강한 효과를 준다.
② 포컬 에리아(focal area) : 포인트로 강조하여 장식한다.
④ 시퀀싱(sequencing) 기법 : 소재의 크기, 높이, 색상을 점진적(점차적, 차례대로)으로 변화시켜 리듬감을 표현한다.

09 아쿠아리움에 대한 설명으로 옳은 것은?

① 식물의 가지를 전정하여 동물 모양이나 기하학적 형태 등으로 디자인하는 것을 말한다.
② 어항과 같이 유리 용기에 수생식물을 심고, 거북이나 물고기를 넣어 기르는 것을 말한다.
③ 파인애플과 식물이나 착생란 등을 나무, 돌, 숯 등에 붙여 심고 관상하는 것을 말한다.
④ 접시와 같이 넓고 얕은 용기에 식물을 심어 작은 정원을 꾸미는 것을 말한다.

해설 | ① 토피어리
③ 착생식물 장식
④ 디시가든

10 구근아이리스의 학명은 Iris × hollandica 이다. 이때 가운데 × 표시는 무엇을 뜻하는가?

① 종간 교배종이라는 뜻이다.
② Iris와 hollandica가 교배하였다는 것을 표시한 것이다.
③ 속간 교배에 의하여 생긴 종이라는 뜻이다.
④ holland종과 indica종과의 교배종임을 뜻한다.

해설 | 종간 교배종을 나타낼 때 × 표시를 한다.

11 화훼원예학에 대한 설명으로 거리가 먼 것은?

① 집약적이며, 기술적인 재배가 요구되는 화초와 화목을 대상으로 연구한다.
② 화훼식물의 분류 특징과 재배관리를 연구한다.
③ 화훼식물의 번식과 품종개량, 병충해 방제를 연구한다.
④ 화훼식물의 이용과 장식에 관한 것만 연구한다.

해설 | 화훼원예란 판매 목적으로 화훼를 생산, 유통, 이용, 제작을 하는 것을 의미한다.

12 다음 중 채우기(filler flower) 꽃으로 가장 많이 사용되는 것은?

① 글라디올러스   ② 숙근안개초
③ 카네이션   ④ 극락조화

해설 | ① 글러디올러스 : 선의 꽃
③ 카네이션 : 덩어리 꽃
④ 극락조화 : 형태의 꽃

13 화훼장식에 사용되는 철사에 관한 설명으로 틀린 것은?

① 화훼장식 디자인에 사용하는 철사는 무게와 지름의 크기에 따라 다양한 규격을 가지고 있다.
② 화훼장식용 철사는 표준규격의 수치가 높을수록 철사의 굵기가 굵어진다.
③ 너무 굵은 철사를 사용하면 재료를 손상시키고 너무 가는 철사를 사용하면 지지 능력이 떨어진다.
④ 재료를 받쳐서 제자리에 지탱시킬 수 있는 범위 내에서 가장 가는 철사를 사용하는 것이 좋다.

해설 | 화훼장식용 철사는 표준규격의 수치가 낮을수록 철사의 굵기가 굵어진다.

14 다음 중 일반적으로 열매가 자주색으로 나타나는 식물은?

① 피라칸타   ② 백량금
③ 남천   ④ 좀작살나무

해설 | 피라칸타, 백량금, 남천은 열매가 붉은색으로 나타난다.

15 구근식물 중에서 인경류에 해당하지 않는 것은?

① 아마릴리스   ② 칸나
③ 수선   ④ 히야신스

해설 | 인경은 잎 줄기가 비대하게 변형된 것을 말한다. 여러 개의 인편이 모여 구가 되고 인편으로 번식한다. 칸나는 땅속의 줄기가 뿌리모양을 하는 근경이다.

16 절화장식의 구성형식에 의한 분류 중 형-선적 구성(formal-linear composition)에 대한 설명으로 옳은 것은?

① 디자이너의 의도로 소재를 자유롭고 인위적으로 구성하는 형태이다.
② 식물의 생리, 생태적인 면을 고려하여 식물이 자연 상태에서 살아있는 것과 같은 형태로 조형한다.
③ 각 식물의 소재가 가지고 있는 형태와 동적인 특성이 잘 나타나도록 형과 선을 명확히 표현한다.
④ 식물을 다른 소재와 조합하여 그 형이나 색채, 질감을 대비나 조화 등을 비사실적 기법에 의한 순수한 구성미를 가진 형태로 표현한다.

해설 | 형-선적 구성은 선과 형태의 대비를 통하여 긴장감을 유발하는 디자인이다. 소재의 양과 종류를 최대한 억제하여 사용하는 것이 식물의 가치 표현에 도움이 되며, 대부분 비대칭 구성이다.

17 다음 중 건조소재에 대한 설명으로 틀린 것은?

① 생화에 비해 취급하기가 편리하며 소재의 보관과 운반 시에 시간적 제한성이 없다.
② 관리와 환경에 따라 반영구적으로 보관, 감상할 수 있다.
③ 건조화는 열매, 줄기, 뿌리, 가지, 잎, 덩굴 등 다양한 부위가 사용된다.
④ 출하시기의 제한을 받아 일정 기간에만 건조가 가능하다.

해설 | 건조소재는 출하 시기의 제한을 받지 않는다.

18 절화 줄기를 고정하는 데 사용하는 재료 중 디자인의 형태를 고려해 표현할 경우 다양한 형태의 조형이 어려워 제약이 가장 많이 따르는 것은?

① 철망 ② 격자
③ 침봉 ④ 플로랄폼

해설 | 침봉은 쇠로 된 판에 짧고 굵은 핀이 촘촘히 박혀 있다. 동양 꽃꽂이에서 주로 사용되며 화기 안에서 절화, 절지, 절엽 등을 고정한다.

19 분류학상 미선나무가 속하는 과(科)는?

① 천남성과
② 물푸레나무과
③ 장미과
④ 차나무과

해설 | 미선나무는 열매의 모양이 부채를 닮아 미선나무로 불리는 관목이다. 우리나라에서만 자라는 한국 특산식물로 물푸레나무과에 해당한다.

20 〈보기〉에서 설명하는 재료로 옳은 것은?

> 보기
> - 흡수성과 비흡수성이 있다.
> - 많은 양의 꽃을 꽂을 수 있다.
> - 꽃에 수분공급을 해 주는 역할을 한다.

① 플로랄폼 ② 침봉
③ 플라스틱 망 ④ 워터튜브

해설 | 플로랄폼은 가장 많이 사용하는 고정재료로 절화, 절지, 절엽 등을 고정할 때 사용한다.

21 결혼식장에서 남성의 상의 칼라 단추 구멍에 꽂는 몸 장식용 꽃은?

① 갈란드 ② 코사지
③ 부토니아 ④ 에포렛

해설 | 결혼식장에서 남성의 상의 칼라 단추 구멍에 꽂는 몸 장식용 꽃을 부토니아라고 한다.

22 꽃다발을 제작할 때의 주의사항으로 가장 거리가 먼 것은?

① 묶음점 아랫부분의 줄기는 깨끗이 다듬어 준다.
② 묶음점을 굵은 철사로 여러 번 묶는다.
③ 일반적으로 줄기는 나선형으로 돌려가며 구성한다.
④ 묶음점을 부드러운 노끈으로 묶는다.

해설 | 묶음점은 노끈으로 단단하게 묶는다.

23 교차선의 아름다움을 강조한 디자인에 대한 설명으로 거리가 먼 것은?

① 복수 생장점을 갖는다.
② 그룹핑(grouping)의 기술을 이용할 수 있다.
③ 장식적 구성이 가능하다.
④ 일초점을 갖는다.

해설 | 교차선은 초점이 여러 개이다(복수초점).

24 대칭 구성에 대한 설명으로 틀린 것은?

① 대칭은 자유로운 질서이다.
② 장식적 구성에 자주 사용한다.
③ 좌우 양쪽의 무게가 시각적 균형을 이루어야 한다.
④ 안정적이고 차분한 분위기를 연출하므로 연회용 헤드테이블 장식에 어울린다.

해설 | 비대칭 구성이 자유로운 질서이다.

25 관리에 편리한 분화류 모아심기의 요령으로 옳은 것은?

① 연약한 식물만 골라 심는다.
② 여러 가지 다양한 식물을 골고루 심는다.
③ 생육정도가 느린 것만 골라 심는다.
④ 환경조건이 비슷한 것을 골라 심는다.

해설 | 분화류를 모아 심었을 때 관리를 편하게 하려면 환경조건이 비슷한 식물끼리 골라 심는 것이 좋다.

26 코사지에 대한 설명으로 틀린 것은?

① 코사지는 신체 장식의 하나이다.
② 가슴부위에 다는 것만을 코사지라고 한다.
③ 다는 사람의 이미지와 맞는 소재, 크기를 선택한다.
④ 주 소재가 코사지를 달고 있는 사람을 향하도록 한다.

해설 | 코사지는 신체 부위를 장식하는 작은 꽃다발로 다양한 신체 부위(머리, 가슴, 손목, 허리 등)에 장식할 수 있다.

정답 | 16 ③ 17 ④ 18 ③ 19 ② 20 ① 21 ③ 22 ② 23 ④ 24 ① 25 ④ 26 ②

27 자연줄기 그대로를 표현해서 꽃다발을 연상하게 만든 꽃꽂이 형태는?

① L자형
② 스프레이형
③ 크리센트형
④ 패러럴 스트라우스

해설 | 스프레이형은 꽃과 줄기를 따로 꽂아 꽃다발처럼 보이도록 디자인한 꽃꽂이 형태이다.

28 중심축을 기준으로 사방으로 균일하게 꽂는 형태로 가장 적합한 것은?

① 분리형   ② 복합형
③ 방사형   ④ 부하형

해설 | 방사형이란 중앙의 한 점에서 사방으로 뻗어 나간 모양을 말한다.

29 장식적으로 잘라낸 정원수로부터 유래한 것으로 장대 위에 구형으로 디자인한 장식은?

① 레이   ② 페스턴
③ 팬던트   ④ 토피어리

해설 | 토피어리는 기하학적·동물 모양으로 식물을 구성한 것이다.

TIP
레이
하와이에서 사용하는 화환으로 목에 걸어 장식할 수 있는 디자인 구성이다.

30 주지(主枝) 방향에 의한 분류에 해당하지 않는 것은?

① 부화형(俯花型)   ② 경사형(傾斜型)
③ 직립형(直立型)   ④ 하수형(下垂形)

해설 | 주지의 방향에 따라 직립형, 경사형, 하수형으로 분류한다. 부화형은 물에 띄우는 형태를 말한다.
② 경사형 : 1주지의 각도가 40~60°로 기울어진 형태
③ 직립형 : 1주지의 각도가 0~15°로 세워진 형태
④ 하수형 : 1주지의 각도가 90~180° 흘러내리는 형태

31 방향성 식물의 꽃, 잎, 줄기, 열매 등의 부위를 건조시켜 용기에 담거나 주머니에 넣어 공간에 배치하거나 몸에 지니기도 하는 장식물은?

① 드라이 플라워   ② 포푸리
③ 토피어리   ④ 아로마테라피

해설 | 포푸리는 실내 공기 정화를 위한 방향제이다.

32 속이 비었거나 연한 자연줄기를 그대로 살리고 싶을 때 철사를 줄기 속에 넣어 제작하는 테크닉은?

① 소잉(sewing) 기법
② 피어스(pierce) 기법
③ 인서션(insertion) 기법
④ 시큐어링(securing) 기법

해설 | 인서션 철사처리 기법에 대한 설명이다. 줄기의 속이 비거나 연한 거베라, 칼라 등에 사용한다.
① 소잉 기법 : 꽃잎, 잎을 바느질하듯 꿰매는 방법이다.
② 피어스 기법 : 소재 줄기에 와이어를 가로질러 통과시킨 후 직각으로 구부려 감는 방법이다.
④ 시큐어링 기법 : 꽃의 약한 줄기를 보강해 주거나 줄기를 구부릴 때 그 줄기를 보강하기 위하여 사용하는 방법이다.

33 자연적인 성장 형태에 어긋나지 않게 사실적으로 표현한 것으로 식물의 생태적 분야를 고려하여 디자인하는 것은?

① 수평적 형태　② 선형적 형태
③ 장식적 형태　④ 식생적 형태

해설 | 식물의 생태학적으로 디자인하는 것을 식생적 형태라 한다.

34 절화의 관리에 대한 설명으로 틀린 것은?

① 줄기가 절단될 때 공기가 도관 속으로 들어가 도관을 막아 줄기를 통한 물의 정상적인 이동이 방해되는 꽃은 물속 줄기 절단이 좋다.
② 박테리아와 곰팡이와 같은 미생물이 줄기 기부에 침입하여 번식하면서 도관이 막혀 시들게 되는 경우도 있으므로 물통을 깨끗하게 유지해 준다.
③ 장미의 잎은 꽃 아래 잎을 조금 남기고 나머지는 정리하는 것이 수명 연장에 효과적이다.
④ 칼보다는 가위로 줄기를 자르면 줄기의 상처를 줄여 도관을 막는 미생물의 증식을 줄일 수 있다.

해설 | 가위보다는 날카로운 칼로 줄기를 자르면 줄기의 상처를 줄여 도관을 막는 미생물의 증식을 줄일 수 있다.

35 오브제적(objective) 구성에 대한 설명으로 틀린 것은?

① 사실적 기법으로 표현해야만 한다.
② 디스플레이용이나 전시용으로 많이 이용한다.
③ 서로 다른 물체들의 조화와 대비가 중요하다.
④ 생물과 무생물의 조화로 새로운 대상을 탄생시키는 방법이다.

해설 | 오브제적 구성은 비사실적 기법으로 표현한다.

36 절화에 에틸렌 가스 발생을 억제하는 방법으로 거리가 먼 것은?

① 감압제거법에 의한 에틸렌 발생원 제거
② 자외선에 의한 오존의 산화
③ 적외선에 의한 오존의 산화
④ 활성탄에 의해 흡착하는 방법

해설 | 적외선에 의한 오존의 산화는 에틸렌 가스 발생 억제 방법에 해당하지 않는다.

> **TIP 산화, 적외선**
> - 산화 : 물질이 산소와 화합하는 반응, 수소를 빼앗는 반응을 말한다.
> - 적외선 : 태양이 방출하는 빛을 프리즘으로 분산시켜 보았을 때 적색선의 끝보다 더 바깥쪽에 있는 전자기파를 말한다.

정답 | 27 ② 28 ③ 29 ④ 30 ① 31 ② 32 ③ 33 ④ 34 ④ 35 ① 36 ③

37 춘화작용(vernalizaton)에 대한 설명으로 틀린 것은?

① 가을뿌림 한해살이 화초의 경우 종자 단계에서 저온에 감응하여 개화하는데, 이것을 종자 춘화라고 한다.
② 식물체의 상태에 따라 저온에 대한 감응이 다르다.
③ 저온처리 직후에 고온을 겪게 되면 저온에 의한 춘화현상이 진행되는 경우가 있다.
④ 춘화의 유효한 온도 범위는 −5~15℃ 사이이다.

해설 | 춘화처리란 식물을 일정기간 저온에 노출하거나 인위적 저온처리를 하여 식물이 꽃을 피우도록 하는 과정을 말한다. 저온처리 직후에 고온을 겪게 되면 개화가 되지 않는 탈춘화 현상이 나타난다.

38 다음 형태 중 음성(음화)적 공간이 가장 적게 나타나는 것은?

① 부채형　　② 호가스형(S)
③ 초승달형　④ 역T형

해설 | 음화적 공간은 디자인 안에서 꽃이나 소재가 채워지지 않은 부분을 말한다.

39 장식적인 목적으로 강조를 하거나 주의를 끌 필요가 있을 때 꽃 재료를 묶는 디자인 기법은?

① 밴딩(banding)
② 바인딩(binding)
③ 번들링(bundling)
④ 레이어링(layering)

해설 | ② 기능적, 물리적으로 3개 이상의 줄기를 단단히 묶은 것
③ 볏단, 밀집다발, 옥수수대 등 비슷하거나 같은 소재들을 모아 한 지점에서 단단히 묶는 기법
④ 같은 소재를 사용하여 나란히 포개어 겹치는 기법

40 품질관리를 위한 수확 후 처리방법에 대한 설명으로 틀린 것은?

① 모든 절화는 끓는 물에 수 초간 줄기부를 담그는 열탕처리가 수명 연장에 가장 효과적이다.
② 절화는 온도가 높으면 호흡량이 많아지므로 가능한 저온에 보관한다.
③ 절화에 STS처리는 Ag 이온이 에틸렌 작용을 억제하기 때문에 효과가 있다.
④ 미생물이 증식하여 절화의 도관을 막으면 수분흡수가 억제되므로 미생물의 증식을 억제시킨다.

해설 | 모든 절화에 열탕처리가 가장 효과적인 것은 아니다. 열탕처리가 좋은 절화로는 국화, 안개초 등이 있다.

41 코르누코피아(cornucopia)에 대한 설명으로 틀린 것은?

① 풍요의 의미를 갖고 있다.
② 원뿔모양의 바구니(화기)이다.
③ 크리스마스 장식에 어울린다.
④ 그리스 로마 신화에서 유래되었다.

해설 | 코르누코피아는 추수감사절, 가을 장식에 어울린다.

42 식공간 연출(table decoration)에 적합하지 않은 꽃은?

① 색이 진한 꽃
② 색이 연한 꽃
③ 계절감이 있는 꽃
④ 향기가 진한 꽃

해설 | 향기가 진한 꽃은 식욕을 감소시키므로 식공간 연출에 사용하지 않는다.

43 포엽이 꽃처럼 보이는 식물이 아닌 것은?

① 포인세티아
② 안스리움
③ 범부채
④ 부겐빌레아

해설 | 포엽은 꽃이나 꽃받침을 둘러싸고 있는 작은 잎을 말한다. 포엽이 꽃처럼 보이는 식물로는 포인세티아, 안스리움, 부겐빌레아가 있다.

44 건조화 제작 시 흡습제로 적절하지 않은 것은?

① 글리세린
② 염화마그네슘
③ 옻칠
④ 염화칼슘

해설 | 옻은 옻나무에서 나는 진으로 물건에 칠하는 원료나 약재로 쓰인다. 주로 가구나 나무 그릇에 윤을 내기 위해 옻칠을 한다.

45 그리스·로마시대에 유행했던 화훼장식물이 아닌 것은?

① 리스
② 갈란드
③ 화관
④ 노즈게이

해설 | 노즈게이는 영국 조지왕 시대에 유행하였다.

46 화훼장식 디자인의 원리와 요소에 대한 설명으로 틀린 것은?

① 색(color)은 유일하게 촉각에 호소하는 요소로서 균형, 깊이, 강조, 리듬, 조화와 통일을 이루는 데 사용된다.
② 균형(balance)은 물리적 균형과 시각적 균형이 모두 존재할 때 안정감을 준다.
③ 디자인을 완성시키는 데 있어 시간, 장소, 목적이 존재할 때 안정감을 준다.
④ 디자인의 압도적인 느낌을 주도하며 흥미를 유발하는 시각적 활동의 중심을 초점이라 한다.

해설 | 색은 시각에 호소하는 요소이다. 질감이 촉각에 호소하는 요소이다.

정답 | 37 ③ 38 ① 39 ① 40 ① 41 ③ 42 ④ 43 ③ 44 ③ 45 ④ 46 ①

47 한색과 난색에 관한 설명으로 틀린 것은?

① 색을 보면서 따뜻하거나 차갑다고 느끼는 감정은 색채와 사물의 경험적인 현상으로 서로 다른 감각세계의 느낌을 말한다.
② 빨간색 · 연두색은 난색이고, 녹색 · 노란색 · 보라색은 한색이다.
③ 오렌지색의 따뜻한 색을 배경으로 한 녹색은 차갑게 느껴진다.
④ 파란색의 차가운 색을 배경으로 한 녹색은 따뜻하게 보인다.

해설 │ • 난색 – 빨강, 노랑
　　　 • 한색 – 파랑, 남색
　　　 • 중성색 – 녹색, 보라색

48 화훼장식 디자인 요소인 공간에 대한 설명으로 틀린 것은?

① 화훼장식물을 중심으로 볼 때 공간은 물리적인 공간과 화훼장식물의 공간으로 나뉠 수 있다.
② 화훼장식 작품 안에서 공간은 양성적 공간과 음성적 공간으로 나뉠 수 있다.
③ 음성적 공간은 양성적 공간에 비하여 디자이너가 의도적으로 계획한 적극적 공간이다.
④ 양성적 공간은 재료가 꽉 채워진 공간이다.

해설 │ 양성적 공간은 음성적 공간에 비하여 디자이너가 의도적으로 계획한 적극적 공간이다.

49 수분 함량이 많은 꽃의 이상적인 건조방법은?

① 글리세린 건조법
② 동결건조법
③ 자연건조법
④ 실리카겔 건조법

해설 │ 동결건조는 빠르게 얼려 수분을 승화시켜 건조하는 방법으로 식물의 형태와 색 보존이 잘된다.
① 글리세린 건조법 : 글리세린을 흡수시켜 건조하는 방법으로 식물 본연의 모습 그대로 보존하기 좋고 잎의 유연성이 좋다.
③ 자연 건조법 : 자연 그대로 건조하는 방법이다.
④ 실리카겔 건조법 : 실리카겔(흡수력이 좋음)에 식물을 매몰시켜 건조하는 방법이다.

50 다음 색의 혼합 결과 명청색(tint color)은?

① 흰색 + 순색
② 회색 + 순색
③ 검정 + 순색
④ 청색 + 순색

해설 │ 검정+순색의 혼합 결과는 암청색이다.

Tint, Tone, Shade
• 색+흰색 = 고명도 Tint(명청색)
• 색+회색 = 중명도 Tone
• 색+검정 = 저명도 Shade(암청색)

51 일상적으로 꽃과 식물이 애호되고 전문도서와 화훼장식기술학교가 설립되는 등 서양의 화훼장식이 체계화되기 시작한 시대는?

① 르네상스 시대　② 바로크 시대
③ 로코코 시대　　④ 빅토리아 시대

해설 │ 빅토리아 시대는 화훼장식이 하나의 예술로 자리 잡았다.

52 다음 〈보기〉에서 설명하는 화훼장식의 기능으로 가장 적합한 것은?

> **보기**
> 최근 연구 결과에 따르면 건물의 외부 유입 공기의 감소와 실내 화학 물질의 발생이 급격해짐에 따라 '병든 빌딩 증후군', '새집 증후군', '복합화학물질 증후군' 등으로 고통받고 있는 현대인들에게 실내 공간의 식물 유입으로 유해물질을 정화하고, 실내의 온도·습도 등의 환경을 조절하여 쾌적성을 향상시킬 수 있도록 한다.

① 환경적 기능 ② 치료적 기능
③ 장식적 기능 ④ 건축적 기능

해설 | ② 치료적 기능 : 심리적 안정감, 분노 경감 및 스트레스 완화, 창조를 통한 자신감 회복
③ 장식적 기능 : 아름다운 생활공간 조성, 쾌적한 분위기 연출, 공간의 품격 향상
④ 건축적 기능 : 공간 분할을 통한 경계 구분, 동선 유도, 차폐(시야 차단)

53 색광의 3요소에 해당하지 않는 것은?

① 빨강 ② 노랑
③ 녹색 ④ 파랑

해설 | 색광의 3요소는 빨강(R), 녹색(G), 파랑(B)이다.

54 화훼장식에 있어서 절화장식이나 분식물이 환경 개선에 미치는 영향으로 옳지 않은 것은?

① 공기 정화
② 습도 유지
③ 음이온 발생
④ 이산화탄소(CO_2) 발생

해설 | 절화장식이나 분식물은 산소를 발생시킨다.

55 서양의 꽃 문화에 대한 설명으로 옳은 것은?

① 영국의 화가 윌리엄 호가스에 의한 초승달형 화훼장식이 유행하였다.
② 르네상스 시대는 종교적 의미를 담은 꽃꽂이를 하거나 줄기가 보이지 않을 정도로 꽃을 가득 채운 원추형, 원형 등의 꽃꽂이 형태가 일반적이었다.
③ 빅토리아 시대는 암울한 시대상황으로 꽃 문화가 융성하지 못했다.
④ 미국 초창기의 꽃 문화는 빅토리안 양식에 영향을 받아 부채모양이 일반적이었다.

해설 | ① 바로크시대 윌리엄 호가스에 의한 S형(호가스라인) 화훼장식이 유행하였다.
③ 빅토리아 시대는 전문서적 발행 등 꽃 문화가 융성하였다.

56 색채를 표현할 때 일반적으로 조화가 잘되고 배색이 가장 아름다울 때의 비율은?

① 주색 50%, 보조색 30%, 강조색 20%
② 주색 70%, 보조색 25%, 강조색 5%
③ 주색 60%, 보조색 20%, 강조색 20%
④ 주색 60%, 보조색 35%, 강조색 5%

해설 | 주색 70%, 보조색 25%, 강조색 5%으로 할 때 배색이 가장 아름답다.

57 한국 꽃꽂이의 기원설과 관계가 먼 것은?

① 자연신앙
② 수목숭배사상
③ 불전공화
④ 개인의 취미

해설 | 한국 꽃꽂이의 기원으로는 자연신앙, 수목숭배사상, 불전공화가 있다.

정답 47 ② 48 ③ 49 ② 50 ① 51 ④ 52 ① 53 ② 54 ④ 55 ② 56 ② 57 ④

58 디자인 요소와 관련된 설명으로 틀린 것은?

① 물체선(actual line)은 실제 존재하는 선으로 시각적인 운동감을 만들어 낸다.
② 향기는 화훼장식에 있어서 형태, 질감 등과 마찬가지로 하나의 요소로 강조되면서도 필수적인 요소로는 거리가 있다.
③ 독특한 꽃이나 식물은 쉽게 focal point를 만들어 주의를 끌 수 있으며, 이러한 강조된 형태가 뚜렷하게 보이기 위해서는 주위 공간에 여백을 두지 않는다.
④ 꽃꽂이에서 깊이감을 연출하기 위해서는 줄기선의 각도조절 및 꽃을 겹치게 하는 방법이 주로 쓰인다.

해설 | 강조된 형태가 뚜렷하게 보이기 위해서는 주위 공간의 여백을 적절히 두어야 한다.

59 이색 3조화에 대한 설명으로 옳은 것은?

① 12개의 색상환에서 1색상씩 건너뛰어 3색이 함께 조화될 수 있게 한다.
② 색상환이 마주보는 반대쪽에 대립하는 색이다.
③ 색상환에서 120°의 위치에 있는 색과 함께 조화를 이루는 것이다.
④ 유사색 조화보다 좀 더 약한 색채 조화효과를 얻을 수 있다.

해설 | 이색 3조화는 색상환에서 120° 위치에 있는 색의 조화를 말한다.

60 조선시대 강희안이 집필한 화훼에 관한 전문 서적은?

① 양화소록
② 산림경제
③ 임원십육지
④ 성소부부고

해설 | ② 산림경제-홍만선
③ 임원십육지-서유구
④ 성소부부고-허균

정답 58 ③ 59 ③ 60 ①

2025년 CBT 기출복원문제

※ 2016년 4회 이후 CBT로 출제된 기출문제는 개정된 출제기준과 해당 회차의 기출 키워드 등을 분석하여 복원하였습니다.

01 1주지(主枝) 방향에 의한 분류에 해당하지 않는 것은?
① 부화형(俘花型)   ② 경사형(傾斜型)
③ 직립형(直立型)   ④ 하수형(下垂形)

해설 | 1주지의 방향에 따라 직립형, 경사형, 하수형으로 분류한다. 부화형은 물에 띄우는 형태이다.

02 화훼장식의 설명으로 잘못된 것은?
① 화훼장식을 구성하는 시각적 특성을 디자인 요소라고 한다.
② 화훼장식의 범위는 실내외 공간에 해당된다.
③ 화훼장식은 절화만 이용한다.
④ 화훼장식의 기원은 종교의식에서 출발하였다.

해설 | 화훼장식은 절화, 분식물 등을 다양하게 이용할 수 있다.

03 색광의 3요소에 해당하지 않는 것은?
① 빨강   ② 노랑
③ 녹색   ④ 파랑

해설 | 색광의 3요소는 빨강, 녹색, 파랑이다.

04 글씨리본의 문구 선택 기준이 아닌 것은?
① 장소   ② 대상
③ 목적   ④ 판매자

해설 | 판매자는 글씨리본의 문구 선택 기준이 아닙니다.

05 다음 중 절화상품 포장의 목적으로 옳지 않은 것은?
① 휴대 편리성을 통해 운반이 용이하다.
② 절화상품의 미적 효과를 감소시킨다.
③ 광고효과를 통해 경제성을 높인다.
④ 햇빛, 바람 등 외부환경으로부터 상품을 보호한다.

해설 | 포장을 통해 절화상품의 미적 효과를 증진시킨다.

정답 01 ① 02 ③ 03 ② 04 ④ 05 ②

06 분식물 장식에 대한 설명으로 틀린 것은?

① 테라리움은 밀폐된 용기 속에 식물을 심고 연못을 만들어 거북이나 물고기를 넣어 키우는 것이다.
② 디시가든은 용기에 키가 작고 생육속도가 느린 식물을 심는 분식물 장식이다.
③ 걸이분은 바구니를 비롯한 가벼운 용기에 식물을 심어 매달아 키우는 형태이다.
④ 수경재배는 토양 대신 식물을 지지할 수 있는 배지와 물을 넣어 재배하는 것을 말한다.

해설 | 테라리움은 투명한 용기에 흙을 채우고 작은 식물을 심어 장식하는 것이다. 아쿠아리움은 유리 용기에 식물을 심고 연못을 만들어 거북이나 물고기를 넣어 키우는 것이다.

07 다음 중 배양토에 대한 설명으로 옳은 것은?

① 논밭 흙에 퇴비를 혼합하여 썩힌 것이다.
② 퇴적된 나뭇잎을 완전히 썩힌 것이다.
③ 이끼를 건조한 것이다.
④ 현무암이나 안산암 같은 화성암을 섬유상 가공한 것이다.

해설 | ②는 부엽토, ③은 수태, ④는 암면이다.

08 가공화 폐기물 관리 방법 중 화학약품을 처리하는 방법으로 옳은 것은?

① 화학폐기물 스티커를 부착한 통에 담아 보관하고, 버릴 시에는 화학폐기물처리 전문 업체 연락하여 배출한다.
② 화학폐기물 스티커를 부착한 통에 담아 보관하고, 산업폐기물로 처리한다.
③ 분리수거한다.
④ 종량제봉투에 담아 버린다.

해설 | 화학약품은 화학폐기물처리 전문 업체를 통해 배출한다.

09 화훼장식의 주재료인 생화는 지속시간이 짧다는 단점을 가지고 있다. 이 단점을 보완할 수 있는 것은?

① 콜라주   ② 종이꽃
③ 건조화   ④ 염색화

해설 | 건조화는 생화보다 지속시간이 길다는 장점이 있다.

10 다음 중 불만 고객 응대 기본 4원칙(클레임 처리의 4원칙)이 아닌 것은?

① 우선 사과의 원칙
② 원인 파악의 원칙
③ 신속해결의 원칙
④ 논쟁의 원칙

해설 | 불만 고객 응대 기본 4원칙은 불논쟁의 원칙이다.

11 배송상품 종류와 그에 대한 예시로 잘못 연결된 것은?

① 절화 상품 – 꽃다발
② 분화 상품 – 관엽식물
③ 가공화 상품 – 인조화
④ 절화 상품 – 압화

해설 | 압화는 가공화 상품이다.

12 농업서적과 관련된 저자 또는 역자의 연결로 틀린 것은?

① 산림경제 : 정다산
② 성소부부고 : 허균
③ 양화소록 : 강희안
④ 임원십육지 : 서유구

해설 | 산림경제의 저자는 홍만선이다.

13 화훼재료의 엽서(잎차례)의 연결이 틀린 것은?

① 윤생엽 : 아스플레니움, 칼라데아, 사스레피
② 호생엽 : 둥굴레, 송악, 느티나무
③ 대생엽 : 소철, 마가목, 주목
④ 근생엽 : 앵초, 맥문동, 민들레

해설 | 사스레피는 호생엽이다

14 포엽이 꽃처럼 보이는 식물이 아닌 것은?

① 포인세티아　② 안스리움
③ 범부채　　　④ 부겐빌레아

해설 | 포엽은 꽃이나 꽃받침을 둘러싸고 있는 작은 잎을 말한다. 포엽이 꽃처럼 보이는 식물로는 포인세티아, 안스리움, 부겐빌레아가 있다.

15 여러해살이 화초로만 짝지어진 것은?

① 코스모스, 국화, 금잔화
② 옥잠화, 샐비어, 알로에
③ 구절초, 원추리, 채송화
④ 옥잠화, 국화, 원추리

해설 | • 여러해살이초 : 국화, 금잔화, 옥잠화, 구절초, 원추리
　　　• 1~2년초 : 코스모스, 샐비어, 채송화
　　　• 관엽식물 : 알로에

16 화훼장식에서 철사를 꽃의 줄기 속으로 집어넣어 눈에 보이지 않도록 하는 기법은?

① 시큐어링(securing)
② 소잉(sewing)
③ 인서션(insertion)
④ 헤어핀(hair-pin)

해설 | ① 시큐어링(securing) : 나선형으로 줄기를 감아 보강해 주는 기법
② 소잉(sewing) : 꽃잎, 잎을 바느질하듯 꿰매는 기법
④ 헤어핀(hair-pin) : 와이어를 U자 모양으로 꽃잎, 잎 등에 찔러 넣어 곧게 지탱하는 기법

17 식물이 자연의 식생에서 보여주는 모습과는 관계없이 디자이너의 의도로 소재를 자유롭게 인위적으로 구성하는 스타일의 조형 형태는?

① 평행적 스타일　② 장식적 스타일
③ 정원식 스타일　④ 구조적 스타일

해설 | 장식적 스타일은 소재의 식생을 고려하지 않고 장식을 목적으로 디자인한다.
① 평행적 스타일 : 모든 줄기가 평행이 되도록 나란히 배열하여 제작한다.
③ 정원식 스타일 : 자연 속 정원처럼 디자인한 조형 형태이다.
④ 구조적 스타일 : 소재의 질감과 구조가 돋보이게 구성하는 조형 형태이다.

18 춘화작용(vernalizaton)에 대한 설명으로 틀린 것은?

① 가을뿌림 한해살이 화초의 경우 종자 단계에서 저온에 감응하여 개화하는데 이것을 종자 춘화라고 한다.
② 식물체의 상태에 따라 저온에 대한 감응이 다르다.
③ 저온처리 직후에 고온을 겪게 되면 저온에 의한 춘화현상이 진행되는 경우가 있다.
④ 춘화의 유효한 온도 범위는 -5~15° 사이이다.

해설 | 춘화처리란 식물을 일정 기간 저온에 노출하거나 인위적 저온처리를 하여 식물이 꽃을 피우도록 하는 과정을 말한다. 저온처리 직후에 고온을 겪게 되면 개화가 되지 않는 탈춘화 현상이 나타난다.

19 건조된 방향성 식물의 꽃과 잎, 열매 등에 정유(essential oil)를 첨가하여 좋은 향기와 함께 실내 장식용으로 좋은 건조소재 장식은?

① 리스 ② 갈란드
③ 콜라쥬 ④ 포푸리

해설 | ① 리스 : 링 모양의 원형 디자인으로 영원성, 윤회성, 무한성, 불멸성을 상징한다.
② 갈란드 : 꽃, 잎, 열매 등을 엮어 만든 긴 꽃 줄을 말한다.
③ 콜라쥬 : 여러 가지를 붙여서 구성하는 것을 말한다.

20 화훼장식의 목적별 분류에 해당하는 것은?

① 절화장식, 분화장식
② 실내장식, 실외장식
③ 상업용, 혼례용, 근조용, 장식용
④ 꽃꽂이, 꽃다발, 꽃바구니, 테이블장식, 식물심기

해설 | 화훼장식은 목적에 따라 상업용, 혼례용, 근조용, 장식용으로 나눌 수 있다.

21 다육식물이 아닌 것은?

① 용설란 ② 유카
③ 칼랑코에 ④ 맥문동

해설 | 맥문동은 여러해살이초(다년초)에 속한다.

22 소재를 자르는 데 사용하는 도구에 대한 설명으로 틀린 것은?

① 칼은 가위보다 소재를 플로랄폼에 단단히 고정되도록 한다.
② 칼은 가위보다 물을 빨아올리는 조직이 덜 파괴되게 한다.
③ 칼은 목본류를 자르는 전정용 도구로 사용된다.
④ 서양에서는 소재를 자를 때 대부분 가위보다 칼을 많이 사용한다.

해설 | 목본류를 자르는 전정용 도구로는 주로 전정가위(전지가위)가 사용되고, FD 나이프(칼)은 초화류를 자르는 전정용 도구로 사용된다.

23 식물의 노화 촉진 호르몬은 무엇인가?

① GA ② IAA
③ Ethylene ④ Daminozide

해설 | 에틸렌은 식물 노화 호르몬이다.

24 〈보기〉의 (a), (b)에 해당하는 것으로 알맞은 것은?

> **보기**
> 식물의 광합성은 잎의 엽록체에서 대기 중으로부터 기공을 통해 흡수한 (a)와 뿌리로부터 흡수한 (b)을/를 재료로 광에너지를 이용해 탄수화물을 합성하는 것이다.

	(a)	(b)
①	산소	질소
②	이산화탄소	물
③	수소	붕소
④	아황산가스	칼륨

해설 | 광합성은 이산화탄소(잎의 기공에서 흡수)와 물(뿌리에서 흡수)을 탄수화물로 합성하는 것이다.

25 화훼를 삽목할 때에는 많이 사용하며 배수가 가장 잘되는 토양은?

① 참흙(양토)   ② 자갈(역토)
③ 모래(사토)   ④ 질흙(점토)

해설 | 모래(사토)는 입자가 굵어 배수가 잘되는 토양이다.

삽목
식물체 일부(가지, 뿌리, 잎)를 잘라 땅에 꽂아 뿌리를 내리게 하여 새로운 식물 개체를 만들어 가는 번식 방법

26 수분 함량이 많은 꽃의 이상적인 건조방법은?

① 글리세린 건조법   ② 동결건조법
③ 자연건조법   ④ 실리카겔 건조법

해설 | 동결건조는 빠르게 얼려 수분을 승화시켜 건조하는 방법으로 식물의 형태와 색 보존이 잘된다.
① 글리세린 건조법 : 글리세린을 흡수시켜 건조하는 방법으로 식물 본연의 모습 그대로 보존하기 좋고 잎의 유연성이 좋다.
③ 자연 건조법 : 자연 그대로 건조하는 방법이다.
④ 실리카겔 건조법 : 실리카겔(흡수력이 좋음)에 식물을 매몰시켜 건조하는 방법이다.

27 현대 화훼장식에 대한 설명으로 옳은 것은?

① 전통적인 꽃꽂이 개념을 유지, 고수하고 있다.
② 꽃을 이용한 장식의 범위가 실내 환경으로 변하였다.
③ 화훼장식의 목적이 용도별, 주제별, 기능별로 다양화되었다.
④ 일관된 형식으로 장식적인 목적을 만족시키고 있다.

해설 | 현대 화훼장식은 전통적인 꽃꽂이 개념과 새로운 양식이 결합되어 발전하고 있다. 꽃을 이용한 장식 범위는 실내뿐만 아니라 실외도 될 수 있다.

28 플로랄폼(floral foam)에 대한 설명으로 틀린 것은?

① 꽃꽂이 이용에 적합하도록 만들어진 다공성 제품이다.
② 물을 많이 흡수하는 특성이 있다.
③ 오아시스라는 상품명을 지닌다.
④ 다양한 형태의 꽃꽂이를 만들기는 어렵다.

해설 | 플로랄폼을 활용하여 다양한 형태의 꽃꽂이를 만들 수 있다.

플로랄폼
- 가장 많이 사용하는 고정재료로 절화, 절지, 절엽 등을 고정할 때 사용한다.
- 흡수성과 비흡수성이 있다.
- 많은 양의 꽃을 꽂을 수 있다.
- 꽃에 수분 공급을 해주는 역할을 한다.
- 재사용이 불가능하다.
- 플로랄폼은 경도가 다른 제품, 다양한 모양으로 생산되어 나온다.
- 플로랄폼 물 흡수방법 : 물통에 물을 담고 그 위에 플로랄폼을 띄운다. 그리고 자연스럽게 물이 흡수될 수 있게 놔둔다. 손으로 누른다거나 위에서 물을 부으면 안 된다.
- 종류 : 브릭형 플로랄폼(일반 직사각형), 링형 플로랄폼, 드라이폼, 컬러폼, 부케홀더, 구, 갈란드, 르클립

정답 | 19 ④ 20 ③ 21 ④ 22 ③ 23 ③ 24 ② 25 ③ 26 ② 27 ③ 28 ④

29 잎이 소형화한 것으로 광합성 능력이 거의 없거나 아예 없으며, 일반적으로 어린 화아(flower bud)를 감싸서 보호하는 역할을 하는 것은?

① 화관(corolla)　② 꽃받침(calyx)
③ 꽃자루(peduncle)　④ 포엽(bract leaf)

해설 | 포엽은 잎의 변한 모양으로 꽃이나 꽃받침을 둘러싸고 있는 작은 잎을 말한다.

30 조형형태의 배치법에 있어서 교차(cross)에 관한 설명으로 틀린 것은?

① 교차선 배열은 여러 개의 초점으로부터 나온 줄기의 선이 제각기 여러 각도의 방향으로 뻗어서 서로 교차하는 상태로 줄기가 배열된 것이다.
② 꽃이나 식물을 꽂는 지점이 겹치지 않게 그룹으로 꽂아준다.
③ 교차는 병행의 변형으로 복합형이 많아서 병행선에서 분리하여 다루어진다.
④ 1980년대 자연 관찰 시점의 변화로부터 시작된 배열이다.

해설 | 교차는 여러 개의 초점에서 나온 줄기의 선이 여러 각도의 방향으로 뻗어 서로 배열 방법이며 그룹으로 꽂지 않는다. 예 수직교차, 사선교차, 수평교차

31 절화 수확 후 실시하는 전 처리에 대한 설명으로 틀린 것은?

① 물올림 처리 후 줄기를 단단하게 하기 위해 절화 보관 장소의 온도를 30℃ 수준으로 올린다.
② 펄싱처리는 절화의 수확 후 꽃에 당분과 다른 화학물질을 공급하는 것을 말한다.
③ 펄싱처리는 장기간 선적되기 전 꽃에 에너지를 주기 위한 것으로 모든 꽃이 펄싱용액에 똑같은 효과를 보이지는 않는다.
④ 봉오리 열림제는 봉오리의 미성숙단계에서 사용되는 처리로 살균제와 당을 함유한다.

해설 | 절화 보관 장소의 온도는 열대·아열대 절화는 7~15℃, 온대 절화는 0~4℃로 하는 것이 좋다.

32 코사지나 부케 제작 시 식물 종류별 철사 감기 방법을 연결한 것으로 틀린 것은?

① 거베라 – 트위스팅법(twisting method)
② 칼라 – 인서션법(insertion method)
③ 장미 – 피어스법(pierce method)
④ 아이비 – 헤어핀법(hair-pin method)

해설 | 거베라는 인서션법(insertion method)을 사용하여 철사처리 한다.

인서션(insertion)
약하거나 속이 비어있는 줄기 안으로 와이어를 관통시키는 방법
예 칼라, 거베라, 수선화

33 테라싱(terracing)에 대한 설명으로 가장 거리가 먼 것은?

① 동일한 소재를 계단식으로 꽂는 기법이다.
② 작품의 베이스에 시각적인 세부 묘사를 하는 데 목적이 있다.
③ 베지테이티브 디자인에서 밑부분을 마무리하기 좋으며 작품에 통일감을 준다.
④ 정원이나 풍경양식의 구성에만 적용할 수 있어서 활용도가 낮은 편이다.

해설 | 테라싱은 정원이나 풍경양식의 구성 외에도 적용할 수 있다.

34 서양 꽃꽂이에서 직선 구성에 해당하지 않는 것은?

① 부채형　② 역T자형
③ 대각선형　④ 수직형

해설 | 부채형은 방사형의 반원 모양으로 부채를 펴 놓은 모양으로 곡선 구성에 해당한다.

35 다음 중 강조점에 대한 설명으로 틀린 것은?

① 강조점과 초점은 상호 밀접한 관계가 있다.
② 강조점은 한 가지 특성에 관심을 모으고 나머지는 모두 부수적으로 만드는 것을 말한다.
③ 강조점을 만들기 위해서는 여러 요소의 결합보다는 색상을 강조한다.
④ 강조점을 잘 사용하면 꽃꽂이 내부에 질서를 잡을 수 있다.

해설 | 강조점을 만들기 위해서는 색상, 크기, 형태 등의 여러 요소를 결합하여 강조한다(큰 크기, 뚜렷한 형태).

36 같은 명도에서 시각에 의한 명도의 비율로 조화 면적비가 적당한 것은?

① 노랑:보라 = 1:3
② 주황:녹색 = 5:4
③ 빨강:녹색 = 1:3
④ 노랑:주황 = 5:3

해설 | ①의 조화 면적비가 적당하다.

37 꽃꽂이의 형태적인 구성과 소재는 고식적인 삼존형식이 주류를 이루었으나 후기에 이르러 반월형 삼존형식으로 변화한 시대는?

① 삼국시대　② 신라시대
③ 고구려시대　④ 고려시대

해설 | 고려시대 초기에는 삼존형식이 주류를 이루었으나 후기에 이르러 반월형 삼존형식으로 변화하였다.

38 한국의 결혼식장에서 주로 이용되는 화훼장식으로 가장 거리가 먼 것은?

① 주례단상 장식　② 화관
③ 화동의 꽃바구니　④ 십자가 장식

해설 | 십자가 장식은 기독교 장례식장에서 주로 이용되는 화훼장식이다.

39 절화보존제로서 당의 특성이 아닌 것은?

① 기공의 기능을 높여주어서 수분 수지를 개선해 준다.
② 화색을 선명하게 유지하게 한다.
③ 꽃잎의 세포 팽압을 떨어뜨린다.
④ 엽록소의 분해를 억제시킨다.

해설 | 당은 꽃잎의 세포 팽압을 유지하는 역할을 한다.

정답 | 29 ④　30 ②　31 ①　32 ①　33 ④　34 ①　35 ③　36 ①　37 ④　38 ④　39 ③

40 다음 중 방사상 구성으로 이루어진 형태가 아닌 것은?

① 반구형　　② 역T형
③ 병렬형　　④ 수평형

해설 | 병렬형은 병행(평행) 구성으로 이루어진 형태이다.

41 다음 중 회의 테이블 장식에 대한 설명으로 가장 옳지 않은 것은?

① 향이 강하고 짙은 식물을 선택하여 호기심을 유발한다.
② 상대편과의 시야를 방해하지 않도록 낮게 디자인한다.
③ 장식물 부피가 테이블 폭보다 지나치게 크지 않게 디자인한다.
④ 회의의 목적에 맞는 디자인을 한다.

해설 | 회의 및 식사 테이블 장식에는 향이 강하고 짙은 식물의 선택은 피한다.

42 균형(balance)에 관한 설명으로 옳은 것은?

① 대칭 균형만이 완전한 균형을 이룬다.
② 균형은 형태나 색채상으로 평형 상태인 것을 말한다.
③ 비대칭 균형은 엄숙하고 장중한 느낌을 준다.
④ 비대칭 균형은 동적인 화훼장식을 표현할 수 없다.

해설 | 균형은 중심축을 기준으로 양쪽을 안정감 있게 배치하는 것을 말한다. 대칭 균형은 중심축 양쪽의 무게가 시각적으로 동일하게 표현되는 것을 말하며 비대칭 균형은 중심축 양쪽의 무게가 동일하지 않지만, 시각적 안정감 있게 표현하는 것을 말한다.

43 규모에 대한 설명으로 틀린 것은?

① 질감과 색은 규모에 있어서 중요한 요소이다.
② 화훼장식물에서 용기의 크기는 형태를 결정하는 요소가 될 수 있다.
③ 화훼장식물의 크기는 공간의 크기와는 상관없이 조화를 이루어야 한다.
④ 적절한 규모의 디자인은 일관성이 있고 편안함을 준다.

해설 | 화훼장식물의 크기는 공간의 크기와 조화를 이루어야 한다.

44 다음 중 먼셀 표색계에 대하여 바르게 설명한 것은?

① 색상 : H, 명도 : V, 채도 : C로 표기한다.
② 표기 순서는 CV/H이다.
③ 먼셀 표색계의 채도는 10단계이다.
④ 먼셀 색상환의 최초 색상기준은 3원색이다.

해설 | ② 표기 순서는 HV/C이다.
　　　③ 먼셀 표색계의 채도는 14단계이다.
　　　④ 먼셀 색상환의 최초 색상기준은 5원색이다.

45 건조소재의 보존방법으로 적절한 것은?

① 다습한 곳에서 보관한다.
② 직사광선이 비춰지는 곳에서 보관한다.
③ 병충해 침입을 방지하기 위해서 나프탈렌과 같은 물질을 첨가해 보관한다.
④ 매몰 건조에 의해 건조된 소재는 저장 중 습기를 제거할 필요가 없다.

해설 | ① 건조한 곳에서 보관한다.
　　　② 직사광선이 비추지 않는 곳에서 보관한다.
　　　④ 매몰 건조에 의해 건조된 소재는 저장 중 습기를 제거하여야 하며 피막처리를 하거나 유리용기에 밀폐한다.

46 학명의 표기법 중 var.의 표기에 대한 설명으로 옳은 것은?

① variety의 약자로서 재래종을 표시한 것이다.
② 변종이라는 뜻이다.
③ 재래품종이라는 뜻이다.
④ 새로운 명명자를 뜻한다.

해설 | 변종은 var. 또는 v.로 표기한다.

47 다음 중 동양란인 것은?

① 카틀레야 ② 반다
③ 온시디움 ④ 한란

해설 | 카틀레야, 반다, 온시디움은 서양란이다.

48 에틸렌에 관한 설명으로 틀린 것은?

① 에틸렌은 무색, 무취의 기체로서 식물의 노화 호르몬이다.
② 에틸렌은 공기 중 불완전 연소의 부산물로서 발생하거나 성숙한 과일, 노화된 꽃에서 발생된다.
③ 에틸렌에 대한 민감도는 고온에서 감소되기 때문에 보관 시 고온처리가 효과적이다.
④ 에틸렌은 꽃봉오리와 꽃의 개화를 막고 시들게 하며, 꽃잎의 탈리를 일으킨다.

해설 | 에틸렌에 대한 민감도는 저온에서 감소되기 때문에 보관 시 저온처리가 효과적이다.

49 분식물의 제작 과정에 대한 설명으로 틀린 것은?

① 화분 밑의 배수구는 망사나 돌로 막는다.
② 잔돌이나 굵은 모래를 용기 높이의 1/5 정도까지 깐다.
③ 배수층 위에 혼합된 토양을 깔고 식물을 심어나간다.
④ 풍성한 느낌이 나도록 분토를 화분 높이보다 높게 올리도록 한다.

해설 | 분토는 화분 높이보다 낮게 하여 관수 시 흙이 씻겨 내려가는 것을 막는다.

50 로코코(Rococo) 양식에 대한 설명으로 가장 거리가 먼 것은?

① 18세기에 나타난 양식이다.
② 가볍고 회화적이다.
③ 남성적이고 무게감이 있는 풍만한 형태가 특징이다.
④ 로코코시대 화기디자인의 대표적 형태는 라운드형, 부채형, 그리고 C자형이다.

해설 | 로코코 양식은 여성적이고 우아하며 부드럽다.

정답 | 40 ③ 41 ① 42 ② 43 ③ 44 ① 45 ③ 46 ② 47 ④ 48 ③ 49 ④ 50 ③

51 형-선적(formal linear) 구성에 대한 설명으로 틀린 것은?

① 각 소재가 지닌 형과 선을 뚜렷한 선과 각도로 대비시켜 표현하는 것을 말한다.
② 작품 소재의 종류와 양을 최소화하여 최대의 효과를 얻을 수 있는 형태이다.
③ 매스(mass)가 되는 꽃을 길게 사용하면 작품의 선을 더욱 강조하게 되어 형태를 더 뚜렷하게 나타낼 수 있다.
④ 수직선, 수평선, 사선, 곡선을 모두 이용하여 소재의 형태를 작품에 잘 활용한다.

해설 | 라인(line)이 되는 꽃을 길게 사용하면 작품의 선을 더욱 강조하게 되어 형태를 더 뚜렷하게 나타낼 수 있다.

52 영국 조지왕 시대에 애용된 노즈게이(nosegay)에 대한 설명으로 틀린 것은?

① 꽃향기는 전염병을 예방해 준다고 믿어 향기가 나는 것으로 만들었다.
② 후에 머리, 목, 허리, 가슴 등의 몸장식으로 이용되기 시작했다.
③ 작은 원형 디자인으로 코르누코피아(cornucopia)라고 불리기도 하였다.
④ 터지머지(tuzzy-muzzy)라고 불리었다.

해설 | 코르누코피아(풍요의 뿔)는 한쪽이 굽은 원뿔 모양의 용기에 꽃·채소·과일을 풍성하게 꽂아 장식하는 것을 말한다. 추수감사절에 많이 사용한다.

53 서양의 꽃 문화에 대한 설명으로 옳은 것은?

① 영국의 화가 윌리엄호가스에 의한 초승달형 화훼장식이 유행하였다.
② 르네상스 시대는 종교적 의미를 담은 꽃꽂이를 하거나 줄기가 보이지 않을 정도로 꽃을 가득 채운 원추형, 원형 등의 꽃꽂이 형태가 일반적이었다.
③ 빅토리아 시대는 암울한 시대 상황으로 꽃 문화가 융성하지 못했다.
④ 미국 초창기의 꽃 문화는 빅토리안 양식에 영향을 받아 부채모양이 일반적이었다.

해설 | ① 바로크시대 윌리엄 호가스에 의한 S형(호가스라인) 화훼장식이 유행하였다.
③ 빅토리아 시대는 전문서적 발행 등 꽃 문화가 융성하였다.

54 오스트발트 색상환의 색상배치에 기본이 된 이론은?

① 먼셀의 5원색설
② 헤링의 4원색설
③ 영-헬름홀츠의 3원색설
④ 뉴턴의 프리즘설

해설 | 헤링의 4원색설(노랑, 파랑, 빨강, 초록)은 오스트발트 색상환에 기본이 되는 이론이다.

55 자생지가 온대산인 식물의 화분갈이 시기로 가장 적절한 때는?

① 낙엽이 지는 가을철
② 생장이 완료되어 휴면이 시작되기 전
③ 겨울철 휴면기간
④ 휴면이 끝나고 생장 직전

해설 | 온대산 식물은 휴면이 끝나고 생장 직전에 화분갈이를 한다.

56 동양식 꽃꽂이에서 1주지가 수평선 아래로 90~180° 늘어뜨려서 꽂는 형은 무엇인가?

① 직립형　　② 경사형
③ 하수형　　④ 분리형

해설 │ 1주지를 수평선 아래로 늘어뜨려서 꽂는 형을 하수형이라고 한다.

57 우리나라와 같은 동양권에서 방위를 표시할 때 음양오행설에 따른 오방색으로 표현할 수 있다. 그 연결이 옳은 것은?

① 적(赤) – 북쪽　　② 청(靑) – 서쪽
③ 황(黃) – 중앙　　④ 흑(黑) – 남쪽

해설 │ 오방색은 다섯 방위를 상징하는 색을 말한다. 동쪽은 청색, 서쪽은 흰색, 남쪽은 적색, 북쪽은 흑색, 가운데는 황색이다.

58 화훼장식의 부재료에 대한 설명으로 옳은 것은?

① 철사는 재료를 지탱할 수 있는 범위 내에서 가장 가는 것을 선택한다.
② 흡수성 플로랄폼 사용 시 제조회사의 상표명이 하부에 오도록 하여 사용한다.
③ 유리용기를 사용할 경우 반드시 접착점토를 이용한다.
④ 글루건은 글루팬에 비해 여러 사람이 공용으로 사용하기 용이하다.

해설 │ ② 플로랄폼 사용 시 제조회사의 상표명이 뒤에 오도록 하여 사용한다.
③ 유리용기를 사용할 경우 접착점토를 이용하지 않아도 된다.
④ 글루팬은 글루건에 비해 여러 사람이 공용으로 사용하기 용이하다.

59 꽃에 대한 설명으로 틀린 것은?

① 튤립은 꽃받침과 꽃잎의 구분이 불분명하다.
② 홑꽃과 겹꽃은 한 겹 또는 두 겹 이상의 꽃잎 배열로 구분한다.
③ 난초과 식물은 현화식물 중 가장 진화한 식물이다.
④ 무한화서는 선단 또는 중심부의 꽃이 먼저 핀다.

해설 │ 무한화서는 꽃의 형성, 개화의 순서가 아래에서 위로, 가장자리에서 가운데로 차차 피기 시작하는 꽃차례를 말한다.

60 유럽의 신부용 부케에서 다산의 의미로 사용된 것은?

① 장미　　② 카네이션
③ 벼 이삭　　④ 월계수 잎

해설 │ 벼 이삭은 다산의 의미를 가진다.

정답 │ 51 ③　52 ③　53 ②　54 ②　55 ④　56 ③　57 ③　58 ①　59 ④　60 ③

PART 4

화훼장식기능사
적중 모의고사

적중 모의고사 1회
적중 모의고사 2회
적중 모의고사 3회
적중 모의고사 1회 | 정답 및 해설
적중 모의고사 2회 | 정답 및 해설
적중 모의고사 3회 | 정답 및 해설

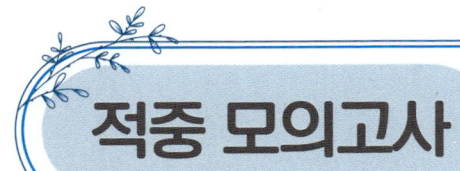 

01 다음 중 난과 식물이 아닌 것은?
① 카틀레아　② 칼라데아
③ 덴파레　　④ 온시디움

02 국화과 식물이 아닌 것은?
① 과꽃　　　② 백일홍
③ 메리골드　④ 라넌큘러스

03 화훼장식에서 철사를 사용하는 목적으로 틀린 것은?
① 약한 줄기를 보강하기 위해서이다.
② 원하는 지점에 꽃과 잎을 고정하기 위해서이다.
③ 코사지나 꽃꽂이에 액세서리를 덧붙이기 위해서이다.
④ 부케를 만들 때 줄기의 부피를 크게 하기 위해서이다.

04 화훼장식에 사용되는 도구 중 고정테이프의 용도로 옳은 것은?
① 꽃의 머리를 고정시키기 위해 사용한다.
② 플로랄폼을 용기에 고정시키기 위해 사용한다.
③ 부토니아를 와이어링으로 처리할 때 사용한다.
④ 코사지를 몸에 부착시킬 때 사용한다.

05 플로랄폼의 특징에 대한 설명으로 옳지 않은 것은?
① 플로랄폼은 꽃꽂이할 때 꽃을 고정하기 편리하다.
② 플로랄폼은 폐기 시 쓰레기 문제를 일으킨다.
③ 플로랄폼은 크기와 모양이 다양하다.
④ 플로랄폼은 경도가 다양하지 못해 단단하고 무거운 꽃을 꽂기에는 부적합하다.

06 글씨리본의 문구 선택 기준이 아닌 것은?
① 장소　② 대상
③ 목적　④ 판매자

07 다양한 색상의 비닐로 방습성이 좋은 포장지는 무엇인가?
① 한지　　② 마
③ 왁스지　　④ 플로드지

08 가공화 폐기물의 관리방법으로 옳지 않은 것은?
① 인조화는 산업폐기물로 처리한다.
② 플라스틱은 분리수거한다.
③ 유리는 산업폐기물로 처리한다.
④ 화학약품은 화학폐기물처리 전문 업체에 연락하여 배출한다.

09 〈보기〉는 무엇에 관한 설명인가?

> **보기**
> • 고객이 비용을 지불하고 일정기간 사용하는 상품이다.
> • 일시적으로 사용하는 상품, 고가, 관리가 어려운 상품 등이 있다.

① 대여상품　　② 꽃다발
③ 꽃바구니　　④ 인조화

10 통신 판매 업체 체인서비스에 대한 설명으로 옳은 것은?
① 주문한 매장에서 상품이 배송된다.
② 시간의 제약 없이 판매가 가능하다.
③ 주문받는 업체와 제작 배송하는 업체가 같다.
④ 판매 시 거리의 제약이 있다.

11 두상화서(頭狀花序)로 꽃이 피는 화훼류는?
① 장미　　② 카네이션
③ 국화　　④ 칼라

12 광에 따른 생육정도에 따라 음생식물과 양생식물로 분류할 수 있다. 이때 양생식물에 속하는 것은?
① 스파티필럼　　② 팔손이
③ 식나무　　④ 백일홍

13 흙에 심지 않고 나무나 돌 등에 붙여 재배하는 난의 종류는?
① 반다　　② 심비디움
③ 춘란　　④ 한란

14 줄기배열에 의한 분류에서 줄기 배열이 없는 구성(freeline of arrangement)에 대한 설명으로 옳지 않은 것은?
① 절화의 줄기가 어떤 일정한 규칙 없이 배열되어 있다.
② 줄기를 짧게 잘라 꽃송이나 꽃잎만을 사용하여 구성하는 방식이다.
③ 구형으로 감은 모양, 둥글게 돌려놓은 모양 등의 여러 가지 변형이 있다.
④ 플로랄 콜라주(floral collage)와 같이 편평한 물체에 붙인 것 등의 구성이 이에 해당한다.

15 동양식 꽃꽂이에서 자연묘사에 따른 형태의 설명으로 옳지 않은 것은?

① 부화형 : 수반에 물을 채우고 연꽃모양으로 꽃을 꽂는 형
② 방사형 : 중심축을 중심으로 사방으로 균일하게 꽂는 형
③ 분리형 : 한 개 혹은 두 개의 수반에 분리하여 꽂는 형
④ 복합형 : 두 개 이상의 수반을 복합적으로 배치하여 꽂는 형

16 절화장식의 구성형식에 의한 분류 중 형-선적 구성(formal-linear composition)에 대한 설명으로 옳은 것은?

① 디자이너의 의도로 소재를 자유롭고 인위적으로 구성하는 형태이다.
② 식물의 생리, 생태적인 면을 고려하여 식물이 자연 상태에서 살아있는 것과 같은 형태로 조형한다.
③ 각 식물의 소재가 가지고 있는 형태와 동적인 특성이 잘 나타나도록 형과 선을 명확히 표현한다.
④ 식물을 다른 소재와 조합하여 그 형이나 색채, 질감을 대비나 조화 등을 비사실적 기법에 의한 순수한 구성미를 가진 형태로 표현한다.

17 갖춘꽃이 구비해야 할 필수적 기관이 아닌 것은?

① 암술과 수술   ② 꽃받침
③ 꽃잎   ④ 불염포

18 다육식물의 특성이 아닌 것은?

① 잎이나 줄기가 다육질화되어 있다.
② 수분을 저장하기 위해 몸이 비대해진다.
③ 거칠고 가시나 털이 있기도 하다.
④ 물속에 잠겨서 생육하는 식물이다.

19 늘어지는 화훼식물이 아닌 것은?

① 코르딜리네(*Cordyline terminalis*)
② 스킨답서스(*Epipermnum aureum*)
③ 스마일락스 아스파라거스(*Asperagus asparagoides*)
④ 빈카(*Vinca major*)

20 변형된 잎이 아닌 것은?

① 선인장의 가시
② 생이 가래의 잎
③ 네펜데스의 포충낭
④ 금잔화의 잎

21 장식적(decorative) 구성에 대한 설명으로 옳은 것은?

① 좌우 비대칭의 구성으로 식물의 생태적 특성을 고려한다.
② 사실적이고 자유로운 질서가 있다.
③ 식물의 생태적 특성보다는 주어진 형태 안에서 장식효과를 높이는 데 주안점을 둔다.
④ 선과 면의 강한 대비를 통해 긴장감과 고조를 유도한다.

22 구성의 밑부분에 색다른 질감과 시각적인 비중을 더해 줌으로써 좀 더 강한 흥미와 외형적 안정성의 기반이 되는 화훼장식 표현기법으로 거리가 먼 것은?

① 테라싱(terracing)
② 파베(pave)
③ 필로잉(pillowing)
④ 쉐도잉(shadowing)

23 우리나라의 전통 화훼장식에 관한 설명으로 옳은 것은?

① 압화사는 고려시대의 꽃을 거두는 벼슬 아치이다.
② 꽃꽂이 방법이 소개된 임원십육지는 홍석모의 저서이다.
③ 한 화기에 두 개의 침봉을 사용한 것을 복형이라 한다.
④ 주지의 삼각구성 이론은 동양사상인 천지인의 삼재(三才)사상에 근거를 두고 있다.

24 화목류 중 주로 잎을 관상하는 종류로만 나열된 것은?

① 백목련, 매화나무, 배롱나무
② 소나무, 향나무, 은행나무
③ 모과나무, 먼나무, 피라칸사
④ 개나리, 무궁화, 장미

25 리스에 대한 설명으로 옳지 않은 것은?

① 리스는 플로랄폼이 있는 고리모양의 틀에 꽃꽂이하듯 소재를 꽂아 만들 수 있다.
② 리스는 나무덩굴이나 짚, 로프, 철사, 철망, 이끼 등으로 만든 둥근 고리모양의 틀에 소재를 부착시켜 만들 수 있다.
③ 리스는 리스 고리의 크기에 비해 두께가 가늘수록 모양이 좋다.
④ 리스는 화훼소재를 이용하여 고리모양으로 만든 장식물이다.

26 분식물 장식에 대한 설명으로 틀린 것은?

① 테라리움은 라틴어로 흙이라는 의미의 Terra와 용기라는 의미의 Arium의 합성어이다.
② 아쿠아리움은 물고기 등을 넣고 수생식물을 띄워 키운다.
③ 디시가든은 깊이가 얕은 분에 목본식물을 인공적으로 생장 억제시켜 축소, 묘사한 것이다.
④ 비바리움은 유리용기 속에 도마뱀, 개구리 등의 동물과 식물이 공생하는 자연의 모습을 연출한다.

27 갈란드에 대한 설명으로 틀린 것은?

① 절화를 원형의 고리 모양으로 만들어낸 장식물이다.
② 고대 이집트와 로마시대부터 행사에서 경축의 용도로 사용하였다.
③ 어깨에 걸치거나, 기둥의 둘레를 감거나 난간, 문 등을 장식할 수도 있다.
④ 절화와 절엽 등을 길게 엮은 장식물이다.

28 절화를 수확한 후 절화의 수명과 품질을 유지하기 위하여 실시하는 것은?
① 예냉 ② 포장
③ 에틸렌 처리 ④ 수송

29 저장이나 운송 시 절화의 호흡작용으로 인한 품질 저하로 틀린 것은?
① 열 발생 및 양분의 소실
② 절화의 표면에 수분 응축
③ 포장 안에 에틸렌 가스의 집적
④ 포장 내의 호흡작용으로 인한 온도 저하

30 절화를 상점에서 사온 후 소비자가 우선적으로 하여야 할 것은?
① 절화를 찬물에 담금
② 절화를 따뜻한 물에 담금
③ 절화를 냉장고에 넣어 시원하게 함
④ 절화의 아랫부분을 물속 자르기로 재절단함

31 장식적인 디자인 테크닉(design technique)의 하나로 시험관 등을 이용하여 재료가 공중에 떠 있는 것처럼 보이도록 하는 기술은?
① 프리센트 테크닉(fliessend technique)
② 플로팅 테크닉(floating technique)
③ 팬싱 테크닉(fencing technique)
④ 밴딩 테크닉(banding technique)

32 다음 중 가장 발아 적온이 낮은 화훼류는?
① 프리뮬라 ② 나팔꽃
③ 맨드라미 ④ 샐비어

33 꽃다발 등을 만들 때 철사 대신에 묶는 용도로 이용하거나 장식용으로 쓰이는 자연 소재로 적합한 것은?
① 다래덩굴
② 라피아
③ 플로랄 테이프
④ 방수 테이프

34 다음 중 절화의 수명연장을 위한 방법이 아닌 것은?
① 자르는 면을 비스듬히 하여 재절단한다.
② 물에 잠기는 줄기의 아랫부분 잎을 제거한다.
③ 대사에 필요한 자당을 넣어준다.
④ 쇠로 된 용기에 담아 보관한다.

35 평면적인 화면에 입체적인 생화나 건조 소재 등의 소재를 반평면적으로 배치하여 표현하는 장식물은?
① 갈란드 ② 콜라쥬
③ 리스 ④ 형상물

36 장미, 솔리다스터, 아이비로 코사지를 만들 때 와이어링 방법으로 옳지 않은 것은?

① 장미 꽃잎 – 헤어핀(hair-pin) 법
② 장미꽃 – 피어스(pierce) 법
③ 아이비 – 헤어핀(hair-pin) 법
④ 솔리다스터 – 인서트(insert) 법

37 테라싱(terracing) 기법의 특징으로 틀린 것은?

① 동일한 소재들을 크기 순서대로 반복적 효과를 부여하는 것으로 작품의 밑부분에서 주로 사용한다.
② 소재들 사이에 공간을 주며 계단처럼 서로 수평 또는 수직으로 배치한다.
③ 작품의 특정 지역을 부각시키고, 시선을 끌기 위한 평면적인 기법이다.
④ 자연에 있는 식물들이 생장하는 모습을 재현하는 것으로서 식생적인 디자인을 표현할 수 있다.

38 〈보기〉 설명하는 디자인 형태는?

> **보기**
> 꽃들을 빈 공간 없이 촘촘하게 배열하여 원추형이나 반구형으로 조형하는데 같은 꽃이나 같은 색의 꽃을 모아 상면에서 볼 때 동심원 무늬를 이루도록 배열하거나 꼭대기에서 나선형으로 내려오도록 배열하는 방식이다.

① 밀드 플레 디자인
② 폭포형 디자인
③ 더치 플레미시 디자인
④ 비더마이어 디자인

39 꽃다발에 대한 설명으로 옳은 것은?

① 줄기는 나선형 또는 평행형 기법으로 제작한다.
② 줄기 끝은 직선으로 자른 후 세울 수 있게 한다.
③ 묶음점을 단단히 하기 위하여 최대한 넓은 폭으로 묶는다.
④ 묶음점 아랫부분 줄기에도 싱싱한 잎을 붙여둔다.

40 물주기에 대한 설명으로 옳은 것은?

① 겨울철에도 신선한 찬물을 준다.
② 겉흙이 약간 마른 듯할 때 물을 준다.
③ 항상 토양을 촉촉하게 유지한다.
④ 건조해지지 않도록 조금씩 자주 물을 준다.

41 콜라주에 대한 설명으로 틀린 것은?

① 20세기에 등장한 독특한 시각예술이다.
② 천, 금속, 돌 등의 재료를 붙여서 구성하는 표현기법 중 하나이다.
③ 프랑스어 '풀칠', '붙이다' 의미를 가진 coller에서 유래되었다.
④ 벽장식으로만 이용한다.

42 화훼장식의 주재료인 생화는 지속시간이 짧다는 단점을 가지고 있다. 이 단점을 보완할 수 있는 것은?

① 콜라주
② 종이
③ 건조화
④ 염색화

43 검정색과 노란색을 사용하는 교통표지판은 색채의 어떠한 특성을 이용한 것인가?
① 색채의 연상
② 색채의 이미지
③ 색채의 명시성
④ 색채의 심리

44 화훼장식 대상물에 따른 질감의 표현으로 옳지 않은 것은?
① 루나리아, 스위트피 : 우리화기처럼 투명하다.
② 팜파스그라스, 목화솜 : 순모의 털처럼 투명하다.
③ 아킬레아, 솔리다고 : 벨벳 같은 질감으로 부드럽다.
④ 안스리움, 베고니아 : 크롬, 알루미늄처럼 금속의 질감을 가진다.

45 그리스·로마시대에 유행했던 화훼장식물이 아닌 것은?
① 리스
② 갈란드
③ 화관
④ 노즈게이

46 우리나라 화훼장식을 나타내는 역사물 중 고려시대의 작품이 아닌 것은?
① 수덕사 대웅전의 수화도
② 해인사 대적광전의 벽화
③ 강서대묘 현실 북벽의 비천상의 꽃을 흩뿌리는 산화도
④ 수월관음도

47 유럽의 절화장식에서 꽃의 자연건조나 누름건조, 꽃그림 그리기, 조개, 왁스, 깃털, 구슬 등으로 조화를 만드는 기술이 교육되었던 시기로 옳은 것은?
① 르네상스시대
② 빅토리아시대
③ 바로크시대
④ 영국 조지왕시대

48 화훼장식 디자인 요소인 공간에 대한 설명으로 틀린 것은?
① 화훼장식물을 중심으로 볼 때 공간은 물리적인 공간과 화훼장식물의 공간으로 나뉠 수 있다.
② 화훼장식 작품 안에서 공간은 양성적 공간과 음성적 공간으로 나뉠 수 있다.
③ 음성적 공간은 양성적 공간에 비하여 디자이너가 의도적으로 계획한 적극적 공간이다.
④ 양성적 공간은 재료가 꽉 채워진 공간이다.

49 비례는 폭, 길이, 높이 등의 치수와 비교되는 분량의 측정관계이다. 가장 기본적인 비율로 3:5:8:13:…의 연속적인 분할 비율을 나타내는 것은?
① 황금비율
② 정상비율
③ 과소비율
④ 과대비율

50 통일감을 이루는 방법이 아닌 것은?
① 동일 질감의 재료 선택
② 유사색의 사용
③ 대조되는 선의 이용
④ 일괄된 기술의 사용

51 빨강, 주황, 노랑, 초록, 파랑, 남색, 보라 등과 같이 빛의 파장에 의해 나타나는 색채를 무엇이라 하는가?
① 명도
② 채도
③ 색상
④ 색상환

52 화훼장식의 기능으로 거리가 먼 것은?
① 공기 정화, 습도 유지, 산소 발생 기능
② 차폐효과를 이용한 사생활 보호 기능
③ 상업공간에서 나타나는 경제적 기능
④ 심리적 편안함에 따른 작업 기피 효과

53 색광의 3요소에 해당하지 않는 것은?
① 빨강
② 노랑
③ 녹색
④ 파랑

54 색의 흐림이나 선명함을 나타내는 값으로 색의 순수한 정도를 무엇이라고 하는가?
① 색상
② 채도
③ 명도
④ 명암

55 〈보기〉는 화훼장식 디자인 원리 중 균형에 관한 설명이다. 이에 해당되는 것은?

> 보기
> 중심축을 기준으로 양쪽에 같은 형태나 질감 그리고 동일한 컬러의 물체를 마치 거울에 비추어진 것과 같이 배열하여 시각적으로 편안하고, 안정적인 무게감을 준다. 그러므로 주로 공식적이고 위엄을 강조하는 관공서 건물이나 종교 관련 건축물에 응용되어 진다.

① 대칭 균형
② 비대칭 균형
③ 색의 균형
④ 통일감

56 건조소재의 보존방법으로 적절한 것은?
① 다습한 곳에서 보관한다.
② 직사광선이 비춰지는 곳에서 보관한다.
③ 매몰건조에 의해 건조된 소재는 압력에 의한 손상에 유의해야 한다.
④ 매몰건조에 의해 건조된 소재는 저장 중 습기를 제거할 필요가 없다.

57 〈보기〉에서 설명하는 것은?

> 보기
> • 팔 또는 손목을 장식하는 코사지이다.
> • 제작한 꽃을 부착하여 손목에 고정시킬 수 있는 팔찌와 같은 도구를 사용하면 훨씬 편리하다.

① 백사이드 코사지
② 앵클릿 코사지
③ 부토니아 코사지
④ 리스릿 코사지

58 <보기>의 플라워 디자인의 제작순서를 바르게 나열된 것은?

> **보기**
> (ㄱ) 작품 결정
> (ㄴ) 주제 결정
> (ㄷ) 구상과 스케치
> (ㄹ) 물리적인 파악
> (ㅁ) 작품 제작
> (ㅂ) 재료 구입

① (ㄴ)-(ㄹ)-(ㄱ)-(ㄷ)-(ㅂ)-(ㅁ)
② (ㄷ)-(ㅁ)-(ㄱ)-(ㄴ)-(ㅂ)-(ㄹ)
③ (ㅂ)-(ㅁ)-(ㄷ)-(ㄹ)-(ㄱ)-(ㄴ)
④ (ㄱ)-(ㄴ)-(ㄷ)-(ㄹ)-(ㅁ)-(ㅂ)

59 다음 중 식물의 향기에 관한 설명으로 틀린 것은?

① 향기의 강도는 보편적으로 흰색 꽃이 강하다.
② 향기는 화훼장식에 필요한 요소가 아니다.
③ 히야신스의 향기는 봄을 연상시킨다.
④ 자스민의 향기는 분위기를 차분하게 해 준다.

60 호흡으로 인한 양분 손실이 커지기 전에 빠르게 건조하기 위해 가열하여 건조하는 방법으로, 건조시간도 적게 걸리는 건조방법은?

① 누름건조   ② 동결건조
③ 열풍건조   ④ 자연건조

적중 모의고사 2회

01 봄에 심는 알뿌리 화초로만 나열된 것은?
① 칸나, 달리아, 글라디올러스
② 칸나, 튤립, 수선화
③ 글로시니아, 백합, 크로커스
④ 칼라, 수선화, 글라디올러스

02 줄기가 곧게 외대로 직립하는 성향의 식물로만 나열된 것은?
① 아이비, 스킨답서스, 옥시카르디움
② 클레마티스, 바위취, 접란
③ 종려죽, 관음죽, 세이브리지 야자
④ 프리지아, 칼라데아, 보스톤 고사리

03 아마릴리스의 학명 표기가 바르게 된 것은?
① Hippeastrum hhybridum Hort.
② Hippeastrum *Hybridum* Hort.
③ *Hippeastrum Hhybridum* Hort.
④ *Hippeastrum hybridum* Hort.

04 절화장식에 사용되는 화기로 적절하지 않은 것은?
① 병
② 테라리움 용기
③ 수반
④ 콤포트

05 절화장식용으로 사용되는 꽃에 대한 설명으로 가장 거리가 먼 것은?
① 일반적으로 줄기가 초본성인 것들이 물 올림이 좋은 경우가 많다.
② 심비디움처럼 꽃잎이 두꺼운 것들이 수명이 길다.
③ 자생 붓꽃도 꽃꽂이하면 3~4일은 꽃을 충분히 볼 수 있다.
④ 꽃꽂이용의 절화는 공기 정화에 크게 기여한다.

06 〈보기〉의 빈칸에 들어갈 단어는?

> **보기**
> 전체 고객의 10%로 전체 매출의 50%를 차지하는 고객을 (　　　)이라 한다.

① 일반 고객　② 우량 고객
③ 잠재 고객　④ 신규 고객

07 다음 중 절화상품 포장의 목적이 아닌 것은?
① 배송 중 파손을 방지한다.
② 광고효과를 통한 경제성을 높인다.
③ 절화상품 제작 비용이 감소한다.
④ 휴대 편리성을 통해 운반이 용이해진다.

08 절화상품 장식리본에 대한 설명으로 옳지 않은 것은?
① 라피아는 야자 잎에서 얻은 섬유로 만든 리본이다.
② 오간디 리본은 섬유를 접착, 엮어 만든 시트 형태의 리본이다.
③ 금속 리본은 광택이 있고 화려하며 가볍다.
④ 리넨 리본은 아마사로 짠 직물 리본으로 구김이 쉽게 생긴다.

09 가공화 폐기물 관리방법 중 화학약품을 처리하는 방법으로 옳은 것은?
① 화학폐기물 스티커를 부착한 통에 담아 보관하고, 버릴 시에는 화학폐기물처리 전문 업체 연락하여 배출한다.
② 화학폐기물 스티커를 부착한 통에 담아 보관하고, 산업폐기물로 처리한다.
③ 분리수거하여 처리한다.
④ 종량제봉투에 담아 버린다.

10 화훼장식 상품 홍보 수단 중 인쇄매체가 아닌 것은?
① 신문　② 잡지
③ 스티커　④ 라디오

11 화훼장식 소재로 줄기 또는 잎을 주로 사용하는 소재가 아닌 것은?
① 접란　② 시네라리아
③ 아이비　④ 아스파라거스

12 절화보관 중 에틸렌 가스 발생을 억제하는 데 효과적이지 않은 것은?
① AOA　② STS
③ 과망간산칼륨　④ HQS

13 테이블 장식을 할 때 고려해야 할 점으로 옳지 않은 것은?
① 장식물의 높이는 시선보다 낮게 한다.
② 식욕을 돋기 위해 향기가 진한 소재를 주로 사용한다.
③ 음식문화에 따른 소재를 선택한다.
④ 장소, 동기, 환경을 고려하여 제작한다.

14 앉아서 식사하는 테이블 장식용으로 주로 활용되는 화형은?
① 부채형　② 수평형
③ 원추형　④ 수직형

15 분식물 장식의 기본 기술에 관한 설명으로 거리가 먼 것은?
① 착생식물은 토양 없이 공간장식에 이용될 수 있다.
② 분식물 장식은 기본적으로 용기, 토양, 식물로 이루어진다.
③ 두 종류 이상의 식물을 심을 때는 생육습성이 비슷한 종류끼리 심는다.
④ 관엽식물은 비교적 더디게 자라는 종류가 많으므로 작은 용기에 가득 심어 여유 공간을 두지 않는다.

16 클러스터링(clustering)에 대한 설명으로 옳은 것은?

① 덩어리를 강조하기 위하여 소재들 사이의 공간을 제거하고 빈틈없이 모아 덩어리 모양을 만드는 것이다.
② 유사한 꽃, 유사한 색, 유사한 모양들을 결합하여 사용하는 방법이다.
③ 수평적인 평면이나 복잡한 구조상의 세부적인 묘사를 하고, 땅 표면에 장식적인 기초를 만들어 주는 것이다.
④ 식물 부분들을 촘촘하게 평행으로 배열하고, 각 그룹은 비대칭으로 구성하는 것이다.

17 같은 종류의 재료를 모아 꽂음으로써 재료의 형태나 색채, 양감, 질감 등을 강조하는 기법은?

① 테라싱 ② 시퀀싱
③ 밴딩   ④ 그룹핑

18 다음 중 기생 또는 착생식물로만 묶인 것은?

① 틸란드시아, 석곡, 반다, 나도풍란
② 고무나무, 쉐프렐라, 디펜바키아, 남천
③ 인동덩굴, 아이비, 필로덴드론 옥시카르디움, 마삭줄
④ 수호초, 선인장류, 유카, 테이블야자

19 다음 식충식물 중 포충낭을 가지고 있는 것은?

① 네펜데스   ② 끈끈이주걱
③ 벌레잡이 제비꽃 ④ 파리지옥

20 다음 화훼류 중 덩굴성 식물(만경식물)로 짝지어진 것은?

① 클레마티스 – 능소화
② 등나무 – 만병초
③ 부겐빌레아 – 자금우
④ 마삭줄 – 알로카시아

21 핸드타이드 부케(hand-tied bouquet)를 제작할 때 모든 줄기가 교차하는 묶음점에 적용되는 기법으로 물리적·기능적으로 소재를 결합하기 위한 기법은?

① 밴딩(banding)
② 프레이밍(framing)
③ 그룹핑(grouping)
④ 바인딩(binding)

22 〈보기〉의 빈칸에 들어갈 단어는?

> **보기**
> 절화에 사용되는 물은 (   )일 때, 수분 흡수력이 좋고 미생물 발생을 억제하며 살균력이 강하다.

① 알칼리성   ② 약알칼리성
③ 중성   ④ 약산성

23 대칭 디자인에 대한 설명으로 옳지 않은 것은?

① 매우 안정된 형태이다.
② 견고하고 균형 잡힌 느낌을 준다.
③ 기하학적인 중심축과 대칭축은 일치하지 않는다.
④ 좌우대칭이 되도록 시각적인 무게감이 균등하게 배열한다.

24 웨딩 부케의 제작순서로 가장 적합한 것은?

① 신부에 대한 정보 파악 → 선호도와 디자인 파악 → 전문가로서의 의견 제시 → 디자인 결정 → 제작 → 상품 전달
② 신부에 대한 정보 파악 → 전문가로서의 의견 제시 → 선호도와 디자인 파악 → 디자인 결정 → 제작 → 상품 전달
③ 디자인 결정 → 신부에 대한 정보 파악 → 전문가로서의 의견 제시 → 선호도와 디자인 파악 → 제작 → 상품 전달
④ 전문가로서의 의견 제시 → 선호도와 디자인 파악 → 신부에 대한 정보 파악 → 디자인 결정 → 제작 → 상품 전달

25 에틸렌 가스에 의한 피해 증상이 아닌 것은?

① 꽃잎의 청색화
② 꽃잎 탈리
③ 꽃잎 말림
④ 꽃잎의 잿빛곰팡이병

26 암흑 상태에서 보관 시 잎의 황화가 가장 빨리 촉진되는 것은?

① 카네이션 ② 거베라
③ 장미 ④ 국화

27 크리스마스 디스플레이에서 주로 이용되는 소재가 아닌 것은?

① 포인세티아 ② 전나무
③ 백합 ④ 조팝나무

28 베이싱(basing) 기법에 대한 설명으로 가장 거리가 먼 것은?

① 디자인의 아래쪽을 시각적인 흥미를 위해 장식하는 방법이다.
② 필로잉, 테라싱, 파베 같은 기술을 사용한다.
③ 플로랄폼을 가려주는 기술이다.
④ 접착제 또는 핀을 이용하여 각각의 꽃잎이나 잎사귀로 화기 등 둥근 표면을 덮는 방법이다.

29 진주암을 1,000℃ 정도의 고온에서 가열한 무균 인조 토양으로 공극량이 많은 토양은?

① 피트모스 ② 버마큘라이트
③ 펄라이트 ④ 훈탄

30 병렬형 디자인에 대한 설명으로 틀린 것은?

① 용기 안의 서로 다른 점으로부터 뻗어 나온 디자인이다.
② 경직되고 구조적으로 보이기는 하나 높이를 달리하면 부드러워 보인다.
③ 규칙적으로 수평, 수직, 대각선을 이루면서 평행으로 배치되는 디자인이다.
④ 꽃줄기들이 수직의 선들로 무한정 확장되다가 한 곳에서 만나게 되는 디자인이다.

31 식물이 자연 상태에서 살아있는 모습과 같은 형태로 조형하는 구성은?

① 구조적 구성 ② 그래픽 구성
③ 식생적 구성 ④ 장식적 구성

32 속이 비었거나 연한 자연줄기를 그대로 살리고 싶을 때 철사를 줄기 속에 넣어 제작하는 테크닉은?

① 소잉(sewing) 기법
② 피어스(pierce) 기법
③ 인서션(insertion) 기법
④ 시큐어링(securing) 기법

33 자연적인 성장 형태에 어긋나지 않게 사실적으로 표현한 것으로 식물의 생태적 분야를 고려하여 디자인하는 것은?

① 수평적 형태
② 선형적 형태
③ 장식적 형태
④ 식생적 형태

34 절화의 관리에 대한 설명으로 틀린 것은?

① 줄기가 절단될 때 공기가 도관 속으로 들어가 도관을 막아 줄기를 통한 물의 정상적인 이동이 방해되는 꽃은 물속 줄기절단이 좋다.
② 박테리아와 곰팡이와 같은 미생물이 줄기 기부에 침입하여 번식하면서 도관이 막혀 시들게 되는 경우도 있으므로 물통을 깨끗하게 유지해 준다.
③ 장미의 잎은 기부로부터 가능한 많은 엽수를 남기는 것이 저장양분을 많이 보유할 수 있으므로 수명 연장에 효과적이다.
④ 가위보다는 날카로운 칼로 줄기를 자르면 줄기의 상처를 줄여 도관을 막는 미생물의 증식을 줄일 수 있다.

35 벽걸이분(wall hanging basket)의 장점으로 옳지 않은 것은?

① 공간활용도가 효율적이다.
② 공중걸이분보다 고정이 용이하다.
③ 장식품의 시선을 확대할 수 있다.
④ 사방에서 관상할 수 있다.

36 실내공간을 위한 식물 모아심기를 할 때 고려되어야 할 사항으로 옳지 않은 것은?

① 선택한 식물군의 생장 속도
② 적절한 배양토의 선택
③ 선택한 식물군이 동일한 정도의 수분 요구도를 가지는지의 여부
④ 선택한 식물군이 동일한 색상으로 통일되어 있는지에 대한 여부

37 밀 드 플레(mille de fleur) 디자인에 대한 설명으로 옳지 않은 것은?

① 19세기 중반 유럽에서 시작되었다.
② 다양한 꽃과 잎, 과일이나 채소를 밀집되게 장식하는 형태이다.
③ 천 송이의 꽃 또는 많은 꽃이라는 뜻이다.
④ 둥근형 모양이 일반적이지만 삼각형이나 사각형과 같은 형도 있다.

38 다음 중 개화가 진행된 상태에서 절화해야 하는 것은?

① 거베라
② 작약
③ 아이리스
④ 나리

39 절화장식 디자인 과정에서 주제를 결정할 때 가장 먼저 해야 할 것은?
① 소재의 구입과 준비
② 양식과 예산 및 공간의 특성조사 분석
③ 장식물 장식공간의 용도나 목적 파악
④ 구체적 구상과 스케치

40 로즈멜리아와 같은 멜리아형 꽃다발을 만들기 위한 소재로 부적합한 것은?
① 튤립　② 나리
③ 칼라　④ 글라디올러스

41 다음 중 어떤 두색이 인접해 있을 때 두색의 경계가 되는 부분에서 경계로부터 멀리 떨어져 있는 부분보다 색상, 명도, 채도 대비가 더 강하게 일어나는 현상은?
① 보색대비　② 연변대비
③ 명도대비　④ 색상대비

42 한국 화훼장식의 역사 중에서 삼국시대에 대한 설명으로 옳은 것은?
① 한국 꽃꽂이가 예술로 본격적으로 발전된 시대이다.
② 불교의 전래와 함께 불전헌공화가 전래되었다.
③ 청자의 곡선미와 순수한 아름다움에 어울리는 병꽃꽂이를 처음으로 시도했던 시대이다.
④ 유교사상으로 꽃은 소박하고 간결한 표현 및 높이 세우는 형이 많아졌다.

43 화훼장식 디자인 요소 중 색채의 대비에 대한 설명으로 틀린 것은?
① 무채색은 유채색보다 후퇴되어 보인다.
② 색의 팽창과 수축은 모두 채도의 지배를 받는다.
③ 젖어있을 때의 물체는 명도가 낮고 무겁게 느껴진다.
④ 차가운 색 계통의 하늘색은 가볍게 느껴진다.

44 화훼장식의 역할로 가장 거리가 먼 것은?
① 아름다운 실내공간을 만들어 준다.
② 꽃과 식물이 있는 공간은 휴식공간으로 제공된다.
③ 식물은 산소를 흡수하고 이산화탄소를 방출해줌으로써 공기를 정화해 준다.
④ 화훼장식은 사람들을 불러 모으는 역할을 해 준다.

45 압화 제작에 관한 설명으로 틀린 것은?
① 누름건조 시 적색꽃은 짙게 변색되므로 주의한다.
② 압화본드에 의해 압화가 변색될 수 있으므로 주의한다.
③ 압화 시 식물이 부서지지 않도록 일정기간 수분을 공급한다.
④ 팬지와 같은 납작한 꽃이 압화 제작에 좋다.

46 조선시대 화훼장식이나 묵화에서 속세를 떠나 고고하게 살아가는 은사에 비유되었던 식물은?

① 매화   ② 대나무
③ 난   ④ 국화

47 글리세린 용액 1,000mL를 만들 때 필요한 글리세린의 양은? (단, 글리세린 용액에서 물과 글리세린 비율은 3:2이다.)

① 300mL ② 400mL
③ 500mL ④ 600mL

48 〈보기〉는 무엇에 대한 설명인가?

> 보기
>
> 사회, 경제, 문화의 변화와 밀접한 관련이 있다. 예를 들어 한일월드컵 경기를 계기로는 붉은색, 환경문제가 대두되면서 자연적인 그린이나 파스텔 색상을 추구하는 경향이 많아지는 것을 말한다. 그 시대를 반영하는 색을 민감하게 받아들여 활용하고자 할 때 이용된다.

① TINT   ② 유행색
③ 색의 속성 ④ 색의 지각

49 화훼장식 디자인에 이용되는 3가지 선의 분류에 해당하지 않는 것은?

① 실제적 선   ② 함축된 선
③ 정적인 선   ④ 심리적인 선

50 다음 색상환에 유사 색상 배색을 나타낸 것은?

① 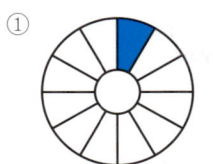   ②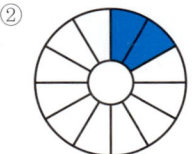

③ 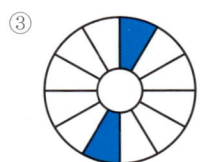   ④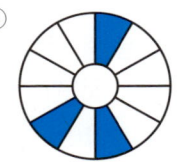

51 디자인에 대한 설명으로 옳은 것은?

① 빨간색 장미와 주황색 극락조화를 오렌지색 화기에 디자인하면 분열보색 조화를 꾀할 수 있다.
② 디자인의 주류를 이루는 색에 대립되는 색을 사용하여 강렬한 느낌을 줄 수 있는데, 이때 대립되는 색의 분량이 주조색만큼 되어야 그 효과를 볼 수 있다.
③ 식물을 이용한 질감의 변화는 빛과 그림자를 혼합하면서 디자인에 변화와 깊이를 부여한다.
④ 비슷한 질감의 소재를 적절히 혼합하여 조화를 얻을 수 있고 다양한 질감, 상반되는 질감을 배열하여 통일감을 얻을 수 있다.

52 화훼장식의 활용 범위로 가장 거리가 먼 것은?

① 우리의 생활환경을 아름답게 꾸며준다.
② 축하, 감사, 기념 등 사회적인 소통이 될 수 있다.
③ 행사주최자의 지위를 과시할 수 있다.
④ 상품이나 서비스의 판매를 촉진한다.

53 다음 재료 중 부식 상태에 따라 매끄럽고 거친 느낌이 나며 차고 강한 느낌의 현대 문명을 암시하는 것은?
① 도자기　　② 강철
③ 테라코타　④ 구리

54 다음 중 먼셀 색체계에서 보색관계로 짝지어진 것은?
① 빨강(R) – 노랑(Y)
② 주황(YR) – 파랑(B)
③ 노랑(Y) – 연두(GY)
④ 보라(P) – 빨강(R)

55 화훼장식 기능 중 회사원들의 스트레스를 줄이고, 일의 효율성과 창의성을 높여 주는 데 효과적인 역할을 하는 기능은?
① 장식적 기능　② 심리적 기능
③ 환경적 기능　④ 교육적 기능

56 장미를 신속하게 말리고 자연스러운 색상을 보다 잘 보존시켜주기 위해 사용하는 건조법은?
① 자연 건조　② 실리카겔 건조
③ 열풍 건조　④ 탄화 건조

57 디자인 원리 중 비례에 대한 설명으로 틀린 것은?
① 분명한 수적인 질서로 조화의 근본이 되는 균형을 말한다.
② 절대적인 크기로서 다른 요소들이나 기준과 비교해서 측정한다.
③ 길이나 거리, 높이나 넓이, 부피나 중량에 대한 비이다.
④ 1:1.618은 고대부터 중시되어 온 기본적인 비례이다.

58 〈보기〉는 화훼장식의 기능 중 어느 부분에 속하는가?

> 보기
> 공기 중의 오염 물질을 흡수하여 공기를 정화시키며, 수분을 방출하여 습도를 조절해 주고, 전자파 차단과 방음 효과가 있다.

① 치료적 기능　② 심리적 기능
③ 환경적 기능　④ 건축적 기능

59 다음 중 디자인 요소가 아닌 것은?
① 선　　② 형태
③ 색채　④ 강조

60 다음 중 비대칭적인 균형을 가장 효과적으로 나타낼 수 있는 디자인은?
① 라운드　　② 초승달형
③ 원추형　　④ 다이아몬드형

적중 모의고사 3회

01 절화용 용기의 조건으로 거리가 먼 것은?
① 물과 꽃줄기를 충분히 담글 수 있어야 한다.
② 꽃 전체의 무게를 지탱할 수 있는 무게를 가져야 한다.
③ 줄기를 고정하기 위한 어떤 도구도 감출 수 있어야 한다.
④ 장식 목적과 효과에 따라 배수구가 있는 경우가 일반적이다.

02 숙근초에 해당되는 설명으로 맞는 것은?
① 종자로부터 발아하여 1년 이내에 모든 영양 및 생식생장, 즉 생활환을 마치는 초본성 식물이다.
② 식물체의 일부인 뿌리, 지하경이 남아서 월동하고 2년 이상 생장과 개화를 반복하는 목본류 이외의 식물이다.
③ 개화에 춘화처리를 필요로 하고 파종 후 개화, 결실 등의 모든 생육을 마치는 데에만 1~2년 소요되는 식물이다.
④ 대부분 종자번식을 하는 식물이다.

03 꽃을 구성하는 여러 기관 중 성숙하여 종자로 발달하는 기관은?
① 암술머리   ② 화탁
③ 자방   ④ 배주

04 L자형 꽃꽂이를 제작할 때 골격을 형성하는 소재로서 가장 적절한 것은?
① 스프레이 카네이션
② 델피늄
③ 다알리아
④ 소국

05 관엽식물에 대한 일반적 설명으로 틀린 것은?
① 원산지는 대부분 온대지역이다.
② 그늘에 강해 실내장식용으로 많이 쓰인다.
③ 수분을 많이 필요로 하고 건조에 약하다.
④ 주로 포기나누기나 꺾꽂이에 의해 번식된다.

06 얇은 종이 재질의 포장지로 완충제 또는 꽃다발 속포장용으로 사용되는 것은?
① 플로드지   ② opp
③ 습자지   ④ 마

07 절화 상품 글씨 리본에 들어가는 나이별 문구에 대한 설명으로 틀린 것은?
① 60세 - 회갑   ② 70세 - 상수
③ 77세 - 희수   ④ 88세 - 미수

08 절화 상품 포장 시 유의사항으로 틀린 것은?
① 받는 사람에 맞는 디자인으로 포장한다.
② 절화의 신선도를 유지할 수 있게 포장한다.
③ 절화가 돋보일 수 있도록 과대포장한다.
④ 운반이 용이하게 포장한다.

09 〈보기〉의 빈칸에 들어갈 내용으로 옳은 것은?

> 보기
> 백분율분할 가격 책정법
> 판매가격=경영비+(   )+순수익

① 부재료　　② 인건비
③ 상품 원가　④ 식물 재료

10 표준 도매가에 노동비, 운영비, 이윤 등을 고려하여 가격을 결정하는 판매가 책정법은?
① 노동비 포함 가격 책정법
② 표준비 가격 책정법
③ 백분율분할 가격 책정법
④ 생산비 포함 가격 책정법

11 화훼장식물을 제작할 때 주로 많이 사용하는 꽃 테이프의 폭은?
① 0.25cm　　② 1.25cm
③ 2.25cm　　④ 3.25cm

12 서양란이 아닌 것은?
① 보세란　　② 심비디움
③ 온시디움　④ 팔레놉시스

13 화훼장식에 사용되는 철사에 관한 설명으로 틀린 것은?
① 화훼장식 디자인에 사용하는 철사는 무게와 지름의 크기에 따라 다양한 규격을 가지고 있다.
② 화훼장식용 철사는 표준규격의 수치가 높을수록 철사의 굵기가 굵어진다.
③ 너무 굵은 철사를 사용하면 재료를 손상시키고 너무 가는 철사를 사용하면 지지 능력이 떨어진다.
④ 재료를 받쳐서 제자리에 지탱시킬 수 있는 범위 내에서 가장 가는 철사를 사용하는 것이 좋다.

14 다음 중 일반적으로 열매가 자주색으로 나타나는 식물은?
① 피라칸타　② 백량금
③ 남천　　　④ 좀작살나무

15 꽃꽂이 형태에서 줄기 배열을 구분할 때 한 개의 초점에서 사방으로 전개되는 줄기 배열은?
① 방사선 배열
② 교차선 배열
③ 감는선 배열
④ 평행선(병행선) 배열

16 분식물인 아프리칸 바이올렛에 대기온도보다 낮은 찬물을 급수하고 직사광선을 쬐면 일어나는 현상은?

① 잎이 싱싱해진다.
② 꽃이 싱싱해진다.
③ 잎에 흰 반점이 생긴다.
④ 잎이 병에 걸린다.

17 다음 중 절화 줄기부를 끓는 물에 수 초 동안 넣었다 빼내는 열탕 처리 시 수명 연장에 가장 효과가 있는 화훼류는?

① 튤립　　　　② 포인세티아
③ 안개초　　　④ 카네이션

18 몬스테라, 스프링게리, 드라세나, 둥굴레, 엽란 등을 꽃꽂이 소재로 사용할 때의 용도별 분류군은?

① 절화식물　　② 절지식물
③ 절엽식물　　④ 건조화 소재

19 페더링(feathering) 기법에 대한 설명으로 옳지 않은 것은?

① 코사지나 터지머지(tuzzy-muzzy) 등과 같은 섬세한 디자인을 할 때 사용된다.
② 카네이션, 국화 등의 꽃잎을 여러 장 겹쳐서 감아주는 기법이다.
③ 하나하나의 꽃잎을 조합하여 큰 꽃을 만드는 기법이다.
④ 꽃잎을 분해하여 새의 깃털처럼 처리한다고 하여 붙여진 이름이다.

20 장일성 식물로 가장 적합한 것은?

① 카네이션　　② 칼랑코에
③ 맨드라미　　④ 포인세티아

21 화훼장식의 표현기법 중 조닝(zoning)에 대한 설명으로 옳은 것은?

① 특정 소재를 다른 소재와 분리시킴으로써 제작 시 구획을 나누어 연출하는 기법이다.
② 소재를 한겹 한겹 쌓거나 말뚝박기하듯 쌓는 기법이다.
③ 줄기가 짧은 소재를 한데 모아 언덕의 효과를 내는 기법이다.
④ 입체감과 깊이감을 주기 위해 유사한 소재를 앞뒤에 꽂는 기법이다.

22 꽃다발을 제작할 때의 주의사항으로 가장 거리가 먼 것은?

① 묶음점 아랫부분의 줄기는 깨끗이 다듬어 준다.
② 묶음점을 굵은 철사로 여러 번 묶는다.
③ 일반적으로 줄기는 나선형으로 돌려가며 구성한다.
④ 묶음점을 부드러운 노끈으로 묶는다.

23 식물의 식생적인 모습을 보여주기보다는 디자이너의 의도로 소재를 자유롭게 인위적으로 구성하여 장식성이 높은 자유로운 형태를 구축하는 화훼장식의 구성형식은?

① 장식적 구성　　② 식생적 구성
③ 구조적 구성　　④ 형-선적 구성

24 한국의 전통 꽃꽂이 화형 구성에서 적합하지 않은 것은?

① 1주지는 제일 긴 가지로 작품의 화형을 결정한다.
② 2주지는 중간 길이로 작품의 넓이 부피를 구성한다.
③ 3주지는 전체적인 조화를 찾아 흐름을 마무리해 주는 역할을 한다.
④ 종지는 주지를 보완해 주는 역할을 하며 주지보다 더 길게 꽂는다.

25 트위스팅 기법을 사용하여 꽃의 줄기를 보강하기에 가장 적합한 소재로만 나열된 것은?

① 아이비, 심비디움
② 숙근안개초, 미스티블루
③ 수선화, 칼라
④ 장미, 카네이션

26 화훼장식품을 제작할 때 적은 양으로도 양감을 효과적으로 나타낼 수 있는 꽃은?

① 수국　　② 미니 장미
③ 소국　　④ 튤립

27 비더마이어(biedermeier) 디자인에 대한 설명으로 틀린 것은?

① 1700년대 낭만주의 시대의 디자인이다.
② 독일과 오스트리아를 중심으로 발전하였다.
③ 소시민적 생활양식이다.
④ 각 동심원에 색이 다른 여러 종류의 꽃을 꽂는다.

28 절화의 줄기를 사선으로 자르는 가장 큰 이유는?

① 잘 꽂아지게 하기 위해
② 절단면의 면적을 늘려 수분 흡수 면적을 넓히기 위해
③ 키가 커 보이게 하기 위해
④ 세균의 번식을 줄이기 위해

29 장미꽃 한 송이에 다른 장미꽃 잎을 한장 한장 겹쳐서 커다란 장미꽃으로 만든 것은?

① 빅토리안 로즈(Victorian rose)
② 피어니 로즈(peony rose)
③ 롤드 로즈(rolled rose)
④ 카멜리아 로즈(camellia rose)

30 다음 중 절화의 수명을 연장하기 위한 설명으로 틀린 것은?

① 온대성 절화인 경우 상온(15~25℃)에서 유통한다.
② 공중 습도 80~90% 수준으로 유지하는 것이 좋다.
③ 서늘하고 바람이 들지 않는 곳에 보관한다.
④ 수돗물을 끓인 후 식혀 침전물을 제거한 후에 사용하는 것이 수명연장에 유리하다.

31 방향성 식물의 꽃, 잎, 줄기, 열매 등의 부위를 건조시켜 용기에 담거나 주머니에 넣어 공간에 배치하거나 몸에 지니기도 하는 장식물은?

① 드라이 플라워 ② 포푸리
③ 허브 ④ 아로마테라피

32 절화의 온도가 30℃에서 10℃로 낮아지면 무엇이 1/3~1/6로 떨어져 신선도를 유지하는가?

① 호흡 속도
② 에틸렌 발생 속도
③ 에틸렌 억제량
④ 이산화탄소 발생 속도

33 교차선의 아름다움을 강조한 디자인에 대한 설명으로 가장 옳은 것은?

① 여러 개의 초점에서 나온 줄기의 선이 각기 여러 방향으로 뻗는다.
② 줄기가 모두 같은 방향으로 나란히 뻗어 있다.
③ 줄기를 짧게 잘라 꽃송이나 꽃잎만을 사용한다.
④ 일초점을 갖는다.

34 절화장식품 제작 후 배치 장소로 가장 적합한 곳은?

① 햇빛이 들며 바람이 부는 창문 앞
② 여름철 에어컨 앞
③ 직사광선을 피한 곳
④ 겨울철 난방기 옆

35 에틸렌 발생 원인으로 가장 거리가 먼 것은?

① 오존
② 오래된 사과
③ 자동차 배기가스
④ 장미의 노화

36 공간장식을 하는 데 있어서 직접적으로 고려해야 할 사항으로 가장 거리가 먼 것은?

① 장식할 공간의 전체적인 분위기
② 공간 내부의 주 색상
③ 공간의 전체적인 구도
④ 장식공간의 주변 외부환경

37 분식물 장식에 대한 설명으로 옳은 것은?

① 디시 가든(Dish garden)이란 접시와 같이 넓고, 깊이가 얕은 용기에 키가 크고 생육 속도가 빠른 열대 식물을 심은 작은 정원을 말한다.
② 분식 토피어리(Topiary)는 용기에서 자라는 식물을 동물이나 기하학적인 형으로 전정하여 형태를 만들거나 틀을 부착시켜 넝쿨식물을 틀의 형태로 유인하여 키우는 분식물을 말한다.
③ 비바리움(Vivarium)은 유리용기에 식물을 심고 연못을 만들어 물고기를 넣어 함께 키우는 것을 말한다.
④ 식물을 심은 용기에 동물과 함께 생활하도록 만든 것은 아쿠아리움(Aquarium)이라 한다.

38 신부 부케의 종류에 따른 설명으로 옳은 것은?
① 클러치 부케(clutch bouquet)는 원형이 길어진 형태의 부케이다.
② 포멀 리니어(formal linear)는 장식적으로 구성한 부케이다.
③ 개더링 부케(gathering bouquet)는 꽃잎을 겹쳐서 만든 부케이다.
④ 호가스 부케(hogarth bouquet)는 두 개의 갈란드를 연결하여 초생달 형태가 되도록 조립한 부케이다.

39 생산자가 채화(수확)를 할 때 주의해야 할 사항으로 틀린 것은?
① 꽃봉오리에서 화색을 구별할 수 있을 때 채화한다.
② 온실에서 수확한 절화는 통로에 놓아두었다가 한꺼번에 선별장으로 운반한다.
③ 기온이 낮은 계절에는 꽃이 피기 시작할 무렵에 채화한다.
④ 고온기에는 서늘한 아침, 저녁에 채화하고 예냉과 소독을 한다.

40 절화수명 연장 방법으로 틀린 것은?
① 영양을 공급해 준다.
② 에틸렌에 민감한 꽃은 분리하여 저장한다.
③ 줄기에 예리한 칼로 자른 즉시 물에 담가야 한다.
④ 물통에 꽂을 때 줄기의 아래 잎을 보존한다.

41 전후좌우 어느 방향에서도 감상할 수 있는 디자인은?
① 피라미드형(pyramid style)
② 부채형(fan style)
③ 수직형(vertical style)
④ 삼각형(triangular style)

42 강조(accent)에 대한 설명으로 틀린 것은?
① 주가 되는 것을 강하게 표현하는 것으로 전달 내용의 주체와 핵심을 확인하고 유도하여 개성과 특성을 나타낸다.
② 대비되는 요소에 의하여 시선을 집중시킨다.
③ 단색에서는 복합색의 부분이 강조되고, 명암의 대비는 약 2배 이상 차이가 나는 경우 강조 효과를 볼 수 있다.
④ 반복에 의해서는 강조 효과를 볼 수 없기에 특정 부위를 강조하기 위해서는 반복 기법을 사용하지 않는 것이 좋다.

43 색채에 대한 설명으로 틀린 것은?
① 먼셀은 빨강, 노랑, 파랑, 초록, 보라의 다섯 색을 중심으로 각각의 중간색을 택하여 10색을 기본색으로 정했다.
② 단파장의 색은 차가운 색이다.
③ 3차색은 서로 다른 2차색을 같은 양으로 혼합한 것이다.
④ 스펙트럼에 나타나는 빨강, 파랑, 노랑 등의 유채색을 종류별로 나눌 수 있는 색깔을 말한다.

44 화훼장식의 정의로 가장 적절한 것은?
① 절화와 분식물을 이용하여 실내를 장식하는 것이다.
② 식물을 심고 가꾸고 이용하는 것이다.
③ 울타리가 있는 땅 안에서 화훼식물을 재배하는 것이다.
④ 화훼식물을 주소재로 미적인 장식물을 제작, 설치, 유지, 관리하는 것이다.

45 조선시대 분식물장식과 관련된 문헌이 아닌 것은?
① 산림경제(山林經濟)
② 동국이상국집(東國李相國集)
③ 양화소록(養花小錄)
④ 임원십육지(林園十六志)

46 특별한 기술이나 도구 없이 꽃을 건조시키는 방법 중 가장 비용이 적게 들고 대량으로 만들 수 있는 방법은?
① 동결건조
② 열풍건조
③ 자연건조
④ 실리카겔건조

47 화훼장식의 시각적 균형에 대한 설명으로 틀린 것은?
① 무게 중심을 기준으로 좌우의 무게가 시각적으로 동일해야 한다.
② 중심을 기준으로 좌우의 식물 소재의 종류는 반드시 동일하지 않아도 무방하다.
③ 매우 안정적이고 차분한 분위기를 표현한다.
④ 좌우의 무게가 실제로 같아야 한다.

48 압화 재료의 채집 시 유의사항에 대한 설명으로 거리가 먼 것은?
① 여름 한낮에는 온도가 높아 수분 증발속도가 빠르고 곧 위축되므로 한낮을 피한다.
② 재료가 손상되지 않도록 꽃과 잎을 따로 담아 꽃이 눌리는 것을 방지한다.
③ 비닐 주머니를 밀봉하기 전에 공기를 채워 재료가 눌리지 않게 한다.
④ 채집 후 담은 비닐 주머니는 양지바른 곳에 두어 충분히 광합성을 할 수 있도록 한다.

49 색상과 그 효과의 연결이 바르게 나열된 것은?
① 빨강 : 주목성이 높고 시안성(color visibiliy)도 우월하다.
② 주황 : 주목성은 노랑색에 비하여 낮으나 생리적 영향은 중성으로 안전색이다.
③ 파랑 : 생리적으로 중성이며 고귀, 우아, 평안, 신비 등을 연상할 수 있다.
④ 보라 : 생리적으로 혈압을 낮추고 냉담, 평정, 소극, 진실 등을 연상할 수 있다.

50 건조소재에 관한 설명으로 틀린 것은?
① 이삭을 이용할 때 완전히 성숙한 단계에서 채취한다.
② 열매와 꼬투리는 꽃과 다른 느낌으로 아름다워 많이 이용된다.
③ 나뭇가지와 덩굴은 특별한 처리 없이도 이용할 수 있다.
④ 최근에는 독특한 모양과 향을 가지고 있는 허브류가 건조소재로 많이 사용된다.

51 르네상스 시대는 종교적인 상징을 표현하는 화훼장식이 성행하였다. 다음 중 르네상스 시대의 대표적인 화훼장식의 형태가 아닌 것은?
① 피라미드형 ② 원추형
③ 플레미시형 ④ 대칭삼각형

52 〈보기〉와 같은 고려사항이 요구되는 화훼장식의 조형 형태는?

> 보기
> • 세 개의 서로 다른 크기의 그룹(주, 역, 부)으로 구성되는 비대칭적 질서가 일반적이다.
> • 자연에서 보듯 생장점(출발점)이 종종 화기 안에서 한 점 또는 그 이상 있는 듯 보인다.
> • 꽃의 가치 효과와 운동성, 색상, 용기선택 등을 고려해야 한다.

① 식생적 구성
② 장식적 구성
③ 형 – 선적 구성
④ 병행적 구성

53 화훼장식 소재와 표면구조의 특성으로 옳게 짝지어진 것은?
① 안수리움 – 나무와 같은
② 팬지 – 금속과 같은
③ 클레마티스 열매 – 솜털 같은
④ 아킬레아 – 실크와 같은

54 화훼장식에 있어서 절화장식이나 분식물이 환경 개선에 미치는 영향으로 옳지 않은 것은?
① 공기 정화
② 습도 유지
③ 음이온 발생
④ 이산화탄소(CO_2) 발생

55 시큐어링 메소드(securing method)의 설명으로 옳은 것은?
① 사용한 철사가 약하거나 짧을 때 더욱 단단하게 보강하기 위하여 사용하는 방법이다.
② 꽃의 약한 줄기를 보강해 주거나 줄기를 구부릴 때 그 줄기를 보강하기 위하여 사용하는 방법이다.
③ 줄기가 약하거나 속이 비어 있는 상태의 꽃을 똑바로 세우거나 반대로 줄기를 곡선으로 만들기 위하여 사용하는 방법이다.
④ 씨방이나 꽃받침 부분의 줄기에 직각이 되게 찔러 넣고 두 가닥이 되게 구부리는 방법이다.

56 다음 중 황금비 1:1.618과 가장 거리가 먼 것은?

① 3:5   ② 5:8
③ 8:13   ④ 13:26

57 다음 중 보색대비의 조화로 이루어진 것은?

① 빨강 – 녹색   ② 주황 – 보라
③ 노랑 – 파랑   ④ 보라 – 연두

58 오늘날 일본의 꽃꽂이에서 "꽃에 생명을 준다"는 의미로 일반화된 명칭은?

① 리카   ② 쇼카
③ 이케바나   ④ 나게이레

59 현대의 꽃꽂이에 대한 설명으로 옳은 것은?

① 일제 강점기의 잔재로 전통꽃꽂이가 계승되지 못했던 시절이 있었다.
② 세계화 추세로 전통적인 꽃꽂이가 완전히 없어졌다.
③ 서양식 디자인의 도입으로 소재는 다양해졌으나 형태적인 다양성을 이루지 못하고 있다.
④ 오늘날의 화훼장식은 실용적인 의미보다는 화도로서의 의미가 더 크다.

60 디자인 요소에 대한 설명으로 옳은 것은?

① 색채 – 반사된 광선들에 대한 눈의 시각적 반응으로 심리적 호소력이 없다.
② 선 – 디자인을 구성하기 위한 기본 단위로 작가의 감정을 전달하기 어렵다.
③ 형태 – 높이와 넓이의 2차원적 모양으로 디자인의 중요한 요소다.
④ 질감 – 사용되는 꽃 소재나 재료의 느낌으로 심미적인 시각 전달 효과가 있다.

적중 모의고사 1회 정답 및 해설

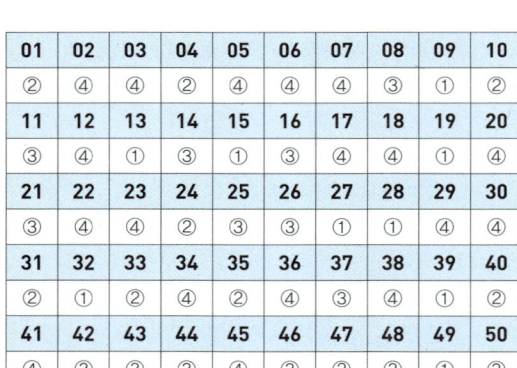

01 정답 ②
칼라데아는 천남성과 식물이다.

02 정답 ④
라넌큘러스는 미나리아재비과 식물이다.

03 정답 ④
화훼장식 중 부케를 만들 때 철사를 사용하는 이유는 줄기의 부피를 작고 가볍게 하기 위해서이다.

04 정답 ②
플로랄폼을 용기에 고정시킬 때 고정테이프를 사용한다.

05 정답 ④
플로랄폼에 단단하고 무거운 꽃을 꽂을 수 있다.

06 정답 ④
판매자는 글씨리본의 문구 선택 기준에 해당하지 않는다.

07 정답 ④
플로드지는 다양한 색상의 비닐 포장지로 방습성이 뛰어나다.

08 정답 ③
유리는 분리수거한다.

09 정답 ①
고객이 비용을 지불하고 일정기간 사용하는 상품을 대여 상품이라고 한다.

10 정답 ②
①, ③ 통신 판매 업체 체인서비스는 주문받는 업체와 제작 배송하는 업체가 다르며, 일반적으로 배송지와 가까운 매장에서 상품이 배송된다.
④ 시간과 거리의 제약 없이 판매할 수 있다.

11 정답 ③
• 두상화서 : 작은 꽃들이 모여 하나의 꽃으로 보이는 것을 말한다. 맨드라미, 국화, 코스모스, 해바라기, 거베라 등이 이에 해당한다.
• 총상화서 : 긴 꽃대에 꽃자루가 있는 여러 개의 꽃이 어긋나게 붙어서 밑에서부터 피는 꽃차례를 의미하며 금어초, 나리, 히아신스가 이에 해당한다.

12 정답 ④
- 양생식물 : 햇빛이 잘 들어오는 곳에서 잘 자라는 식물을 말한다. 예 피닉스 야자, 생이가래, 백일홍
- 음생식물 : 그늘, 반그늘에서 잘 자라는 식물을 말한다. 예 스파티필럼, 이끼류, 팔손이, 식나무, 사스레피나무, 너도밤나무

13 정답 ①
착생란은 나무나 바위에 붙어 고착생활(다른 생물체에 붙어 생활)을 한다. 예 카틀레아, 온시디움, 풍란, 석곡, 덴드로비움, 반다

14 정답 ③
줄기 배열이 없는 구성으로는 파베, 필로잉, 플로랄 콜라주 등이 있다.

15 정답 ①
부화형은 수반에 물을 채우고 꽃을 띄우는 형이다.

16 정답 ③
형-선적 구성은 선과 형태의 대비를 통하여 긴장감을 유발하는 디자인이다. 소재의 양과 종류를 최대한 억제하여 사용하는 것이 식물의 가치 표현에 도움이 되며, 대부분 비대칭 구성이다.

17 정답 ④
암술, 수술, 꽃받침, 꽃잎을 모두 지니고 있는 꽃을 갖춘꽃이라 한다.
④ 불염포 : 넓은 잎 모양으로 꽃을 싸고있는, 포가 변형된 큰 꽃턱잎이다. 카라와 같은 천남성과와 창포과 등에서 주로 보인다.

18 정답 ④
물속에 잠겨서 생육하는 식물은 수생식물이다.

19 정답 ①
코르딜리네는 직립으로 높이 90~300cm 정도로 자란다.

20 정답 ④
① 선인장의 가시는 잎이 변형된 것이다.
② 생이 가래의 잎은 물속에서 뿌리 역할을 하게 변형되었다.
③ 네펜데스의 포충낭은 잎이 주머니 모양으로 변형되어 작은 벌레를 잡는 역할을 한다.

21 정답 ③
①, ② 생장적 구성에 대한 설명이다. 생장적 구성은 좌우 비대칭 구성, 식물의 생태적 특성 고려, 사실적, 자유로운 질서가 있다.
④ 그래픽적 구성에 대한 설명이다. 그래픽적 구성은 선과 면의 강한 대비를 통해 긴장감과 고조를 유도한다.

22 정답 ④
베이싱 기법에 대해 설명이다. 베이싱 기법의 종류로는 테라싱, 파베, 필로잉 등이 있다.

23 정답 ④
① 압화사는 꽃을 간직하는 벼슬아치이다.
② 임원십육지는 서유구의 저서이다.
③ 한 화기에 두 개의 침봉을 사용한 것을 분리형이라 한다. 두 개의 화기를 사용한 것을 복형이라 한다.

24 정답 ②
①, ④ 꽃을 관상하는 화목류
③ 열매를 관상하는 화목류

25 정답 ③
리스는 황금비율(1:1.618)에 맞춰 제작한다.

26 정답 ③
③은 분재에 대한 설명이다.

27 정답 ①
절화를 원형의 고리 모양으로 만들어낸 장식물은 리스이다.

28 정답 ①
예냉은 온도를 낮춰 호흡·증산 등의 생리작용을 억제하여 절화의 신선도를 유지하는 방법을 말한다.

29 정답 ④
저장이나 운송 시 포장 내의 호흡작용으로 인한 온도 상승으로 품질이 저하된다.

30 정답 ④
절화를 상점에서 사온 후에는 절화의 아랫부분을 물속 자르기로 재절단하여 물올림한다.

31 정답 ②
플로팅 테크닉(floating technique)은 재료가 공중에 떠 있는 것처럼 보이도록 하는 기술이다.

32 정답 ①
나팔꽃, 맨드라미, 샐비어는 원대산 절화로 한대산 절화인 프리뮬라에 비해 발아 적온이 높다.

33 정답 ②
라피아는 식물의 껍질로 만든 끈으로 꽃다발을 묶을 때 주로 사용된다.

> **Tip**
> **플로랄 테이프**
> 접착성이 있는 종이테이프로 당겨가며 사용한다.

34 정답 ④
유리, 플라스틱, 도자기로 된 용기에 담아 보관한다.

35 정답 ②
콜라쥬는 캔버스나 화판에 다양한 재료(신문지, 헝겊, 물건, 천, 금속, 돌 등)를 붙여 구성하는 표현기법의 장식물로 입체감을 나타낸다.

36 정답 ④
솔리다스터는 작은 꽃이나 가는 가지 줄기를 모아 와이어로 묶는 방법인 트위스팅 법을 사용한다.

> **Tip**
> **헤어핀, 피어스**
> - 헤어핀 : 와이어를 U자 모양으로 꽃잎, 잎 등에 찔러 넣어 곧게 지탱하는 방법
> - 피어스 : 소재 줄기에 와이어를 가로질러 통과시킨 후 직각으로 구부려 감는 방법

37 정답 ③
테라싱은 납작한 종류의 재료를 수직 또는 수평으로 꽂아 계단처럼 표현하는 기법을 말한다.

38 정답 ④
비더마이어 디자인은 독일, 오스트리아 중심으로 발전하였고, 소시민적 생활양식이다. 꽃을 동심원에 빽빽이 꽂고 각 동심원에 색이 다른 여러 종류의 꽃을 꽂았다.

39 정답 ①
② 줄기 끝은 사선으로 자른 후 세울 수 있게 한다.
③ 묶음점을 단단하게 하기 위하여 최대한 좁은 폭으로 묶는다.
④ 묶음점 아랫부분 줄기는 잎과 가시를 제거한다.

40 정답 ②
① 겨울철에는 미지근한 물을 준다.
③, ④ 흙이 마르면 물을 충분히 준다.

41 정답 ④
콜라주는 벽장식뿐만 아니라 다양한 화훼장식에 이용된다.

42 정답 ③
건조화는 생화보다 지속시간이 길다는 장점이 있다.

43 정답 ③
명시성이란 두 가지 이상의 색, 선, 모양을 대비시켰을 때, 금방 눈에 뜨이는 성질을 말한다.

44 정답 ③
아킬레아, 솔리다고는 거친 질감을 가진다.

45 정답 ④
노즈게이는 영국 조지왕 시대에 유행하였다.

46 정답 ③
강서대묘 현실 북벽의 비천상의 꽃을 흩뿌리는 산화도는 고구려 시대의 작품이다.

47 정답 ②
빅토리아시대에는 화훼장식이 하나의 예술로 자리 잡았다. 전문도서가 나오고 화훼장식기술학교가 설립되었다.

48 정답 ③
양성적 공간은 음성적 공간에 비하여 디자이너가 의도적으로 계획한 적극적 공간이다.

49 정답 ①
② 정상비율 : 1:1~1:5
③ 과소비율 : 1:1 이하
④ 과대비율 : 1:6 이상

50 정답 ③
통일은 부분적인 요소들이 결합하여 하나의 효과로 표현되는 것이다. 통일감을 이루는 방법으로는 근접성, 연계성, 반복성이 있다.

51 정답 ③
색상은 빛의 파장에 의해 눈으로 식별할 수 있는 색의 명칭을 말한다.

52 정답 ④
화훼장식은 심리적 편안함에 따른 작업 능률 향상 효과가 있다.

53 정답 ②
색광의 3요소는 빨강(R), 녹색(G), 파랑(B)이다.

54 정답 ②
채도란 색의 순수한 정도, 선명함과 흐림의 정도로 선명도, 포화도라고 한다. 순색에 가까울수록 채도가 높고, 다른 색을 혼합하면 할수록 채도가 낮다.

55 정답 ①
대칭 균형에 대한 설명이다.
② 비대칭 균형 : 중심축 양쪽의 무게가 동일하지 않지만 시각적으로 안정감 있게 표현하는 것을 말한다.

56 정답 ③
①, ② 건조소재 보존 시 다습한 곳과 직사광선이 비춰지는 곳은 피해서 보관한다.
④ 매몰건조에 의해 건조된 소재는 저장 중 습기를 제거해야 한다.

57 정답 ④
① 백사이드 코사지 : 등에 장식하는 코사지
② 앵클릿 코사지 : 발목에 장식하는 코사지
③ 부토니아 코사지 : 신랑 가슴을 장식하는 코사지

58 정답 ①
플라워 디자인은 주제 결정-물리적인 파악-작품 결정-구상과 스케치-재료 구입-작품 제작의 순서로 제작한다.

59 정답 ②

향기는 화훼장식에 필요한 요소이다.

60 정답 ③

빠르게 건조하기 위해 가열하여 건조하는 것을 열풍건조라 한다.
① 누름건조 : 식물을 적당한 압력으로 눌러 건조하는 방법으로 돌, 다리미, 누름판, 갈피 등을 이용한다.
② 동결건조 : 빠르게 얼려 수분을 승화시켜 건조하는 방법으로 식물의 형태와 색 보존이 잘된다.
④ 자연건조 : 자연 그대로 건조하는 방법으로 통기성이 좋은 장소, 습도가 40~50% 정도의 장소, 그늘진 장소 등에서 활성화된다.

적중 모의고사 2회 정답 및 해설

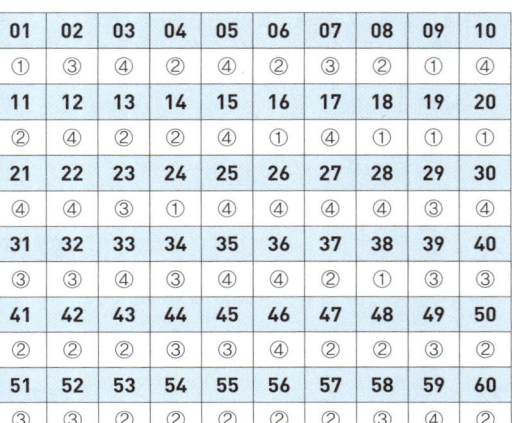

01	02	03	04	05	06	07	08	09	10
①	③	④	②	④	②	③	②	①	④
11	12	13	14	15	16	17	18	19	20
②	④	②	②	④	①	④	①	①	①
21	22	23	24	25	26	27	28	29	30
④	④	③	①	④	④	④	④	③	④
31	32	33	34	35	36	37	38	39	40
③	③	③	④	③	④	②	①	③	③
41	42	43	44	45	46	47	48	49	50
②	②	②	③	③	④	②	②	③	②
51	52	53	54	55	56	57	58	59	60
③	③	②	②	②	②	②	③	④	②

01 　　　　　　　　　　　　　　　 정답 ①
봄에 심는 알뿌리 화초(춘식구근)로는 칸나, 달리아, 글라디올러스가 있다.
- 추식구근(가을에 심음) : 튤립, 나리, 아이리스, 수선화, 히아신스, 무스커리, 크로커스

02 　　　　　　　　　　　　　　　 정답 ③
종려죽, 관음죽, 세이브리지 야자는 줄기가 곧게 외대로 직립하여 자란다.

03 　　　　　　　　　　　　　　　 정답 ④
학명은 속명(이탤릭체, 첫 글자 대문자)+종명(이탤릭체, 첫 글자 소문자)+명명자(인쇄체, 첫 글자 대문자)로 표기한다.

04 　　　　　　　　　　　　　　　 정답 ②
테라리움 용기는 분화장식에 사용되는 화기이다.

05 　　　　　　　　　　　　　　　 정답 ④
꽃꽂이용 절화는 공기 정화에 크게 기여하지 못한다.

06 　　　　　　　　　　　　　　　 정답 ②
우량 고객에 대한 설명이다.

07 　　　　　　　　　　　　　　　 정답 ③
포장을 통해 제작 비용이 감소하지는 않는다.

08 　　　　　　　　　　　　　　　 정답 ②
섬유를 접착, 엮어 만든 시트 형태의 리본은 부직포 리본이다. 오간디 리본은 반투명 소재로 가볍고 하늘하늘하며 풍성한 느낌이 난다.

09 　　　　　　　　　　　　　　　 정답 ①
화학약품은 화학폐기물처리 전문 업체를 통해 배출한다.

10 　　　　　　　　　　　　　　　 정답 ④
라디오는 상품 홍보 수단 중 전파매체에 해당한다.

11 　　　　　　　　　　　　　　　 정답 ②
시네라리아는 꽃을 주로 사용하는 소재이다.

12 　　　　　　　　　　　　　　　 정답 ④
HQS는 살균제로 쓰이는 물질이다.

13 정답 ②
향기가 진한 소재는 음식의 냄새를 방해한다.

14 정답 ②
테이블 장식물의 높이는 시선보다 낮게 한다.
①, ③, ④ 높이가 높은 화형이다.

15 정답 ④
관엽식물은 여유 공간을 두고 심는다.

16 정답 ①
② 그룹핑에 대한 설명이다.
③ 베이싱에 대한 설명이다.
④ 패러럴에 대한 설명이다.

17 정답 ④
① 테라싱 : 납작한 종류의 재료를 수직 또는 수평으로 꽂아 계단처럼 표현하는 기법
② 시퀀싱 : 소재의 크기, 높이, 색상을 점진적(점차적, 차례대로)으로 변화시켜 리듬감을 표현하는 기법
③ 밴딩 : 장식적인 목적으로 줄기를 묶는 기법

18 정답 ①
- 착생식물은 식물의 표면이나 노출된 바위면에 붙어서 자라는 식물을 말한다.
- 기생식물은 살아있는 다른 식물에서 영양분을 얻어 생활하는 식물을 말한다.

19 정답 ①
포충낭은 식충식물에서 잎이 변형하여 주머니 모양으로 된 것을 말한다. 주머니 모양으로 된 잎이 작은 벌레를 잡는다.

20 정답 ①
덩굴성식물은 줄기, 잎, 꽃차례(화서) 등의 일부가 변형되어 다른 물체를 감는 형태로 생장한다. 뿌리를 토양에 두고 줄기가 다른 식물의 수관까지 기어서 올라가는 목본의 덩굴식물을 만경식물이라고 한다.

21 정답 ④
① 밴딩 : 장식적인 목적으로 줄기를 묶는 기법
② 프레이밍 : 프레임(테두리)을 만들어 작품 안의 어떤 특정 부분을 강조하는 기법
③ 그룹핑 : 동일한 소재나 같은 색상의 소재를 모아 꽂는 기법

22 정답 ④
절화에는 pH 5~6 정도의 약산성 물이 좋다.

23 정답 ③
대칭 디자인에서는 기하학적인 중심축과 대칭축이 일치한다.

24 정답 ①
웨딩 부케 제작 시 신부에 대한 정보를 파악한 후, 선호도 및 디자인을 파악한다. 파악이 완료된 이후에는 이에 맞춰 전문가로서의 의견을 제시하고 디자인을 결정한다.

25 정답 ④
꽃잎의 잿빛곰팡이병은 과습에 의한 피해 증상이다.

> **Tip**
> **에틸렌**
> - 식물의 노화를 촉진시키는 기체로 된 호르몬을 말한다.
> - 에틸렌 발생 억제 방법 : 저온 유지, 노화된 식물 및 숙성된 과일 제거, 미생물 및 곰팡이 제거 등 청결 유지, 환기, 에틸렌 억제제 사용, 감압제거법 등

26 정답 ④
국화를 광이 없는 암흑 상태에서 보관하면 잎의 황화가 촉진된다.

27
정답 ④

조팝나무는 이른 봄에 개화하는 소재로 봄 디스플레이에 주로 이용된다.

28
정답 ④

④는 레이어링 기법에 대한 설명이다.

29
정답 ③

① 피트모스 : 수태 및 양치류가 늪·땅속에 묻혀 썩어 만들어진 토양이다.
② 버미큘라이트 : 질석을 1,000℃ 가열하여 입자 내 공극을 팽창시킨 것이다.
④ 훈탄 : 짚, 낙엽, 잡초 따위를 태운 재를 인분과 섞어 만든 거름을 말한다.

30
정답 ④

④는 방사형 디자인에 대한 설명이다.

31
정답 ③

① 구조적 구성 : 소재의 질감과 구조가 돋보이게 구성한다.
② 그래픽 구성 : 선이나 형태의 대비를 통해 간결하고 추상적으로 도형화된 구성이다.
④ 장식적 구성 : 소재의 식생을 고려하지 않고 장식을 목적으로 디자인한다.

32
정답 ③

인서션 철사처리 기법에 대한 설명이다. 줄기의 속이 비거나 연한 거베라, 칼라 등에 사용한다.
① 소잉 기법 : 꽃잎, 잎을 바느질하듯 꿰매는 방법이다.
② 피어스 기법 : 소재 줄기에 와이어를 가로질러 통과시킨 후 직각으로 구부려 감는 방법이다.
④ 시큐어링 기법 : 꽃의 약한 줄기를 보강해주거나 줄기를 구부릴 때 그 줄기를 보강하기 위하여 사용하는 방법이다.

33
정답 ④

식물의 생태학적으로 디자인하는 것을 식생적 형태라 한다.

34
정답 ③

장미의 잎은 꽃 아래 잎을 조금 남기고 나머지는 정리하는 것이 수명 연장에 효과적이다.

35
정답 ④

사방에서 관상할 수 있는 것은 공중걸이분이다.

36
정답 ④

식물군의 생장 속도, 배양토, 수분 요구도를 고려하여 식물 모아심기를 한다.

37
정답 ②

밀 드 플레 디자인은 19세기 중반 유럽에서 시작되었고 천 송이의 꽃이라는 의미를 가지고 있다.

38
정답 ①

거베라의 경우 개화가 진행된 상태에서 절화해야 한다.

39
정답 ③

절화장식 주제 결정 시 장식물 장식공간의 용도나 목적을 가장 먼저 파악하여야 한다.

40
정답 ③

멜리아형 꽃다발은 꽃잎이 많은 소재에 적합하다. 칼라의 경우 꽃잎화된 포엽 한 장으로 구성되어 있어 멜리아형 꽃다발 소재로는 부적합하다.

41
정답 ②

① 보색대비 : 보색인 두 색을 같이 볼 때 각각의 채도가 더 높아 보이는 현상
③ 명도대비 : 명도가 다른 두 색을 같이 볼 때 서로의 영향을 받아 각 명도의 차이가 실제보다 더 크게 느껴지는 현상(밝고 어둠이 더 명확해짐)
④ 색상대비 : 색상이 다른 두 색을 같이 볼 때 서로의 영향을 받아 각 색상의 차이가 크게 느껴지는 현상

42 정답 ②
삼국시대에 불전(헌)공화가 시작되었다.

43 정답 ②
색의 팽창과 수축은 명도의 지배를 받는다.

44 정답 ③
식물은 광합성을 하며 호흡 및 생장한다. 이 과정 중 이산화탄소를 흡수하고 산소를 방출하여 공기를 정화해 준다.

45 정답 ③
압화 시 식물이 부서지지 않도록 일정기간 수분을 공급하지 않는다.

46 정답 ④
① 매화 : 높은 품격
② 대나무 : 절개와 지조
③ 난 : 운치와 품격

47 정답 ②
3:2=600mL:400mL
3+2=5, 1,000÷5=200
200×3=600(물), 200×2=400(글리세린)

48 정답 ②
그 시대를 반영하고 있는 색을 유행색이라 한다.

49 정답 ③
화훼장식 디자인에 이용되는 3가지 선은 실제적 선, 함축된 선, 심리적인 선으로 분류할 수 있다.

50 정답 ②
유사 색상 배색은 색상환에서 인접한 색상끼리의 조화이다.

51 정답 ③
① 빨간색 장미와 보색 조화를 꾀할 수 있는 색은 녹색이다.
② 주조색과 대립되는 색의 분량이 작아도 강렬한 느낌을 줄 수 있다.
④ 다양한 질감, 상반되는 질감을 배열하면 통일감을 얻기 어렵다.

52 정답 ③
행사주최자의 지위 과시는 화훼장식의 활용 범위로 가장 거리가 멀다.

53 정답 ②
강철은 부식 상태에 따라 느낌이 달라진다.

54 정답 ②
보색은 색상환에서 서로 마주보는 위치의 색상을 말한다.

55 정답 ②
스트레스 해소 및 창의성 증진은 화훼장식의 심리적 기능 중 하나이다.

56 정답 ②
매몰 건조는 흡수력이 좋은 재료(실리카겔, 모래, 붕사, 키티 리터)에 식물을 매몰시켜 건조하는 방법이다.
① 자연 건조 : 자연 그대로 건조하는 방법이다.
③ 열풍 건조 : 열을 가하여 수분이 빠르게 증발되도록 하여 건조하는 방법으로 건조 시간은 비교적 짧게 걸리나 비용이 많이 든다.

57 정답 ②
비례는 구성 요소 간의 상대적 크기와의 관계를 말한다.

58 정답 ③
공기 정화, 습도 조절, 방음 효과는 화훼장식의 환경적 기능에 해당한다.

59 정답 ④

강조는 디자인 원리에 해당한다.

> **Tip**
>
> **강조**
> - 전체의 통일감을 나타내기 위해 특정 부분을 돋보이게 하는 디자인 원리
> - 강조점(focal point) : 시선이 머물러 고정되며 무게 중심을 잡아주는 역할
> - 강조영역(focal area) : 강조점이 있는 부분
>
> **화훼장식 디자인 요소와 원리**
> - 화훼장식 디자인 요소 : 선, 형태, 깊이, 공간, 질감, 향기, 색채
> - 화훼장식 디자인 원리 : 조화, 통일, 규모, 비례, 강조, 리듬, 대비, 균형

60 정답 ②

초승달형은 비대칭 균형을 가장 효과적으로 나타낼 수 있는 디자인이다.

적중 모의고사  3회 정답 및 해설

01	02	03	04	05	06	07	08	09	10
④	②	④	②	①	③	②	③	③	②
11	12	13	14	15	16	17	18	19	20
②	①	②	④	①	③	③	③	③	①
21	22	23	24	25	26	27	28	29	30
①	②	①	④	②	①	①	②	①	①
31	32	33	34	35	36	37	38	39	40
②	①	①	③	①	④	②	③	②	④
41	42	43	44	45	46	47	48	49	50
①	④	③	④	②	④	④	①	①	①
51	52	53	54	55	56	57	58	59	60
③	①	③	④	②	④	①	③	①	④

01 정답 ④
절화용 용기는 배수구가 없는 경우가 일반적이다. 분화용 용기는 배수구가 있는 경우가 일반적이다.

02 정답 ②
①, ④ 일년초에 대한 설명이다.
③ 2년초에 대한 설명이다.

03 정답 ④
배주가 성숙하여 종자로 발달한다.

04 정답 ②
골격을 형성하는 소재는 라인 플라워(선의 꽃)이고 이에 해당하는 꽃은 델피늄이다.

> **Tip**
> **라인 플라워**
> 길고 뾰족한 형태로 작품에서 길이감과 전체 골격을 만든다.
> ⓔ 글라디올러스, 금어초, 용담초, 스토크 등

05 정답 ①
관엽식물의 원산지는 대부분 열대지역이다.

06 정답 ③
습자지는 완충제 또는 꽃다발 속포장용으로 사용된다.

07 정답 ②
70세를 부르는 표현은 고희이다. 상수는 100세를 의미한다.

08 정답 ③
절화 상품 포장 시, 지나친 과대포장은 자제한다.

09 정답 ③
백분율 분할 가격 책정법에서 판매가격은 경영비, 상품 원가, 순수익을 더하여 책정한다.

10 정답 ②
표준비 가격 책정법은 가장 일반적이고 융통성 있는 방법으로 표준 도매가에 노동비, 운영비, 이윤 등을 고려하여 가격을 결정한다.

11 정답 ②
주로 많이 사용하는 플로랄테이프의 폭은 1.25cm이다.

12 정답 ①
보세란은 동양란이다.

13 정답 ②
화훼장식용 철사는 표준규격의 수치가 낮을수록 철사의 굵기가 굵어진다.

14 정답 ④
피라칸타, 백량금, 남천은 열매가 붉은색으로 나타난다.

15 정답 ①
방사선 배열은 모든 줄기가 한 개의 초점에서 사방으로 전개되는 배열 방법이다.
② 교차선 배열 : 여러 개의 초점에서 나온 줄기의 선이 여러 각도의 방향으로 뻗어 서로 교차하는 배열 방법
③ 감는선 배열 : 서로 구부러지고 휘감기는 유연한 선의 흐름으로 구조적 구성에 많이 쓰임
④ 평행선(병행선) 배열 : 각각의 초점에서 나온 줄기가 모두 같은 방향으로 나란히 뻗어 있는 배열 방법

16 정답 ③
아프리칸 바이올렛에 대기온도보다 낮은 찬물을 급수하고 직사광선을 쬐면 잎에 흰 반점이 생긴다.

17 정답 ③
안개초는 열탕 처리 시 수명 연장에 가장 효과가 있다.

18 정답 ③
절엽식물은 뿌리가 잘린 채 이용되는 잎 종류이다. 잎의 다양한 형태, 무늬, 색감을 이용한다.

19 정답 ③
페더링 기법은 큰 꽃의 꽃잎을 분해하여 깃털처럼 겹쳐 새로운 꽃으로 만드는 방법을 말한다.

20 정답 ①
장일성 식물은 빛의 길이가 길 때 개화하는 식물(12~14시간)이다.

21 정답 ①
조닝은 재료와 재료를 분리시킴으로써 만들어지는 공간을 통해 각 재료의 특징이 더욱 돋보이는 기법이다.

22 정답 ②
묶음점은 노끈으로 단단하게 묶는다.

23 정답 ①
② 식생적 구성 : 자연의 특성에 가깝게 식물의 생리, 생태적인 면을 고려하여 디자인한다.
③ 구조적 구성 : 각각의 소재가 가지고 있는 형태, 크기, 색, 재질감뿐만 아니라 소재의 배열이 나타내는 표면의 조직이나 구성, 재질감, 즉 구조의 효과를 전면에 부각시키는 화훼장식 구성이다.
④ 형-선적 구성 : 구성선과 형태의 대비를 통하여 긴장감을 유발하는 디자인이다.

24 정답 ④
종지는 주지를 보완해주는 역할을 하며 주지보다 짧게 꽂는다.

25 정답 ②
트위스팅 기법은 작은 꽃이나 가는 가지 줄기를 모아 와이어로 묶는 방법으로 스타티스, 소국, 숙근안개초, 미스티블루 등에 쓰인다.

26 정답 ①
수국의 꽃은 약 10~15cm 정도로 크기 때문에 적은 양으로도 양감을 효과적으로 나타낼 수 있다.

27 정답 ①
비더마이어는 1800년대 중반 비더마이어 시대의 디자인이다.

28 정답 ②
절화의 줄기를 사선으로 자르면 절단면의 면적이 늘어나 수분 흡수 면적이 넓어진다.

29 정답 ①
장미꽃 잎을 한 장 한 장 겹쳐 만든 커다란 장미꽃을 빅토리안 로즈라 한다.

30 정답 ①
온대성 절화는 저온에서 유통한다.

31 정답 ②
포푸리는 실내 공기 정화를 위한 방향제이다.

32 정답 ①
온도가 낮아지면 호흡 속도가 느려져 신선도가 유지된다.

33 정답 ①
교차선 배열은 여러 개의 초점에서 나온 줄기의 선이 여러 각도의 방향으로 뻗어 서로 교차하는 배열 방법이다.
② 병행선
③ 줄기배열이 없는 구성
④ 방사선

34 정답 ③
절화 보관 시 햇빛, 직사광선, 냉난방기는 피한다.

35 정답 ①
오존은 산소원자 3개로 이루어진 산소의 동소체로, 수소와 탄소의 결합체인 에틸렌과는 연관성이 없다.

36 정답 ④
외부환경은 공간장식의 직접적인 고려사항이 아니다.

37 정답 ②
① 디시 가든에는 생육 속도가 느리고 키가 작은 식물을 심는다.
③ 아쿠아리움에 대한 설명이다.
④ 비바리움에 대한 설명이다.

38 정답 ③
① 폭포형 부케에 대한 설명이다.
② 포멀 리니어(formal linear)는 형태와 선으로 구성한 부케이다.
④ 초승달형 부케에 대한 설명이다.

39 정답 ②
온실에서 수확한 절화는 저온저장고에 둔다.

40 정답 ④
물통에 꽂을 때 물에 닿는 부분 줄기의 잎은 제거한다.

41 정답 ①
전후좌우 어느 방향에서도 감상할 수 있는 디자인을 사방화라 한다. 사방화에는 피라미드형, 원추형, 반구형, 수평형이 있다.

42 정답 ④
반복을 통해 강조 효과를 볼 수 있다.

43 정답 ③
1차색과 2차색을 혼합하면 3차색이 된다.

44 정답 ④
화훼장식은 말 그대로 화훼를 이용해 장식하는 것을 말한다. 장식의 과정에 제작, 설치, 유지, 관리가 포함된다.

45 정답 ②
동국이상국집(이규보)은 고려시대 문헌이다.

46 정답 ③
자연건조는 가장 비용이 적게 들고 대량으로 만들 수 있는 방법이다.
① 동결건조 : 빠르게 얼려 수분을 승화시켜 건조하는 방법으로 식물의 형태와 색 보존이 잘된다.
② 열풍건조 : 열을 가하여 수분이 빠르게 증발되도록 하여 건조하는 방법으로 건조 시간은 비교적 짧게 걸리나 비용이 많이 든다.
④ 실리카겔건조 : 흡수력이 좋은 실리카겔에 식물을 매몰시켜 건조하는 방법이다.

47 정답 ④

시각적 균형에서 좌우의 무게는 실제로 같지 않아도 된다. 그러나 물리적 균형에서는 좌우의 무게가 실제로 같아야 한다.

48 정답 ④

채집 후 담은 비닐 주머니는 음지에 보관한다.

49 정답 ①

② 주황 : 주목성은 노랑색에 비하여 높다.
③ 파랑 : 한색으로 차가움, 냉정, 평화로움 등을 연상할 수 있다.
④ 보라 : 중성이며 고귀, 우아, 평안, 신비 등을 연상할 수 있다.

50 정답 ①

이삭류는 미성숙 단계에서 채취한다.

51 정답 ③

플레미시형은 1500~1700년대의 대표적인 화훼장식 형태이다.

> **Tip**
> **더치 플레미시 시대**
> 꽃과 함께 과일이나 조개껍질 등의 액세서리를 사용하였고 다양한 질감과 풍부한 색상이 디자인의 완성도를 높였다.

52 정답 ①

식생적 구성은 자연의 특성에 가깝게 식물의 생리, 생태적인 면을 고려하여 디자인한다. 식물의 생장 형태 혹은 앞으로 생장하게 될 형태를 사실적으로 표현하는 조형 형태이다.
② 장식적 구성 : 소재의 식생을 고려하지 않고 장식을 목적으로 디자인하였다.
③ 형-선적 구성 : 선과 형태의 대비를 통하여 긴장감을 유발하는 디자인이다.
④ 병행적 구성 : 소재의 대부분이 병행으로 배치되는 디자인으로 소재의 생장점이 모두 다르다.

53 정답 ③

안스리움은 딱딱하고, 팬지는 부드러우며, 아킬레아는 거친 표면구조의 특성을 지닌다.

54 정답 ④

절화장식이나 분식물은 산소를 발생시킨다.

55 정답 ②

시큐어링 메소드는 나선형으로 줄기를 감아 보강해 주는 기법이다.

56 정답 ④

황금비율은 1:1.618, 3:5:8이다.

57 정답 ①

보색대비는 보색인 두 색을 같이 볼 때 각각의 채도가 더 높아 보이는 현상을 말한다.

58 정답 ③

이케바나는 일본 꽃꽂이로 꽃에 생명을 준다는 의미이다.

59 정답 ①

한국 꽃꽂이는 일제 강점기의 잔재로 전통꽃꽂이가 계승되지 못했던 시절도 있었다. 1960년대 후반부터는 꽃꽂이 역사 연구가 다시 행해지며 한국 전통 꽃장식이 다시 밝혀졌다.

60 정답 ④

① 색채 : 심리적 호소력이 있다.
② 선 : 작가의 감정을 전달할 수 있다.
③ 형태 : 높이와 넓이, 깊이의 3차원적 모양이다.

PART 5

화훼장식기능사 실기

CHAPTER 01　화훼장식기능사 실기시험 개요
CHAPTER 02　[1과제] 꽃다발, 코사지
CHAPTER 03　[2과제] 서양 꽃꽂이
CHAPTER 04　[3과제] 동양 꽃꽂이

CHAPTER 01 화훼장식기능사 실기시험 개요

SECTION 01 실기시험 유의사항

UNIT 01 시험 시행 전

1. 기본사항

① 시험 시작 30분 전까지 입실을 완료한다.
② 수험자를 제외한 그 어떤 사람도 입실할 수 없다.
③ 신분증을 반드시 지참한다.

신분증 종류	주민등록증, 운전면허증 등 국가에서 인정하는 규정 신분증
중·고등학생	사진, 생년월일, 성명, 학교장 직인이 모두 포함된 학생증
신분증 인정 불가	대학교 학생증

④ 통신기기(휴대폰, PDA, 디지털카메라 등)의 전원을 끄고 시험 전에 본부 요원에게 제출한다.
⑤ 전자통신기기(스마트워치, 블루투스 이어폰 등)를 제출하지 않고 적발될 시, 부정행위로 처리되며 3년간 국가기술자격시험 응시가 불가하다.
⑥ **비번호(등번호)** : 시험장에 입실한 후 공정성 및 부정행위 방지를 위해 수험자마다 임의의 번호표가 주어진다.
   ※ 통에 비번호가 적힌 종이가 있고, 수험자가 직접 종이를 뽑음

 토선생's TIP

뽑은 비번호로 수험장 내 본인의 자리가 정해지므로 이를 찾으면 됩니다.

2. 지참재료의 준비

① 큐넷 사이트 "화훼장식기능사 지참준비물 목록"에 공지된 재료에 한하여 준비한다.
② **지참재료 상태** : 통상적으로 시장에서 판매되는 상태로 손질을 하지 않아야 한다.
③ **지참재료 수량** : 재료는 공지된 수량을 정확히 들고 가야 한다. 예 3본, 5본, 10본 등
④ 지참한 생화 재료는 물통에 꽂아 물올림하여 보관한다.

토선생's TIP

Q 시험장에서 지참재료는 어떻게 가져가는 것이 좋을까요?
A 1과제, 2과제, 3과제 재료를 각각 따로 포장해서 가세요.
재료가 섞이면 각 재료별로 다시 분류하는 시간이 걸리기에 처음부터 따로따로 분류하여 포장해 가시는 것이 좋답니다.

Q 공지된 지참재료 수량보다 많이 들고 가면 어떻게 되나요?
A (실제 시험장 사례) 감독위원이 확인 후, 수량이 초과되었다고 수험자에게 알리고 초과분을 가져간 경우가 있습니다.

Q 지참재료를 손질해서 들고 가면 어떻게 되나요?
A (실제 시험장 사례) 감독위원이 확인 후, 수험자가 퇴실된 사례도 있었습니다.

3. 시설 및 준비
① 시험장 수험자의 작업대 옆에 물통과 지참재료를 배치한다.
② 시험 전, 수험자는 앞치마를 착용하고 "재료목록"을 확인한다.
③ 물 : 지참재료 물올림에 사용한다. 또한 1과제(꽃다발)와 3과제(동양 꽃꽂이) 화기에 수분 공급용으로도 사용할 수 있다. 화기에 들어가는 물은 반드시 깨끗해야 한다.

 토선생's TIP

Q 시험장에서 물은 어디서 구하나요?
A 시험장 내 화장실 등에서 준비한 물통에 물을 받습니다. 세면대에서 물을 받을 시, 10L 물통에 바로 물을 받기가 어렵습니다. 컵, 바가지 등을 이용하여 물을 받으면 편리합니다. 수험자가 생수통 등에 물을 받아와 준비한 물통에 물을 부어 사용하는 경우도 있습니다.

UNIT 02 시험 시행 중

1. 기본사항
① 수험자 인적사항 및 답안작성은 반드시 검은색 필기구만 사용하여야 하며, 그 외 연필류, 유색 필기구, 지워지는 펜 등을 사용하는 경우에는 채점하지 않으며 0점 처리된다.
② 시험 시작 전 문제지 및 지급재료의 이상 여부를 확인한다. 이상이 있을 시에는 감독위원에게 보고 후 조치를 받은 다음 수험에 임한다.
③ 시험 문제와 관련된 질문사항은 시험 시작 전에 한다. 시험 진행 중에는 절대 질문하지 않는다.
④ 테이블 위에는 작업에 필요한 재료나 공구만 놓을 수 있다.

 POINT
줄자 붙이기, 수치 표시, 도면 초안 그리기 등은 하면 안 된다.

⑤ 공개된 지참준비물 목록 재료와 지급된 재료 이외의 재료는 사용하면 안 된다. 사용 시 불이익이 있을 수 있다.

 토선생's TIP

> **Q** 줄자가 1m 이상으로 적혀 있는데, 50cm 플라스틱 자를 들고 가도 되나요?
> **A** (실제 시험장 사례) 감독위원이 확인 후, 수험생에게 알리고 가져갔습니다.

⑥ 감독위원이 지참재료의 종류 및 수량을 확인하고, 사전에 손질된 재료나 작품을 지참하였는지 검수하므로 협조해야 한다.

⑦ 지급재료 및 지참재료는 1과제 시행 15분 전에 과제별로 표기된 양을 모두 배분 및 손질한다.

 토선생's TIP

> • 1과제 시험 15분 전에 1과제, 2과제, 3과제를 모두 손질한다.
> • 손질할 양이 많은 1과제 위주로 먼저 손질한다.

⑧ **생화 재료의 손질 범위**
  ㉠ 꽃잎·잎·가시 등을 제거한다.
  ㉡ 가시 제거기의 사용은 가능하나 가위나 칼을 사용하여 재료를 절단하는 것은 허용되지 않는다.

⑨ 수험자는 과제에 따라 주어진 시간 내에 제시된 과제별로 작품을 제작한다.

⑩ 완성된 작품은 지정된 장소에 이동시키고 과제 종료 후 모든 수험자가 동시에 다음 과제를 연속해서 시행한다.

⑪ 과제는 지정된 책상 또는 전시 테이블에 주의하여 올려놓는다.

⑫ 작품 제작 과정에서 소재를 다루는 태도 및 도구 사용의 적합도 등도 감독위원에 의해 채점된다.

 토선생's TIP

> • 생화 재료의 손질 범위 : 손으로 줄기를 분리하는 행위 금지
> • 소재를 다루는 태도 : 꽃을 테이블에 던지듯이 내려치는 행위 등은 절대로 금지
> • 도구 사용의 적합도
>   - 철사를 자를 때 : 철사 절단 도구를 사용
>   - 리본을 자를 때 : 수공가위를 사용
>   - 절화용 가위를 사용하여 철사 및 리본을 자르면 안 됨

2. 실격사항

① 지급·지참재료 이외에 다른 소재를 임의로 사용하여 표지·표식에 의한 부정행위로 간주될 경우(단, 지참재료를 구할 수 없어 수험자가 임의로 대체 재료를 지참한 경우는 감점으로 처리됨)

② 사전에 손질된 재료나 작품을 지참 또는 교체하여 부정행위로 간주될 경우(모든 재료는 시중에 판매되는 재료로서 손질하지 않은 상태로 지참하여야 함)

③ **미완성** : 각 과제별로 주어진 제한 시간 내에 작품을 제출하지 않거나 미완성으로 제출한 경우

3. 시험 중 금지사항

① 다른 수험자에게 소재 또는 지참한 부재료를 주거나 바꾸어 주는 행위
② 수험자의 이석 행위 및 다른 사람과 대화하는 행위
③ 시험 종료 전 수검장소를 이탈하는 행위

UNIT 03 시험 시행 후

① 과제물은 비번호가 표시된 지정 책상 및 전시 테이블에 올려놓는다.
② 주변 정리도 채점에 반영되므로 작업 테이블 주변을 깨끗이 정리하여야 하며, 정리가 끝나면 본부 요원의 안내에 따라 퇴실한다.
③ 작품 제작 후 남은 재료는 수험자가 가져간다.
④ 채점이 완료된 작품은 희망자에 한해 해체된 것을 가져갈 수 있다. 남은 것은 절단하여 폐기물로 분류해서 처리한다.

 토선생's TIP

※ 주의
- 본인 또는 다른 수험자에 의해 완성된 작품이 파손되는 경우가 종종 있습니다. 열심히 만든 작품이 망가지지 않도록 조금 더 신경을 쓰시길 바랍니다.
- 실제 시험장 사례 1 : 청소하다가 실수로 다른 수험자의 책상을 쳐서 완성된 작품이 떨어짐
- 실제 시험장 사례 2 : 퇴실 시 작업 후 남은 긴 말채를 들고 가다가 작품을 쳐서 완성된 작품이 떨어짐
- 실제 시험장 사례 3 : 정리시간에 청소하다가 수험자 본인의 책상을 넘어뜨려 작품이 떨어짐

UNIT 04 시험진행표

① 전체 시험시간은 1시간 50분이다.
 ※ 1과제 50분, 2과제 30분, 3과제 30분
② 시험 진행 시간은 시험장 상황과 공단의 방침에 따라 달라질 수 있다.
③ 작품 지급은 17:00 이후(채점 종료 시간에 따라 변동)에 가능하며, 작품은 완전히 해체하여 지급한다.

시간	시간별 과정	비고
~11:30	수험자 입실 완료	
11:45~12:05	수험자 인물 대조 및 교육	재료 목록 및 수험자 유의사항 배부
12:05~12:20	재료 손질 시간 부여(15분)	
12:20~12:30	문제지 배부 및 주의사항 설명	1과제 문제지 배부
12:30~13:20	1과제 시험(50분)	

시간	시간별 과정	비고
13:20~13:30	1과제 제출 및 2과제 문제지 배부(10분)	• 문제지 배부 및 유의사항 설명 • 가급적 수험자 외부 출입 통제 (제한적으로 화장실 이용)
13:30~14:00	2과제 시험(30분)	
14:00~14:10	2과제 제출 및 3과제 문제지 배부(10분)	• 문제지 배부 및 유의사항 설명 • 가급적 수험자 외부 출입 통제 (제한적으로 화장실 이용)
14:10~14:40	3과제 시험(30분)	
14:40~15:00	3과제 제출 및 자리 정리	
		• 채점 종료 예상 시간 : 17:00 • 잔여 작품은 폐기함

UNIT 05 시험 지참재료 및 지급재료

지참재료	큐넷(Q-net) [국가기술자격 실기시험문제-화훼장식기능사 수험자 지참준비물 목록]에 적힌, 수험자가 반드시 지참하여야 하는 재료
지급재료	시험장에서 제공되는 재료 : 꽃다발용 화분 받침, 마끈, 코사지핀, 사각피라밋수반, 플로랄폼, 원형수반(대), 침봉

SECTION 02 과제별 요구사항 및 재료목록

UNIT 01 전체 재료 목록

※ [1~11번] 공용, [12~20번] 1과제, [21~26번] 2과제, [27~30번] 3과제, [31~38번] 지급재료
※ 계절 및 재료 유통에 따라 식물 소재가 유통되지 않을 경우 추가 재료는 시험일 기준으로 3일 전에 큐넷(Q-net) 공지사항에만 공지하므로 확인 후 추가 재료를 포함하여 재료 검수를 한다.

번호	재료명	규격	단위	수량	비고
1	가시제거기(공용)	-	개	1	
2	플라스틱 물통(공용)	10L	개	3	
3	필기구(공용)	흑색	개	1	
4	FD 나이프(공용)	꽃장식용	개	1	
5	플로랄폼용 나이프(공용)		개	1	
6	수공가위 · 전정가위 · 절화용 가위(공용)	꽃장식용	각 개	1	1개 이상, 종류 및 개수 무관
7	철사 절단 및 휨용 도구[니퍼, 롱노우즈, 플라이어(펜치)](공용)	꽃장식용	개	1	1개 이상, 종류 및 개수 무관
8	줄자(공용)	1m 이상	개	1	
9	앞치마(공용)	보통용	개	1	
10	분무기(공용)		개	1	
11	수건(공용)		장	1	
12	장미	-	본	10	스탠다드 카네이션
13	리시안서스	-	본	10	• 스프레이 카네이션 • 스프레이 장미
14	나리	-	본	5	• 거베라(화폭 8cm 이상, 10본) • 다알리아(화폭 8cm 이상, 5본) • 해바라기(5본) • 스탠다드 국화(10본) • 스탠다드 카네이션(10본)
15	루스커스	-	본	20	• 유칼립투스 • 레몬잎 • 네프로레피스
16	말채	-	본	14	• 곱슬버들(14본) • 느티나무(8본) • 화살나무(8본) • 납작대나무(25본, 너비 0.5cm, 길이 150cm 내외)
17	누드철사	#24, 26	각 묶음	1	시중 판매용
18	지철사	#27	묶음	1	시중 판매용(그린색)
19	플로랄테이프	그린색	개	1	너비는 자유
20	오간디 리본	1cm(내외)×100cm	개	1	코사지용(아이보리계열)

번호	재료명	규격	단위	수량	비고
21	장미	-	본	10	스탠다드 카네이션
22	리시안서스	-	본	10	• 스프레이 카네이션 • 스프레이 장미
23	거베라 (화폭 8cm 이상)	-	본	10	• 다알리아(화폭 8cm 이상, 5본) • 해바라기(5본) • 스탠다드 국화(10본) • 나리(5본)
24	유칼립투스	-	본	10	• 루스커스(20본) • 네프로레피스(20본) • 금사철나무(10본) • 은사철나무(10본) • 청사철나무(10본) • 탑사철나무(10본)
25	스프레이 국화	-	본	10	• 스프레이 카네이션(10본) • 알스트로메리아(10본) • 공작초(10본) • 과꽃(10본) • 솔리다스터(20본) • 기린초(20본)
26	편백	-	본	3	• 측백 • 금사철나무 • 은사철나무 • 청사철나무
27	영산홍	-	본	3	돈나무(3본), 동백나무(3본), 탑사철나무(5본), 금사철나무(5본), 은사철나무(5본), 청사철나무(5본), 미국 자리공(3본), 조팝나무(5본), 설유화(5본), 남천나무(3본), 정금나무(3본), 연달래(5본), 진달래(5본), 황칠나무(5본)
28	장미	-	본	10	• 스탠다드 국화(10본) • 스탠다드 카네이션(10본) • 나리(5본)
29	스프레이 국화	-	본	5	• 스프레이 장미 • 스프레이 카네이션 • 리시안서스
30	팔손이 잎	-	본	5	• 몬스테라 • 필로덴드론 '제나두'(신종 셀럼) • 루모라 고사리
31	면장갑(코팅된 장갑 제외)(공용)	-	벌	1	코팅된 장갑 사용 불가능
32	꽃다발용 화분받침	-	개	1	1과제용(지급재료)
33	마끈	-	개	1	1과제용(지급재료)
34	코사지핀	-	개	1	1과제용(지급재료)
35	사각피라밋수반	-	개	1	2과제용(지급재료)
36	플로랄폼	-	개	1	2과제용(지급재료)
37	원형수반 대	-	개	1	3과제용(지급재료)
38	침봉	-	개	1	3과제용(지급재료)

UNIT 02 공용 지참재료 및 도구

※ 1과제, 2과제, 3과제 공용으로 사용

번호	재료명	규격	단위	수량	비고
1	가시제거기(공용)	–	개	1	
2	플라스틱 물통(공용)	10L	개	3	
3	필기구(공용)	흑색	개	1	
4	FD나이프(공용)	꽃장식용	개	1	
5	플로랄폼용 나이프(공용)		개	1	
6	수공가위 · 전정가위 · 절화용 가위(공용)	꽃장식용	각 개	1	1개 이상, 종류 및 개수 무관
7	철사 절단 및 휨용 도구 [니퍼, 롱노우즈, 플라이어(펜치)](공용)	꽃장식용	개	1	1개 이상, 종류 및 개수 무관
8	줄자(공용)	1m 이상	개	1	
9	앞치마(공용)	보통용	개	1	
10	분무기(공용)		개	1	
11	수건(공용)		장	1	

 토선생's TIP

도구 선정	
가시제거기	집게형, 장갑형 2가지 종류 중, 수험자 개개인이 사용하기 편한 것을 선택하기
플라스틱 물통	• 과제별(1과제 · 2과제 · 3과제)로 분류하여 섞이지 않게 나눠 담기 • 물통 3개 중 2개는 물올림용, 나머지 하나는 1과제 · 3과제 화기에 물 공급을 하는 용도로 사용하기
수공가위	리본을 자르는 용도. 잘 잘리는지 미리 확인
진정가위	두꺼운 가지를 자르는 용도. 잘 잘리는지 미리 확인
니퍼류	1과제 꽃다발 구조물 제작 시 추천 도구 : 옥니퍼(=방울니퍼)
줄자	50cm 플라스틱 자는 지참 불가
앞치마	수험자의 이름, 학원명, 상호명 등이 기입되어 있으면 가리기
분무기	과제 완성 후 분무해주면 작품을 보다 싱싱하게 보존할 수 있음
수건	작품 완성 후 주변 정리용으로 사용하면 좋음

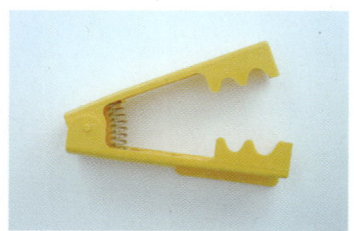
가시제거기(집게형)

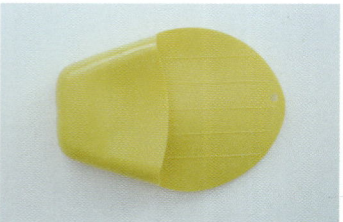
가시제거기(장갑형)

FD 나이프

플로랄폼용 나이프

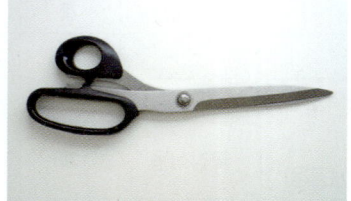
수공가위

전정가위

절화용 가위

철사 절단 및 휨용 도구

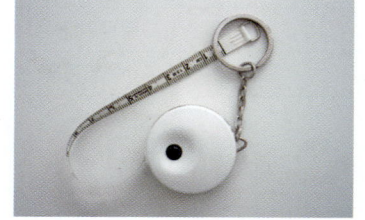
줄자

UNIT 03 [제1과제] 꽃다발과 코사지(시험시간 : 50분)

1. 꽃다발 제작 조건

① 작품의 형태는 감독위원이 선정한 번호(과제명, 비고)에 맞게 제작하시오.
② 반드시 구조물을 제작하여 작품을 완성하시오.
③ 운반이 가능하게 제작하시오.
④ 수분 공급이 가능하도록 하시오.
⑤ 작품 제작을 위해 준비된 생화는 종류별로 모두 사용하되, 사용량은 전체 소재의 70% 이상으로 하시오.

2. 출제범위 목록

번호	과제명(꽃다발형)	비고
1	반구형	지름 35cm 이상
2	원추형	전체 높이 60cm 이상

토샘's TIP

- 시험문제는 1과제 시작 전 감독위원이 구두(말), 칠판 판서 등을 통해 안내한다.
- 지급재료인 꽃다발용 화분받침에 물을 붓고, 완성된 꽃다발을 세운다.
- 심사위원에 따라 물을 붓지 말라고 하는 경우도 간혹 있으니, 심사위원의 지시에 따라 행동한다. 언급이 없으면 물을 꼭 붓는다.

3. 코사지 제작 조건

① 지급재료를 활용하여 코사지(가슴부 착용)를 제작하시오.
② 코사지의 형태는 자유롭게 제작하시오(단, 절화 3송이를 사용하시오).
③ 구조물은 제작하지 않고, 와이어링 기법만을 사용하여 제작하시오.
④ 탈부착이 가능하도록 하시오.
⑤ 지참재료 중 리본을 활용하여 보우를 자유롭게 제작하시오(단, 손잡이 마무리 처리를 하시오).
⑥ 절화의 수명은 6시간 이상 유지되도록 하시오.

 토샘's TIP

- 절엽의 개수는 정해져 있지 않으나, 1개 이상 사용하는 것이 좋다.
- 소재에 맞는 와이어링 방법을 선택하여야 한다.
- 오간디 리본으로 철사 줄기 부분을 감아주고 보우를 만들어 장식한다.

4. 제1과제 재료 목록

일련번호	지참재료	규격	단위	수량	비고
1	장미	–	본	10	스탠다드 카네이션
2	리시안서스	–	본	10	• 스프레이 카네이션 • 스프레이 장미
3	나리	–	본	5	• 거베라(화폭 8cm 이상, 10본) • 다알리아(화폭 8cm 이상, 5본) • 해바라기(5본) • 스탠다드 국화(10본) • 스탠다드 카네이션(10본)
4	루스커스	–	본	20	• 유칼립투스 • 레몬잎 • 네프로레피스
5	말채	–	본	14	• 곱슬버들(14본) • 느티나무(8본) • 화살나무(8본) • 납작대나무(25본, 너비 0.5cm, 길이 150cm 내외)
6	누드철사	#24, 26	각 묶음	1	시중 판매용
7	지철사	#27	묶음	1	시중 판매용(그린색)

일련번호	지참재료	규격	단위	수량	비고
8	플로랄테이프	그린색	개	1	너비는 자유
9	오간디 리본	1cm(내외)×100cm	개	1	코사지용(아이보리계열)

 토선생's TIP

재료선정

누드철사	• 상대적으로 두꺼운 가지에 #24, 얇은 가지에 #26 철사를 사용한다. • 소재를 지탱할 수 있는 범위 내에서 가장 가는 철사를 사용한다.
지철사	시중 판매용 그대로 지참하고, 미리 잘라 가면 안 된다.
플로랄테이프	보관 환경에 따라 테이프의 접착력에 손상이 갔을 수도 있으므로 미리 상태를 확인한 후 지참한다.
오간디 리본	1cm(내외) 너비를 확인하고 지참한다.

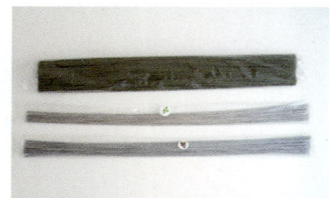  

누드철사 · 지철사　　　플로랄테이프　　　오간디 리본

UNIT 04 [제2과제] 서양 꽃꽂이(시험시간 : 30분)

1. 서양 꽃꽂이 제작 조건

① 작품의 형태는 감독위원이 선정한 번호(과제명, 비고)에 맞게 제작하시오.
② 작품의 크기는 화기의 비율을 고려하여 제작하시오.
③ 작품 제작을 위해 준비된 생화는 종류별로 모두 사용하되, 사용량은 전체 소재의 70% 이상을 사용하시오.

2. 출제범위 목록

번호	과제명	화형
1	대칭삼각형	일방형
2	수평형	사방형
3	부채형	일방형
4	수직형	일방형
5	L형	일방형

번호	과제명	화형
6	반구형	사방형
7	역T형	일방형

3. 제2과제 지참 소재

일련번호	지참재료	규격	단위	수량	비고
1	장미	-	본	10	스탠다드 카네이션
2	리시안서스	-	본	10	• 스프레이 카네이션 • 스프레이 장미
3	거베라 (화폭 8cm 이상)	-	본	10	• 다알리아(화폭 8cm 이상, 5본) • 해바라기(5본) • 스탠다드 국화(10본) • 나리(5본)
4	유칼립투스	-	본	10	• 루스커스(20본) • 네프로레피스(20본) • 금사철나무(10본) • 은사철나무(10본) • 청사철나무(10본) • 탑사철나무(10본)
5	스프레이 국화	-	본	10	• 스프레이 카네이션(10본) • 알스트로메리아(10본) • 공작초(10본) • 과꽃(10본) • 솔리다스터(20본) • 기린초(20본)
6	편백	-	본	3	• 측백 • 금사철나무 • 은사철나무 • 청사철나무

UNIT 05 [제3과제] 동양 꽃꽂이 (시험시간 : 30분)

1. 동양 꽃꽂이 제작 조건
① 작품의 형태는 감독위원이 선정한 번호(과제명, 비고)에 맞게 제작하시오.
② 화기와의 비율에 맞게 제작하시오.
③ 작품 제작을 위해 준비된 생화는 종류별로 모두 사용하되, 사용량은 전체 소재의 70% 이상을 사용하시오.

2. 출제범위 목록

번호	과제명	비고
1	직립형(바로세우는 형)	기본형
2	경사형(기울이는 형)	기본형

3. 제3과제 지참 소재

일련번호	지참재료	규격	단위	수량	비고
1	영산홍	-	본	3	돈나무(3본), 동백나무(3본), 탑사철나무(5본), 금사철나무(5본), 은사철나무(5본), 청사철나무(5본), 미국자리공(3본), 조팝나무(5본), 설유화(5본), 남천나무(3본), 정금나무(3본), 연달래(5본), 진달래(5본), 황칠나무(5본)
2	장미	-	본	10	• 스탠다드 국화(10본) • 스탠다드 카네이션(10본) • 나리(5본)
3	스프레이 국화	-	본	5	• 스프레이 장미 • 스프레이 카네이션 • 리시안서스
4	팔손이	-	본	5	• 몬스테라 • 필로덴드론 '제나두'(신종 셀럼) • 루모라 고사리

SECTION 03 과제별 지급재료 및 사용방법

UNIT 01 1과제 지급재료 및 사용방법

① **마끈** : 꽃다발 바인딩 포인트(묶음점)를 묶을 때 사용한다.
② **꽃다발용 화분받침** : 동그랗고 넓고 얕다.
③ **코사지핀** : 코사지 뒤에 고정용으로 붙인다.

꽃다발용 화분받침

마끈

코사지핀

UNIT 02 2과제 지급재료 및 사용방법

① **플로랄폼** : 보통 시험장에서 물을 흡수시킨 플로랄폼을 수험자에게 제공한다.
② **사각피라밋수반** : [높이] 14cm, [가로·세로] 22.5cm

사각피라밋화기

플로랄폼

화기에 플로랄폼을 고정시키는 방법

① 플로랄폼을 화기보다 조금 높게 자른다.

② 화기와 플로랄폼이 고정될 수 있도록 남은 플로랄폼을 잘라 양쪽 빈 부분을 채운다.

③ 모서리는 잘라주고, 선을 그어 플로랄폼상에 위치도를 표시한다.

※ 단단히 고정되었는지 확인하는 방법 : 플로랄폼을 잡고 들었을 때 화기와 분리가 되면 안 된다.

UNIT 03 3과제 지급재료 및 사용방법

① **침봉** : 원형(지름 10cm) 또는 사각(9×9cm)으로 출제된다.
② **원형수반(대)** : [높이] 6cm, [외경 너비] 30.5cm, [내경 너비] 21cm

침봉원형 　　　　　침봉사각 　　　　　원형수반 　　　　　침봉원형수반

 **토선생's TIP**

감점 포인트
- 동양 꽃꽂이는 화기에 침봉을 넣고 물을 넣고 난 뒤, 소재를 꽂아야 한다.
- 화기에 물을 넣는 것을 깜빡하는 수험생이 생각보다 많다.

SECTION 04 지참재료 및 대체 소재

UNIT 01 절화 준비 관련 토선생's TIP

① 동일한 이름의 식물이라도 종류에 따라 생김새와 사용방법이 미세하게 다르다. 평소 연습하였던 동일한 종류를 시험장에도 들고 가는 것이 좋다.
   예 유칼립투스 종류 중 블랙잭은 끈적이고 구니는 끈적하지 않다. 평소 구니로 연습하다 시험장에 블랙잭을 가져간 경우, 작품 제작 시 끈적임이 익숙하지 않아 작업이 잘 안될 수도 있다.
② 줄기는 곧고 적당한 두께인 것이 좋다.
   ㉠ 줄기가 너무 가는 경우, 작업 시 쉽게 부러진다.
   ㉡ 줄기가 너무 두꺼운 경우, 1과제 꽃다발 제작 시 바인딩 포인트가 두꺼워져 작업하기 힘들다. 또한 2과제 서양 꽃꽂이 제작 시 플로랄폼에 구멍이 크게 나서 부서지기 쉽다.
③ 구조물에 사용하는 절지는 제작 하루 전 물올림을 하지 않는 것이 좋다(물올림이 된 상태로 바로 작업 시, 줄기가 잘 부러진다).
④ 구조물용으로 사용하는 절지는 물 공급을 하지 않으므로 가지에 붙은 잎은 꼭 제거하고 사용한다.
⑤ 계절에 따라 나오지 않는 소재도 있다. 처음부터 시험 시기에 유통되는 소재를 선택하여 연습하는 것이 좋다.
⑥ 동양 꽃꽂이에 사용하는 절지의 경우, 주지의 각도를 잘 표현할 수 있고 침봉에 고정이 잘되는 소재를 선택한다. 시험 전 1주지, 2주지, 3주지에 어울리는 가지를 미리 생각해 놓는 것이 좋다.

자주 나오는 소재

장미

카네이션

캡거베라

UNIT 02   소재별 정리 관련 토선생's TIP

1. 나리

① 봉오리 상태와 개화 상태의 꽃 크기 차이가 크므로 지참재료 준비 시 유의한다(1/3~2/3 정도 개화된 나리를 들고 가는 것을 추천).
② 외대(줄기 하나에 꽃 하나), 쌍대(줄기 하나에 꽃 여러 개) 중 사용하기 편한 것을 선택한다.
③ 개화 시, 꽃가루가 떨어지므로 미리 떼어낸다.

2. 해바라기

① 한 단에 5본이다.
② 꽃 얼굴 무게에 비해 줄기가 가는 경우, 작품 안에서 꽃의 위치가 쉽게 움직이므로 구입 시 유의한다.

3. 장미, 스프레이 장미

① 가시가 있는 장미와 없는 장미가 있다.
② 컨디셔닝 시간이 부족한 수험자는 가시가 없는 장미를 선택하는 것이 좋다.

4. 거베라

① 플라스틱 캡과 와이어 작업이 되어 있는 거베라도 있고 없는 거베라도 있다.
② 플라스틱 캡이 씌어 있는 거베라의 경우 제거하고 사용하는 것이 좋다.
③ 요구 조건인 화폭 8cm 이상을 확인하고 지참한다.

5. 스탠다드 카네이션, 스프레이 카네이션

① 줄기 마디 부분이 쉽게 부러지므로 작업 시 주의해야 한다.
② 꽃을 덜 피웠을 때는 꽃받침 부분을 잡고 돌리면 꽃을 빨리 피울 수 있다.

6. 스프레이 국화

① 화형과 화색이 다양하므로 다른 소재와 잘 어울리는 것을 선택한다.
② 꽃 얼굴이 줄기 끝에 몰려 있는 형태, 줄기 전반에 고루 배치된 형태 등이 있다. 꽃 얼굴이 줄기 끝에 몰려 있는 형태가 사용하기 편리하다.

7. 유칼립투스

① 다양한 종류가 있고, 종류마다 생김새 및 끈적임의 유무가 다르다. 줄기 끝 새순의 경우, 쉽게 시들 수 있으니 제거하고 사용하는 것이 좋다.
② **종류** : 블랙잭, 구니, 파블로, 니콜 등

8. 네프로레피스
① 줄기가 곧으나, 끝이 뒤로 젖혀져 있다.
② 하늘하늘한 느낌을 준다.
③ 잎끝이 말라 형태가 변할 경우 상한 부분은 절화용 가위로 잘라 사용한다.

9. 말채
① 줄기가 곧아 구조물을 작업하기에 용이하다.
② 적당한 두께의 줄기를 골라 구조물 작업에 사용한다.
  ㉠ 너무 굵은 줄기를 사용할 경우 구조물의 전체 무게가 무거워진다.
  ㉡ 너무 가는 줄기를 사용할 경우 구조물이 잘 부서진다.
③ **종류** : 흰말채나무(줄기 적색, 꽃 흰색), 노랑말채나무(줄기 녹색)

10. 화살나무
구조물 제작을 위해 지철사로 묶을 때는 화살나무 줄기 표면이 잘 부서지므로 유의하여 제작한다.

UNIT 03　컨디셔닝

1. 컨디셔닝 개요
① **정의** : 뿌리가 잘린 식물(절화·절엽·절지)의 줄기를 다듬어 물을 흡수시켜 신선하게 유지하는 일련의 과정을 말한다.
② 소재별로 적합한 컨디셔닝 방법을 선택하여 사용한다.

2. 컨디셔닝 종류 및 방법

(1) 물 관리
① 물은 항상 깨끗하게 유지하며 매일 자주 갈아주는 것이 좋다.
② 물에 닿는 줄기 부분의 잎과 가시는 깨끗하게 제거한다.
③ 줄기의 특성에 따라 물 깊이를 달리한다.

깊은 물에 담그기	줄기가 단단한 경우 깊은 물에 담그면 압력에 의해 물올림이 잘된다.
얕은 물에 담그기	줄기가 약하고 속이 비어 있는 경우 줄기가 물에 잘 뭉개지므로 이 경우 얕은 물에 담근다.

(2) 줄기 사선 자르기
줄기를 사선으로 자르면 물에 닿는 부분의 면적이 넓어져 물 흡수를 더욱 많이 할 수 있다.

(3) 물속 자르기
① 물속에서 줄기를 잘라, 잘린 도관으로 바로 물이 흡수될 수 있게 한다.
② 깊은 물 속에서 자르면 압력이 높아 물 흡수가 더욱 좋아진다.
예 장미, 거베라, 튤립 등

(4) 탄화 처리
절단면의 1~2cm 정도를 불에 수 초간 태운 후 찬물에 담근다.
예 칼라, 상사화 등

(5) 줄기 두드림
목질화된 줄기 끝부분을 부러뜨리거나 망치 등의 도구로 두들기면 물 흡수 면적이 넓어져 물 흡수가 잘된다.
예 동백, 월계수, 목련 등

(6) 열탕 처리
① 꽃과 잎은 열기에 손상되지 않도록 종이로 감싸주고, 줄기 끝부분을 80~100℃의 물에 수 초간 담근 뒤 찬물에 넣는다
② 줄기가 단단한 절화에 많이 이용된다.
예 국화, 안개초 등

(7) 굴성 방지 처리
줄기 휘어짐을 막기 위해 신문지 등으로 싸서 보관한다.

(8) 건조에 약한 잎 소재
물을 묻힌 잎에 비닐을 덮어 물올림해준다.
예 레몬잎

CHAPTER 02 [1과제] 꽃다발, 코사지

SECTION 01 1과제 알아보기

UNIT 01 구조물 꽃다발 개요

채점 기준

작품의 채점 기준이 되는 다음의 항목에 유의하여 제작한다.

	채점 포인트	확인
기능·기술	바인딩 포인트(묶음점)가 단단하게 묶여 있는가?	
	바인딩 포인트 아랫부분은 이물질 없이 깨끗하게 정리되어 있는가?	
	모든 줄기는 나선형을 이루고 있는가?	
	줄기의 끝은 모두 45도 이상의 사선으로 잘려 있는가?	
	작품은 견고하게 완성되었는가?	
디자인	준비된 재료를 충분히 활용했는가?	
	작품의 형태는 감독위원이 선정한 번호(과제명, 비고)에 맞게 제작하였는가?	
	전체의 형태와 시각적, 물리적 균형이 잘 맞는가?	
	꽃다발의 전체 비율은 적당하게 제작되었는가?	
	색의 조화와 대비, 비율은 적절한가?	
	전체 디자인이나 소재의 사용이 독창적인가?	
깊이감·운동성	꽃들의 운동성과 가치를 고려하여 배치되어 있는가?	
	꽃다발 전체의 형태, 부피감과 선이나 형태의 대비가 잘 이루어지는가?	
작품 마무리	수분 공급 처리는 잘 되어 있는가?	
	주변 정리 및 마무리 작업이 깨끗한가?	

 **토선생's TIP**

채점 기준 관련 추가 팁
- 바인딩 포인트를 단단히 묶지 않으면 꽃다발 모양이 쉽게 망가진다. 또한 꽃다발을 세웠을 때 중앙 부분이 비어 보이는 현상이 나타난다.
- 재료 손질 시간(15분)에 잎과 가시 정리를 해놓으면 작품 제작 시간 단축에 도움이 된다.
- 지급된 마끈으로 묶기 전, 교차된 줄기가 있는지 매번 확인하는 습관을 기른다.
- 전체 소재의 70% 이상을 사용한다. 예 거베라 10본을 지참한 경우, 7본 이상 사용하는 것이 좋다.
- 문제가 시험지에 적혀 나오는 것이 아니기 때문에(감독위원이 구두·칠판 판서로 문제를 알려 줌), 간혹 다른 작품을 만드는 수험자가 있음에 주의한다.
- 구조물 안에 꽃을 넣을 때 한쪽으로 치우쳐서 넣지 않도록 한다.
- 작품의 중심선을 기준으로 좌우가 균일한지 확인한다.
- 실기 지참재료 준비 시 색상의 조화를 고려하여 구입한다.
- 지급되는 화기에 물을 부어 수분공급을 한다.
- 물은 깨끗하여야 하며 잎 등의 부유물이 있으면 안 된다.
- 작업 테이블 위와 아래 바닥 모두 깔끔하게 청소한다.

1. 유의사항

① **구조물 제작 시 유의사항** : 구조물 제작 후, 다음의 표를 통해 완성도를 스스로 채점해볼 수 있다.

구조물 제작 채점 포인트		확인
형태 및 사이즈	문제에서 주어진 꽃다발의 형태와 사이즈에 맞게 제작한다. [반구형] 지름 35cm 이상 [원추형] 전체 높이 60cm 이상	
구조물에 사용하는 절지	[절지 두께] 적당한 두께의 가지를 사용한다. ※ 가지가 너무 얇으면 구조물 제작 시 잘 부러진다. 가지가 너무 두꺼운 경우 구조물이 무거워져 작업이 힘들다.	
	[잎 제거] 구조물은 물올림을 하지 않으므로 잎을 제거한다.	
	[줄기 끝] 구조물은 물올림을 하지 않으므로 줄기 끝은 일자로 자른다.	
구조물 무게	너무 무거워지지 않게 적당한 굵기의 가지를 선택하여 제작한다.	
지철사 고정	고정 부위가 흔들림이 없도록 견고하게 고정한다.	
	묶고 잘린 남은 지철사 부분으로 인해 다치지 않도록 안전하게 마무리한다.	

② **꽃다발 제작 시 유의사항** : 꽃다발 제작 후, 다음의 표를 통해 완성도를 스스로 채점해볼 수 있다.

꽃다발 제작 채점 포인트		확인
줄기배열	모든 줄기는 나선형으로 이루어진다.	
	교차되는 줄기가 없도록 한다.	
묶음점 (바인딩 포인트)	구조물 바로 아래에 묶음점이 배치되도록 한다.	
	끈을 너무 많이 돌려 묶음점이 두꺼워지는 것은 좋지 않으므로 3~5번 정도 돌려 묶는 것이 좋다.	
	바인딩 포인트 이하 줄기의 잎과 가시는 깔끔하게 정리한다.	

꽃다발 제작 채점 포인트		확인
줄기 끝 처리	모든 줄기 끝은 사선으로 자른다.	
	일자로 잘린 줄기가 없도록 확인한다.	
꽃다발 세우기	화기에 꽃다발이 반듯하게 설 수 있도록 균일한 길이로 자른다.	
	꽃다발 중심축을 기준으로 좌우의 균형이 맞는지 확인한다.	
물 공급	화기에 물을 부어 꽃다발에 수분 흡수가 될 수 있게 한다.	
	물은 부유물 없이 깨끗해야 한다.	

2. 소재 정리 방법

① 꽃의 얼굴로부터 약 손바닥 한 뼘 아랫부분의 줄기는 잎과 가시가 없도록 깔끔하게 정리한다.
② 가시가 있는 소재는 가시제거기를 이용하여 잎과 가시를 제거하고 가시가 없는 소재는 손을 이용해 정리한다.

3. 스파이럴 방법

줄기 하나를 일자로 잡는다.

이후 들어가는 꽃들은 꽃 얼굴은 왼쪽, 줄기 끝은 오른쪽을 향하게 하여 잡는다.

한 방향으로 돌려 가며 넣는다.

교차된 줄기가 없는지 확인한다.

4. 바인딩 포인트(묶음점) 단단하게 묶는 방법

끈을 반으로 접는다.

접힌 끈의 U 사이로 반대편 끈을 통과시키고 반대 방향으로 당긴다.

두 가닥의 끈을 벌려 잡고, 한 끈은 시계 방향으로, 나머지 끈은 반시계 방향으로 돌린다.

2~3번 힘을 주어 돌린 뒤 두 번 꽉 묶는다.

남은 끈은 잘라 마무리한다.

토선생's TIP

끈을 단단하게 묶는 것이 포인트로, 단단하게 묶을 수 있다면 위에 소개한 방법 외의 다른 방법을 사용해도 된다.

5. 지철사 단단하게 묶는 방법

(1) 손으로 묶는 방법

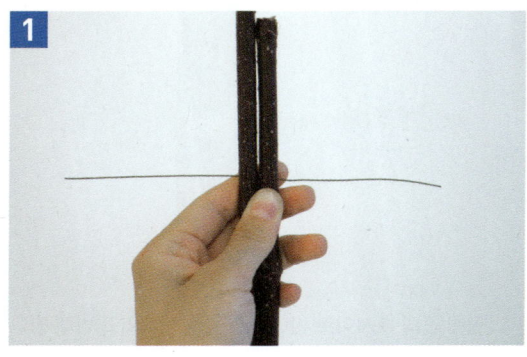

묶고자 하는 부분의 아래에 지철사를 놓고 왼손 검지로 잡는다.

오른손으로 지철사 양끝을 시계 방향으로 돌린다. 지철사 양끝을 동시에 잡고 시계추를 돌리듯 시계 방향으로 여러 번 돌린다.

니퍼를 이용해 남은 철사를 자르고 누른다.

(2) 방울니퍼(옥니퍼)를 사용하여 묶는 방법

① 묶고자 하는 부분 아래에 지철사를 놓고 왼손 검지로 잡는다.
② 오른손으로 지철사 양끝을 시계 방향으로 돌린다.
③ 조여진 부분을 방울니퍼로 살짝 잡고 시계 방향으로 돌린다.

(3) 묶은 후 남은 지철사 정리하기

① 풀리지 않을 정도의 길이를 남기고 방울니퍼(옥니퍼)로 짧게 자른다.
② 잘린 부분은 도구로 눌러 다치지 않게 마무리한다.

SECTION 02　구조물 만들기

Check
- 지철사(#27 그린색)
- 절단 및 휨용 도구
- 절화용 가위
- 줄자
- 전정가위

UNIT 01　반구형 꽃다발 구조물

1

말채

곱슬버들

큰 원을 만든다.

2

원 위에 십자(十)로 가지를 덧댄다. 이때 십자 교차점이 원 중심에 오도록 한다.

CHAPTER 02 [1과제] 꽃다발, 코사지　**315**

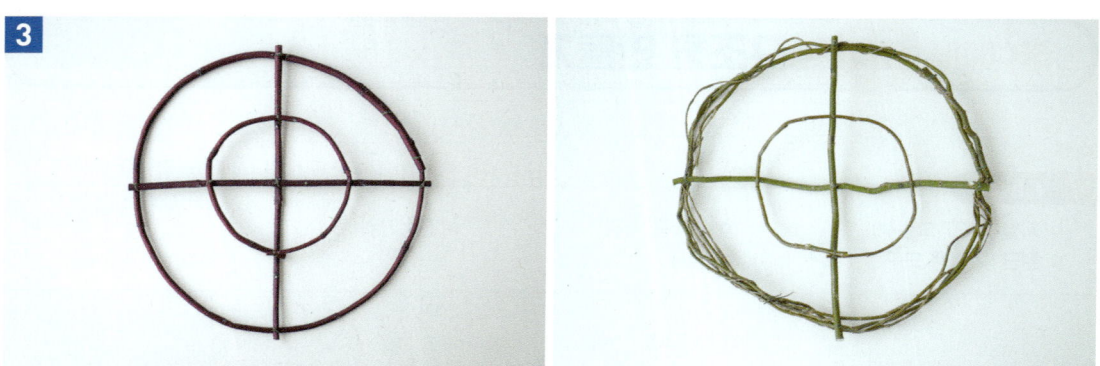

원 안에 다시 작은 원을 만든다.

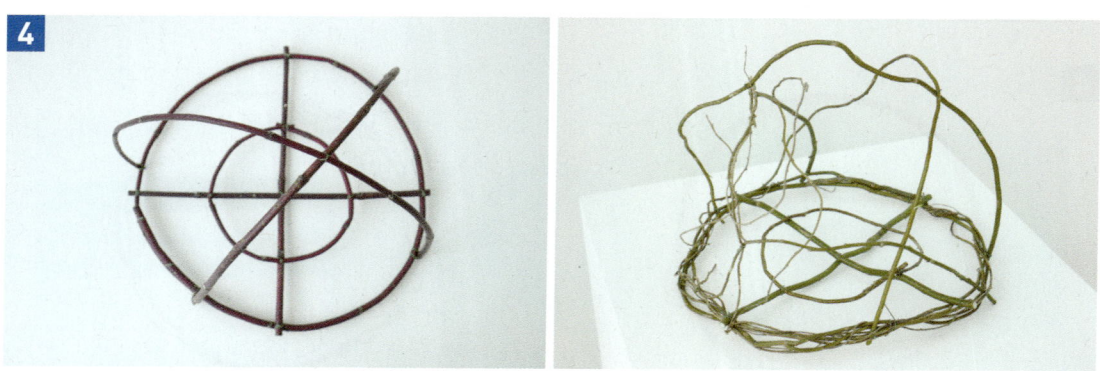

반구 모양이 될 수 있게 틀 위를 가지로 장식한다.

십자 교차점에 손잡이를 만든다.

UNIT 02 원추형 꽃다발 구조물(말채)

1

큰 원을 만든다.

2

원 위에 십자(十)로 가지를 덧댄다. 이때 십자 교차점이 원 중심에 오도록 한다.

3

원 안에 다시 작은 원을 만든다.

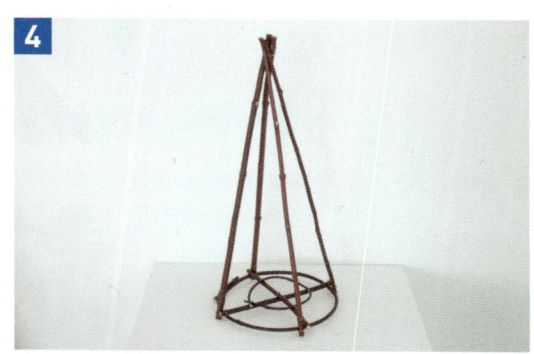

4

큰 원에 긴 가지를 원추 모양으로 고정한다.

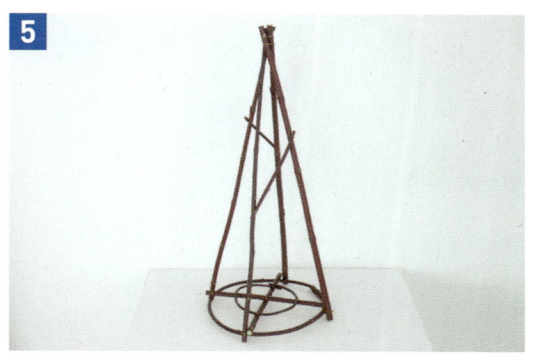

5

원추 모양이 될 수 있게 틀 위를 가지로 장식한다.

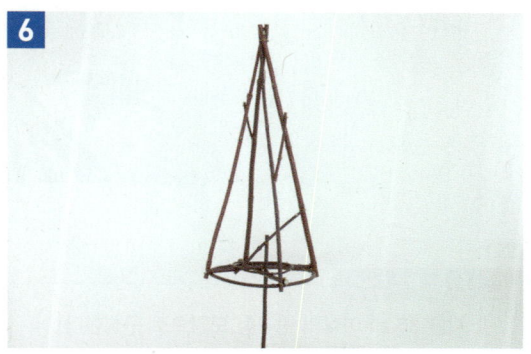

6

십자 교차점에 손잡이를 만든다.

SECTION 03 반구형 꽃다발

UNIT 01 반구형 꽃다발 1

제작 POINT
1. 지름 35cm 이상의 반구형 모양으로 구성한다.
2. 반구형 구조물을 만들고 그 안에 꽃을 스파이럴로 넣어 형태를 구성한다.
3. 줄기 끝은 사선으로 잘라 수분 공급이 가능하도록 한다.

토선생's TIP
대중적 형태의 꽃다발로 반구형 구조물을 제작하여 그 안에 꽃을 스파이럴로 배치한다.

1. 제작 재료

- 장미 10본
- 루스커스 20본
- 리시안서스 10본
- 말채 14본
- 거베라 10본

2. 구상도

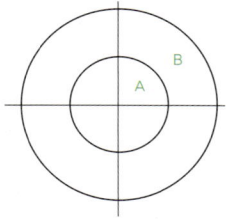

3. 제작 과정

1 말채를 이용해 반구형 구조물을 제작한다.

2 구조물의 작은 원(A) 4칸에 소재를 넣어 스파이럴로 잡아준다.

3 구조물의 큰 원(B) 4칸에 소재를 넣어 스파이럴로 잡아준다. 비어 있는 부분에 남은 소재를 넣어준다.
※ 구조물 각 칸마다 비슷한 양의 소재를 넣어주면 꽃다발의 균형을 잡는 데 도움이 된다.

4 바인딩 포인트를 마끈으로 단단히 묶는다.
※ 바인딩 포인트는 구조물 가까이 위치하도록 한다.

5 줄기를 균일한 길이로 잘라준다. 이때 줄기 끝은 사선으로 자른다.

6 꽃다발용 화분받침(지급재료)에 물을 붓고 꽃다발을 세운다.

UNIT 02 　반구형 꽃다발 2

 제작 POINT

1. 지름 35cm 이상의 반구형 모양으로 구성한다.
2. 반구형 구조물을 만들고 그 안에 꽃을 스파이럴로 넣어 형태를 구성한다.
3. 줄기 끝은 사선으로 잘라 수분 공급이 가능하도록 한다.

 토선생's TIP

대중적 형태의 꽃다발로 반구형 구조물을 제작하여 그 안에 꽃을 스파이럴로 배치한다.

1. 제작 재료

- 장미 10본
- 리시안서스 10본
- 해바라기 5본
- 유칼립투스 20본
- 곱슬버들 14본

2. 구상도

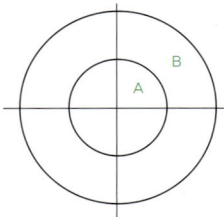

3. 제작 과정

1 곱슬버들로 반구형 구조물을 제작한다.

2 구조물의 작은 원(A) 4칸에 소재를 넣어 스파이럴로 잡아 준다.

3 구조물의 큰 원(B) 4칸에 소재를 넣은 뒤 스파이럴로 잡아 주고 비어 있는 부분에 남은 소재를 넣어준다.
※ 구조물 각 칸마다 비슷한 양의 소재를 넣어주면 꽃다발의 균형을 잡는 데 도움이 된다.

4 바인딩 포인트를 마끈으로 단단히 묶는다.
※ 바인딩 포인트는 구조물 가까이 위치하도록 한다.

줄기를 균일한 길이로 잘라준다. 이때 줄기 끝은 사선으로 자른다.

꽃다발용 화분받침(지급재료)에 물을 붓고 꽃다발을 세운다.

UNIT 03　반구형 꽃다발 3

 제작 POINT
1. 지름 35cm 이상의 반구형 모양으로 구성한다.
2. 반구형 구조물을 만들고 그 안에 꽃을 스파이럴로 넣어 형태를 구성한다.
3. 줄기 끝은 사선으로 잘라 수분 공급이 가능하도록 한다.

 토선생's TIP

대중적 형태의 꽃다발로 반구형 구조물을 제작하여 그 안에 꽃을 스파이럴로 배치한다.

1. 제작 재료

> **Check**
> ☐ 스탠다드 카네이션 10본 ☐ 리시안서스 10본 ☐ 나리 5본
> ☐ 유칼립투스 20본 ☐ 말채 14본

2. 구상도

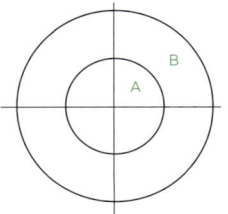

3. 제작 과정

1

말채로 반구형 구조물을 제작한다.

2

구조물의 작은 원(A) 4칸에 소재를 넣어 스파이럴로 잡아준다.

3

구조물의 큰 원(B) 4칸에 소재를 넣어 스파이럴로 잡아준 뒤 비어 있는 부분에 남은 소재를 넣어준다.
※ 구조물 각 칸마다 비슷한 양의 소재를 넣어주면 꽃다발의 균형을 잡는 데 도움이 된다.

4

바인딩 포인트를 마끈으로 단단히 묶는다.
※ 바인딩 포인트는 구조물 가까이 위치하도록 한다.

줄기를 균일한 길이로 잘라준다. 이때 줄기 끝은 사선으로 자른다.

꽃다발용 화분받침(지급재료)에 물을 붓고 꽃다발을 세운다.

추가 작품 예시

SECTION 04 원추형 꽃다발

UNIT 01 원추형 꽃다발 1

제작 POINT
1. 전체 높이 60cm 이상의 원추형 모양으로 구성한다.
2. 원추형 구조물을 만들고 그 안에 꽃을 스파이럴로 넣어 형태를 구성한다.
3. 구조물과 동일하게 꽃 또한 원추형으로 배치한다.

토선생's TIP
높이가 강조된 꽃다발로 원추형 구조물을 제작하여 그 안에 꽃을 스파이럴로 배치한다.

1. 제작 재료

- 장미 10본
- 루스커스 20본
- 리시안서스 10본
- 말채 14본
- 거베라 10본

2. 구상도

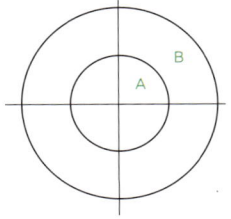

3. 제작 과정

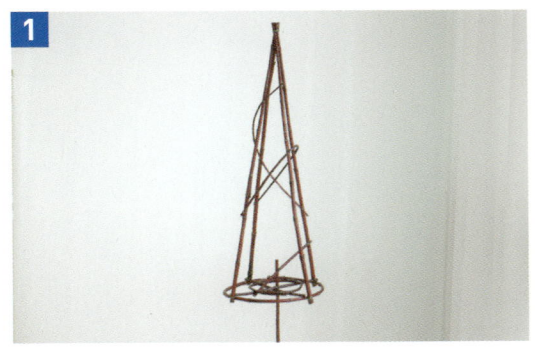

말채를 이용해 원추형 구조물을 제작한다.

구조물의 작은 원(A) 4칸에 소재를 넣어 작품 정중앙에 높게 배치한다.

원추형 틀 라인을 따라 위에서 아래로 차곡차곡 내려오도록 소재를 배치한다. 비어있는 부분에 남은 소재를 넣어 준다.

바인딩 포인트를 마끈으로 단단히 묶는다.
※ 바인딩 포인트는 구조물 가까이 위치하도록 한다.

줄기를 균일한 길이로 잘라준다. 이때 줄기 끝은 사선으로 자른다.

꽃다발용 화분받침(지급재료)에 물을 붓고 꽃다발을 세운다.

UNIT 02 　 원추형 꽃다발 2

 제작 POINT

1. 전체 높이 60cm 이상의 원추형 모양으로 구성한다.
2. 원추형 구조물을 만들고 그 안에 꽃을 스파이럴로 넣어 형태를 구성한다.
3. 구조물과 동일하게 꽃 또한 원추형으로 배치한다.

 토선생's TIP

높이가 강조된 꽃다발로 원추형 구조물을 제작하여 그 안에 꽃을 스파이럴로 배치한다.

1. 제작 재료

- 장미 10본
- 리시안서스 10본
- 거베라 10본
- 유칼립투스 20본
- 말채 14본

2. 구상도

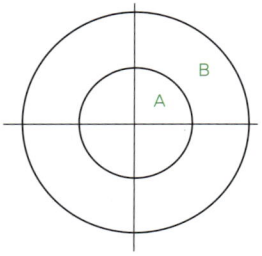

3. 제작 과정

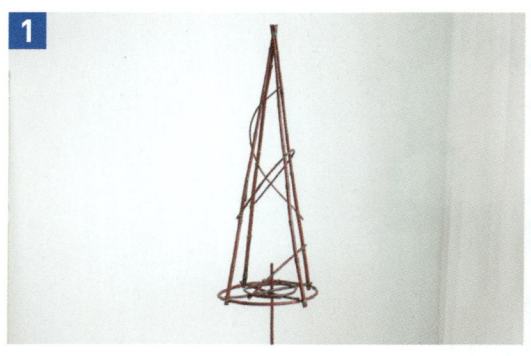

말채를 이용해 원추형 구조물을 제작한다.

구조물의 작은 원(A) 4칸에 소재를 넣어 작품 정중앙에 높게 배치한다.

원추형 틀 라인을 따라 위에서 아래로 차곡차곡 내려오도록 소재를 배치한다. 비어있는 부분에 남은 소재를 넣어준다.

바인딩 포인트를 마끈으로 단단히 묶는다.
※ 바인딩 포인트는 구조물 가까이 위치하도록 한다.

줄기를 균일한 길이로 잘라준다. 이때 줄기 끝은 사선으로 자른다.

꽃다발용 화분받침(지급재료)에 물을 붓고 꽃다발을 세운다.

SECTION 05 코사지 개요 및 제작

UNIT 01 코사지 개요

1. 소재별 와이어링 테크닉

① **와이어 굵기 선택 방법** : 소재를 고정할 수 있는 범위 내에서 가장 가는 와이어를 선택한다.

② **와이어링 테크닉**

　㉠ 피어싱(pirecing) : 소재 줄기에 와이어를 가로질러 통과시킨 후 직각으로 구부려 감는 방법

　　예 장미, 카네이션

　㉡ 크로싱(crossing)
- 소재 줄기에 두 줄의 와이어를 십자로 교차되도록 통과시킨 후 아래로 구부려 감는 방법
- 피어싱으로 충분하지 않은 경우 사용

　　예 장미, 카네이션

　㉢ 인서션(insertion) : 약하거나 속이 비어 있는 줄기 안에 와이어를 관통시키는 방법

　　예 거베라

ⓔ 후킹(hooking) : 와이어 끝을 갈고리 모양으로 만들어 꽃의 윗부분에서 아래로 당겨 고정하는 방법
  예 국화

ⓜ 트위스팅(twisting) : 작은 꽃이나 가는 가지 줄기를 모아 와이어로 묶는 방법 예 소국

ⓗ 헤어핀(hair-pin) : 와이어를 U자 모양으로 꽃잎, 잎 등에 찔러 넣어 곧게 지탱하는 방법
  예 아이비

ⓢ 시큐어링(securing)
  • 나선형으로 줄기를 감아 주는 기법
  • 약한 줄기를 보강하거나 줄기를 원하는 방향으로 곧게 피거나 휠 수 있음
  예 유칼립투스, 프리지어

◎ 소잉(sewing) : 꽃, 잎 등을 바느질하듯 와이어링하는 방법

2. 코사지 제작 시, 절화 3송이 선택 기준

① 와이어링되는 줄기 부분이 곧고 튼튼한 것을 선택한다. 약한 줄기 사용 시 작업 중 부러지는 경우가 많다.
② 6시간 정도 물 공급이 없어도 형태의 변형이 없어야 한다.

3. 코사지 제작 재료

① 누드철사(#24, #26), 지철사
② 플로랄테이프(그린색)
③ 오간디 리본 1cm(내외)×100cm
④ 코사지핀(지급재료)

누드철사, 지철사

플로랄테이프

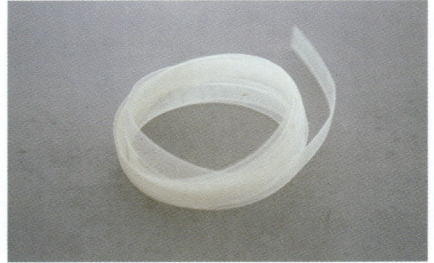
오간디 리본

코사지핀

UNIT 02 코사지 1

 제작 POINT

1. 절화 3송이를 사용하는 자유 형태의 코사지이다.
2. 구조물 제작 없이, 와이어링 기법을 사용하여 제작한다.
3. 지급된 코사지핀을 사용하여 탈부착이 가능하게 한다.

 토선생's TIP

가슴부착용으로 제작된 와이어링 기법 코사지이다.

1. 제작 재료

- 장미 1송이
- 리시안서스 2송이
- 루스커스

2. 제작 과정

준비한 소재를 적당한 길이로 자른다.

각 소재에 적합한 방법으로 와이어링한다.

와이어 부분을 플로랄테이프로 감는다.

소재를 하나로 모아 모양을 만든다.

코사지핀과 함께 지철사로 고정한다.

줄기를 적당한 길이로 자른 뒤, 플로랄테이프로 고정한다.

오간디 리본으로 줄기를 감고 보우를 묶어 장식한다. 리본 끝은 사선으로 자른다.

CHAPTER 02 [1과제] 꽃다발, 코사지

UNIT 03 코사지 2

 제작 POINT

1. 절화 3송이를 사용하는 자유 형태의 코사지이다.
2. 구조물 제작 없이, 와이어링 기법을 사용하여 제작한다.
3. 지급된 코사지핀을 사용하여 탈부착이 가능하게 한다.

 토선생's TIP

가슴부착용으로 제작된 와이어링 기법 코사지이다.

1. 제작 재료

- 장미 1송이
- 스프레이 장미 2송이
- 루스커스

2. 제작 과정

준비한 소재를 적당한 길이로 자른다.

각 소재에 적합한 방법으로 와이어링한다.

와이어 부분을 플로랄테이프로 감는다.

소재를 하나로 모아 모양을 만들고 고정한다.

코사지핀을 지철사로 묶은 뒤, 줄기와 함께 플로랄테이프로 고정한다.

6

오간디 리본으로 줄기를 감고 보우를 묶어 장식한다. 리본 끝은 사선으로 자른다.

UNIT 04 코사지 3

제작 POINT
1. 절화 3송이를 사용하는 자유 형태의 코사지이다.
2. 구조물 제작 없이, 와이어링 기법을 사용하여 제작한다.
3. 지급된 코사지핀을 사용하여 탈부착이 가능하게 한다.

토선생's TIP
가슴부착용으로 제작된 와이어링 기법 코사지이다.

1. 제작 재료

- ☐ 장미 1송이
- ☐ 리시안서스 2송이
- ☐ 루스커스

2. 제작 과정

1

준비한 소재를 적당한 길이로 자른다.

2

각 소재에 적합한 방법으로 와이어링한다.

3

와이어 부분을 플로랄테이프로 감는다.

4

소재를 하나로 모아 모양을 만들고 고정한다.

5

코사지핀을 지철사로 묶은 뒤, 줄기와 함께 플로랄테이프로 고정한다.

6

오간디 리본으로 줄기를 감고 보우를 묶어 장식한다. 리본 끝은 사선으로 자른다.

추가 작품 예시

CHAPTER 02 [1과제] 꽃다발, 코사지

CHAPTER 03 [2과제] 서양 꽃꽂이

SECTION 01 2과제 알아보기

UNIT 01 서양 꽃꽂이 개요

채점 기준

작품의 채점 기준이 되는 다음 항목에 유의하여 제작한다.

	채점 포인트	확인
기능·기술적	줄기 끝 절단 각은 모두 45도 이상 잘려져 있는가?	
	플로랄폼이 노출되지 않게 잘 가려져 있는가?	
	폴로랄 폼이 사각피라밋수반에 단단히 고정되어 있는가?	
	소재는 모두 단단히 고정되어 있는가?	
	방사 줄기 배열을 잘 지키고 있는가?	
	소재의 손질이 깨끗한가?	
	재료의 배치가 잘 되어 있는가?	
	요구사항을 준수하였는가?	
	전체 소재의 70% 이상을 사용하였는가?	
디자인	작품의 형태는 감독위원이 선정한 번호(과제명, 비고)에 맞게 제작하였는가?	
	디자인 원리(조화, 통일, 규모, 비례, 강조, 리듬, 대비, 균형)에 맞게 작품이 제작 되었는가?	
	작품의 질감 표현이 잘 되었는가?	
	작품의 크기는 화기의 비율을 고려하여 제작되었는가?	
	색의 조화 및 구성이 잘되었는가?	
	전체 디자인과 소재의 사용이 독창적인가?	
작품 마무리	주변 정리 및 마무리 작업이 깨끗한가?	

 **토선생's TIP**

채점 기준 관련 추가 팁
- 플로랄폼만 잡고 들었을 때 화기도 같이 들릴 정도로 단단히 고정되어야 한다.
- 플로랄폼에 줄기를 꽂을 때는 흔들림 없이 3cm 전후로 꽂는다.
- 줄기가 하나의 중심점을 향해 꽂혀 있어야 한다.
- 병렬 혹은 교차가 되는 줄기는 없어야 한다.
- 플로랄폼에 들어가는 줄기 부분의 잎·가시는 깔끔하게 제거되어야 한다.
- 문제가 시험지에 적혀 나오는 것이 아니기 때문에(감독위원이 구두·칠판 판서로 문제를 알려 줌), 간혹 다른 작품을 만드는 수험자가 있음에 주의한다.
- 작업 테이블 위와 아래 바닥 모두 깔끔하게 청소한다.

1. 방사형 꽃꽂이 줄기 배열

① **옳은 방법** : 방사 줄기배열로 한 점으로 향하도록 꽂아야 한다.

방사 줄기배열

② **틀린 방법** : 병렬 줄기배열, 교차 줄기배열이 되면 안 된다.

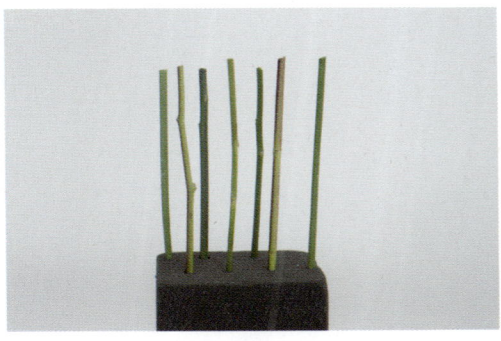 

병렬 줄기배열   교차 줄기배열

2. 플로랄폼 사용방법

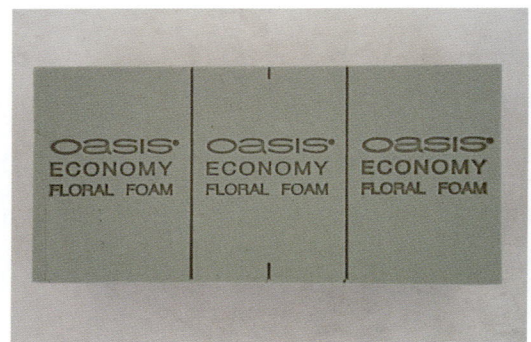
물 흡수 전 플로랄폼

물 흡수 후 플로랄폼

물통에 물을 받고 플로랄폼을 띄운다.

플로랄폼이 물을 저절로 흡수하도록 기다린다. 이때 위에서 물을 붓거나 손으로 누르면 안 된다.

3. 화기에 플로랄폼을 고정시키는 방법

1

플로랄폼을 화기보다 조금 높게 자른다.

2

화기와 플로랄폼이 고정될 수 있도록 남은 플로랄폼을 잘라 양쪽의 빈 부분을 채운다.

3

모서리는 잘라주고, 선을 그어 플로랄폼상에 위치도를 표시한다.

※ 단단히 고정되었는지 확인하는 방법 : 플로랄폼을 잡고 들었을 때 화기와 분리되면 안 된다.

4. 플로랄폼에 줄기를 꽂는 방법

① **옳은 방법** : 흔들림 없이 3cm 전후로 꽂는다.

② **틀린 방법**

    ㉠ 흔들며 꽂거나, 또는 꽂고 난 뒤 누른다. 이 경우, 플로랄폼의 구멍이 커져 줄기가 쉽게 빠진다.

    ㉡ 플로랄폼에 들어가는 줄기에 잎사귀·가시가 끼어 있다.

5. 일방형과 사방형의 차이점

일방형 : 작품에 앞뒤가 존재한다.

※ 작품의 안정감을 위해 수직라인은 뒤로 5~10도 기울어 꽂는다.

사방형 : 작품의 앞뒤 없이 사방으로 제작한다.

※ 수직라인을 0도로 반듯하게 세워 꽂는다.

SECTION 02 대칭삼각형(일방형) 꽃꽂이

UNIT 01 대칭삼각형(일방형) 꽃꽂이 1

 제작 POINT
1. 삼각형의 세 꼭짓점이 뚜렷이 보이게 제작한다.
2. 정삼각형, 이등변 삼각형 등으로 제작할 수 있다.
3. 일방형 디자인으로 수직 중심축을 뒤로 약 5~10도 정도 기울여 제작한다.

 토선생's TIP
중심축을 기준으로 좌우가 대칭을 이룬 삼각형 모양의 꽃꽂이이다.

CHAPTER 03 [2과제] 서양 꽃꽂이

1. 제작 재료

- 장미 10본
- 루스커스 20본
- 리시안서스 10본
- 스프레이국화 10본
- 거베라 10본
- 편백 3본

2. 구상도

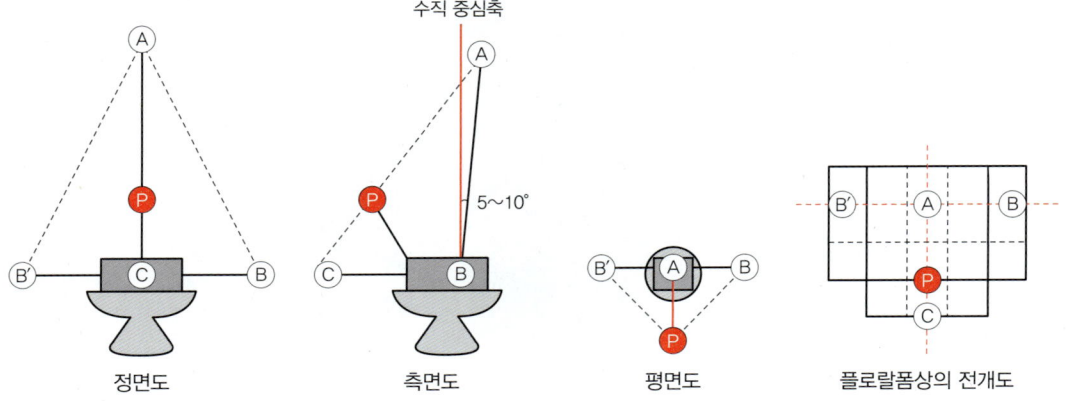

정면도   측면도   평면도   플로랄폼상의 전개도

3. 제작 과정

라인 잡기 : 장미로 수직(A), 수평(B, B'), 폭(C)을 꽂아 삼각 라인을 만든다. 거베라로 포컬 포인트(P)를 꽂는다.

라인 연결선 만들기 : (A-B), (A-B'), (B-C), (B'-C) 연결선을 만든다.

라인 보완하기 : 루스커스와 편백을 꽂아서 삼각 형태를 보완한다.

大 빈 공간 채우기 : 거베라를 꽂아 크게 비어 있는 공간을 채운다.

中 빈 공간 채우기 : 중간 크기로 비어 있는 공간을 채운다.

小 빈 공간 채우기 : 작게 비어 있는 공간을 채운다.

[앞면 뒷면 폼 채우기] : 루스커스와 편백을 꽂아 플로랄폼이 보이지 않게 한다.

UNIT 02 　대칭삼각형(일방형) 꽃꽂이 2

 제작 POINT

1. 삼각형의 세 꼭짓점이 뚜렷이 보이게 제작한다.
2. 정삼각형, 이등변 삼각형 등으로 제작할 수 있다.
3. 일방형 디자인으로 수직 중심축을 뒤로 약 5~10도 정도 기울여 제작한다.

 토선생's TIP

중심축을 기준으로 좌우가 대칭을 이룬 삼각형 모양의 꽃꽂이이다.

1. 제작 재료

- 장미 10본
- 루스커스 20본
- 리시안서스 10본
- 스프레이 국화 10본
- 거베라 10본
- 편백 3본

2. 구상도

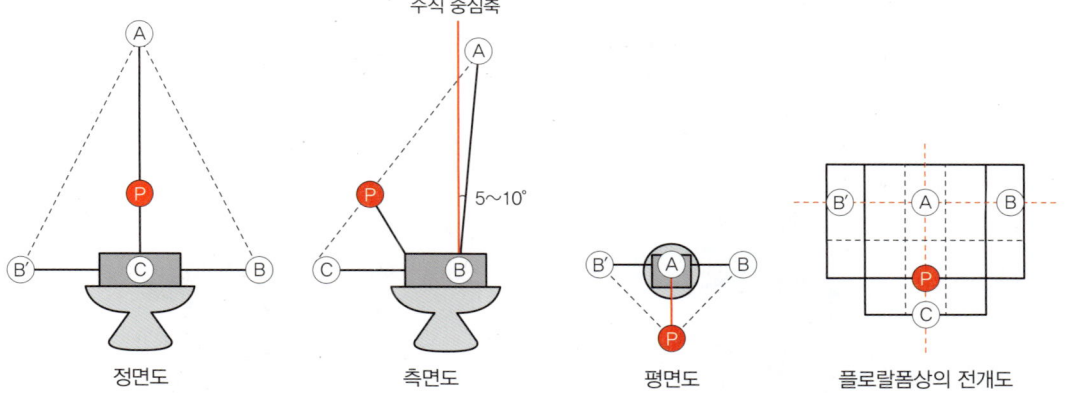

정면도   측면도   평면도   플로랄폼상의 전개도

3. 제작 과정

라인 잡기 : 장미로 수직(A), 수평(B, B'), 폭(C)을 꽂아 삼각 라인을 만든다. 거베라로 포컬 포인트(P)를 꽂는다.

라인 연결선 만들기 : (A-B), (A-B'), (B-C), (B'-C) 연결선을 만든다.

CHAPTER 03 [2과제] 서양 꽃꽂이

라인 보완하기 : 루스커스와 편백을 꽂아서 삼각 형태를 보완한다.

大 빈 공간 채우기 : 거베라를 꽂아 크게 비어 있는 공간을 채운다.

中 빈 공간 채우기 : 중간 크기로 비어 있는 공간을 채운다.

小 빈 공간 채우기 : 작게 비어 있는 공간을 채운다.

앞면 뒷면 폼 채우기 : 루스커스와 편백을 꽂아 플로랄폼이 보이지 않도록 한다.

추가 작품 예시

CHAPTER 03 [2과제] 서양 꽃꽂이

SECTION 03 수평형(사방형) 꽃꽂이

UNIT 01 수평형(사방형) 꽃꽂이 1

 제작 POINT
1. 작품을 위에서 봤을 때 좌우로 긴 타원형 모양을 이룬다.
2. 사방형 작품으로 어느 방향에서 보아도 꽃이 고루 배치되게 꽂는다.
3. 편안하고 부드러운 이미지이다.

 토선생's TIP

높이는 낮고 좌우 너비는 긴 디자인으로 테이블 센터피스로 많이 사용된다.

1. 제작 재료

Check
- 장미 10본
- 루스커스 20본
- 리시안서스 10본
- 스프레이 국화 10본
- 거베라 10본
- 편백 3본

2. 구상도

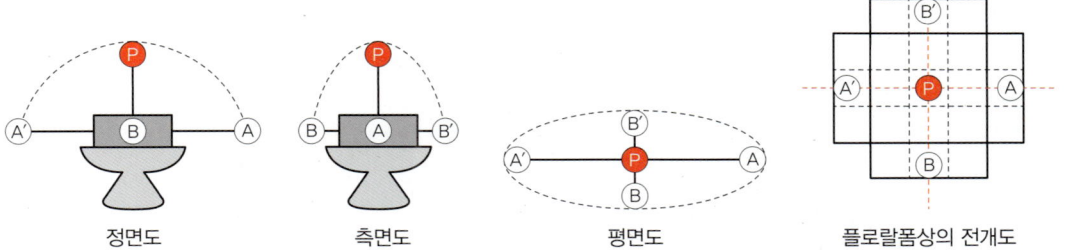

정면도　　측면도　　평면도　　플로랄폼상의 전개도

3. 제작 과정

1

라인 잡기 : 장미와 루스커스로 좌우(A, A'), 앞뒤(B, B')를 꽂아 수평 라인을 만든다. 거베라로 포컬 포인트(P)를 꽂아 높이를 정한다.

2

라인 연결선 만들기 : (A-B-A'-B') 연결선을 만든다.

라인 보완하기 : 루스커스와 편백을 꽂아서 수평 형태를 보완한다.

大 빈 공간 채우기 : 거베라를 꽂아 크게 비어 있는 공간을 채운다.

中 빈 공간 채우기 : 중간 크기로 비어 있는 공간을 채운다.

小 빈 공간 채우기 : 작게 비어 있는 공간을 채운다.

플로랄폼 채우기 : 루스커스와 편백을 꽂아 플로랄폼이 보이지 않게 채운다.

UNIT 02 수평형(사방형) 꽃꽂이 2

제작 POINT
1. 작품을 위에서 봤을 때 좌우로 긴 타원형 모양을 이룬다.
2. 사방형 작품으로 어느 방향에서 보아도 꽃이 고루 배치되게 꽂는다.
3. 편안하고 부드러운 이미지이다.

토선생's TIP
높이는 낮고 좌우 너비는 긴 디자인으로 테이블 센터피스로 많이 사용된다.

1. 제작 재료

Check
- 스탠다드 카네이션 10본
- 리시안서스 10본
- 거베라 10본
- 루스커스 20본
- 스프레이 국화 10본
- 편백 3본

2. 구상도

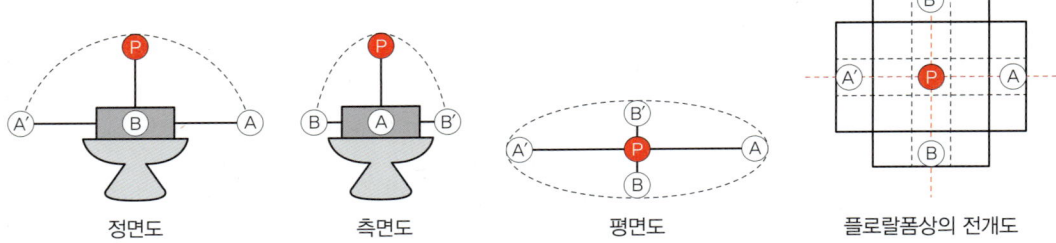

정면도　　　　　측면도　　　　　평면도　　　　　플로랄폼상의 전개도

3. 제작 과정

라인 잡기 : 스탠다드 카네이션과 루스커스로 좌우(A, A'), 앞뒤(B, B')를 꽂아 수평 라인을 만든다. 포컬 포인트(P)를 꽂아 높이를 정한다.

라인 연결선 만들기 : (A-B-A'-B') 연결선을 만든다.

라인 보완하기 : 루스커스와 편백을 꽂아서 수평 형태를 보완한다.

4

大 빈 공간 채우기 : 거베라를 꽂아 크게 비어 있는 공간을 채운다.

5

中 빈 공간 채우기 : 중간 크기로 비어 있는 공간을 채운다.

6

小 빈 공간 채우기 : 작게 비어 있는 공간을 채운다.

7

플로랄폼 폼채우기 : 루스커스와 편백을 꽂아 플로랄폼이 보이지 않게 채운다.

SECTION 04 부채형(일방형) 꽃꽂이

UNIT 01 부채형(일방형) 꽃꽂이 1

 제작 POINT

1. A와 B의 시각적 길이가 동일하게 하여 꽂는다.
2. B'-A-B를 곡선으로 연결하여 부채형을 명확히 표현한다.
3. 일방형 디자인으로 수직 중심축을 뒤로 약 5~10도 정도 기울여 제작한다.

 토선생's TIP

반원 형태의 일방형 디자인으로 부채를 펼친 모양으로 보인다.

1. 제작 재료

- 장미 10본
- 루스커스 20본
- 리시안서스 10본
- 스프레이 국화 10본
- 거베라 10본
- 편백 3본

2. 구상도

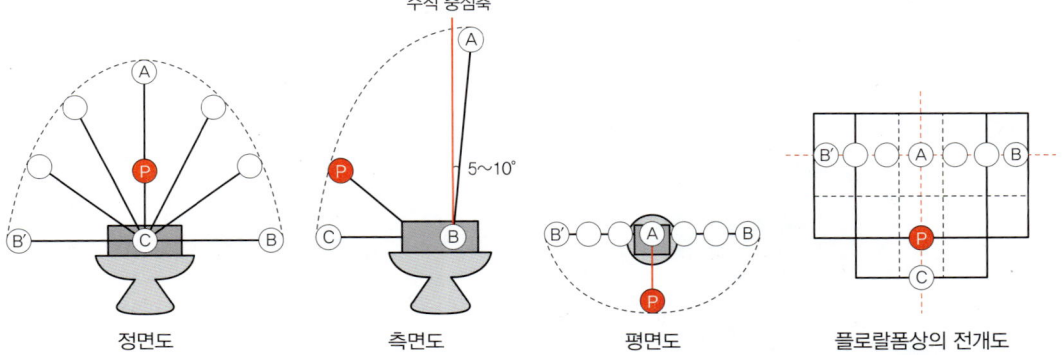

정면도　　측면도　　평면도　　플로랄폼상의 전개도

3. 제작 과정

라인 잡기 : 장미로 수직(A), 수평(B, B'), 폭(C)을 꽂아 부채 라인을 만든다. 거베라로 포컬 포인트(P)를 꽂는다.

라인 연결선 만들기 : (B-A-B'), (B-C-B') 연결선을 만든다.

라인 보완하기 : 루스커스와 편백을 꽂아서 부채 형태를 보완한다.

大 빈 공간 채우기 : 거베라를 꽂아 크게 비어 있는 공간을 채운다.

中 빈 공간 채우기 : 중간 크기로 비어 있는 공간을 채운다.

小 빈 공간 채우기 : 작게 비어 있는 공간을 채운다.

[앞면 뒷면 폼 채우기] : 루스커스와 편백을 꽂아 플로랄폼이 안 보이게 채운다.

UNIT 02 부채형(일방형) 꽃꽂이 2

 제작 POINT
1. A와 B의 시각적 길이가 동일하게 하여 꽂는다.
2. B'-A-B를 곡선으로 연결하여 부채형을 명확히 표현한다.
3. 일방형 디자인으로 수직 중심축을 뒤로 약 5~10도 정도 기울여 제작한다.

 토선생's TIP

반원 형태의 일방형 디자인으로 부채를 펼친 모양으로 보인다.

1. 제작 재료

- 장미 10본
- 루스커스 20본
- 스프레이 장미 10본
- 스프레이 국화 10본
- 거베라 10본
- 편백 3본

2. 구상도

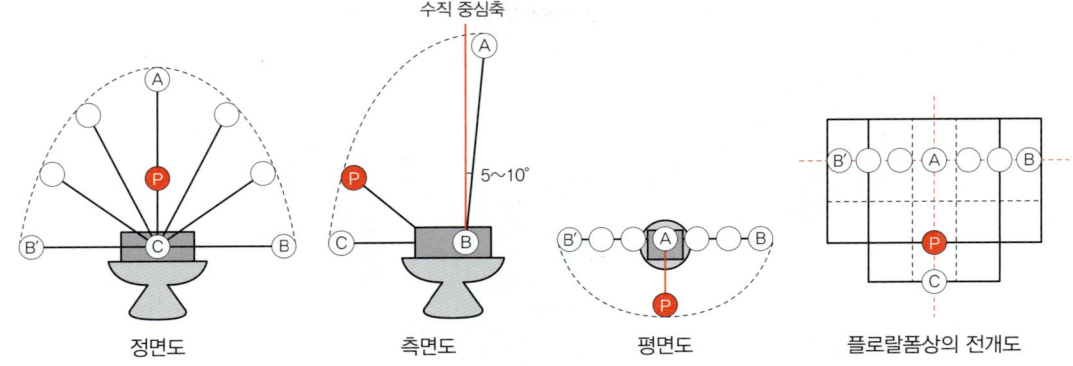

정면도   측면도   평면도   플로랄폼상의 전개도

3. 제작 과정

라인 잡기 : 장미로 수직(A), 수평(B, B'), 폭(C)을 꽂아 부채 라인을 만든다. 거베라로 포컬 포인트(P)를 꽂는다.

라인 연결선 만들기 : (B-A-B'), (B-C-B') 연결선을 만든다.

라인 보완하기 : 루스커스와 편백을 꽂아서 부채 형태를 보완한다.

大 빈 공간 채우기 : 거베라를 꽂아 크게 비어 있는 공간을 채운다.

中 빈 공간 채우기 : 중간 크기로 비어 있는 공간을 채운다.

小 빈 공간 채우기 : 작게 비어 있는 공간을 채운다.

앞면 뒷면 폼 채우기 : 루스커스와 편백을 꽂아 플로랄폼이 보이지 않게 채운다.

SECTION 05 수직형(일방형) 꽃꽂이

UNIT 01 수직형(일방형) 꽃꽂이 1

 제작 POINT
1. 높이를 강조할 수 있도록 너비는 최소화한다.
2. 지급되는 화기의 너비와 작품의 너비를 비슷하게 제작하는 것이 좋다.
3. 좌우 대칭의 일방형으로 제작한다.

 토선생's TIP

높이가 강조된 디자인으로 서양 꽃꽂이의 기본이 되는 형태이다.

1. 제작 재료

- 장미 10본
- 유칼립투스 10본
- 스프레이 장미 10본
- 스프레이 국화 10본
- 해바라기 5본
- 편백 3본

2. 구상도

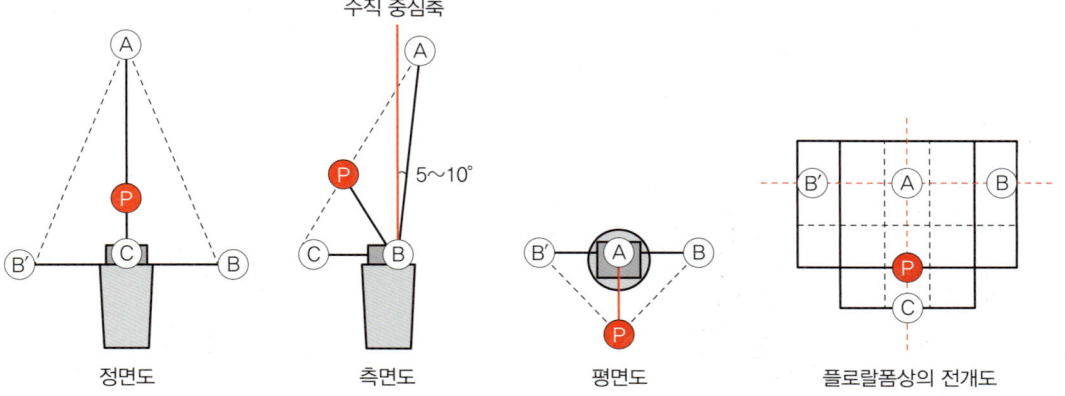

정면도　　측면도　　평면도　　플로랄폼상의 전개도

3. 제작 과정

1 라인잡기 : 장미로 수직(A), 수평(B, B'), 폭(C)을 꽂아 수직 라인을 만든다. 해바라기로 포컬 포인트(P)를 꽂는다.

2 라인 연결선 만들기 : (A-B), (A-B'), (B-C), (B'-C) 연결선을 만든다.

라인 보완하기 : 유칼립투스와 편백을 꽂아서 수직 형태를 보완한다.

大 빈 공간 채우기 : 해바라기를 꽂아 크게 비어 있는 공간을 채운다.

中 빈 공간 채우기 : 중간 크기로 비어 있는 공간을 채운다.

小 빈 공간 채우기 : 작게 비어 있는 공간을 채운다.

앞면, 뒷면 플로랄폼 채우기 : 유칼립투스과 편백을 꽂아 플로랄폼이 보이지 않게 채운다.

UNIT 02   수직형(일방형) 꽃꽂이 2

 제작 POINT
1. 높이를 강조할 수 있도록 너비는 최소화한다.
2. 지급되는 화기의 너비와 작품의 너비를 비슷하게 제작하는 것이 좋다.
3. 좌우 대칭의 일방형으로 제작한다.

 토선생's TIP
높이가 강조된 디자인으로 서양 꽃꽂이의 기본이 되는 형태이다.

1. 제작 재료

Check
- 장미 10본
- 루스커스 20본
- 리시안서스 10본
- 스프레이 국화 10본
- 거베라 10본
- 편백 3본

2. 구상도

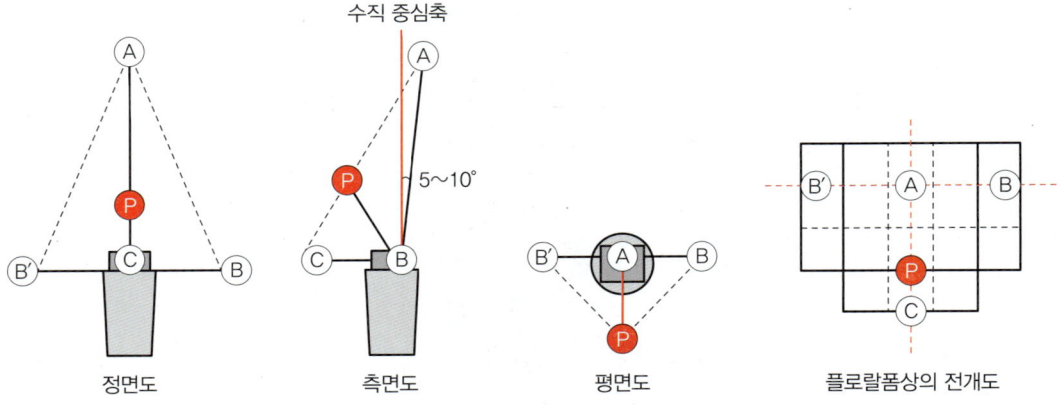

정면도　　측면도　　평면도　　플로랄폼상의 전개도

3. 제작 과정

라인 잡기 : 스탠다드 장미로 수직(A), 수평(B, B'), 폭(C)을 꽂아 수직 라인을 만든다. 거베라로 포컬 포인트(P)를 꽂는다.

라인 연결선 만들기 : (A-B), (A-B'), (B-C), (B'-C) 연결선을 만든다.

라인 보완하기 : 루스커스와 편백을 꽂아서 수직 형태를 보완한다.

大 빈 공간 채우기 : 거베라를 꽂아 크게 비어 있는 공간을 채운다.

中 빈 공간 채우기 : 중간 크기로 비어 있는 공간을 채운다.

小 빈 공간 채우기 : 작게 비어 있는 공간을 채운다.

앞면, 뒷면 플로랄폼 채우기 : 루스커스와 편백을 꽂아 플로랄폼이 안 보이게 채운다.

추가 작품 예시

SECTION 06 　 L형(일방형) 꽃꽂이

UNIT 01 　 L형(일방형) 꽃꽂이 1

 제작 POINT
1. 중심축을 기준으로 좌우가 다른 비대칭 형태이다.
2. 수직과 수평이 교차되는 부분은 낮게 꽂아야 삼각형처럼 보이지 않는다.
3. 작품의 중심축을 구성하는 꽃은 플로랄폼의 중심이 아닌 왼쪽에 꽂는다.

 토선생's TIP
알파벳 L자형으로 수직형과 수평형이 혼합된 형태이다.

1. 제작 재료

- 장미 10본
- 루스커스 20본
- 리시안서스 10본
- 스프레이국화 10본
- 거베라 10본
- 편백 3본

2. 구상도

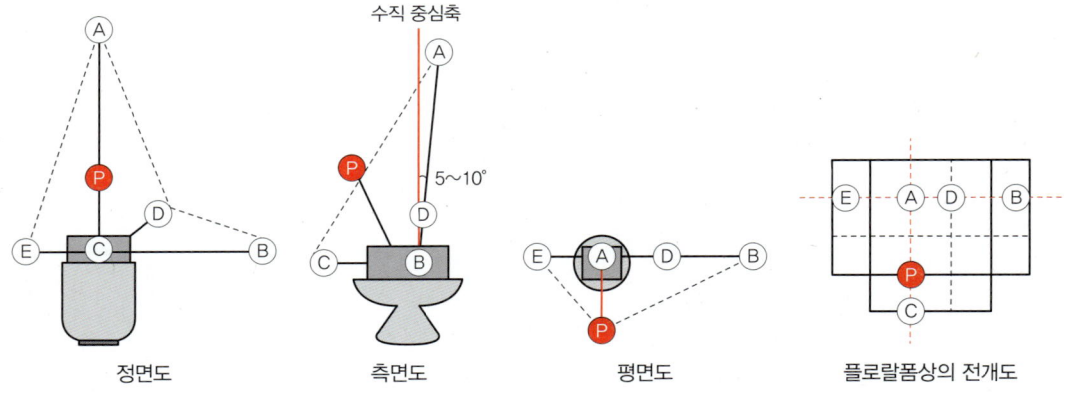

정면도 | 측면도 | 평면도 | 플로랄폼상의 전개도

3. 제작 과정

라인 잡기 : 장미로 A, B, C, D, E를 꽂아 L형 라인을 만든다. 거베라로 포컬 포인트(P)를 꽂는다.

라인 연결선 만들기 : (A-D), (A-E), (B-D), (B-C), (C-E) 연결선을 만든다.

라인 보완하기 : 루스커스와 편백을 꽂아서 L 형태를 보완한다.

大 빈 공간 채우기 : 거베라를 꽂아 크게 비어 있는 공간을 채운다.

中 빈 공간 채우기 : 중간 크기로 비어 있는 공간을 채운다.

小 빈 공간 채우기 : 작게 비어 있는 공간을 채운다.

앞면 뒷면 폼 채우기 : 루스커스와 편백을 꽂아 플로랄폼이 보이지 않게 채운다.

UNIT 02 L형(일방형) 꽃꽂이 2

 제작 POINT

1. 중심축을 기준으로 좌우가 다른 비대칭 형태이다.
2. 수직과 수평이 교차되는 부분은 낮게 꽂아야 삼각형처럼 보이지 않는다.
3. 작품의 중심축을 구성하는 꽃은 플로랄폼의 중심이 아닌 왼쪽에 꽂는다.

 토선생's TIP

알파벳 L자형으로 수직형과 수평형이 혼합된 형태이다.

1. 제작 재료

- 장미 10본
- 루스커스 20본
- 스프레이 장미 10본
- 스프레이 국화 10본
- 거베라 10본
- 편백 3본

2. 구상도

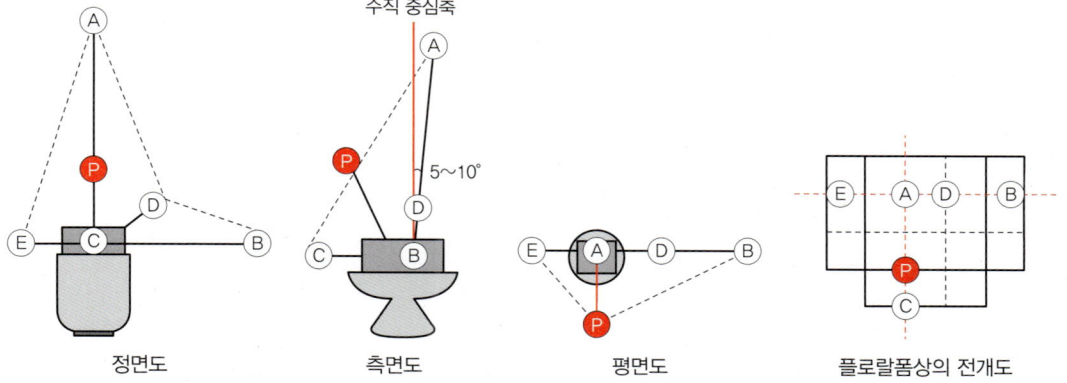

정면도   측면도   평면도   플로랄폼상의 전개도

3. 제작 과정

라인 잡기 : 장미로 A, B, C, D, E를 꽂아 L형 라인을 만든다. 거베라로 포컬 포인트(P)를 꽂는다.

라인 연결선 만들기 : (A-D), (A-E), (B-D), (B-C), (C-E) 연결선을 만든다.

라인 보완하기 : 루스커스와 편백을 꽂아서 L 형태를 보완한다.

大 빈 공간 채우기 : 거베라를 꽂아 크게 비어 있는 공간을 채운다.

中 빈 공간 채우기 : 중간 크기로 비어 있는 공간을 채운다.

小 빈 공간 채우기 : 작게 비어 있는 공간을 채운다.

앞면 뒷면 폼 채우기 : 루스커스와 편백을 꽂아 플로랄폼이 보이지 않게 채운다.

추가 작품 예시

CHAPTER 03 [2과제] 서양 꽃꽂이

SECTION 07 반구형(사방형) 꽃꽂이

UNIT 01 반구형(사방형) 꽃꽂이 1

 제작 POINT
1. 작품을 위에서 봤을 때 동그란 원 모양을 이룬다.
2. 외곽을 구성하는 꽃들의 시각적 길이를 동일하게 하여 꽂는다.
3. 어느 방향에서 보아도 동일한 모양으로 보이도록 제작한다.

 토선생's TIP

원을 반으로 잘라 놓은 형태로 사방형이다.

1. 제작 재료

- 장미 10본
- 루스커스 20본
- 스프레이 장미 10본
- 스프레이국화 10본
- 거베라 10본
- 편백 3본

2. 구상도

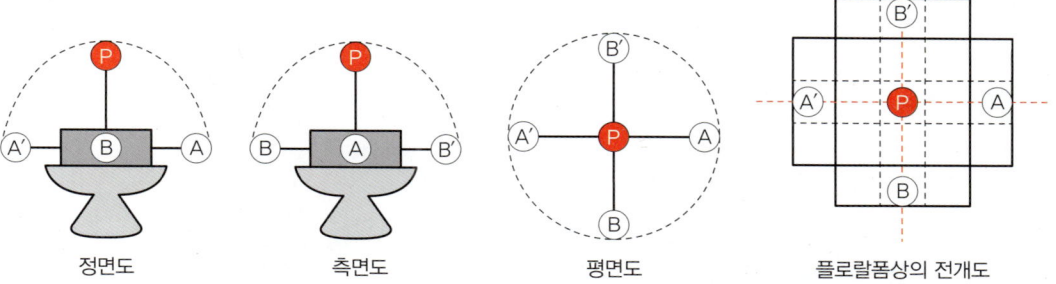

정면도   측면도   평면도   플로랄폼상의 전개도

3. 제작 과정

1 라인잡기 : 장미로 좌우(A, A') 앞뒤(B, B')를 동일한 길이로 꽂고 포컬 포인트(P)를 꽂아 높이를 정한다.

2 라인 연결선 만들기 : 동그란 반구 형태로 (A-B-A'-B') 연결선을 만든다.

3 라인 보완하기 : 루스커스와 편백을 꽂아서 반구 형태를 보완한다.

4 大 빈 공간 채우기 : 거베라를 꽂아 크게 비어 있는 공간을 채운다.

CHAPTER 03 [2과제] 서양 꽃꽂이

中 빈 공간 채우기 : 중간 크기로 비어 있는 공간을 채운다.

小 빈 공간 채우기 : 작게 비어 있는 공간을 채운다.

플로랄폼 채우기 : 루스커스와 편백을 꽂아 플로랄폼이 보이지 않게 채운다.

| UNIT 02 | 반구형(사방형) 꽃꽂이 2 |

 제작 POINT

1. 작품을 위에서 봤을 때 동그란 원 모양을 이룬다.
2. 외곽을 구성하는 꽃들의 시각적 길이를 동일하게 하여 꽂는다.
3. 어느 방향에서 보아도 동일한 모양으로 보이도록 제작한다.

 토선생's TIP

원을 반으로 잘라 놓은 형태로 사방형이다.

CHAPTER 03 [2과제] 서양 꽃꽂이

1. 제작 재료

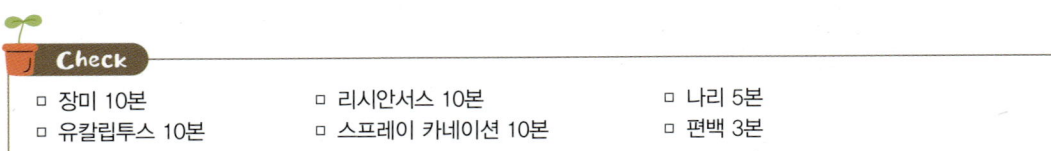

- 장미 10본
- 유칼립투스 10본
- 리시안서스 10본
- 스프레이 카네이션 10본
- 나리 5본
- 편백 3본

2. 구상도

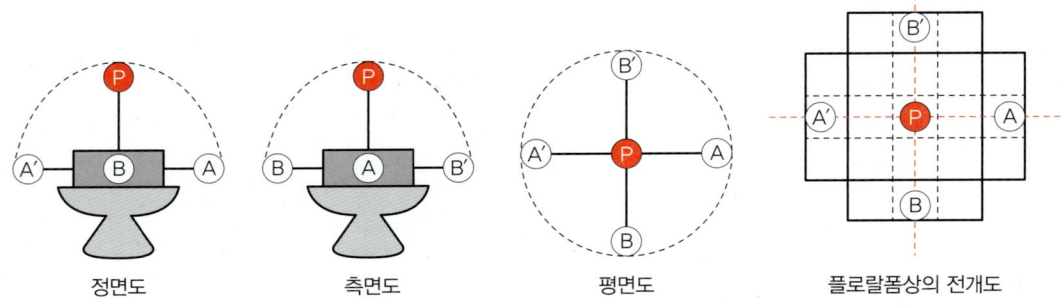

정면도   측면도   평면도   플로랄폼상의 전개도

3. 제작 과정

라인잡기 : 장미로 좌우(A, A'), 앞뒤(B, B')를 동일한 길이로 꽂는다. 포컬 포인트(P)를 꽂아 높이를 정한다.

라인 연결선 만들기 : 나리를 꽂아 (A-P-A'), (B-P-B') 연결선을 만든다.

3

中 빈 공간 채우기 : 중간 크기로 비어 있는 공간을 채운다.

4

小 빈 공간 채우기 : 작게 비어 있는 공간을 채운다.

5

폼 채우기 : 유칼립투스와 편백을 꽂아 플로랄폼이 안 보이게 채운다.

추가 작품 예시

SECTION 08 역T형(일방형) 꽃꽂이

UNIT 01 역T형(일방형) 꽃꽂이 1

 제작 POINT
1. 수직과 수평이 교차되는 부분을 낮게 꽂아야 삼각형처럼 보이지 않는다.
2. 일방형 디자인으로 수직 중심축을 뒤로 약 5~10도 정도 기울여 제작한다.
3. 중심축 기준으로 좌우 대칭을 이루도록 한다.

 토선생's TIP
수직형과 수평형이 중심축에서 만나 알파벳 T형을 이룬다.

1. 제작 재료

- 장미 10본
- 루스커스 20본
- 리시안서스 10본
- 스프레이국화 10본
- 거베라 10본
- 편백 3본

2. 구상도

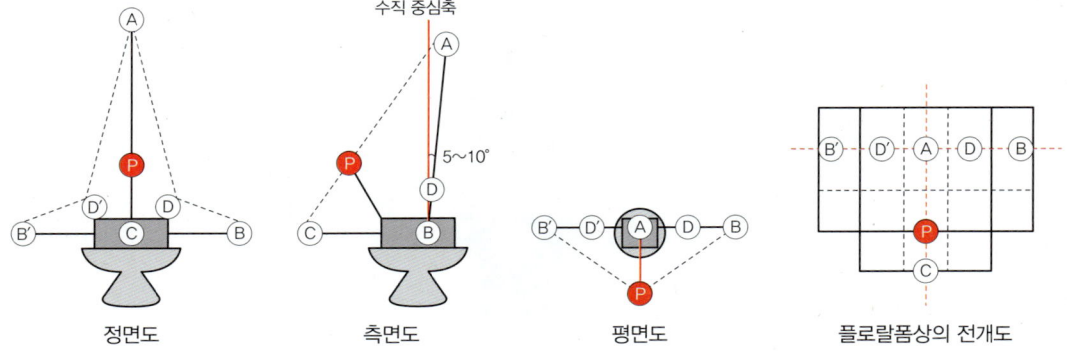

정면도   측면도   평면도   플로랄폼상의 전개도

3. 제작 과정

라인 잡기 : 장미로 수직(A), 수평(B, B'), 폭(C), (D, D')을 꽂아 역T 라인을 만든다. 거베라로 포컬 포인트(P)를 꽂는다.

라인 연결선 만들기 : (A-D), (A-D'), (B-D), (B'-D'), (B-C), (B'-C) 연결선을 만든다.

라인 보완하기 : 루스커스와 편백을 꽂아서 역T 형태를 보완한다.

大 빈 공간 채우기 : 거베라를 꽂아 크게 비어 있는 공간을 채운다.

中 빈 공간 채우기 : 중간 크기로 비어 있는 공간을 채운다.

小 빈 공간 채우기 : 작게 비어 있는 공간을 채운다.

앞면 뒷면 폼 채우기 : 루스커스와 편백을 꽂아 플로랄폼이 보이지 않게 채운다.

UNIT 02　역T형(일방형) 꽃꽂이 2

 제작 POINT

1. 수직과 수평이 교차되는 부분을 낮게 꽂아야 삼각형처럼 보이지 않는다.
2. 일방형 디자인으로 수직 중심축을 뒤로 약 5~10도 정도 기울여 제작한다.
3. 중심축 기준으로 좌우 대칭을 이루도록 한다.

 토선생's TIP

수직형과 수평형이 중심축에서 만나 알파벳 T형을 이룬다.

1. 제작 재료

- 장미 10본
- 루스커스 20본
- 리시안서스 10본
- 스프레이 국화 10본
- 거베라 10본
- 편백 3본

2. 구상도

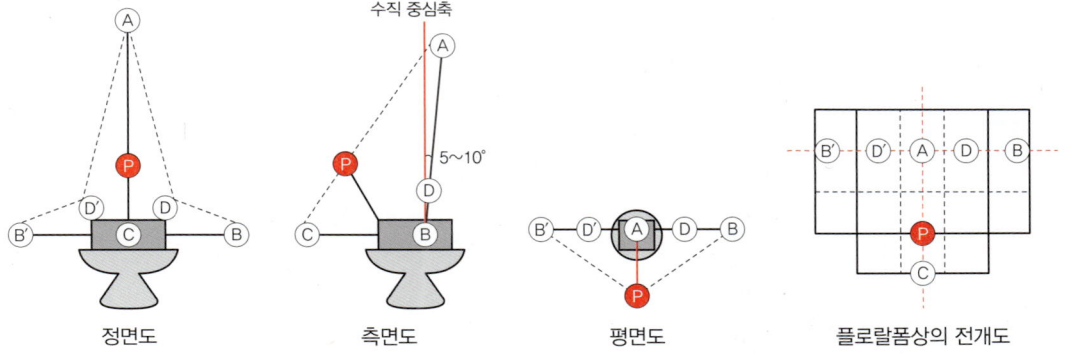

정면도   측면도   평면도   플로랄폼상의 전개도

3. 제작 과정

라인 잡기 : 장미로 수직(A), 수평(B, B'), 폭(C), (D, D')을 꽂아 역T 라인을 만든다. 거베라로 포컬 포인트(P)를 꽂는다.

라인 연결선 만들기 : (A-D), (A-D'), (B-D), (B'-D'), (B-C), (B'-C) 연결선을 만든다.

라인 보완하기 : 루스커스와 편백을 꽂아서 역T 형태를 보완한다.

大 빈 공간 채우기 : 거베라를 꽂아 크게 비어 있는 공간을 채운다.

中 빈 공간 채우기 : 중간 크기로 비어 있는 공간을 채운다.

小 빈 공간 채우기 : 작게 비어 있는 공간을 채운다.

앞면 뒷면 폼 채우기 : 루스커스와 편백을 꽂아 플로랄폼이 보이지 않게 채운다.

추가 작품 예시

CHAPTER 04 [3과제] 동양 꽃꽂이

SECTION 01 3과제 알아보기

UNIT 01 동양 꽃꽂이 개요

채점 기준

작품의 채점 기준이 되는 다음 항목에 유의하여 제작한다.

	채점 포인트	확인
기능 · 기술적	화기 안에 침봉의 위치는 적절한가?	
	소재의 절단 각도는 적절한가?	
	침봉에 소재가 단단히 고정되어 있는가?	
	방사 줄기 배열이 되었는가?	
	침봉이 대체로 잘 가려졌는가?	
	요구사항을 준수하였는가?	
	전체 소재의 70% 이상을 사용하였는가?	
디자인	작품의 형태는 감독위원이 선정한 번호(과제명, 비고)에 맞게 제작하였는가?	
	디자인 원리(조화, 통일, 규모, 비례, 강조, 리듬, 대비, 균형)에 맞게 작품이 제작되었는가?	
	작품의 크기는 화기의 비율을 고려하여 제작되었는가?	
	색의 조화 및 구성이 잘 되었는가?	
	전체 디자인과 소재의 사용이 독창적인가?	
작품 마무리	원형수반의 물이 깨끗한가?	
	주변정리 및 마무리 작업이 깨끗한가?	

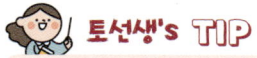

> **채점 기준 관련 추가 팁**
> - 줄기 절단 각도 : 굵은 절지류(사선), 초화류(직선)
> - 문제가 시험지에 적혀 나오는 것이 아니기 때문에(감독위원이 구두·칠판 판서로 문제를 알려 줌), 간혹 다른 작품을 만드는 수험자가 있음에 주의한다.
> - 작업 테이블 위와 아래 바닥 모두 깔끔하게 청소한다.

1. 동양 꽃꽂이 구성원리

① 동양 꽃꽂이는 선과 여백의 미, 내면의 아름다움을 중요시한다. 정신 수양 목적으로 사용하였다.
② 천(天), 지(地), 인(人)을 나타내는 3개의 가지가 중심이 된 부등변 삼각 구성이다.

구분	기호	역할	길이
1주지	○	높이, 작품의 화형 결정	(수반의 높이+너비)의 1.5~2배
2주지	□	너비	1주지의 2/3~3/4
3주지	△	부피	2주지의 2/3~3/4
종지	T	조화	각 주지보다 짧음

구분	설명
직립형(바로세우는 형)	1주지의 각도가 0~15°로 세워진 형태
경사형(기울이는 형)	1주지의 각도가 40~60°로 기울어진 형태
하수형(흘러내리는 형)	1주지의 각도가 90~180° 흘러내리는 형태
복형(거듭 꽂기)	두 개 이상의 화기를 사용한 형태
분리형(나누어 꽂기)	한 화기에 출발점이 2개 이상인 형태

2. 출제 소재별 분류

절지	영산홍, 돈나무, 동백나무, 탑사철나무, 금사철나무, 은사철나무, 청사철나무, 미국 자리공, 조팝나무, 설유화, 남천나무, 정금나무, 연달래, 진달래, 황칠나무
절화	장미, 스탠다드 국화, 스탠다드 카네이션, 나리, 스프레이 국화, 스프레이 장미, 스프레이 카네이션, 리시안서스
절엽	팔손이, 몬스테라, 필로덴드론 제나두(신종 셀렘), 루모라 고사리

3. 침봉의 위치

넓은 화기	화기 넓은 폭의 7:3 비율에 위치
좁은 화기	화기 중앙에 위치

4. 소재별 침봉 고정 방법

(1) 굵은 절지류

    ① **절단면** : 사선으로 자른다.
    ② **일자(一) 또는 십자(十) 가위집** : 가지가 굵어 고정이 어려운 경우 가위집을 낸다.
    ③ **고정 방법** : 침봉에 수직으로 꽂은 뒤, 원하는 각도로 기울인다.
    ④ **기울일 때** : 사선 반대 방향이 되도록 한다(절단면이 하늘을 보도록 한다).
    ⑤ **도구** : 전정가위
    ⑥ **가지가 무거운 경우** : 보조가지를 묶어준다.
    ⑦ **가지가 가는 경우** : 가지를 덧댄다.

(2) 초화류

    ① **절단면** : 직선으로 자른다.
    ② **도구** : 꽃가위
    ③ **잘 안 꽂히는 경우** : 다른 가지와 함께 묶어 고정한다.
    ④ **가는 줄기** : 부드러운 줄기에 끼워 고정한다.
    ⑤ **속이 빈 줄기** : 단단한 줄기를 먼저 꽂은 뒤, 그 위에 꽂는다.

SECTION 02 직립형 꽃꽂이

UNIT 01 직립형 꽃꽂이 1

 제작 POINT
1. 동양 꽃꽂이의 기본이 되는 화형이다.
2. 1주지 0~15°, 2주지 40~60°, 3주지 70~90°로 꽂는다.
3. 1주지, 2주지, 3주지 사이 여백을 뚜렷이 표현한다.

 토선생's TIP
열린 부등변 삼각형 형태로 1주지의 각도가 0~15°이다.

1. 제작 재료

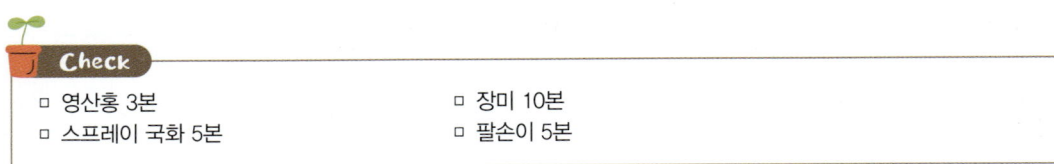
- 영산홍 3본
- 스프레이 국화 5본
- 장미 10본
- 팔손이 5본

2. 구상도

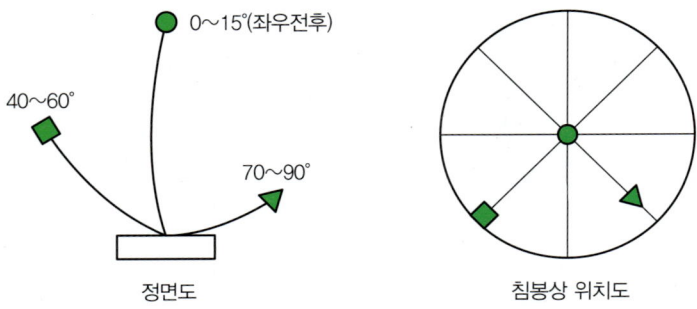

정면도　　　　　　침봉상 위치도

○ 1주지 : [수반의 높이+너비]의 1.5~2배
□ 2주지 : 1주지의 2/3~3/4
△ 3주지 : 2주지의 2/3~3/4

3. 제작 과정

1 영산홍의 가지를 정리하여 1, 2, 3주지를 각도에 맞게 꽂는다.

2 각 주지보다 짧게 종지를 꽂는다. 주지와 종지가 하나의 줄기인 것처럼 자연스럽게 꽂는다.

포컬 포인트로 장미를 꽂는다. 각 주지를 따라 장미를 꽂는다. 나머지 장미는 높낮이를 주며 꽂는다.

비어 있는 공간은 소국을 채워 마무리한다.

마무리로 팔손이를 꽂아 침봉을 가린다.

| UNIT 02 | 직립형 꽃꽂이 2 |

 제작 POINT

1. 동양 꽃꽂이의 기본이 되는 화형이다.
2. 1주지 0~15°, 2주지 40~60°, 3주지 70~90°로 꽂는다.
3. 1주지, 2주지, 3주지 사이 여백을 뚜렷이 표현한다.

 토선생's TIP

열린 부등변 삼각형 형태로 1주지의 각도가 0~15°이다.

1. 제작 재료

> **Check**
> ☐ 탑사철나무 5본   ☐ 장미 10본
> ☐ 스프레이 국화 5본   ☐ 필로덴드론 '제나두(신종 셀렘)' 5본

2. 구상도

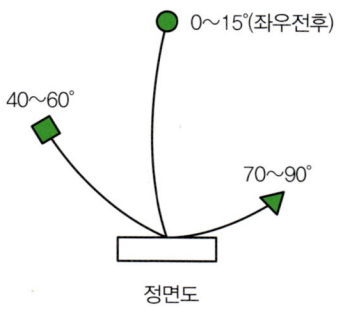

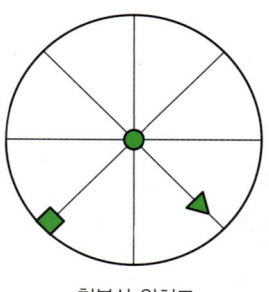

정면도   침봉상 위치도

○ 1주지 : [수반의 높이+너비]의 1.5~2배
□ 2주지 : 1주지의 2/3~3/4
△ 3주지 : 2주지의 2/3~3/4

3. 제작 과정

탑사철나무의 가지를 정리하여 1, 2, 3주지를 각도에 맞게 꽂는다.

각 주지보다 짧게 종지를 꽂는다. 주지와 종지가 하나의 줄기인 것처럼 자연스럽게 꽂는다.

3 포컬 포인트로 장미를 꽂는다. 각 주지를 따라 장미를 꽂는다. 나머지 장미는 높낮이를 주며 꽂는다.

4 비어 있는 공간은 소국을 채워 마무리한다.

5 마무리로 필로덴드론 '제나두'를 꽂아 침봉을 가린다.

SECTION 03 경사형 꽃꽂이

UNIT 01 경사형 꽃꽂이 1

제작 POINT

1. 기울여 자라는 나무의 모습을 형태화한 화형이다.
2. 1주지 40~60°, 2주지 0~15°, 3주지 70~90°로 꽂는다.
3. 운동감과 율동감이 느껴져 경쾌한 느낌을 준다.

토선생's TIP

열린 부등변 삼각형 형태로 1주지의 각도가 40~60°이다.

1. 제작 재료

- 영산홍 3본
- 스프레이 국화 5본
- 장미 10본
- 팔손이 5본

2. 구상도

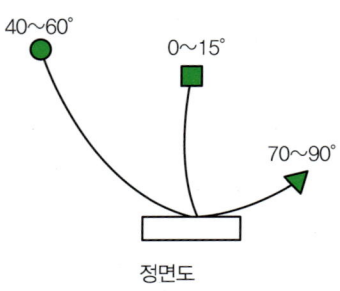

정면도

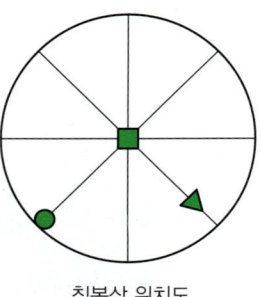

침봉상 위치도

○ 1주지 : [수반의 높이+너비]의 1.5~2배
□ 2주지 : 1주지의 2/3~3/4
△ 3주지 : 2주지의 2/3~3/4

3. 제작 과정

영산홍의 가지를 정리하여 1, 2, 3주지를 각도에 맞게 꽂는다.

각 주지보다 짧게 종지를 꽂는다. 주지와 종지가 하나의 줄기인 것처럼 자연스럽게 꽂는다.

포컬 포인트로 장미를 꽂는다. 각 주지를 따라 장미를 꽂는다. 나머지 장미는 높낮이를 주며 꽂는다.

비어 있는 공간은 스프레이 국화를 채워 마무리한다.

팔손이를 꽂아 침봉을 가린다.

UNIT 02 경사형 꽃꽂이 2

 제작 POINT

1. 기울여 자라는 나무의 모습을 형태화한 화형이다.
2. 1주지 40~60°, 2주지 0~15°, 3주지 70~90°로 꽂는다.
3. 운동감과 율동감이 느껴져 경쾌한 느낌을 준다.

 토선생's TIP

열린 부등변 삼각형 형태로 1주지의 각도가 40~60°이다.

1. 제작 재료

Check
- 탑사철나무 5본
- 스프레이 국화 5본
- 장미 10본
- 필로덴드론 '제나두(신종셀렘)' 5본

2. 구상도

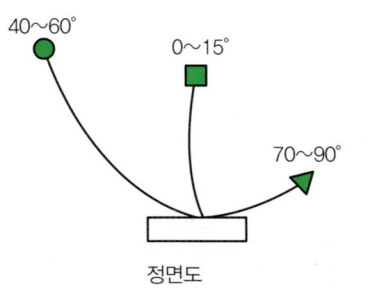
정면도

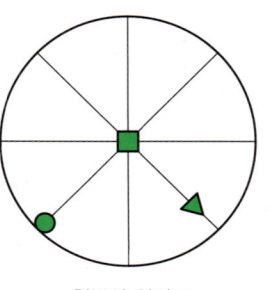
침봉상 위치도

- ○ 1주지 : [수반의 높이+너비]의 1.5~2배
- □ 2주지 : 1주지의 2/3~3/4
- △ 3주지 : 2주지의 2/3~3/4

3. 제작 과정

1 탑사철나무의 가지를 정리하여 1, 2, 3주지를 각도에 맞게 꽂는다.

2 각 주지보다 짧게 종지를 꽂는다. 주지와 종지가 하나의 줄기인 것처럼 자연스럽게 꽂는다.

포컬 포인트로 장미를 꽂는다. 각 주지를 따라 장미를 꽂는다. 나머지 장미는 높낮이를 주며 꽂는다.

비어 있는 공간에 스프레이 국화를 꽂는다.

마무리로 필로덴드론 '제나두'를 채워 침봉을 가린다.

MEMO

MEMO

금메달 토선생의
화훼장식기능사 필기 · 실기

초 판 발 행	2023년 02월 10일
개정3판1쇄	2025년 11월 20일
편 저	김예지
발 행 인	정용수
발 행 처	(주)예문아카이브
주 소	경기도 파주시 광인사길 79 4층(문발동)
T E L	031) 955-0550
F A X	031) 955-0660
등 록 번 호	제2016-000240호
정 가	29,000원

- 이 책의 어느 부분도 저작권자나 발행인의 승인 없이 무단 복제하여 이용할 수 없습니다.
- 파본 및 낙장은 구입하신 서점에서 교환하여 드립니다.

홈페이지 http://www.yeamoonedu.com

ISBN   979-11-6386-513-1   [13520]